Halbleiter-Elektronik
Herausgegeben von W. Heywang und R. Müller
Band 10

G. Winstel · C. Weyrich

Optoelektronik I

Lumineszenz- und Laserdioden

Mit 152 Abbildungen

Berichtigter Nachdruck

Springer-Verlag
Berlin · Heidelberg · New York 1981

Dr. rer. nat. GÜNTER WINSTEL
Leiter des Fachgebietes Festkörperelektronik
in den Forschungslaboratorien der Siemens AG, München

Dr. phil. CLAUS WEYRICH
Leiter der Fachabteilung Optoelektronische Halbleiter
in den Forschungslaboratorien der Siemens AG, München

Dr. rer. nat. WALTER HEYWANG
Leiter der Zentralen Forschung und Entwicklung der Siemens AG, München
Professor an der Technischen Universität München

Dr. techn. RUDOLF MÜLLER
Professor, Inhaber des Lehrstuhls für Technische Elektronik
der Technischen Universität München

CIP-Kurztitelaufnahme der Deutschen Bibliothek
Halbleiter-Elektronik
Hrsg. von W. Heywang u. R. Müller.-
Berlin, Heidelberg, New York : Springer.
NE: Heywang, Walter [Hrsg.]
Bd. 10 - Winstel, Günter: Optoelektronik I

Winstel, Günter:
Optoelektronik I / G. Winstel; C. Weyrich.-
Berlin, Heidelberg, New York : Springer, 1980
NE: Weyrich, Claus:
Lumineszenz- und Laserdioden. - 1980
(Halbleiter-Elektronik; Bd. 10)

ISBN-13:978-3-540-09598-9 e-ISBN-13:978-3-642-81377-1
DOI: 10.1007/978-3-642-81377-1

2362/3020 - 543210

Dem Erfinder der III-V-Halbleiter,
Herrn Prof. Dr. Heinrich Welker,
und ihrem stetigen Promotor,
Herrn Prof. Dr. Walter Heywang
gewidmet.

Vorwort

Obwohl optoelektronische Effekte in der Physik und den Ingenieurwissenschaften schon lange eine wichtige Rolle spielen, ist die Halbleiteroptoelektronik noch ein relativ neues Gebiet, das erst in den letzten 10 Jahren einen großen Aufschwung genommen hat. Inzwischen haben jedoch die optoelektronischen Halbleiterbauelemente nicht nur einen festen Platz im Lieferprogramm nahezu aller Halbleiterbauelemente-Hersteller gefunden, vielmehr ist die wirtschaftliche Wachstumsrate dieser Bauelemente zur Zeit die höchste unter allen Einzelhalbleitern und wird nur von der der integrierten Schaltungen übertroffen.

Bei den optoelektronischen Effekten in Halbleitern unterscheidet man im wesentlichen zwischen der Erzeugung elektromagnetischer Strahlung unter dem Einfluß eines elektrischen Feldes und den elektrischen Wirkungen von elektromagnetischer Strahlung in Halbleiterbauelementen. Dementsprechend wurde der sich mit der Halbleiteroptoelektronik befassende Teil dieser Buchreihe auf zwei Bände verteilt. Der vorliegende erste Band befaßt sich ausschließlich mit Halbleiterlichtquellen, den Lumineszenz- und Laserdioden, die gegenüber den Glühlampen ähnliche Vorzüge aufweisen wie die Transistoren gegenüber den Vakuumröhren. Sie sind extrem zuverlässig und von den Betriebsdaten her kompatibel mit Halbleiterschaltkreisen, so daß sie mit diesen in der Optoelektronik bevorzugt für zwei Aufgaben eingesetzt werden:

a) Als Indikatorlämpchen und Displays, wo sie an der Schnittstelle Mensch-Maschine durch Anzeigen von Betriebszuständen oder durch Visualisierung von Daten die nötige Verbindung herstellen.

b) Als modulierbare Lichtsender, vor allem in Infrarotlichtbereich. Hier werden Regel- und Steuersignale oder andere Informationen dem emittierten Lichtstrahl aufgeprägt und dann entweder direkt oder über einen Lichtwellenleiter dem Empfänger zugeführt. Dort wird das ursprüngliche elektrische Signal wieder hergestellt.

Die letztere Anwendung hat heute schon große Bedeutung für die galvanische Entkopplung von elektrischen Kreisen und führte zu einem eigenen Bauelement, dem Optokoppler, in dem Lichtsender und -empfänger zusammengefaßt sind. Zunehmend an Bedeutung gewinnt die Signalübertragung über Glasfasern, die aufgrund ihrer speziellen Eigenschaften, wie Störsicherheit und geringes Gewicht der nötigen Einrichtungen, viele Anwendungsbereiche erschließen wird.

Nach einem Überblick über die Entwicklungsgeschichte der Halbleiterlichtquellen im 1. Kapitel wird im 2. Kapitel die Physik der verschiedenen strahlenden und nichtstrahlenden elektronischen Elementarprozesse am Beispiel der wichtigsten Materialien Galliumarsenid und Galliumphosphid beschrieben. Das 3. Kapitel bringt dann die Physik der Lumineszenzdiode mit ihrem Anregungsmechanismus durch Trägerinjektion. Im 4. Kapitel wird die Materialherstellung und -technologie als Ergänzung zu Band 4 dieser Buchreihe beschrieben. Dies ist nötig, da sich die Technologie der Lumineszenzhalbleiter wesentlich von der des für elektronische Bauelemente nahezu ausschließlich eingesetzten Siliziums unterscheidet und weil diese Technologie einen wesentlichen Einfluß auf die Lumineszenzeigenschaften der Halbleiter hat. Kapitel 5 bringt die verschiedenen Lumineszenzdiodenarten für den sichtbaren Spektralbereich (lichtemittierende Diode: LED) und für den Infrarotbereich (Infrarotemittierende Diode: IRED). Im 6. Kapitel werden die Physik und Eigenschaften der Laserdiode und die verschiedenen Laserdiodentypen behandelt, die kohärente Strahlung liefern. Kapitel 7 beinhaltet Beispiele für die wichtigsten Anwendungen der Halbleiterlichtquellen mit den speziellen hierdurch gestellten Anforderungen. Hierbei wird in LED- und IRED- bzw. Laserdiodenanwendungen unterschieden, was dadurch begründet ist, daß bei LED meist das menschliche Auge als Empfänger dient und daher photometrische Größen zur Beschreibung nötig sind, die mit der Physiologie des menschlichen Sehens zusammenhängen; IRED und Laserdioden können dagegen rein objektiv durch strahlungstechnische Größen beschrieben werden. Das 8. Kapitel bringt schließlich einen kurzen, für die Anwendung wichtigen Überblick über die Alterungseigenschaften von Halbleiteremittern im Betrieb. Da das Bild inzwischen relativ konsistent geworden ist, werden hier die verschiedenen Alterungsmechanismen in einem Kapitel zusammengefaßt und nicht wie meist üblich, im Zusammenhang mit den verschiedenen Emittertypen behandelt.

Da der Charakter des Buches mehr der eines Lehrbuches ist, werden im Text nur die wichtigsten Originalarbeiten zitiert, die zu einer Vertiefung des Wissens wichtig erscheinen. Die entsprechenden Literaturhinweise sind zusammengefaßt und jeweils an das Ende des betreffenden Kapitels gestellt. Unabhängig davon befindet sich am Ende des 1. Kapitels ein Verzeichnis verschiedener zusammenfassender Literaturwerke, die für ein breiteres Studium empfohlen werden.

Den Herren S. Leibenzeder, K. Mettler, M. Plihal und K.-H. Zschauer danken wir für einige kritische Anmerkungen zum Manuskript und den Damen R. Hehl, J. Hillebrand und E. Link für das Schreiben des Manuskriptes.

Schließlich danken wir noch unseren Ehefrauen und Kindern für ihre Geduld, die sie als "stille Leidensgefährten" auf dem langen Weg der Realisierung des Buches aufgebracht haben.

München, im Herbst 1979 G. Winstel, C. Weyrich

Der erfreulich schnelle Absatz der ersten Quote dieser Auflage hat es uns ermöglicht, nicht nur einige Fehler im Text und in Bildern richtigzustellen, sondern auch verschiedene kleinere Ergänzungen bzw. Aktualisierungen unterzubringen. Diese gehen zum Teil auf Zuschriften aus dem Leserkreis zurück, für die wir uns an dieser Stelle herzlich bedanken.

München, im Herbst 1980 G. Winstel, C. Weyrich

Inhaltsverzeichnis

1 Einführung und Überblick

1.1 Funktion und Materialien der Halbleiterlumineszenzdioden

Die Lichterzeugung mit Halbleitern beruht auf der strahlenden Rekombination von Elektronen des Leitungsbandes mit Löchern aus dem Valenzband, wobei die freiwerdende Energie, wie im Schema der Abb. 1.1 gezeigt ist, in Form von Photonen emittiert wird. Zuvor muß jedoch der Halbleiter angeregt werden, um die Dichte der Ladungsträger über ihre Gleichgewichtskonzentration zu erhöhen. Je nach Art der Anregung unterscheidet man hauptsächlich zwischen:

a) Photolumineszenz (PL), wobei die Träger durch Absorption von Photonen geeigneter Energie erzeugt werden;
b) Kathodolumineszenz (CL), wobei der gleiche Effekt durch Beschuß mit höherenergetischen Elektronen erzielt wird;
c) Elektrolumineszenz (EL), wo die Träger entweder in einem elektrischen Feld durch Stoßprozesse erzeugt oder unter dem Einfluß einer äußeren Spannung injiziert werden.

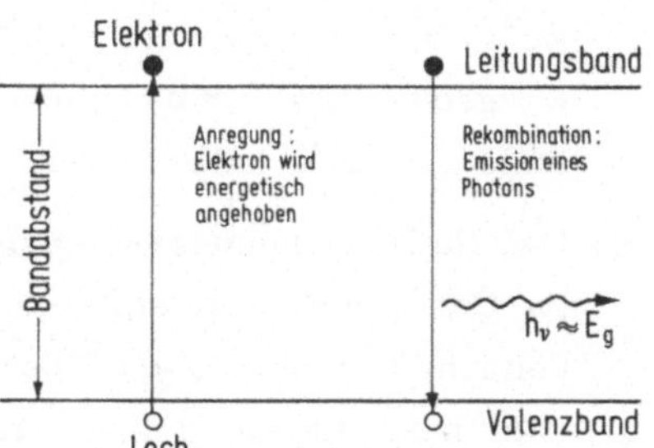

Abb. 1.1. Lichterzeugung im Halbleiter

Die in diesem Band behandelten Lumineszenz- und Laserdioden arbeiten mit der Minoritätsträgerinjektion bei in Flußrichtung gepolten pn-Übergängen; diese besonders einfache und effiziente Art der Anregung führt zur Injektionslumineszenz.

Bei allen genannten Lumineszenzvorgängen handelt es sich um sog. kaltes Licht, da die Rekombinationsraten weit über denen des thermischen Gleichgewichtes liegen. Damit unterscheiden sich diese Halbleiterlichtquellen grundsätzlich von Glühfadenlichtquellen, bei denen die Emission ausschließlich durch die Temperatur des Glühfadens bestimmt wird. Dies äußert sich auch in den Emissionsspektren, die in Abb. 1.2 verglichen werden: Anstelle des breiten Spektrums des Temperaturstrahlers liefert eine Lumineszenzdiode fast monochromatisches Licht, das durch Übergänge zwischen zwei nahezu diskreten Energieniveaus entsteht.

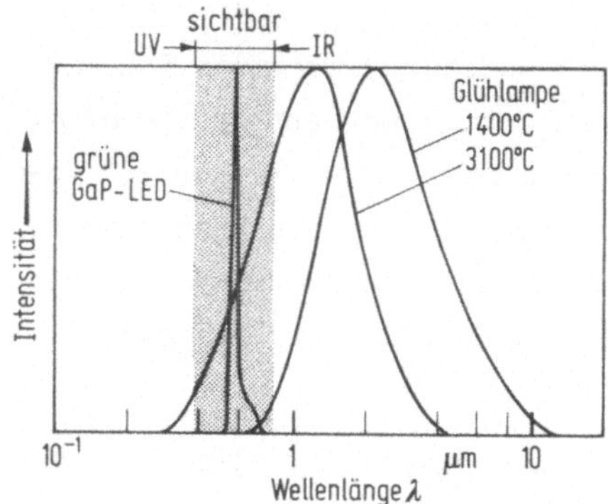

Abb. 1.2. Vergleich der Emissionsspektren eines Temperaturstrahlers (Glühlampe) und einer typischen Lumineszenzdiode

Halbleitermaterialien, die für Lumineszenzdioden geeignet sein sollen, müssen folgende Kriterien erfüllen:

a) Da die Maximalenergie des bei der Rekombination erzeugten Photons im wesentlichen dem Bandabstand E_g entspricht, bestimmt oder limitiert dieser die Wellenlänge des emittierten Lichtes. Soll beispielsweise die Emission im sichtbaren Spektralbereich erfolgen, so muß E_g größer als 1,8 eV sein, da das menschliche Auge erst für Wellenlängen unterhalb 700 nm empfindlich wird.

b) Das Halbleitermaterial sollte p- und n-dotierbar sein, damit Homo-pn-Übergänge in einem einheitlichen Material hergestellt werden können. Bei Hetero-pn-Übergängen ist eine effiziente Anregung nur dann möglich, wenn die Gitterparameter beider Materialien weitgehend übereinstimmen, was nur in wenigen Fällen, z.B. beim Mischkristallsystem (Ga, Al)As gegeben ist.

c) Der Wirkungsgrad der Lichterzeugung, der in verwickelter Weise von der Bandstruktur, der Dotierung, den optischen Eigenschaften und der Kristallqualität des Halbleiters abhängt, soll möglichst hoch sein. Ist die strahlende Band-Band-Rekombination nicht effizient, müssen Störstellen vorhanden sein, über die die strahlende Rekombination mit hoher Wahrscheinlichkeit erfolgt. Eine absolute untere Grenze für den notwendigen Wirkungsgrad läßt sich nicht angeben, diese ergibt sich vielmehr aus dem jeweiligen Anwendungsfall.

d) Für viele Anwendungen spielt die Modulierbarkeit der Lichtemission durch die Injektion eine Rolle. Für eine hohe Frequenzgrenze müssen dabei die mit den Rekombinationsprozessen verbundenen Zeitkonstanten (Anstiegzeit und Abklingzeit) möglichst klein sein.

e) Für einen breiten technischen Einsatz muß das Material billig, d.h. leicht herstellbar und zu Bauelementen verarbeitbar sein.

f) Die Betriebslebensdauer der Lichtquellen muß vergleichbar sein mit der Lebensdauer der für die elektrische Anregung benötigten Bauelemente der Halbleiterelektronik.

Abb. 1.3 zeigt in spektraler Reihenfolge des emittierten Lichtes die wichtigsten Halbleitermaterialien, mit denen bisher Elektrolumineszenz mit beachtenswertem Wirkungsgrad erzielt werden konnte. Zu-

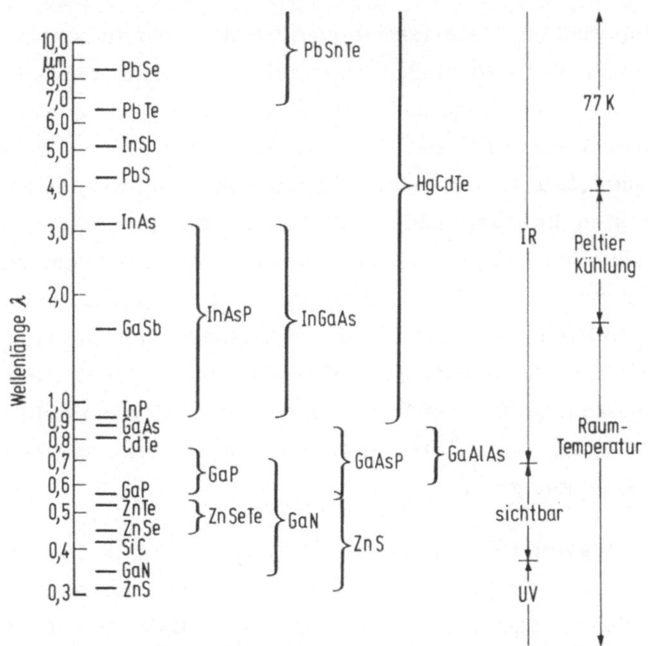

Abb. 1.3. Elektrolumineszenzmaterialien

nächst fällt auf, daß Silizium und Germanium, sonst in der Halbleitertechnik die bedeutendsten und technologisch am weitesten entwickelten Halbleiter, in dieser Aufstellung fehlen. Bei ihnen konnten bisher keine effizienten strahlenden Rekombinationsprozesse beobachtet werden. Sie würden sich außerdem wegen ihres zu geringen Bandabstandes von 1,12 eV bzw. 0,67 eV nicht als Lumineszenzdiodenmaterial für den sichtbaren Spektralbereich eignen.

Hohe Bandabstände und eine für die strahlende Rekombination günstige Bandstruktur besitzen einige II-VI-Verbindungen wie das Zinksulfid (ZnS), das Zinkselenid (ZnSe) und das Zinktellurid (ZnTe). Ihre Anwendung für Lumineszenzdioden scheitert aber daran, daß sie meist als Folge einer Selbstkompensation nicht zugleich p- und n-dotierbar sind: ZnTe ist immer p-leitend, ZnS und ZnSe sind immer n-leitend. Mit einem $ZnTe_{1-x}Se_x$-Mischkristall können zwar pn-Übergänge erzeugt werden, die erreichten Lichtausbeuten haben jedoch bisher zu keinem praktisch interessanten Bauelement geführt. Die einzige II-VI-Verbindung, die zugleich p- und n-dotierbar ist, ist das Cadmiumtellurid (CdTe); mit ihm konnten auch einigermaßen effiziente, bei 830 nm emittierende Lumineszenzdioden hergestellt werden.

Die oben aufgeführten Materialkriterien werden aber in hohem Maße von einer Reihe von III-V-Verbindungen erfüllt. Die wichtigsten sind das Galliumarsenid (GaAs) und das Galliumphosphid (GaP) sowie die Mischkristallreihen $GaAs_{1-x}P_x$ und $Ga_{1-x}Al_xAs$, mit denen das gesamte Spektrum zwischen etwa 1000 nm und 555 nm realisiert werden kann. Diese Materialien sind die Basis nahezu aller z.Zt. auf dem Markt befindlichen Lumineszenzdioden. Für den Spektralbereich zwischen 1 μm und 6 μm kommen noch andere III-V-Verbindungen in Betracht, wie Indiumphosphid (InP), Galliumantimonid (GaSb), Indiumarsenid (InAs), Indiumantimonid (InSb) und verschiedene Mischkristalle. Für das ferne Infrarot (Wellenlängen größer als 6 μm) sind Dioden auf der Basis der Bleichalkogenide (PbS, PSe, PbTe) sowie aus den Mischkristallen (Pb, Sn)Te und (Hg, Cd)Te geeignet.

Blaues und ultraviolettes Licht kann man mit Galliumnitrid (GaN) erzeugen, daß außerdem je nach Dotierung auch alle anderen Farben liefern kann. Dieses Material neigt jedoch wie die II-VI-Verbindungen zur Selbstkompensation, und es ist bisher noch nicht mit Sicherheit gelungen, p-Leitung zu erzielen. Siliziumkarbid (SiC) zeigt diesen Nachteil nicht, die Materialherstellung ist jedoch mit großen technologischen Schwierigkeiten verbunden. Trotzdem wird an der Herstellung von Blaulicht-emittierenden Dioden in verschiedenen Laboratorien gearbeitet, um die für die Anwendung der Leuchtdioden gelegentlich störende Farblücke zu schließen.

In der Tabelle 1.1 sind die wichtigsten Daten - soweit bekannt - der für Lumineszenz- und Laserdioden wichtigen Halbleitermaterialien, sowie die von Si und Ge zusammengestellt.

1.2 Entwicklungsgeschichte der Halbleiterlichtemitter

Das Phänomen der Lichterzeugung durch elektrische Anregung eines Festkörpers wurde erstmals im Jahre 1907 von H.J. Round unter dem Kontakt an einem Siliziumkarbid-Kristall entdeckt, der zur Detektion von Radiowellen bestimmt war [1.1]. Dabei wurde bereits erkannt, daß es sich um kaltes Licht handelte, denn die Emission erfolgte ohne erkennbare Erwärmung des Kristalls. Diese Beobachtung wurde zunächst nicht beachtet, da sich die mit SiC befaßten Forscher in dieser Zeit nur mit Radiodetektoren befaßten. Erst 1921 entdeckte O.V. Lossew [1.2] nach B. Gudden und R.W. Pohl [1.3] diese Lichtemission wieder. Lossew untersuchte das Phänomen in den Jahren 1927 und 1942 genauer, da er die neuartige Lichtquelle mit einem Drehspiegel bis 78,5 kHz modulieren konnte und sie daher für die Nachrichtenübertragung einsetzen wollte. Danach unterschied er bereits zwei verschiedene Fälle, die Lossew-I- und Lossew-II-Strahlung, die je nach Polarität der an den SiC-Kristall angelegten Spannung in Sperr- oder Flußrichtung auftraten. Da das erzeugte Licht eine Wellenlänge aufwies, die nahe beim Äquivalent dieser Spannung bei $\lambda = hc/qU$ lag, nahm Lossew richtig an, daß es sich bei der Lichterzeugung um den inversen Vorgang zum Einsteinschen Photoeffekt handelt und entwickelte 1932 in Anlehnung an die Schottky-Randschicht ein Dreischichtenmodell mit einer dünnen aktiven Zwischenschicht.

1935 wurde in Paris von G. Destriau [1.4] an Zinksulfid (ZnS) ein ähnlicher Leuchteffekt entdeckt und von ihm als Lossew-Licht bezeichnet.

Tabelle 1.1. Eigenschaften der wichtigsten Halbleiter, sämtlich bezogen auf 300 K [1.51]

Halbleiter	Kristallgittertyp Gitterkonstante in nm	Bandabstand in eV	Bandübergang	Effektive Massen (Vielfaches der Elektronenmasse) m_n	m_p	Beweglichkeiten in $cm^2 V^{-1} s^{-1}$ μ_n	μ_p	Statische Dielektrizitätskonstante	Brechungsindex	Schmelzpunkt in °C	Wärmeleitfähigkeit in $W cm^{-1} K^{-1}$	Dichte in $g cm^{-3}$
Si (Silizium)	Diamant a = 0,543	1,11	ind.	1,1	0,52	1350	480	12	3,45	1420	1,4	2,33
Ge (Germanium)	Diamant a = 0,566	0,67	ind.	0,55	0,37	3900	1900	16	4,0	947	0,61	5,3
SiC (Siliziumkarbid)	hexagonal a = 0,308 c = 1,511	2,8... 3,2	ind.	0,6	1,2	100	20	6,7	2,63	2830 diss.	4,9	3,2
	kubisch a = 0,436	2,2	ind.									
AlN (Aluminiumnitrid)	wurtzit a = 0,311 c = 0,498	5,9	ind.				14	9,1	2,2	2450 diss.	0,4	3,26
GaN (Galliumnitrid)	wurtzit a = 0,319 c = 0,518	3,5	dir.	0,19	0,6	400			2,4	1000 diss.	1,7	6,1
InN (Indiumnitrid)	wurtzit a = 0,353 c = 0,569	2,0	dir.			50				1500 diss.		6,88
BP (Borphosphid)	Zinkblende a = 0,454	2,0	ind.				500	6,9	2,6	2000 diss.	0,01	2,97
AlP (Aluminiumphosphid)	Zinkblende a = 0,546	2,45	ind.			80		9,8	3,2	2000 diss.	0,9	2,4
GaP (Galliumphosphid)	Zinkblende a = 0,545	2,26	ind.	l 0,35 t 0,12	0,86	150	120	11,1	3,36	1467	1,1	4,13
InP (Indiumphosphid	Zinkblende a = 0,587	1,34	dir.	0,067	0,8	4500	150	12,35	3,4	1070	0,7	4,79
BAs (Borarsenid)	Zinklende a = 0,478	1,46	ind.	1,2	0,7					920		5,22

Tabelle 1.1 (Fortsetzung)

AlAs (Aluminiumarsenid	Zinkblende a = 0,566	2,16	ind.	0,5	1,0	280		12,0	3,1	1750	0,08	3,6
GaAs (Galliumarsenid)	Zinkblende a = 0,565	1,43	dir.	0,068	0,5	8000	400	11,0	3,6	1238	0,54	5,3
InAs (Indiumarsenid)	Zinkblende a = 0,606	0,36	dir.	0,022	0,41	22600	200	12,5	3,5	943	0,26	5,7
AlSb (Aluminiumantimonid)	Zinkblende a = 0,614	1,62	ind.	l 0,39 t 0,09	0,4	200	330	11,0	3,4	1080	0,56	4,26
GaSb (Galliumantimonid)	Zinkblende a = 0,609	0,7	dir.	l 0,047 t 0,36	0,23	2000	800	15,0	3,9	712	0,35	5,6
InSb (Indiumantimonid)	Zinkblende a = 0,648	0,18	dir.	0,014	0,4	10^5	1700	17,7	3,9	525	0,18	5,8
CdS (Cadmiumsulfid)	Zinkblende a = 0,414	2,42	dir.	0,20	5	350	15	8,9	2,5	1475	0,2	4,8
ZnS (Zinksulfid)	Zinkblende a = 0,514	3,66	dir.	0,34		140	5	8,3	2,4	1830	0,26	4,1
ZnSe (Zinkselenid)	Zinkblende a = 0,567	2,67	dir.	0,17	0,6	600	28	8,1	2,9	1520	0,13	5,3
CdSe (Cadmiumselenid)	Zinkblende a = 0,43	1,74	dir.	0,13	1,2	650	10	10,6	2,6	1240	0,063	5,8
ZnTe (Zinktellurid)	Zinkblende a = 0,61	2,25	dir.	0,09	0,68	340	110	9,7	3,6	1300	0,11	5,6
CdTe (Cadmiumtellurid)	Zinkblende a = 0,648	1,5	dir.	0,11	2,1	1000	80	10,9	2,8	1100	0,07	5,8
PbS (Bleisulfid)	Steinsalz a = 0,594	0,41	dir.	l 0,08 t 0,1	l 0,075 t 0,1	610	620	170	3,7	1114	0,02	7,6
PbSe (Bleiselenid)	Steinsalz a = 0,612	0,29	dir.	l 0,04 t 0,07	l 0,03 t 0,07	1050	950	250		1065	0,04	8,3
PbTe (Bleitellurid)	Steinsalz a = 0,646	0,32	dir.	l 0,02 t 0,24	l 0,02 t 0,3	1730	840	412	3,8	917	0,08	8,2
HgTe (Quecksilbertellurid)	Zinkblende a = 0,642	-0,15	dir.	0,03	0,6	22000	500	20	3,7	670	0,026	8,12

Aber erst 1951 erklärte K. Lehovec [1.5] die Lossew-II-Strahlung befriedigend aufgrund der Rekombination von Minoritätsträgern, die über einen pn-Übergang injiziert werden. Hierzu war der ganze mit der Entdeckung und Entwicklung des Transistors eingeleitete wissenschaftliche Fortschritt in der Halbleiterphysik notwendig: W. Shockley hatte 1947 den zur Lichterzeugung inversen photoelektrischen Effekt angesprochen [1.6], und J. Bardeen und W.H. Brattain hatten die Minoritätsträgerinjektion zur Erklärung des Flußstromes einer Diode [1.7] gefunden.

Es dauerte also 25 Jahre, bis sich Lossews Beobachtung in das theoretische Schema des Festkörperwissens einordnen ließ. Nun setzte aber von 1952 bis 1961 zuerst die Erforschung und Weiterentwicklung des Destriau-Effektes ein, womit man unter Verwendung von ZnS-Pulverphosphoren flache Bildschirme erzielen wollte, um die Kathodenstrahlröhre zu ersetzen.

Ende der Fünfziger Jahre hat M. Schön [1.8] die wichtigsten Bedingungen formuliert, die an eine technisch nutzbare lichtemittierende Halbleiterdiode gestellt werden müssen. Auf dieser Basis erwartete man danach die wirkungsvollsten Lichtquellen, da ein Quantenwirkungsgrad von 100 % möglich erschien, d.h. jeder injizierte Ladungsträger sollte zur Erzeugung eines Lichtquantes (Photon) führen.

Während der entsprechende Erfolg mit ZnS ausblieb, brachten die von H. Welker [1.9] 1952 als Halbleiter erkannten III-V-Verbindungen den erwarteten Durchbruch. Diese Materialien entstehen aus den Elementhalbleitern, wenn man zwei benachbarte Germanium- oder Siliziumatome durch ein Paar aus drei- und fünfwertigen Elementen ersetzt. 1954 bis 1955 züchtete R. Gremmelmaier [1.10] die ersten größeren Einkristalle aus Galliumarsenid (GaAs) sowie kurz darauf polykristallines Galliumphosphid (GaP), und O.G. Folberth [1.11] stellte die ersten Mischkristalle aus GaAs und GaP her. F. Oswald und R. Schade [1.12] bestimmten mittels optischer Methoden als wichtigsten Parameter die Bandabstände dieser Materialien, und G.A. Wolff [1.13] beobachtete mit seinen Mitarbeitern an Spitzenkontakten am GaP oberhalb eines Schwellenstromes orangefarbiges und bei Zink-dotierten Kristallen rotes Licht. 1955 gab dann R. Braunstein [1.14] einen ersten Überblick über die Lichterzeugung mit den neuen Halbleitern.

Auf dieser Basis begann man etwa 1957 mit intensiven grundsätzlichen Untersuchungen und mit der Entwicklung einer geeigneten Technologie - vor allem für GaAs und GaP - zur Herstellung von Kristallen und Bauelementen. Hierbei spielte für das GaP mit seinem hohen Phosphordampfdruck von 35 bar beim Schmelzpunkt von 1738 K das Schutzschmelzeverfahren von E.P.A. Metz [1.15] eine wichtige Rolle. Hiermit konnte 1968 S.J. Bass [1.16] erstmals die nötigen großen Einkristalle herstellen.

Zwei erfolgreiche Wege wurden verfolgt, um Licht mit diesen Materialien zu erzielen, einmal die Dotierung von GaP mit kompensierten Donator-Akzeptor-Paaren, um ähnlich wirksame Lumineszenzzentren wie beim ZnS zu erhalten, und zum anderen das Einstellen des Bandabstandes in Halbleitern mit direkter strahlender Rekombination von Elektronen im Leitungsband mit Löchern im Valenzband.

Auf dem ersten Weg erzielten 1959 E.E. Loebner und E.W. Poore [1.17] eine Infrarotstrahlung und 1961 M. Gershenzon und R.M. Mikuljak [1.18] rotes und gelbgrünes Licht. H.G. Grimmeis und H. Kollmans [1.19] deuteten im gleichen Jahr die pn-Lumineszenz von Zn-dotiertem GaP, und J.J. Hopfield und Mitarbeiter [1.20] wiesen 1963 in Anlehnung an das von J.S. Prenner und F.E. Williams [1.21] 1956 für ZnS aufgestellte Modell, die für die Lichtemission wichtigen Paarspektren in GaP nach; aber erst 1968 wurde das besonders wirksame Zn-O-Paar für Rotlicht-Dioden mit hohem Wirkungsgrad von C.H. Henry und Mitarbeitern [1.22] identifiziert, und über die ersten effizienten Dioden mit 7 % Wirkungsgrad wurde 1969 von R.H. Saul [1.23] berichtet.

In diesem Zusammenhang wurden 1965 auch die isoelektronischen Zentren des Stickstoffes in GaP von D.G. Thomas und Mitarbeitern [1.24] entdeckt, die die wichtige Grünlichtemission von Lumineszenzdioden verursachen, wobei R.A. Logan und Mitarbeiter [1.25] 1971 bereits einen Wirkungsgrad von 0,6 % erzielten. Erzeugt man indirekte Mischkristalle mit GaAs, so kann man je nach GaAs-Anteil mit dieser Stickstoffdotierung das Farbspektrum von Grün bis Rot überstreichen, wie es W.O. Groves 1971 [1.26] gezeigt hat.

Der genannte zweite Weg zur effizienten Lichterzeugung mit Halbleitern beginnt 1962 mit dem von R.J. Keyes und T.M. Quist [1.27] erzielten hohen Wirkungsgrad der Infrarotlichterzeugung mit GaAs-Dioden. Dies steht in Übereinstimmung mit den theoretischen Berechnungen von W.P. Dumke [1.28] und ließ sogar die Realisierung einer GaAs-Laserdiode mit kohärenter Lichtemission erwarten, die dann Ende 1962 in verschiedenen Gruppen (R.N. Hall [1.29], M.I. Nathan [1.30] und T.M. Quist [1.31] und Mitarbeiter) nahezu gleichzeitig hergestellt und betrieben werden konnte. Kurze Zeit später wurden auch mit vielen anderen Halbleitermaterialien Laserdioden erzielt.

Von besonderer Bedeutung war die Lichtemission im Sichtbaren auf der Basis eines direkten Mischkristalls aus GaAs und GaP, die 1962 von N. Holonyak und S.F. Bevacqua [1.32] berichtet wurde. Mit dieser Arbeit kam nämlich endlich - 55 Jahre nach der ersten Entdeckung von H.J. Round die LED-Entwicklung voll in Gang. Erste Messungen am Mischkristallsystem GaAs-GaP wurden von H. Flicker und P.G. Herkart [1.33] berichtet, die den Übergang vom direkten zum indirekten Halbleiter bei Überschreiten eines GaP-Molanteils von 43 % fanden, der die obere Grenze für die effiziente strahlende Band-Band-Rekombination liefert.

Für die Technologie dieser Mischkristalle war von R.A. Rührwein [1.34] ein Gasphasenepitaxieverfahren erfunden und 1965 das entsprechende Patent erteilt worden. Da es nicht möglich ist, GaAs-GaP-Einkristalle konstanter Zusammensetzung mit den üblichen Methoden des Kristallziehens aus der Schmelze zu ziehen, werden hierbei die Komponenten über die Gasphase zu einer als Matrix dienenden Substratscheibe aus einkristallinem GaAs oder GaP transportiert: Die dreiwertige Komponente nach Reaktion mit Chlorwasserstoff (HCl) als gasförmiges Subchlorid und die fünfwertigen in Form der Wasserstoffverbindungen Arsin (AsH_3) und Phosphin (PH_3). Auf diesem Wege werden seit 1968 als Standardware Rotlicht-emittierende Dioden als Anzeigelämpchen und Displays für numerische Anzeigen bei verschiedenen Herstellern [1.35, 1.36] realisiert, wobei Kristalle mit 40 Mol% GaP verwendet und ein Wirkungsgrad von etwa 0,2 % erreicht werden.

Ein anderes Mischkristallsystem mit den Komponenten AlAs-GaAs führte die Entwicklung der Laserdiode weiter. Dieses System läßt sich über die Gasphase ähnlich wie GaAs-GaP realisieren und sicher für passive Schichten in der Laserdiode einsetzen, wenn, wie R.D. Dupuis und P.D. Dapkus [1.37] gezeigt haben, Al als metallorganische Verbindung, z.B. als Trimethylaluminium, zugeführt wird. Hiermit werden jedoch keine besonders guten Kristalle erzielt, und man ist für den aktiven Teil einer Laserdiode meist auf die Flüssigphasenepitaxie angewiesen, die 1963 von H. Nelson [1.38] für GaAs-Schichten eingeführt und 1966 von M.R. Lorenz und M. Pilkuhn [1.39] für das oben behandelte Zn,O-dotierte GaP eingesetzt wurde. Während die ersten Laserdioden aus GaAs nur bei der Temperatur flüssige Luft und später nach Einführen der Streifenstruktur durch J.C. Dyment und L.A. D'Asaro [1.40] bei maximal etwa 200 K im Dauerbetrieb liefen, erreichte man 1970 mit einer von H. Krömer [1.41] schon 1963 erfundenen Mehrschichtenstruktur, bei der die aktive Schicht von einem AlAs-GaAs-Material mit hohem Bandabstand und niedrigem Brechungsindex eingeschlossen ist, den für die praktische Anwendung wesentlichen Betrieb bei Raumtemperatur. Dieses Ergebnis wurde nacheinander von Zh.I. Alferov [1.42], von I. Hayashi [1.43] und von I. Sakuma [1.44] in der UdSSR, in USA und Japan erzielt.

Die grundlegenden speziellen Ideen zur Laserdiode gehen auf Erfindungen von W. Nishisawa [1.45] in Japan und von W. Heywang [1.46] in Deutschland zurück sowie auf P. Agrain [1.47] in Frankreich, der schon 1957 auf die Möglichkeit der Realisierung eines Halbleiterlasers durch Stromanregung über einen injizierenden Punktkontakt hingewiesen hat. M. Bernard und G. Durfaffourg [1.48] sowie N.B. Basow und Mitarbeiter [1.49] hatten schon 1960 theoretisch die notwendige thermodynamische Bedingung für die Anregungsschwelle ermittelt, und 1961 machten C. Benoit à la Guillaume und Mme Tric [1.50] als erste den Vorschlag, die für die Laserfunktion nötige Rückkopplung durch planparallele Spiegel an den Endflächen des Halbleiterkristalls zu realisieren.

Nach der geschilderten langjährigen Entwicklung stehen heute Halbleiterlichtemitter für den Spektralbereich von etwa 0,3 μm bis 30 μm Wellenlänge zur Verfügung, wobei allerdings oberhalb 2 μm der Halbleiter gekühlt werden muß, ab 5 μm sogar unter -200°C, um einen brauchbaren Wirkungsgrad zu erzielen. Dabei ist die stürmische Entwicklung, insbesondere auf dem Gebiet der Laserdioden, noch voll im Gange, während bei LED und IRED nur noch mit einer kontinuierlichen Weiterentwicklung zu höheren Wirkungsgraden und speziellem anwendungsgerechten Design zu erwarten ist, wenn sich nicht durch Entdeckungen an neuen Materialien neue Aspekte ergeben.

Literatur zu Kapitel 1

1.1. Round, H.J.: A Note on Carborundum. Electron. World 149 (1907) 308-309

1.2. Lossew, O.V.: Verhalten von Kontaktdetektoren (Russisch). Telegrafia-Telefonia 18 (1923) 61-63

1.3. Gudden, B.; Pohl, R.W.: Erhöhung der Phosphoreszenz durch ein elektrisches Feld. Z. Phys. 2 (1921) 192-194

1.4. Destriau, G.: Scintillation of Zinc Sulphide with α-Rays. J. Chem. Phys. 33 (1936) 587-588

1.5. Lehovec, K.; Accardo, G.A.; Jamgochian, E.: Injected Light Emission of Silicon Carbide Crystals. Phys. Rev. 83 (1951) 603

1.6. Shockley, W.: Theory of pn-Junctions. Bell Syst. Techn. J. 28 (1949) 435-489

1.7. Bardeen, J.; Brattain, W.H.: Nature of the Forward Current in Germanium Point Contacts. Phys. Rev. 74 (1948) 231

1.8. Riehl, N.: Luminescence of Organic and Inorganic Materials. (Hrsg. Kalman, H.P., und Spruch, G.M.) New York: Wiley 1962, S. 1-3

1.9. Welker, H.: Über neue halbleitende Verbindungen. Z. Naturf. 7a (1952) 744-749 und 8a (1953) 248

1.10. Gremmelmaier, R.: Herstellung von InAs- und GaAs-Einkristallen. Z. Naturf. 11a (1956) 511-513

1.11. Folberth, O.G.: Mischkristallbildung bei AIIIBV-Verbindungen. Z. Naturf. 10a (1955) 502-503

1.12. Oswald, L.; Schade, R.: Über die Bestimmung der optischen Konstanten von Halbleitern des Typus AIIIBV im Infraroten. Z. Naturf. 9a (1954) 611-617

1.13. Wolff, G.A. et al.: Electroluminescence in GaP. Phys. Rev. 100 (1955) 1144-1145

1.14. Braunstein, R.: Radiative Transistions in Semiconductors. Phys. Rev. 99 (1955) 1892-1893

1.15. Metz, E.P.A.; Miller, R.C.; Mazelsky, R.: A Technique for Pulling Single Crystals of Volatile Materials. J. Appl. Phys. 33 (1962) 2016-2017

1.16. Bass, S.J.; Oliver, P.E.: Pulling of Gallium-Phosphide Crystals by Liquid Encapsulation. J. Cryst. Growth 3/4 (1968) 286-290

1.17. Loebner, E.E.; Poore, E.W.: Bimolecular Electroluminescent Transitions in GaP. Phys. Rev. Lett. 3 (1959) 23-25

1.18. Gershenzon, M.; Mikuljak, R.M.: Electroluminescence at p-n Junctions in Gallium Phosphide. J. Appl. Phys. 32 (1961) 1338-1348

1.19. Grimmeis, H.G.; Koelmans, H.: Analysis of p-n Luminescence in Zn-doped GaP. Phys. Rev. 123 (1961) 1939-1947

1.20. Hopfield, J.J.; Thomas, D.G.; Gershenzon, N.: Pair Spectra in GaP. Phys. Rev. Lett. 10 (1963) 162-164

1.21. Prenner, J.S.; Williams, F.E.: Activator Systems in Zinc Sulfide Phosphors. J. Electrochem. Soc. 103 (1956) 342-346

1.22. Henry, C.H.; Dean, P.J.; Cuthbert, J.D.: New Red Pair Luminescence from GaP. Phys. Rev. 166 (1968) 754-756

1.23. Saul, R.H.; Armstrong, J.; Hackett, W.H.: GaP Red Electroluminescent Diodes with External Quantum Efficiency of 7 %. Appl. Phys. Lett. 15 (1969) 229-231

1.24. Thomas, D.G.; Hopfield, J.J.; Frosch, C.J.: Isoelectric Traps Due to Nitrogen in Gallium Phosphide. Phys. Rev. Lett. 15 (1965) 857-860

1.25. Logan, R.A.; White, H.G.; Wiegmann, W.: Efficient Green Electroluminescent Junctions in GaP. Sol. State Electron. 14 (1971) 55-70

1.26. Groves, W.O.; Herzog, A.H.; Craford, M.G.: The Effect of Nitrogen Doping on $GaAs_{1-x}P_x$ Electroluminescent Diodes. Appl. Phys. Lett. 19 (1971) 184-186

1.27. Keyes, R.J.; Quist, T.M.: Recombination Radiation Emitted by Gallium Arsenide. Proc. IRE (Corresp.) 50 (1962) 1882-1823

1.28. Dumke, W.P.: Interband Transitions and Maser Action. Phys. Rev. 127 (1962) 1559-1563

1.29. Hall, R.N. et al.: Coherent Light Emission from GaAs-Junctions. Phys. Rev. Lett. 9 (1962) 366-368

1.30. Nathan, M.I. et al.: Stimulated Emission of Radiation from GaAs-p-n Junctions. Appl. Phys. Lett. 1 (1962) 62-64

1.31. Quist, T.M. et al.: Semiconductor Maser of GaAs. Appl. Phys. Lett. 1 (1962) 91-92

1.32. Holonyak, N.; Bevacqua, S.F.: Coherent (visible) Light Emission from $Ga(As_{1-x}P_x)$ Junctions. Appl. Phys. Lett. 1 (1962) 82-83

1.33. Flicker, H.; Herkart, P.G.: Measurement on GaAs-GaP Alloys. Bull. Amer. Phys. Soc. 5 (1960) 407

1.34. Rührwein, R.A.: US-Patent 3218205 (1965)

1.35. Electronics 41 (1968) 74-81

1.36. Hillman, D.K.; Smith, G.E.: The High-Brightness LED. IEEE Spectrum 5 (1968) 62-66

1.37. Dupuis, R.D.; Dapkus, P.D.: Room-Temperature Operation of $Ga_{1-x}Al_xAs$/GaAs Double-Heterostructure Lasers Grown by Metalorganic Chemical Vapor Deposition. Appl. Phys. Lett. 31 (1977) 466-468

1.38. Nelson, H.: Epitaxial Growth from the Liquid State and its Application to the Fabrication Application of Tunnel and Laser Diodes. RCA Rev. 24 (1963) 603-615

1.39. Lorenz, M.R.; Pilkuhn, M.: Preparation and Properties of Solution-Grown Epitaxial p-n Junctions in GaP. J. Appl. Phys. 37 (1966) 4094-4102

1.40a. Dyment, J.C.; D'Asaro, L.A.: Continuous Operation of GaAs Junction Lasers on Diamond Heat Sinks at 200^oK. Appl. Phys. Lett. 11 (1967) 292-294

1.40b. Dyment, J.C.: Hermite Gaussian Mode Pattern in GaAs Junction Lasers. Appl. Phys. Lett. 10 (1967) 84-88

1.41. Krömer, H.: A Proposed Class of Heterojunction Lasers. Proc. IEEE Corresp. 51 (1963) 1782-1783

1.42. Alferov, Zh.I. et al.: Fiz. Tech Polnarov 4 (1970) 1826; Sov. Phys. Semicond. 4 (1971) 1573

1.43. Hayashi, I.; Panish, M.B. et al.: Junction Lasers which Operate Continuously at Room Temperature. Appl. Phys. Lett. 17 (1970) 109-111

1.44. Sakuma, I. et al.: Continuous Operation of Junction Lasers at Room Temperature. Jap. J. Appl. Phys. 10 (1971) 282-283

1.45. Watanable Nishisawa: Jap. Auslegeschrift SHO 35 (1960) 13.787 (angemeldet 1957)

1.46. Heywang, W.: Deutsches Patent 1 248 826: Anordnung zum Ver stärken oder Erzeugen sehr hochfrequenter Strahlung nach dem Maserprinzip. (angemeldet 1958)

1.47. Agrain, P.: Private Mitteilung anläßlich einer Vortragsreihe im Lincoln Lab. des MIT, USA, 1957

1.48. Bernard, M.G.A.; Duraffourg, G.: Possibilités de Lasers à Semi-Conducteurs. J. Phys. Radium 22 (1961) 836-837, und Laser Conditions in Semiconductors. Phys. Stat. Sol. 1 (1961) 699-703

1.49. Basow, N.B.; Krokhin, O.N.; Popov, Y.M.: Indirect Interband Transitions and Radiation Absorption by Free Carriers. In: Advances in Quantum Electronics (Ed. Singer, J.R.). London: Columbia Univ. Press 1961, S. 500-506

1.50. Benoit à la Guillaume, C.; Mme Tric: Les semiconducteurs et leur utilisation possible dans les laser. J. Phys. Radium 22 (1961) 834-836

1.51. Bleicher, M.: Halbleiteroptoelektronik. Heidelberg: Hüthig 1975

Zusammenfassende Literaturwerke und Einführungen in die Halbleiterphysik und -technologie:

Bergh, A.A.; Dean, P.J.: Light-Emitting Diodes. Oxford: Clarendon Press 1976

Casey, H.C.; Panish, M.B.: Heterostructure Lasers, Part A and Part B. New York: Academic Press 1978

Heywang, W.; Pötzl. H.W.: Bänderstruktur und Stromtransport. Berlin, Heidelberg, New York: Springer 1976

Kleen, W.; Müller, R.: Laser. Berlin, Heidelberg, New York: Springer 1969

Kressel, H.; Butler, J.K.: Semiconductor Lasers and Heterojunction LED. New York: Academic Press 1977

Müller, R.: Grundlagen der Halbleiter-Elektronik, 3. Aufl. Berlin, Heidelberg, New York: Springer 1979

Müller, R.: Bauelemente der Halbleiter-Elektronik, 2. Aufl. Berlin, Heidelberg, New York: Springer 1979

Pankove, J.I.: Optical Processes in Semiconductors. London: Prentice-Hall 1971

Riehl, N.: Einführung in die Lumineszenz. München: Thiemig 1971

Ruge, I.: Halbleitertechnologie. Berlin, Heidelberg, New York: Springer 1975

2 Strahlende und nichtstrahlende Rekombination in Halbleitern

Dieses Kapitel gibt einen Überblick über die verschiedenen strahlenden und nichtstrahlenden Rekombinationsprozesse in Halbleitern. Als Modellhalbleiter dienen dabei die beiden für Lumineszenz- und Laserdioden wichtigsten Werkstoffe GaAs und GaP. Die relative Häufigkeit der einzelnen Rekombinationsprozesse hängt von deren Übergangswahrscheinlichkeiten ab. Diese wiederum sind abhängig von der Bandstruktur des Halbleiters und der Art und Dichte von eventuell vorhandenen Rekombinationszentren. Im Falle der optischen Übergänge - das sind jene Übergänge, die mit der Absorption und Emission von Photonen verbunden sind - lassen sich die Übergangswahrscheinlichkeiten aus der Wechselwirkung der Ladungsträger in Leitungs- und Valenzband des Halbleiters mit einem elektromagnetischen Strahlungsfeld berechnen. Für Halbleiter mit direkter Bandlücke liegen sie um Größenordnungen über denen von Halbleitern mit indirekter Bandlücke. Durch Einbau von isoelektronischen Rekombinationszentren läßt sich jedoch auch bei indirekten Halbleitern die Wahrscheinlichkeit für strahlende Übergänge beträchtlich erhöhen.

2.1 Elektronische Übergänge und Bandstruktur bei Halbleitern

Abb.2.1 zeigt die nach erfolgter Anregung zur Wiederherstellung des Gleichgewichtszustandes möglichen strahlenden und nichtstrahlenden elektronischen Übergänge im Bänderschema eines Halbleiters, welches in Band 1 und 3 zur Beschreibung der Halbleitereigenschaften ausführlich erklärt ist. Man kann diese Prozesse einteilen in:

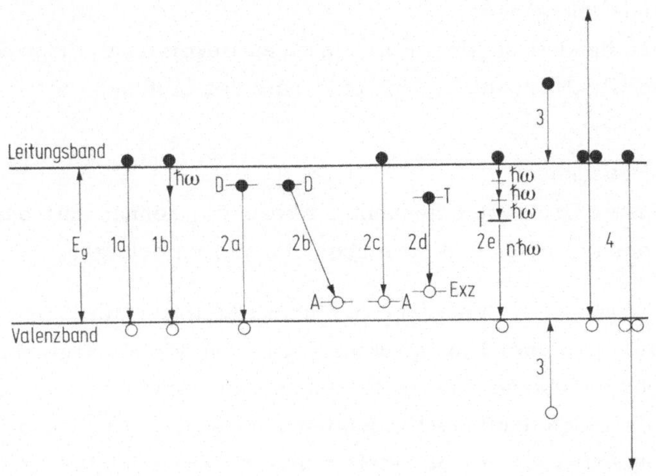

Abb. 2.1. Elektronische Übergänge im Halbleiter. Die Nummern beziehen sich auf die Unterteilung im Text

1. Interband-Übergänge, auch Band-Band-Übergänge genannt:
   a) Direkte Rekombination von Elektronen aus dem Leitungsband mit Löchern aus dem Valenzband, auch direkte Band-Band-Übergänge genannt;
   b) Rekombination von Elektronen und Löchern unter Beteiligung von Phononen und/oder Exzitonen, auch indirekte Band-Band-Übergänge genannt.
2. Rekombination von Elektronen und Löchern unter Beteiligung von Störstellen im weitesten Sinne, auch Termrekombination genannt. Als Störstellen kommen Donatoratome, Akzeptoratome, isoelektronische Störstellen, Gitterstörstellen sowie Störstellenkomplexe in Betracht. Bei diesen Übergängen können auch Phononen beteiligt sein. Die wichtigsten Termübergänge sind:
   a) Donator-Valenzband-Übergänge;
   b) Donator-Akzeptor-Übergänge (Paarrekombination);
   c) Leitungsband-Akzeptor-Übergänge;
   d) Übergänge nach Bildung von Exzitonen, die an Störstellen gebunden sind;
   e) Phononenkaskaden- und Multiphononen-Übergänge.

3. Intraband-Übergänge:

Bei ihnen handelt es sich nicht um einen Rekombinationsprozeß, sondern um Elektronenübergänge innerhalb des Leitungs- bzw. Valenzbandes.

4. Auger-Prozesse:

Diese, auch Dreierstoß genannten Prozesse, können mit oder ohne Phononenbeteiligung und auch über Störstellen erfolgen.

Welche der genannten Übergänge in einem Halbleiter auftreten, hängt in erster Linie von seiner Bandstruktur, d.h. von der Abhängigkeit der erlaubten Energiezustände der Elektronen, von ihrem Impuls $\vec{p}$ oder dem quantenmechanisch äquivalenten Wellenzahlvektor $\vec{k} = \vec{p}/\hbar$ und von der Art und Konzentration der Störstellen ab.

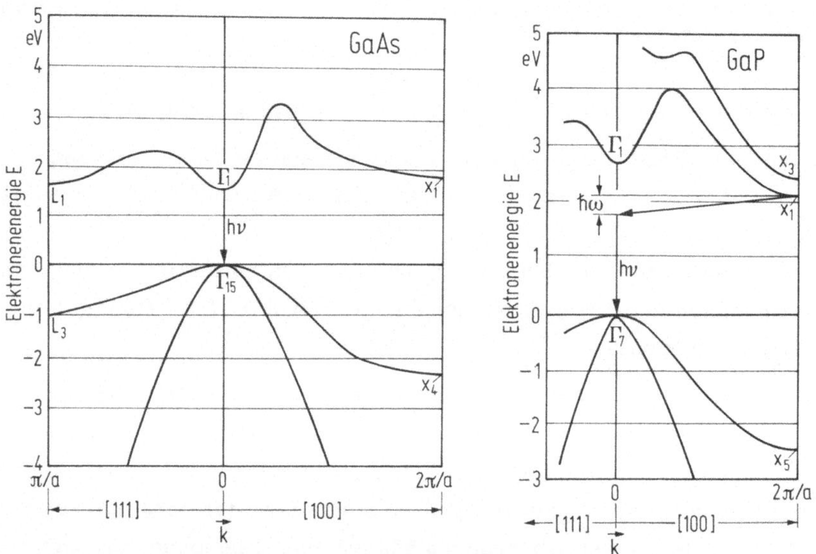

Abb.2.2. Bandstruktur von GaAs und GaP bei 0 K. Die Pfeile kennzeichnen die Band-Band-Übergänge. Nach [2] und [2.2]

Bezüglich der Bandstruktur können die Halbleiter in zwei Gruppen eingeteilt werden (Abb.2.2). Bei der ersten Gruppe mit GaAs als wichtigstem Vertreter liegen die bevorzugt mit Ladungsträgern besetzten absoluten Bandextrema von Leitungsband und Valenzband im $E(\vec{k})$-Raum bei gleichen $\vec{k}$-Werten, und zwar i.a. bei $\vec{k} = 0$, was dem Punkt Γ der Brillouin-Zone entspricht. Bei der zweiten Gruppe mit Ge, Si und GaP als wichtigste Vertreter liegen die absoluten Bandextrema bei verschiedenen

Wellenzahlvektoren. Die Valenzbandkante ist wie für GaAs bei $\vec{k} = 0$, die Leitungsbandkante ist aber dagegen verschoben. Sie liegt bei Si nahe dem Punkt X, bei GaP im Punkt X und bei Ge im Punkt L der Brillouin-Zone. Diese Gruppe nennt man Halbleiter mit indirekter Bandlücke oder indirekte Halbleiter im Gegensatz zur ersten Gruppe, den Halbleitern mit direkter Bandlücke oder direkten Halbleitern.

Die Bandstruktur spielt für die Rekombinationsprozesse eine große Rolle, da bei allen Übergängen neben der Energie der gesamte Impuls der beteiligten Teilchen erhalten bleiben muß, was der Erhaltung des Wellenzahlvektors $\vec{k}$ entspricht. Diese k-Auswahlregel gilt jedoch nur für den Fall schwacher Anregung, d.h. bei genügend niedriger Dichte der hierbei zusätzlich erzeugten Träger. Direkte strahlende Rekombination kann wegen des verschwindend kleinen Impulses $h\nu/c$ des Photons dann mit hoher Wahrscheinlichkeit erfolgen, wenn die $\vec{k}$-Werte von Valenzbandmaximum und Leistungsbandminimum übereinstimmen, wie es bei den direkten Halbleitern der Fall ist. In indirekten Halbleitern dagegen muß bei der Rekombination ein dritter Partner beteiligt werden, der für den Impulsausgleich sorgt. Als Partner kommen Phononen, Gitterstörstellen oder Fremdatome im Gitter in Betracht. Im Falle der Phononenbeteiligung kann man sich nach Abb.2.2 den Rekombinationsprozeß so vorstellen, daß das beteiligte Elektron aus dem Leitungsband unter Absorption oder Emission eines Phonons virtuell von einem k-Wert bei X zu einem k-Wert bei Γ übergeht und dann unter Emission eines Photons mit dem Loch im Valenzband rekombiniert. Die Rekombination unter Beteiligung dritter Partner ist, wie im nächsten Abschnitt gezeigt wird, wesentlich weniger wahrscheinlich als der Zweiteilchenprozeß im direkten Halbleiter.

Bei Mischung eines Halbleiters mit direkter und eines Halbleiters mit indirekter Bandlücke wird man für den Mischkristall einen Übergang von direkter zu indirekter Bandlücke erwarten, vorausgesetzt, daß das Phasendiagramm keine Mischungslücke aufweist. Bei $GaAs_{1-x}P_x$ zum Beispiel nehmen die Bandabstände in den Punkten Γ bzw. X der Brillouin-Zone $E_{g\Gamma}$ bzw. E_{gX} mit wachsendem x, also steigendem Phosphoranteil, zu, und zwar mit unterschiedlichem Anstieg, was dazu führt, daß der Bandabstand E_g als minimaler Abstand zwischen Valenz- und Leitungsband in Abhängigkeit von x einen Knick aufweist (Abb.2.3). Unterhalb der Knickstelle x_c ist $GaAs_{1-x}P_x$ ein direkter Halbleiter, für $x > x_c$

ein indirekter Halbleiter. In der Nähe von x_c sind die beiden Minima des Leitungsbandes etwa gleichstark mit Elektronen besetzt, so daß beide Arten von Übergängen nebeneinander auftreten. Die Abhängigkeit von $E_{g\Gamma}$ und E_{gX} von der Zusammensetzung x ist i.a. nichtlinear. Die Abweichung von der Linearität ist umso größer, je stärker sich die substituierenden Komponenten in Atomgröße und Pseudopotential unterscheiden.

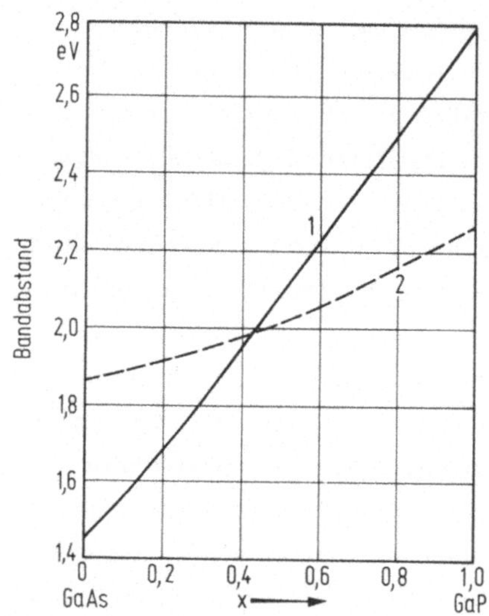

Abb. 2.3. Abhängigkeit der Bandlücke bei $GaAs_{1-x}P_x$ von der Zusammensetzung. Nach [2.3]
1: bei direkter Bandlücke;
2: bei indirekter Bandlücke

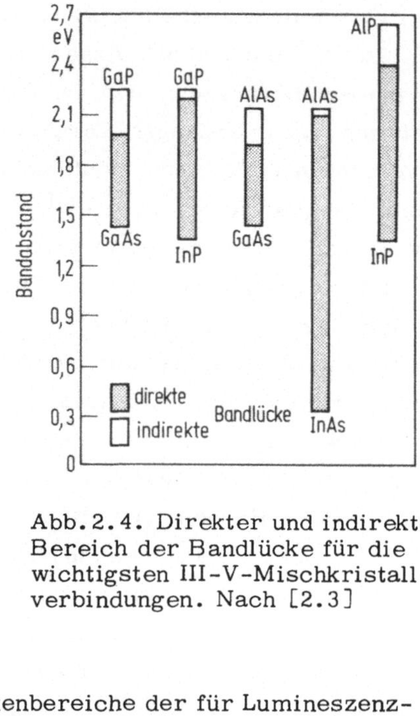

Abb. 2.4. Direkter und indirekter Bereich der Bandlücke für die wichtigsten III-V-Mischkristallverbindungen. Nach [2.3]

Die direkten und indirekten Bandlückenbereiche der für Lumineszenz- und Laserdioden interessanten III-V-Mischkristallreihen sind in Abb. 2.4 gezeigt. Danach kann durch Mischung eines Halbleiters mit direkter, im infraroten Spektralbereich liegender Bandlücke und eines indirekten Halbleiters mit hohem Bandabstand die direkte strahlungseffiziente Bandstruktur bis in den sichtbaren Spektralbereich erhalten bleiben.

2.2 Strahlende Rekombination

2.2.1 Theorie der strahlenden Übergänge

Ausgehend von der Wechselwirkung zwischen Ladungsträgern und einer elektromagnetischen Welle im Halbleiter unterscheidet man zwischen

Übergängen, die durch das Strahlungsfeld induziert werden (Absorption und induzierte Emission), und der spontanen strahlenden Rekombination, die zur spontanen Emission führt. Die Berechnungen der durch eine elektromagnetische Welle induzierten optischen Übergänge in einem Halbleiter beruhen auf der Kenntnis der quantenmechanischen Übergangswahrscheinlichkeiten zwischen den einzelnen Zuständen des Valenzbandes und denen des Leitungsbandes. Im folgenden werden nur die wichtigsten Schritte dieser Berechnungen gezeigt (ausführliche Darstellung: [2.4]).

Induzierte optische Übergänge

Die Wechselwirkung eines durch die Wellenfunktion Ψ beschriebenen Systems aus N Elektronen mit der Elementarladung q und den Ortsvektoren $\vec{r}_i$ und einer elektromagnetischen Welle wird durch die zeitabhängige Schrödinger-Gleichung

$$\underline{H}\Psi = i\hbar \frac{\partial\Psi}{\Psi t} \tag{2.1}$$

beschrieben mit dem Hamilton-Operator

$$\underline{H} = \sum_{i=1}^{N} \frac{[\underline{p}_i - q\vec{A}(\vec{r}_i)]^2}{2m_i} + V_0 \,. \tag{2.2}$$

$A(\vec{r}_i)$ ist das Vektorpotential der elektromagnetischen Welle, welches zum Impulsoperator $\underline{p}_i$ hinzugezählt wird und bei Annahme einer ebenen Welle der Frequenz ν gegeben ist durch

$$\vec{A}(\vec{r}_i, t) = \vec{A}_0 \exp[i(\vec{k}_{Ph} \cdot \vec{r}_i - 2\pi\nu t)] \tag{2.3}$$

mit $\vec{k}_{Ph}$ als Wellenausbreitungsvektor des Photons. V_0 die potentielle Energie und somit die Summe aller Coulomb-Wechselwirkungspotentiale. Vernachlässigt man in (2.2) das Glied mit A^2, dann läßt sich der Hamilton-Operator in der Form

$$\underline{H} = \underline{H}_0 + \underline{H}' \tag{2.4}$$

schreiben, wobei $\underline{H}_0$ der Hamilton-Operator des ungestörten (strahlungsfreien) Problems mit den Eigenfunktionen Ψ_n ist und

$$\underline{H}' = -\sum_{i=1}^{N} \frac{q}{m_i} \vec{A}(\vec{r}_i, t)\underline{p}_i \tag{2.5}$$

die Wechselwirkung der Teilchen mit der elektromagnetischen Welle beschreibt und als Störung betrachtet werden kann. Die explizite Lösung des Problems mit Hilfe der Diracschen Störungstheorie ist beispielsweise in [2.5] zu finden. Hier soll nur das Ergebnis der Rechnungen diskutiert werden. Bei Abspaltung der Zeitabhängigkeit aus dem Störoperator

$$\underline{H}' = \underline{Q} \exp(i2\pi\nu t) \tag{2.6}$$

und aus den Eigenfunktionen

$$\Psi_n(\vec{r}_i, t) = U_m(\vec{r}_i) \exp\left(-i \frac{E_n t}{\hbar}\right) . \tag{2.7}$$

erhält man für die Wahrscheinlichkeit W_{mn} eines Überganges aus einem Zustand des Systems mit der Energie E_n in einen Zustand mit der Energie E_m

$$W_{mn} = |Q_{mn}|^2 \frac{\sin^2\pi(\nu_{mn} - \nu)t}{\pi^2(\nu_{mn} - \nu)^2} . \tag{2.8}$$

ν_{mn} ist das Frequenzäquivalent der Energiedifferenz

$$\nu_{mn} = \frac{E_m - E_n}{h} \tag{2.9}$$

und

$$Q_{mn} = \int U_m^* \underline{Q}\, U_n \, dV \tag{2.10}$$

das Matrixelement des zeitunabhängigen Störoperators, wobei U_m^* der konjugiertkomplexe Wert von U_m ist. Die Integration ist über das gesamte Systemvolumen zu erstrecken, von dem im weiteren angenommen werden soll, daß es sich um das Einheitsvolumen handelt. Liegt eine sehr große Zahl von Zuständen vor, so daß diese als Kontinuum betrachtet werden können, dessen Dichte zwischen $h\nu$ und $h\nu + \Delta E$ gleich $\rho(h\nu)d\nu$ ist, dann erhält man für die Übergangswahrscheinlichkeit pro Zeiteinheit

$$r_{mn} = \frac{dW_{mn}}{dt} = 2|Q_{mn}|^2 \rho(h\nu) \frac{\sin 2\pi(\nu_{mn} - \nu)t}{2\pi(\nu_{mn} - \nu)} . \quad (2.11)$$

Für genügend große Zeiten t unterscheidet sich der letzte Faktor dieser Gleichung nur durch den Faktor π von der Diracschen δ-Funktion, so daß man schließlich

$$r_{mn} = \frac{2\pi}{\hbar} |Q_{mn}|^2 \rho(h\nu) \delta(h\nu_{mn} - h\nu) \quad (2.12)$$

erhält. Die δ-Funktion gewährleistet somit die Energieerhaltung bei dem durch eine Photonenabsorption induzierten Übergang.

Dieses grundsätzliche Ergebnis ist auf die optischen Übergänge zwischen den durch die Bloch-Funktionen

$$\Psi_{c,v} = U_{c,v}(\vec{k}_{c,v}, \vec{r}) \exp\left(-i \frac{E_{c,v}(\vec{k}_{c,v})}{\hbar} t \right) \exp(i\vec{k}_{c,v} \cdot \vec{r}) \quad (2.13)$$

beschreibbaren Zuständen des Leitungsbandes (Index c) und des Valenzbandes (Index v) eines Halbleiters zu übertragen. Dabei müssen die Besetzungswahrscheinlichkeiten für Elektronen des Ausgangs- und des Endzustandes berücksichtigt werden, da bei der Ableitung von (2.12) vorausgesetzt wurde, daß der Ausgangszustand besetzt und der Endzustand leer sei. Bezeichnet man die energieabhängige Besetzungswahrscheinlichkeit mit $f(E_{c,v})$, dann ergibt sich für die Übergangswahrscheinlichkeit pro Zeiteinheit eines Elektrons von einem Zustand im Valenzband zu einem im Leitungsband, die um den Energiebetrag $h\nu = E_c - E_v$ auseinanderliegen

$$r_{cv}(\nu, \vec{k}_c, \vec{k}_v) = \frac{2\pi}{\hbar} |Q_{cv}(\vec{k}_c, \vec{k}_v)|^2 \rho(h\nu) f(E_v)[1 - f(E_c)] . \quad (2.14)$$

Für das Übergangsmatrixelement Q_{cv} erhält man nach (2.10)

$$Q_{cv} = \int U_c \exp(-i\vec{k}_c \cdot \vec{r}) \underline{Q}\, U_v \exp(i\vec{k}_v \cdot \vec{r}) dV . \quad (2.15)$$

Es hat die Eigenschaft zu verschwinden, solange nicht $\vec{k}_c = \vec{k}_v + \vec{k}_{Ph}$ ist. Das ist die bereits in Abschnitt 2.1 erwähnte $\vec{k}$-Auswahlregel.

Neben diesen durch die elektromagnetische Welle induzierten Übergängen vom Valenzband in das Leitungsband, die mit einer Photonenabsorption verbunden sind, muß noch der inverse Prozeß berücksichtigt werden, bei dem durch die elektromagnetische Welle Übergänge vom Leitungsband ins Valenzband induziert und Photonen emittiert werden. Die Übergangswahrscheinlichkeit pro Zeiteinheit hierfür unterscheidet sich wegen $Q_{vc} = Q_{cv}$[1] nur durch andere Besetzungsfaktoren, nämlich $f(E_c)[1-f(E_v)]$, so daß man als Nettorate der induzierten Übergänge

$$r_{ind} = r_{vc} - r_{cv} = \frac{2\pi}{\hbar} |Q_{cv}|^2 \rho(h\nu)[f(E_c) - f(E_v)] \tag{2.16}$$

erhält. Sind die Zustände des Valenzbandes stärker besetzt als die des Leitungsbandes, d.h. $f(E_v) > f(E_c)$, wie es z.B. im thermischen Gleichgewicht der Fall ist, wo $f(E)$ durch die Fermi-Verteilungsfunktion

$$f_0(E) = \left[\exp\left(\frac{E - E_F}{kT}\right) + 1\right]^{-1} \tag{2.17}$$

gegeben ist mit E_F als Fermi-Energie, dann ist die Nettorate negativ, was einer überwiegenden Absorption von Strahlung entspricht. Ist $f(E_c) > f(E_v)$, denn tritt die induzierte Emission auf, die im Kapitel 6 in Zusammenhang mit der Laserdiode, wo sie die entscheidende Rolle spielt, noch ausführlich behandelt wird.

Absorptionskoeffizient

Ein dem Experiment zugängliches Maß für die Übergangsraten r_{ind} ist der Absorptionskoeffizient $\alpha(\nu)$. Dieser ist die auf den Strahlungsfluß S bezogene absorbierte Strahlungsleistungsdichte $h\nu r_{ind}$, also

$$\alpha(\nu) = \frac{h\nu r_{ind}(\nu)}{S} \tag{2.18}$$

mit

$$S = \frac{4\pi^2\nu^2\varepsilon|\vec{A}_0|^2}{2cn^*} . \tag{2.19}$$

S ist der Betrag des Poynting-Vektors der elektromagnetischen Welle [2.4], n^* der Brechungsindex, c die Lichtgeschwindigkeit und ε die re-

[1] Diese Symmetrie ergibt sich aufgrund der Hermitezität des Störungsoperators $\underline{H}'$ [2.4].

lative Dielektrizitätskonstante des Halbleiters. Durch Abspaltung des Faktors $2m/qA_0$ aus dem Matrixelement des zeitunabhängigen Störoperators (2.10) erhält man schließlich für den Absorptionskoeffizienten

$$\alpha(\nu) = \frac{cn^*q^2}{2\varepsilon\nu m^2} |M_{cv}|^2 \rho(h\nu)[f(E_v) - f(E_c)] , \tag{2.20}$$

wobei die Größe

$$M_{cv} = \frac{2m}{q|\vec{A}_0|} Q_{cv} \tag{2.21}$$

gemäß (2.5) und (2.6) nicht mehr vom Betrag des Vektorpotentials und damit nicht von der Strahlungsleistung abhängt.

Die Berechnung des Absorptionskoeffizienten in direkten Halbleitern ist am einfachsten, wenn Valenzband und Leitungsband in der Umgebung des Extrema bei $\vec{k}_{c,v} = \vec{k}^0_{c,v}$ eine einfache parabolische Form

$$E_{c,v} = \frac{2\hbar}{2m_{n,p}} (\vec{k}_{c,v} - \vec{k}^0_{c,v})^2 \tag{2.22}$$

besitzen und wenn das Übergangsmatrixelement nicht von $\vec{k}$ abhängt (Abschnitt 6.2.4). Man erhält in diesem Fall den Absorptionskoeffizienten für Phononenenergien $h\nu > E_g$

$$\alpha(\nu) = C_d(h\nu - E_g)^{1/2} . \tag{2.23}$$

C_d ist eine Konstante, die die effektiven Massen von Elektronen und Löchern, den Brechungsindex des Halbleiters und das Übergangsmatrixelement des direkten Übergangs enthält, während der Term $(h\nu - E_g)^{1/2}$ aus der Abhängigkeit der Zustandsdichte von der Übergangsenergie resultiert.

Bei der Berechnung der induzierten optischen Übergänge in indirekten Halbleitern, die, wie bereits erwähnt, in mehreren Stufen ablaufen (z.B. unter Beteiligung von Phononen), muß in (2.2) zum Vektorpotential der Lichtwelle noch das des Phononenfeldes hinzugefügt werden. Für den Zweistufenprozeß unter Beteiligung eines Phonons erhält man zwei verschiedene Übergangsmatrixelemente, je nachdem, ob ein Phonon absorbiert oder emittiert wird. Bei tiefen Temperaturen, wo die Phononenemission überwiegt, ist für Übergänge oberhalb E_g

$$\alpha(\nu) = C_{ie}(h\nu - E_g - \hbar\omega_p)^2 , \qquad (2.24)$$

wobei C_{ie} eine Konstante ist, die im wesentlichen dieselben Größen enthält wie C_d in (2.23), die aber in den wichtigsten III-V-Halbleitern etwa um den Faktor 10^3 kleiner ist; $\hbar\omega_p$ ist die Phononenenergie. Bei höheren Temperaturen nimmt die Dichte der thermisch angeregten Phononen zu, so daß deren Absorption berücksichtigt werden muß. Entsprechend kommt auf der rechten Seite von (2.24) noch ein Term $C_{ia}(h\nu - E_g + \hbar\omega_p)^2$ hinzu.

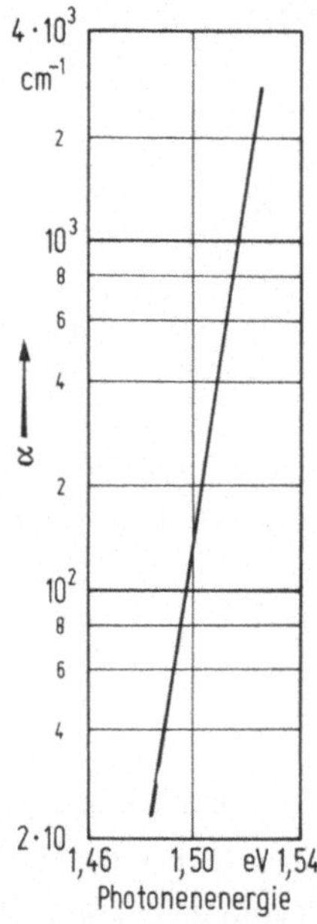

Abb. 2.5. Absorptionskoeffizient α von n-GaAs ($n \approx 4 \cdot 10^{17}\,cm^{-3}$) bei 77 K. Nach [2.6]

Die Abb. 2.5 und 2.6 zeigen als Beispiel die experimentell gemessenen Absorptionskoeffizienten von GaAs und GaP in dem für das Emissionsspektrum wichtigen bandkantennahen Energiebereich. Während der Absorptionskoeffizient des direkten Halbleiters GaAs innerhalb 10 meV um mehr als eine Größenordnungen anwächst, steigt er beim indirekten GaP innerhalb desselben Bereiches nicht einmal auf den doppelten Wert an, was auf den Unterschied zwischen C_d und C_i zurückzuführen ist. Beide Kurven werden durch (2.23) und (2.24) quantitativ nur ungenügend beschrieben. Für eine genauere Berechnung müßten u.a. noch die genauere Bandstruktur und bandkantennahen Zustände wie Exzitonenzustände, Bandausläufer und Störstellenterme berücksichtigt werden. Als Beispiel, wie stark der Verlauf des Absorptionskoeffizienten durch solche Zustände modifiziert wird, ist in Abb. 2.6 noch der Absorptionskoeffizient von stark stickstoffdotiertem GaP gezeigt.

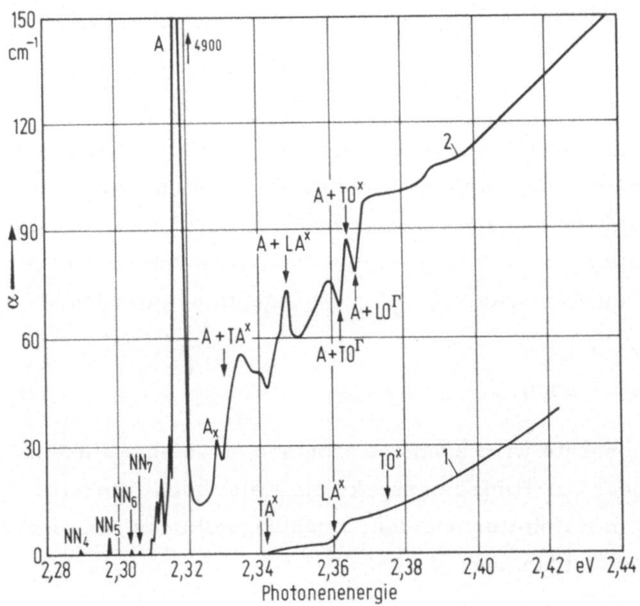

Abb. 2.6. Absorptionskoeffizient α von GaP bei 2 K (nach [2.7]) 1: undotiertes GaP; 2: stickstoffdotiertes GaP (Stickstoffkonzentration $\approx 7 \cdot 10^{18} cm^{-3}$). Die Linie A entspricht der Absorption durch ein an ein N-Atom gebundenes Exziton, die Linien NN_i einer Absorption durch Exzitonen an Stickstoffpaaren (s. Abschnitt 2.2.5). LA, TA, LO und TO sind die Bezeichnungen für beteiligte Phononen

Spontane strahlende Rekombination

Auch bei Abwesenheit einer zusätzlichen elektromagnetischen Strahlungswelle, die, wie oben beschrieben, bei genügend hoher Frequenz optische Übergänge zwischem dem Valenz- und dem Leistungsband induziert, absorbiert ein Halbleiter Photonen aus dem immer vorhandenen ihn umgebenden Strahlungsfeld. Der spektrale Strahlungsfluß $S(\nu)$ dieses Feldes ist der eines schwarzen Strahlers bei der Temperatur T und ist gegeben durch das Plancksche Strahlungsgesetz

$$S(\nu)d\nu = \frac{8\pi n^{*2} h\nu^3}{c^2}\left[\exp\frac{h\nu}{kT} - 1\right]^{-1} d\nu . \qquad (2.25)$$

Hiermit erhält man unter Verwendung von (2.16), (2.19) und (2.21) im thermischen Gleichgewicht mit $f = f_0$ eine Nettoabsorptionsrate

$$r_{ind,0} d\nu = \frac{4\pi n^{*3} q^2 \nu}{\varepsilon m^2 c} |M_{cv}|^2 \rho(h\nu)[f_0(E_c) - f_0(E_v)]\left[\exp\frac{h\nu}{kT} - 1\right]^{-1} d\nu . \qquad (2.26)$$

Nach dem Prinzip des detaillierten Gleichgewichts, welches besagt, daß im thermodynamischen Gleichgewicht eines Systems jeder unterscheidbare Prozeß im Mittel durch seinen inversen Prozeß kompensiert wird, muß zur Erhaltung des Gleichgewichts diese Absorptionsrate durch eine gleichgroße Emissionsrate $r_{spon,0} d\nu$ ausgeglichen werden:

$$r_{ind,0} d\nu = -r_{spon,0} d\nu . \qquad (2.27)$$

Diese Emissionsrate wird auch als spontane strahlende Rekombinationsrate bezeichnet. Das Emissionsspektrum weist somit dieselbe Verteilung auf wie die vom Halbleiter aus dem Strahlungsfeld des schwarzen Strahlers absorbierte Strahlung.

Unter Verwendung von (2.20) läßt sich die strahlende Rekombinationsrate durch den Absorptionskoeffizienten α ausdrücken, und man erhält schließlich für die spontane strahlende Gesamtrekombinationsrate R_0

$$R_0 = \int_0^\infty r_{spon,0} d\nu = \frac{8\pi}{c^2 h^3} \int_0^\infty \frac{n^* \alpha(h\nu)(h\nu)^2 d(h\nu)}{\exp\frac{h\nu}{kT} - 1} . \qquad (2.28)$$

Mit Hilfe dieser als Van Roosbroeck-Shockley-Formel bezeichneten Beziehung läßt sich somit bei Kenntnis des makroskopisch meßbaren Absorptionskoeffizienten, von dem jedoch die meist vernachlässigbare Absorption durch freie Ladungsträger abgezogen werden muß, die spontane strahlende Rekombinationsrate im Gleichgewicht berechnen. Die wesentliche Bedeutung von (2.28) liegt, wie im folgenden gezeigt wird, jedoch darin, daß sie auch im Nichtgleichgewicht, d.h. bei Anregung des Halbleiters zur Berechnung der spontanen strahlenden Rekombinationsrate verwendet werden kann.

Bei Anregung des Halbleiters durch Absorption von Photonen einer äußeren Strahlungsquelle oder durch Injektion von Minoritätsträgern liegen die Ladungsträgerkonzentrationen n und p über ihren durch die im thermodynamischen Gleichgewicht gültige Beziehung $n_0 p_0 = n_i^2$ (siehe Band 1 dieser Buchreihe) gegebenen Gleichgewichtskonzentrationen n_0 und p_0. Die Anregung durch Beleuchtung mit einer Lichtquelle bedeutet allerdings weder, daß die Rekombination der Überschußladungstäger ausschließlich strahlend erfolgt, noch, daß das Emissionsspektrum dieselbe spektrale Verteilung aufweist wie das absorbierte Spektrum. Da kein thermodynamisches Gleichgewicht mehr herrscht, kann nämlich das Prinzip des detaillierten Gleichgewichtes nicht mehr angewendet werden. In diesem Fall geht man zur Berechnung der spontanen strahlenden Rekombinationsrate nochmals von (2.26) aus, wobei man unter Verwendung von (2.17) und der sich daraus ergebenden Identität

$$f_0(E_v) - f_0(E_c) = f_0(E_c)[1 - f_0(E_v)]\left[\exp\frac{E_c - E_v}{kT} - 1\right] \qquad (2.29)$$

für dR_0 den Ausdruck

$$dR_0 = \frac{4\pi n^{*3} q^2 \nu}{\varepsilon m^2 c} |M_{cv}|^2 \rho(h\nu) f_0(E_c)[1 - f_0(E_v)] d\nu \qquad (2.30)$$

erhält. Diese Beziehung gilt nun auch für den Fall des Nichtgleichgewichts, d.h. wenn man f_0 durch f ersetzt, da $f(E_c)[1 - f(E_v)]$ die für die Rekombination maßgebliche Wahrscheinlichkeit dafür ist, daß der Zustand im Leitungsband besetzt und der im Valenzband leer ist und da die übrigen Faktoren nur von den Eigenschaften der Zustände und nicht von deren Besetzung abhängen. Für kleine Ladungsträgerkonzentrationen können die Besetzungsfaktoren angenähert durch die Boltzmann-Wahrscheinlichkeit

$$f(E_{c,v}) = \exp\left(-\frac{E_{c,v} - F_{n,p}}{kT}\right) \qquad (2.31)$$

beschrieben werden, mit F_n und F_p als Quasifermienergien der Elektronen bzw. Löcher. Aus (2.30) und (2.31) und den als bekannt vorausgesetzten Beziehungen zwischen Elektronen- und Löcherdichte (Band 1) folgt, daß bei Anregung die spontane strahlende Rekombinationsrate gegeben ist durch

$$R = R_0 \frac{np}{n_i^2} . \tag{2.32}$$

Im Falle der Entartung, d.h. wenn (2.31) durch (2.17) ersetzt werden muß, gibt diese Beziehung wenigstens noch die Größenordnung der Rekombinationsrate richtig an.

Die Größe R_0/n_i^2 wird Rekombinationskoeffizient B genannt. Die sich aus (2.28) ergebenden Rekombinationskoeffizienten der direkten und indirekten Übergänge in den wichtigsten Halbleitermaterialien sind in Tabelle 2.1 zusammengestellt.

Tabelle 2.1. Rekombinationskoeffizienten für Band-Band-Rekombination bei 300 K in cm^3/s für verschiedene Halbleiter (nach [2.47])

	Ge	Si	GaAs	GaSb	InSb
direkter Übergang	$6{,}4 \cdot 10^{-13}$	$9{,}2 \cdot 10^{-44}$	$3{,}2 \cdot 10^{-10}$	$3{,}8 \cdot 10^{-10}$	$1{,}2 \cdot 10^{10}$
indirekter Übergang	$1{,}5 \cdot 10^{-13}$	$8{,}9 \cdot 10^{-15}$	$3{,}5 \cdot 10^{-13}$	$7{,}2 \cdot 10^{-13}$	$1{,}9 \cdot 10^{-13}$

Liegen in einem Halbleiter mehrere Leitungsbandminima vor, z.B. ein indirektes im Punkt X der Brillouin-Zone und ein um einen geringen Energiebetrag ΔE höher gelegenes direktes Minimum im Punkt Γ (Beispiel $GaAs_{1-x}P_x$ in der Nähe von $x = x_c$, Abschnitt 2.4.4), dann setzt sich der Gesamtrekombinationskoeffizient entsprechend der unterschiedlichen Elektronenbesetzung zusammen gemäß

$$B = B_{ind} + B_{dir} \exp\left(-\frac{\Delta E}{kT}\right) . \tag{2.33}$$

2.2.2 Direkte Band-Band-Übergänge

Theoretisch sind direkte strahlende Band-Band-Übergänge wegen der bei schwacher Anregung geforderten k-Erhaltung in direkten Halbleitern am wahrscheinlichsten. Trotzdem werden sie experimentell nicht beobachtet.

Vielmehr treten bei hochreinen direkten Halbleitern nur Übergänge über Störstellen auf. Direkte Band-Band-Übergänge findet man bei hochdotierten Halbleitern. Bei diesen wird jedoch durch die weiter unten beschriebenen Bandausläufer, über die jetzt die Rekombination abläuft, die Bandstruktur modifiziert [2.9].

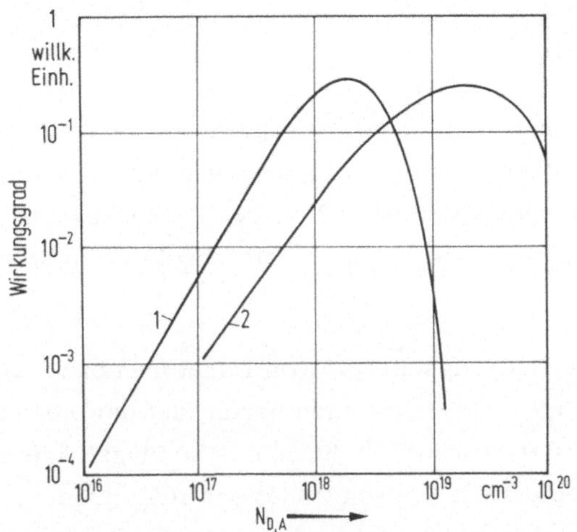

Abb.2.7. Kathodolumineszenzwirkungsgrad von n- (1) und p-leitendem GaAs (2) in Abhängigkeit von der Donator- bzw. Akzeptorkonzentration. Nach [2.3]

Als Modellsubstanz für direkte Halbleiter wird hier das GaAs verwendet, da an diesem Material die meisten Untersuchungen durchgeführt wurden. Wie Abb.2.7 zeigt, treten hohe Emissionsintensitäten nur bei relativ hohen Dotierungskonzentrationen auf, was in Abschnitt 3.2.1 auf die unterschiedliche Dotierungsabhängigkeit der Zeitkonstanten der beteiligten Rekombinationsprozesse zurückgeführt wird. Bei diesen Dotierungskonzentrationen wird die spektrale Verteilung der Emission durch mehrere Effekte beeinflußt. Diese Effekte, die in Band 3 ausführlich behandelt werden, sind im einzelnen:

a) Die mittlere Absenkung des Bandabstandes bei Träger-Träger-Wechselwirkung bzw. durch Potentialabsenkung bei gleichgeladenen Störstellen;
b) die Ausbildung von Bandausläufern durch Verringerung der Donator- bzw. Akzeptoraktivierungsenergie und durch die statistische Verteilung der Störstellenatome;

c) die Bandauffüllung durch freie Ladungsträger in Bändern mit kleiner effektiver Masse, d.h. kleiner Zustandsdichte.

Die Abnahme des Bandabstandes bei hohen Trägerdichten ergibt sich für einen n-Halbleiter mit der Dielektrizitätskonstanten ε zu

$$\Delta E \approx \frac{q^2}{4\pi \varepsilon_0 \varepsilon} n^{1/3} . \tag{2.34}$$

Dieses Verhalten konnte bei hoher Anregung in hochreinem GaAs direkt nachgewiesen werden [2.10]. Für kompensiertes Material mit hoher Donator- und Akzeptordichte muß in (2.34) zur Ladungsträgerkonzentration n noch die Konzentration der gleichgeladenen Störstellen hinzugezählt werden.

Die Abnahme der Aktivierungsenergie von Donatoren bzw. Akzeptoren bei hohen Ladungsträgerkonzentrationen beruht auf der Abschirmung des Coulomb-Potentials der Störstellen durch das Ladungsträgergas. Der Donator- bzw. Akzeptorterm verschwindet schließlich ganz, wenn die die Abschirmung beschreibende Debye-Länge in die Größenordnung des Bohrschen Radius eines an eine Störstelle gebundenen Elektrons oder Lochs kommt. Dieser Effekt tritt demnach bei umso kleineren Dotierungskonzentrationen auf, je größer der Bohrsche Radius r_B, je kleiner also die effektive Masse und damit auch wegen

$$r_B = \frac{q^2}{8\pi \varepsilon\varepsilon_0 E_{D,A}} \tag{2.35}$$

die Aktivierungsenergie $E_{D,A}$ der Störstelle ist. In GaAs mit einer effektiven Elektronenmasse $m_n = 0{,}067\ m_0$ vereinigen sich bereits bei $n \approx 10^{16}\ cm^{-3}$ die Donatorterme mit dem Leitungsband. Zusätzlich verbreitert sich infolge statistischer Schwankungen in der Verteilung der Dotierungsatome mit zunehmender Dotierung die Energieverteilung der Störstellenterme glockenkurvenförmig, da die Elektronen (Löcher) sich bevorzugt in der Nähe der positiv (negativ) geladenen Donatoratome (Akzeptoratome) aufhalten, wo ihre mittlere potentielle Energie abgesenkt wird. Dadurch kommt es schließlich zur Ausbildung von sog. Bandausläufern ("band tails", Abb.2.8), in denen die Zustandsdichte beschrieben werden kann durch

$$N(E) \sim \exp(E/E_0)^s \; , \tag{2.36}$$

wobei E_0 von der Konzentration und der Aktivierungsenergie der Störstelle abhängt. Der Parameter s liegt zwischen 1/2 und 2 [2.12].

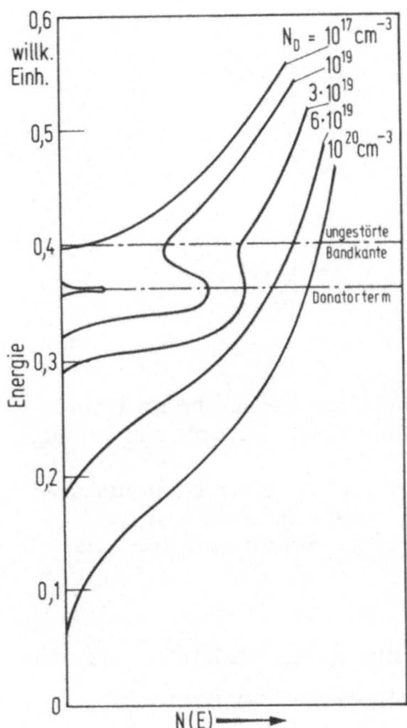

Abb.2.8. Zustandsdichte N(E) des Leitungsbandes bei hohen Dotierungen, nach [2.11]

Ist bei hohen Dotierungen und geringer Zustandsdichte des Leitungsbandes dieses so stark gefüllt, daß der Großteil der zur Rekombination beitragenden Elektronen oder die für Absorptionsprozesse zur Verfügung stehenden freien Plätze in der Nähe des Quasiferminiveaus sich bei Energien deutlich oberhalb der Bandkante befinden, so wird die Emission kürzerwellig.

Der Einfluß dieser Effekte auf die Lage des Emissionsmaximums (nicht Emissionskante) des Kathodolumineszenzspektrums bei tiefen Temperaturen von n- und p-dotiertem GaAs zeigt Abb.2.9. In p-dotiertem GaAs verschiebt sich das Emissionsmaximum (Kurve 1) mit zunehmender Dotierung wegen der Träger-Träger-Wechselwirkung zu längeren Wellenlängen. Eine zusätzliche Verschiebung kommt noch dadurch zustande, daß bei niedrigen Dotierungen keine Band-Band-, sondern eine Donator-Akzeptor-Rekombination stattfindet, die aber bei höheren Dotierungen wegen Verschwindens des Akzeptorterms in eine Rekombination über Bandausläufer übergeht.

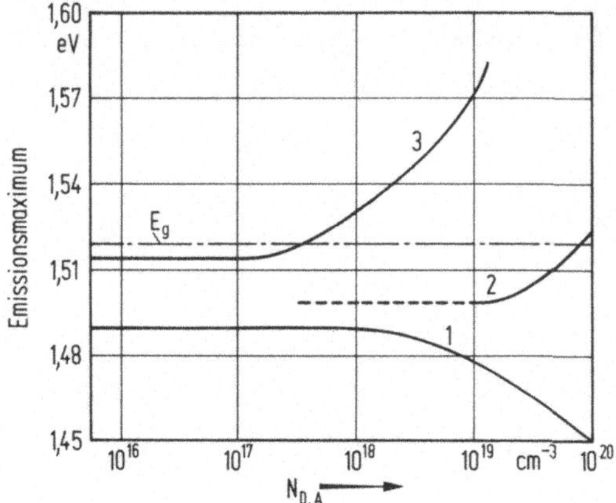

Abb. 2.9. Energetische Lage der Emissionsmaxima bei Kathodolumineszenz in GaAs in Abhängigkeit von der Donator- bzw. Akzeptordotierung. Nach [2.13].
1: Donator-Akzeptor-Übergänge bzw. Rekombination über Bandausläufer in p-GaAs; 2: Schulter im kurzwelligen Emissionsspektrum von p-GaAs; 3: Donator-Valenzband-Übergänge bzw. Rekombination über Bandausläufer in n-GaAs

Der Effekt der Bandauffülung hat in p-GaAs nur geringen Einfluß auf die Lage des Emissionsmaximums, da wegen der großen Löchermasse ($m_p \sim 0{,}47\, m_0$) die Zustandsdichte in der Nähe der Valenzbandkante relativ hoch ist. Er äußert sich nur durch eine Verschiebung der Schulter in der kurzwelligen Flanke des Emissionsspektrums, die ein Maß für die Lage des Quasiferminiveaus der Löcher ist, zu kürzeren Wellenlängen (Kurve 2).

In n-GaAs hingegen verschiebt sich trotz der Abnahme des Bandabstandes durch Träger-Träger-Wechselwirkung das Emissionsmaximum zu kürzeren Wellenlängen hin, was auf die Bandauffüllung zurückzuführen ist und als Burstein-Moss-Verschiebung bezeichnet wird (Kurve 3). Da die Zustandsdichte in den Bändern mit wachsender Energie zunimmt, ist die Verschiebung des Emissionsmaximums geringer als die Verschiebung des Quasiferminiveaus der Elektronen. Diese in n- und p-GaAs gegenläufige Verschiebung der Emissionsmaxima wird - allerdings mit starker Linienverbreiterung - auch bei Zimmertemperatur beobachtet (Abb. 2.10).

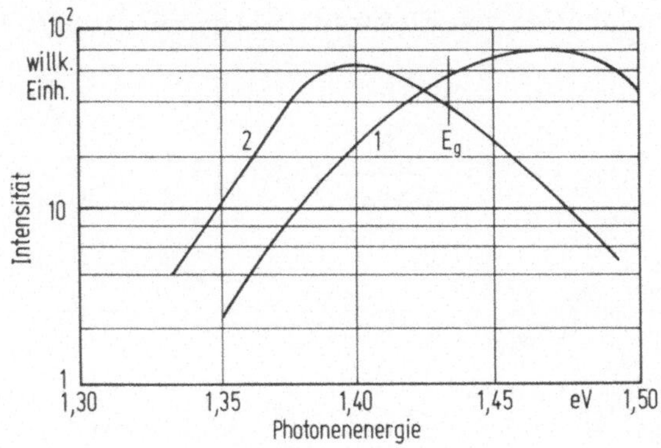

Abb. 2.10. Photolumineszenzspektren von n- und p-leitendem GaAs bei 300 K. Nach [2.3]
1: Elektronendichte $n = 6 \cdot 10^{18} cm^{-3}$; 2: Löcherdichte $p = 10^{19} cm^{-3}$

Eine andere Besonderheit des Emissionsverhaltens tritt bei hohem Kompensationsgrad auf, wo die Bandausläufer besonders stark ausgeprägt sind. So wird bei amphoter mit Si dotiertem GaAs eine Abhängigkeit des Photolumineszenzspektrums bei 77 K von der Anregungsintensität gefunden, und zwar verschiebt sich mit zunehmender Anregung das Emissionsmaximum zu kürzeren Wellenlängen hin [2.14]. Die Ursache dafür sind Übergänge zwischen Leitungsband- und Valenzbandausläufern, die wegen der statistischen Verteilung der Dotierungsatome verschiedenen Orten im Kristall entsprechen. Der dadurch bedingte geringe Überlappungsgrad der Wellenfunktionen der Elektronen und Löcher hat lange Rekombinationszeiten zur Folge, wodurch es mit wachsender Anregung zu einer zunehmenden Sättigung dieser längerwelligen Emission kommt. Diese Übergänge sind den im nächsten Abschnitt behandelten Donator-Akzeptor-Übergängen ähnlich und können auch als Quasipaarrekombination betrachtet werden.

2.2.3 Donator-Akzeptor-Übergänge

Unter Donator-Akzeptor-Übergängen versteht man die strahlende Rekombination eines an einen Donator gebundenen Elektrons mit einem an einen Akzeptor gebundenen Loch.

Betrachtet man in einem Halbleiter mit dem Bandabstand E_g einen neutralen Donator und einen neutralen Akzeptor mit den Aktivierungsenergien E_D bzw. E_A im Abstand a voneinander (Abb. 2.11), dann besitzt das bei der Rekombination von Elektron und Loch emittierte Photon die Energie

$$h\nu(R) = E_g - (E_D + E_A) + \frac{q^2}{4\pi\varepsilon\varepsilon_0 a} + \Delta E(a) \pm \sum_n \hbar\omega_n \, . \tag{2.37}$$

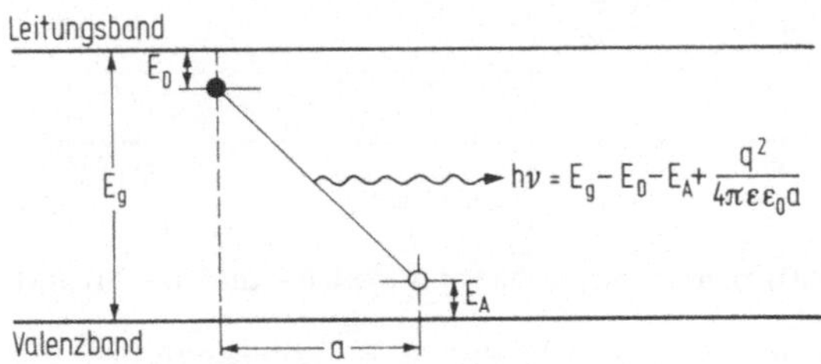

Abb. 2.11. Donator-Akzeptor-Paarrekombination (schematisch)

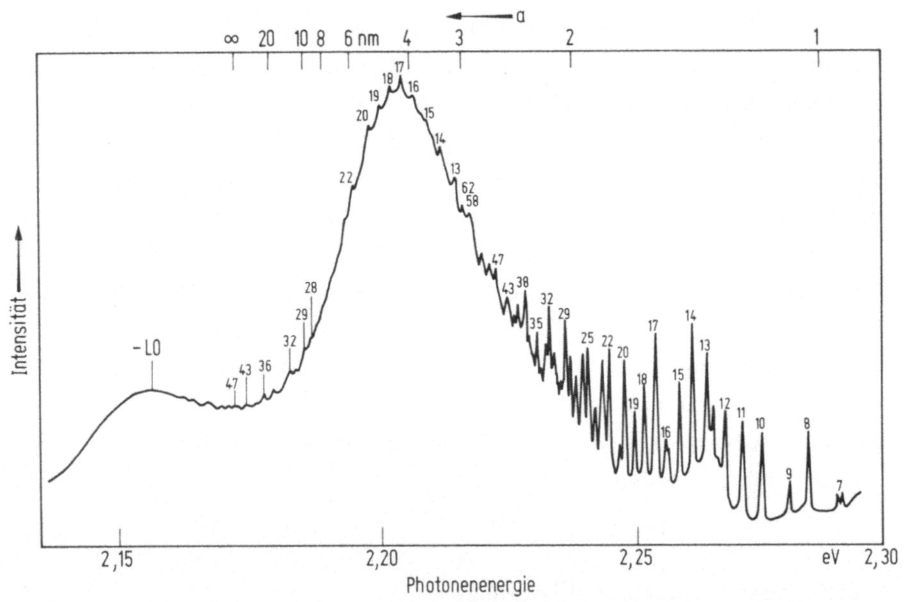

Abb. 2.12. Photolumineszenzspektrum von GaP : S, Zn bei 1,6 K. Die Zahlen an den Linien sind die Schalennummern. Auf der Abszisse sind auch die Abstände zwischen den Donator-Akzeptor-Paaren angegeben. Nach [2.15]

Der Coulomb-Term $q^2/4\pi\varepsilon\varepsilon_0 a$ beschreibt die Wechselwirkung des nach dem Übergang zurückbleibenden ionisierten Donator-Akzeptor-Paares, der Term $\Delta E(a)$ Abweichungen der tatsächlichen Wechselwirkungsenergie von der Coulomb-Energie. Diese Korrektur spielt allerdings nur bei kleinen Abständen a eine Rolle. Der letzte Term auf der rechten Seite von (2.37) berücksichtigt die Beteiligung von Phononen der Energie $\hbar\omega_n$.

Als typisches Beispiel eines Paarspektrums ist in Abb.2.12 das Lumineszenzspektrum von gleichzeitig mit Zink- und Schwefel dotiertem GaP (abgekürzt: GaP : Zn, S) bei tiefen Temperaturen gezeigt. Die einzelnen Linien entsprechen diskreten unterschiedlichen Abständen a zwischen Donator und Akzeptor im Kristallgitter. Ihnen wird eine Schalennummer zugeordnet, die jeweils einem diskreten Radius a entspricht. Bis zur Schalennummer 60, entsprechend einem Abstand im GaP-Gitter von 3 nm, sind die einzelnen Linien auflösbar; bei größeren Abständen, wo die zulässigen Werte für a immer dichter liegen, wird der Linienabstand kleiner als die Linienbreite von 0,2 bis 0,3 meV. Außerdem überlagern sich hier noch die Phononensatelliten der Linien mit niedrigen Schalennummern, die bei Übergängen unter Beteiligung von Phononen auftreten. Die Intensitätsverteilung der Linien entspricht in erster Näherung der statistischen Verteilung der Störstellen auf die verschiedenen Plätze im Kristallgitter.

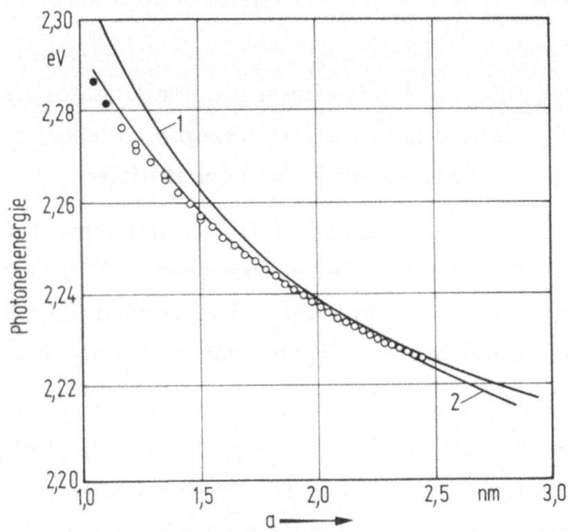

Abb.2.13. Experimentell gemessene (Kreise) und theoretisch berechnete Abhängigkeiten der Photonenenergie vom Abstand zwischen Donator und Akzeptor (Beschreibung im Text. Nach [2.16])

Abb.2.13 zeigt die experimentell ermittelte Abhängigkeit der Photonenenergie vom Abstand a. Diese wird durch (2.37) vor allem bei großen a richtig beschrieben (Kurve 1), so daß aus den gemessenen Paarspektren bei Kenntnis von zwei der drei Größen E_D, E_A und ε die dritte mit großer Genauigkeit bestimmt werden kann. Kurve 2 berücksichtigt noch den

Einfluß der Delokalisierung von Elektron und Loch bei Annäherung des Donator-Akzeptor-Paares, so daß auch bei kleinen Werten von a eine ziemlich genaue Übereinstimmung mit den experimentellen Werten erreicht wird. Es fällt auf, daß in Abb. 2.12 die Linien bei der Schalennummer 7 abbrechen, was einem Abstand von etwa 1 nm und damit etwa dem doppelten Bohrschen Radius $r_D = q^2/8\pi\varepsilon\varepsilon_0 E_D$ des stärker gebundenen Elektrons entspricht. Unterhalb dieses Abstandes ist eine lokalisierte Bindung eines Elektrons nicht mehr möglich, Elektron und Loch können vielmehr nur mehr als Exziton gebunden werden (Abschnitt 2.3.5).

Die in GaP beobachteten Paarspektren lassen sich folgendermaßen klassifizieren [2.15]:

a) Donator-Akzeptor-Paare mit einem flachen Donator, d.h. mit niedriger Aktivierungsenergie auf einem Ga-Platz (Sn_{Ga}, Si_{Ga}) und einem flachen Akzeptor (C_P, Be_{Ga}, Mg_{Ga}, Zn_{Ga}, Cd_{Ga}). Bei den zugehörigen Paarspektren sind die Phononensatelliten stärker ausgeprägt als die Linien für den einfachen Übergang. Diese Phononenbeteiligung wird durch den Term $-\sum_n \hbar\omega_n$ auf der rechten Seite von (2.37) berücksichtigt.

b) Donator-Akzeptor-Paare mit einem flachen Donator auf einem P-Platz (Te_P, Se_P, S_P) und einem flachen Akzeptor wie bei a). Diese Paarspektren zeigen nur schwache Phononensatelliten.

c) Donator-Akzeptor-Paare mit einer tiefen und einer flachen Störstelle. Tiefe Störstellen, d.h. Störstellen mit großer Aktivierungsenergie in GaP sind Ge_{Ga}, O_P, Si_P und Ge_P. Die zugehörigen Lumineszenzspektren sind infolge starker Phononenbeteiligung breit und kaum strukturiert.

Das abweichende Verhalten von Donatoren auf einem P-Platz und von Donatoren auf einem Ga-Platz bei der Paarrekombination ist auf die unterschiedliche Symmetrie der Elektronenzustände in GaP bei Wahl des Koordinatenursprungs in einem P- bzw. Ga-Platz zurückzuführen [2.17]. Die starke Phononenbeteiligung bei der Rekombination über eine tiefe Störstelle ist auf die starke Bindung der Ladungsträger an diese Störstellen zurückzuführen. Die Gitteratome in der Nähe der Störstelle besitzen hierbei vor und nach dem Übergang eine deutlich unterschiedliche Gleichgewichtslage, was eine starke Kopplung des gebundenen Teilchens mit dem Gitter zur Folge hat.

Eine für ihre experimentelle Identifizierung wesentliche Eigenschaft der Donator-Akzeptor-Paarspektren ist das nichtexponentielle Abklingen der Gesamtintensität mit der Zeit nach einer Impulsanregung. Wegen des unterschiedlichen räumlichen Abstandes und des damit verbundenen unterschiedlichen Überlappungsgrades der Wellenfunktionen von Elektronen und Löchern besitzen nämlich die einzelnen Übergänge verschiedene Übergangswahrscheinlichkeiten W, deren Abhängigkeit vom Abstand a nach [2.18] in guter Näherung beschrieben wird durch

$$W(a) = W_m \exp(-4a/r_B) , \qquad (2.38)$$

wobei W_m sich gemäß

$$W_m = W_{ZP} + \sum W_{PA} \qquad (2.39)$$

aus der Wahrscheinlichkeit des phononenfreien Überganges W_{ZP} (ZP: zero phonon) und der Summe der Wahrscheinlichkeiten mit Phononenbeteiligung W_{PA} (PA: phonon assisted) zusammensetzt und r_B der Bohrsche Radius des schwächer gebundenen Teilchens ist. Die zeitaufgelöste Spektroskopie [2.19] von Donator-Akzeptor-Paarspektren beweist diese Vorstellung, da man mit zunehmender Abklingdauer eine Verschiebung des Emissionsmaximums zu längeren Wellenlängen beobachtet. Übergänge zwischen weiter voneinander entfernten Paaren haben geringere Wahrscheinlichkeiten und damit größere Zeitkonstanten bei nach (2.37) geringerer Energie.

Paarübergänge in GaP führen zwar bei niedrigen Temperaturen zu relativ hohen Wirkungsgraden der Lichtemission, bei Temperaturen oberhalb 100 K, wo die Thermalisierung der Ladungsträger in das Leitungsband und das Valenzband einsetzt, nehmen sie aber stark ab und liegen bei Zimmertemperatur schließlich um mehrere Größenordnungen niedriger als bei 77 K. Damit spielen Donator-Akzeptor-Paarübergänge für Lumineszenzdioden, die bei Zimmertemperatur betrieben werden sollen, keine Rolle, wohl aber bei der Materialuntersuchung im Hinblick auf die Bestimmung von Dotierung und unbeabsichtigten Verunreinigungen.

Abschließend sei noch erwähnt, daß als Bindungszentren bei der Paarrekombination nicht nur Donator- und Akzeptoratome in Frage kommen, sondern auch Donator-Akzeptorpaare wie z.B. in GaP bei der Rekombination eines an ein isoelektronisches Zn,O-Zentrum gebundenen Elektrons mit einem an einen Zn-Akzeptor gebundenen Loch (Abschnitt 2.2.5).

2.2.4 Donator-Valenzband- und Akzeptor-Leitungsband-Übergänge

(sog. free to bound luminescence)

Besitzen die bei der Donator-Akzeptor-Paarrekombination beteiligten Donatoren und Akzeptoren unterschiedliche Aktivierungsenergien, z.B. $E_A < E_D$, wie es bei GaP : Zn, S der Fall ist, dann tritt bei Temperaturerhöhung eine neue Emissionslinie auf, die der Rekombination eines an einen S-Donator gebundenen Elektrons mit einem freien Loch des Valenzbandes zugeordnet werden kann [2.20]. Die Photonenenergie beträgt dann

$$h\nu = E_g - E_D + kT - \sum_n \hbar\omega_n , \tag{2.40}$$

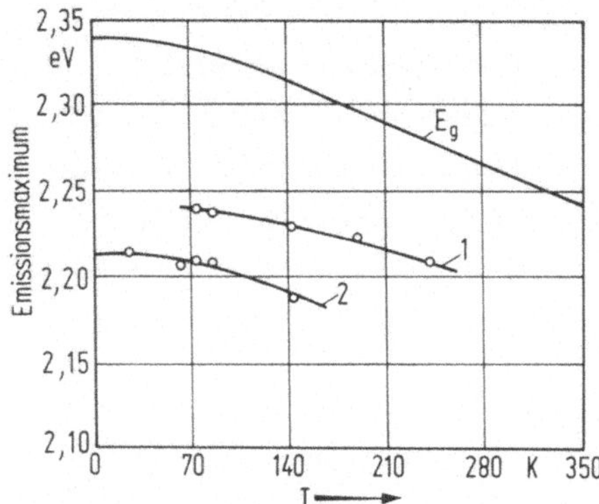

Abb. 2.14. Temperaturabhängigkeit der Emissionsmaxima verschiedener Rekombinationsmechanismen über Störstellen in GaP.
1: Valenzband-Donator(S)-Übergang;
2: Donator(S)-Akzeptor(Zn)-Paarrekombination. Nach [2.20]

wobei kT die kinetische Energie des Loches und $\sum_n \hbar\omega_n$ der Beitrag von Phononen ist. Wegen der kinetischen Energie des Loches verkleinert sich mit zunehmender Temperatur der Abstand zwischen E_g und dem Emissionsmaximum des Donator-Valenzband-Überganges (Abb. 2.14).

Ein weiteres Beispiel für einen Donator-Valenzband-Übergang in GaP ist die Rekombination von Elektronen an einem O-Donator mit Löchern des Valenzbandes. Dieser Übergang scheint für die IR-Emissionsbande bei Rotlicht emittierenden Zn, O-dotierten GaP-Dioden verantwortlich zu sein [2.21].

2.2.5 Übergänge über Exzitonen

Die durch Rekombination gebundener Exzitonen entstehende Lumineszenz spielt vor allem in GaP und in indirektem Ga(As,P) eine große Rolle, da sie in diesen Materialien zu technisch ausnutzbaren Lichtausbeuten führt.

Unter Exzitonen versteht man allgemein Elektron-Loch-Paare [2.22], die durch Coulomb-Wechselwirkung aneinander gebunden sind. Die Energie der Exzitonenzustände erhält man wie bei der Berechnung der Aktivierungsenergie flacher Störstellen durch Lösen der Schrödinger-Gleichung, mit dem Unterschied, daß das Attraktionszentrum nicht mehr festliegt, sondern daß Elektron und Loch sich um einen gemeinsamen Schwerpunkt bewegen. Für die Energie der Exzitonenzustände erhält man dann

$$E_{exz}(K) = E_g - \frac{\mu q^4}{2(4\pi\varepsilon\varepsilon_0\hbar)^2}\frac{1}{n^2} + \frac{\hbar^2 K^2}{2(m_n + m_p)}, \quad n = 1, 2, \ldots \qquad (2.41)$$

mit

$$K^2 = (\vec{k}_n + \vec{k}_p)^2 \qquad (2.42)$$

und μ als reduzierter Masse

$$\frac{1}{\mu} = \frac{1}{m_n} + \frac{1}{m_p}. \qquad (2.43)$$

Dabei ist zu beachten, daß der Impulsvektor $\vec{k}_p$ des Loches das umgekehrte Vorzeichen des Impulsvektors des Elektrons $\vec{k}_n$ im gleichen Zustand hat. Als Energienullpunkt wird die zur Erzeugung eines freien Elektron-Loch-Paares notwendige Energie, also E_g, gewählt.

Die durch (2.41) beschriebenen Energiezustände sind wegen der $\vec{k}$-Abhängigkeit von m_n und m_p den üblichen $E(\vec{k})$-Darstellungen qualitativ ähnlich (Abb. 2.15). Sie können jedoch nicht in das den bisherigen Betrachtungen zugrundegelegte Bändermodell der Einelektronennäherung eingezeichnet werden, da sie Zustände des Kristalls selber repräsentieren. Außerdem müssen alle zur Erzeugung und Vernichtung von Exzitonen stattfindenden Übergänge bei $K = 0$ und $E = 0$ anfangen bzw. enden.

Es gibt freie und gebundene Exzitonen. Freie Exzitonen können durch direkte Übergänge bei $K = 0$ entstehen (direkte Exzitonen), unabhängig davon, bei welchen $\vec{k}$-Werten im Einelektronenbändermodell sie erfolgen. Direkte Exzitonen werden jedoch nur in Absorption beobachtet, da sich nämlich bei Rekombination eines direkten Exzitons sofort ein neues Exziton bildet (Resonanzübertragung). Freie Exzitonen können demnach nur indirekt unter Beteiligung von Phononen rekombinieren. Der größte Teil der Exzitonenspektren entsteht jedoch durch Rekombination gebundener Exzitonen, wobei die Photonenenergie um die meist nur geringe Bindungsenergie kleiner ist. Bei gebundenen Exzitonen beobachtet man i.a. nur den dem Grundzustand (n = 1) entsprechenden Übergang, ein Grund, warum diese Emissionslinien lange Zeit nicht als Exzitonenübergänge erkannt wurden.

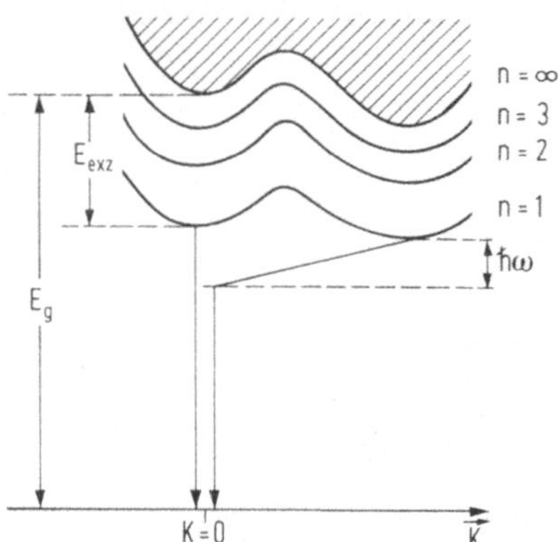

Abb.2.15. Exzitonenübergänge (schematisch) (Beschreibung im Text. Nach [2.22])

Als Bindungszentren für gebundene Exzitonen kommen in III-V-Halbleitern hauptsächlich Donatoren, Akzeptoren, isoelektronische Störstellen sowie Donator-Akzeptor-Paare in Betracht. Die wesentlichen Eigenschaften dieser Exzitonenrekombinationsprozesse werden im folgenden am Beispiel des GaP beschrieben.

Exzitonen an Donatoren und Akzeptoren

Neutrale Donatoren bzw. Akzeptoren können immer ein Exziton binden, da die Bindungsenergie eines Elektrons und eines Loches für jedes Massenverhältnis größer ist als die Bindungsenergie des Exzitons selbst (Abb. 2.16). Nach der Regel von Haynes [2.24], der als erster den Nachweis für die Existenz gebundener Exzitonen in Si erbracht hat, beträgt die Bindungsenergie des Exzitons an einem neutralen Donator bzw. Akzeptor etwa ein zehntel der Aktivierungsenergie dieser Störstellen.

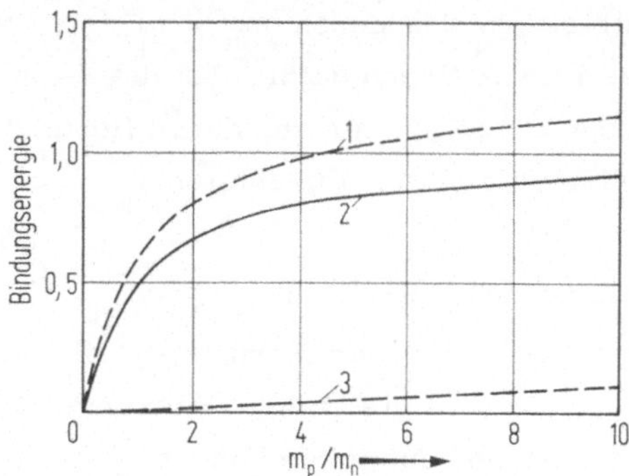

Abb.2.16. Bindungsenergien (in Einheiten von E_D) von Exzitonen-Donator-Komplexen in Abhängigkeit vom Verhältnis der effektiven Massen. Nach [2.23].
1: Elektron und Loch an neutralem Donator; 2: Exzitonenbindungsenergie; 3: Loch an neutralem Donator.
Die Differenz der Kurven 1 und 2 ist die Bindungsenergie des Exzitons an einen neutralen Donator. Analoge Kurven gelten für Exzitonen-Akzeptor-Komplexe

In GaP wird eine Reihe von Emissionslinien gefunden, die auf der Zerfall gebundener Exzitonen zurückzuführen sind. Während üblicherweise mit A und B bezeichnete Linien bei der Rekombination von Exzitonen entstehen, die wie weiter unten beschrieben an Stickstoffatome gebunden sind, konnte eine sog. C-Linie durch Messung der Zeemann Aufspaltung im Magnetfeld - diese hängt davon ab, ob der neben dem Exziton gebundene ungepaarte Ladungsträger ein Elektron oder Loch ist - eindeutig einem an einen neutralen Schwefel-Donator gebundenen Exziton zugeordnet werden [2.25]. Die Intensität der C-Linie ist jedoch sehr schwach, daß das Exziton in überwiegendem Maße nichtstrahlend über einen Auger-Prozeß rekombiniert (Abschnitt 2.3.3). Bei diesem wird die Energie auf den ungepaarten Ladungsträger übertragen, so daß nach dem Übergang ein ionisierter Donator zurückbleibt. Dieser Prozeß ist in GaP charakteristisch für die Rekombination aller an neutralen Donatoren und Akzeptoren gebundenen Exzitonen. Der Bindung eines Exzitons an einen ionisierten Donator (Akzeptor) entspricht die Bindung eines Loches (Elektrons) an einen neutralen Donator (Akzeptor) (Abb.2.16). Eine zum H_2^+-Molekül analoge Rechnung [2.23] ergibt, daß die Bindung eines Exzitons an einen ionisierten Donator oder Akzeptor nur dann möglich ist, wenn das Verhältnis der effektiven Massen

$$\text{entweder} \quad \frac{m_p}{m_n} > 1{,}4 \quad \text{oder} \quad \frac{m_p}{m_n} < \frac{1}{1{,}4} \qquad (2.44)$$

ist. In indirekten Halbleitern, bei denen $m_n \approx m_p$ ist, ist diese Bedingung nicht erfüllt. Das ist der Grund dafür, daß die A- und B-Linie in GaP nicht, wie ursprünglich angenommen, durch Rekombination eines Exzitons an einem ionisierten S-Donator entstehen.

Exzitonen an isoelektronischen Störstellen

Isoelektronische Störstellen nennt man Störstellen, die die gleiche Valenzelektronenstruktur und somit die gleiche Wertigkeit besitzen wie das Atom, das sie ersetzen und daher die Ladungsträgerbilanz im Halbleiter nicht beeinflussen. Sie können jedoch Ladungsträger binden, wenn sich ihr Atomradius und ihre Elektronegativität genügend stark von dem Atom unterscheiden, welches sie ersetzen. Je nachdem, ob das gebundene Teilchen ein Elektron oder ein Loch ist, spricht man von einem isoelektronischen Akzeptor bzw. Donator.

Beispielsweise ist N auf einem P-Platz in GaP ein isoelektronischer Akzeptor. Dies ergibt sich aus der gegenüber P größeren Elektronegativität des N von 3,0 gegenüber 2,1 bei P und aufgrund des kleineren Atomradius des N von 0,075 nm gegenüber 0,106 nm, was einem lokalen Elektronendichtedefekt entspricht. Das relativ große Bi_P in GaP mit einer Elektronegativität von nur 1,9 ist dagegen ein isoelektronischer Donator und kann ein Loch binden. Andere bekannte Beispiele für isoelektronische Störstellen sind Bi_P in InP und Te_S in CdS. Isoelektronische Störstellen mit Bindungscharakter auf dem Platz der dreiwertigen Komponente in III-V-Verbindungen konnten bislang nicht gefunden werden.

Die Bildung gebundener Exzitonen an isoelektronischen Störstellen resultiert aus der Coulomb-Bindung eines Ladungsträgers entgegengesetzten Vorzeichens durch das eingefangene Elektron bzw. Loch. Da die bei der Rekombination dieser Exzitonen entstehenden Linien im Magnetfeld genauso aufspalten wie die Linien von Exzitonen an ionisierten Donatoren und Akzeptoren (Abb. 2.17), wurden die bereits im vorigen Abschnitt erwähnten A- und B-Linien in GaP zunächst solchen Übergängen zugeschrieben.

Die Bedeutung isoelektronischer Störstellen für die strahlende Rekombination in indirekten Halbleitern besteht darin, daß, wie im folgenden gezeigt wird, strahlende Übergänge über diese Störstellen wesentlich wahrscheinlicher sind als strahlende Übergänge über andere Störstellen. Isoelektronische Störstellen besitzen im Gegensatz zum Coulomb-Potential eines normalen Donators oder Akzeptors ein Potential sehr kurzer Reichweite, welches maximal nur über einen Gitterabstand wirksam ist. Eine analytische Form dieses Potentials ergibt sich in erster Näherung durch die Differenz der Pseudopotentiale der isoelektronischen Störstelle und des durch sie ersetzten Atoms. Im Falle des GaP : N liefert diese Vorstellung zunächst eine etwa um zwei Größenordnungen zu große Bindungsenergie von ca. 1 eV. Den experimentellen Wert von etwa 10 meV erhält man aber bei Berücksichtigung der Gitterdeformation in der Umgebung des N-Atoms, durch die die Bindungsenergie von 1 eV nahezu kompensiert wird.

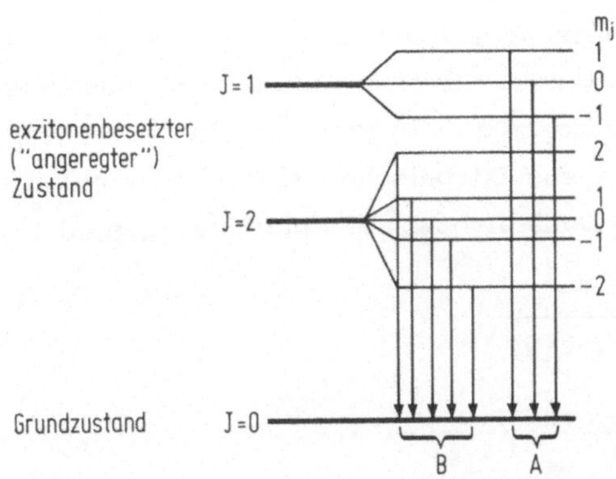

Abb. 2.17. Aufspaltung der A- und B-Linie im Magnetfeld bei stickstoffdotiertem GaP. Die B-Linie ist wegen $\Delta J = 2$ (J ist die Quantenzahl des Gesamtdrehimpulses und m_J die dazugehörige magnetische Quantenzahl) verboten und wird nur bei tiefsten Temperaturen beobachtet, da dort der Zustand mit $J = 2$ wesentlich stärker besetzt ist als der Zustand mit $J = 1$. Nach [2.25]

Die wesentlichen Eigenschaften einer isoelektronischen Störstelle erhält man, wenn man sie durch einen rechteckigen Potentialtopf [2.26] beschreibt - man bekommt dabei für das räumliche Abklingen der Wellenfunktion außerhalb des Potentialtopfes

$$\psi(r) \sim \frac{1}{r} \exp(-kr) , \tag{2.45}$$

während bei einem Coulomb-Potential die Wellenfunktion schwächer abklingt gemäß

$$\psi(r) \sim \exp(-kr) . \tag{2.46}$$

Wegen der entsprechend geringeren Ortsunschärfe Δx des an die isoelektronische Störstelle gebundenen Elektrons besitzt gemäß der Heisenbergschen Unschärferelation die Wellenfunktion dieses Elektrons im $\vec{k}$-Raum eine wesentlich größere Ausdehnung als die eines an einen Donator mit Coulomb-Potential gebundenen Elektrons. Für die $\vec{k}$-Abhängigkeit der Wellenfunktion eines an eine isoelektronische Störstelle gebundenen Ladungsträgers gilt

$$\Psi(k) \sim \frac{1}{E_I + \varepsilon_k} , \qquad (2.47)$$

wobei E_I die Bindungsenergie und ε_k der $\vec{k}$-abhängige Intrabandabstand des Leitungsbandes (obere Kurve in Abb. 2.18 für das Beispiel GaP) bzw. des Valenzbandes bezogen auf die jeweilige Bandkante ist, je nachdem, ob es sich um einen isoelektronischen Akzeptor oder Donator handelt. Für einen gewöhnlichen Donator bzw. Akzeptor hingegen gilt

$$\Psi(k) \sim \frac{1}{(E_{D,A} + \varepsilon_k)^2} . \qquad (2.48)$$

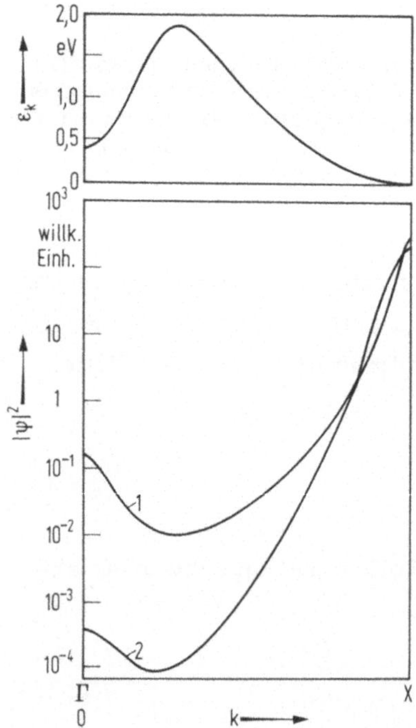

Abb. 2.18. Intraleitungsbandabstand ε_k von GaP und Aufenthaltswahrscheinlichkeit $|\Psi|^2$ eines Elektrons an einem 10 meV tiefen isoelektronischen Akzeptor (Stickstoff, 1) und an einem 100 meV tiefen Donator (Schwefel, 2) in Abhängigkeit vom Wellenzahlvektor. Nach [2.26]

Die untere Kurve in Abb. 2.18 zeigt die errechnete Aufenthaltswahrscheinlichkeit Ψ^2 an einem 10 meV tiefen isoelektronischen Akzeptor und an einem 100 meV tiefen Donator entsprechend N_P bzw. S_P in GaP in Abhängigkeit von $\vec{k}$. Danach ist die Aufenthaltswahrscheinlichkeit des Elektrons am isoelektronischen Akzeptor in der Nähe des Valenzbandmaximums bei k = 0, wo die Wellenfunktionen der durch Coulomb-Wechselwirkung an das Elektron gebundenen Löcher konzentriert sind, etwa 100 mal größer ist als bei einem Elektron an einem gewöhnlichen Donator, was die höhere Wahrscheinlichkeit für strahlende Übergänge über isoelektronische Störstellen in GaP verständlich macht. Bei diesen Übergängen tritt wie bei allen Übergängen, bei denen ein Teilchen stark lokalisiert gebunden wird, eine sehr ausgeprägte Phononenbeteiligung auf, die bei GaP : N sowohl in Emission als auch in Absorption beobachtet wird.

Mit Hilfe (2.47) läßt sich voraussagen, daß in GaP der Exzitonenübergang über die isoelektronische Bi-Störstelle - verglichen mit dem über die N_P-Störstelle - geringere Wahrscheinlichkeit besitzt, da der Intrabandabstand des Valenzbandes zwischen den Punkten X und Γ der Brillouin-Zone etwa fünfmal größer ist als der entsprechende des Leitungsbandes (Abb. 2.2).

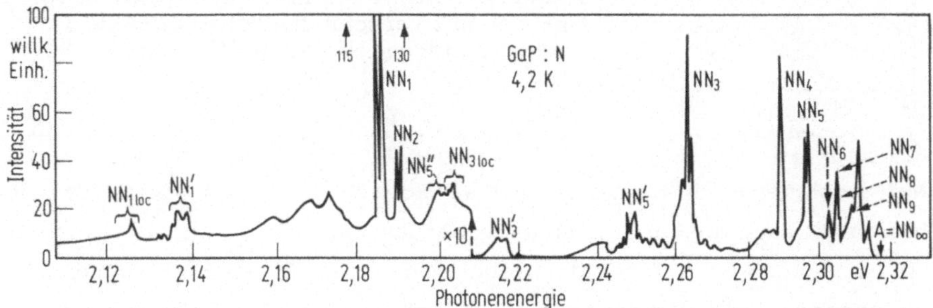

Abb. 2.19. Photolumineszenzspektrum von GaP:N. Mit NN_1' und NN_1'' sind Phononensatelliten, mit NN_{1loc} lokale Moden bezeichnet. Der Abstand der Atompaare nimmt mit der Schalennummer i zu. Nach [2.27]

Bei höheren Stickstoffkonzentrationen in GaP treten neben der A- und B-Linie und ihren Phononensatelliten noch weitere Linien auf, die von Exzitonen herrühren, die an Stickstoffatompaare gebunden sind (Abb. 2.19). Der mit NN_1 bezeichneten Linie entspricht das an ein Stickstoffpaar auf nächstmöglichen Gitterplätzen gebundene Exziton, der NN_2-Linie das Exziton an Stickstoffatomen auf zweitnächsten Gitterplätzen usw.. Die NN_{∞}-Linie schließlich entspricht dem Exziton am isolierten Stickstoffatom und ist mit der A-Linie identisch. Da mit zunehmendem Abstand a zwischen den Stickstoffatomen die zulässigen diskreten Werte a immer dichter liegen, konvergieren die Linien ähnlich wie bei den Donator-Akzeptor-Paarspektren, mit dem Unterschied, daß sie zu höheren Energien zusammenlaufen.

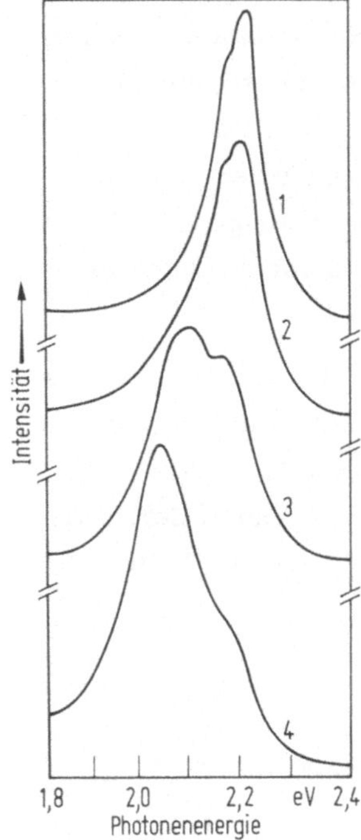

Abb.2.20. Kathodolumineszenzspektren von GaP : N mit verschieden hohen Stickstoffkonzentrationen [N] bei 300 K. Nach [2.28].
1: $[N] = 1,5 \cdot 10^{18} cm^{-3}$;
2: $[N] = 1,5 \cdot 10^{19} cm^{-3}$;
3: $[N] = 5 \cdot 10^{19} cm^{-3}$; 4: $[N] = 1,5 \cdot 10^{20} cm^{-3}$

Mit zunehmender N-Konzentration wird die Bildung von Stickstoffpaaren und damit auch die Bildung entsprechender Exzitonen immer wahrscheinlicher, so daß es zu einer deutlichen Verschiebung der Emissionsbande zu längeren Wellenlängen hinkommt (Abb.2.20). In GaP kann somit durch die Höhe der N-Dotierung die Farbe der Emission in gewissen Grenzen variiert werden.

Durch die Rekombination von Exzitonen an isoelektronischen N-Atomen bzw. NN_i-Paaren wird auch im indirekten Bereich des ternären Mischkristallsystems $GaAs_{1-x}P_x$ die strahlende Rekombination beträchtlich erhöht [2.29]. Wegen der statistischen Verteilung der As- und P-Atome - ein N-Atom in der Nähe von As-Atomen verhält sich etwas anders als eine N-Atom in der Nähe von P-Atomen - sind die Emissionslinien jedoch breiter als in GaP : N, so daß bei 77 K die neben der A-Linie beobachteten NN_1- und NN_3-Linie nur oberhalb x = 0,8 getrennt gemessen werden können. Für x < 0,8 gehen diese Linien in ein mit NN bezeichnetes breites Emissionsband über (Abb. 2.21).

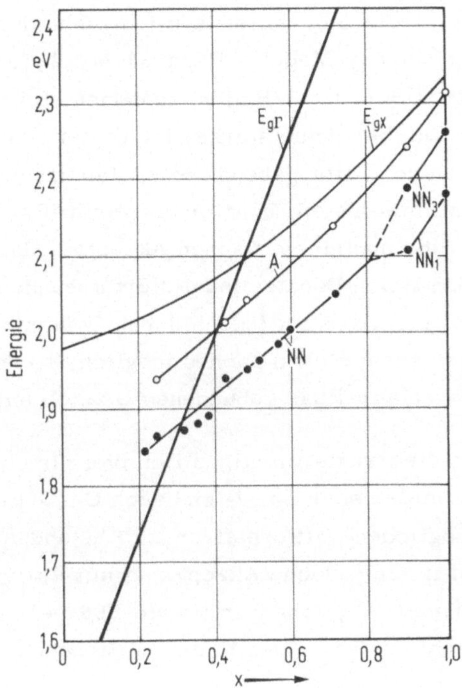

Abb. 2.21. Photolumineszenzmaxima von $GaAs_{1-x}P_x$: N bei 77 K. Nach [2.29]

Isoelektronische Störstellen erzeugen auch im direkten Bereich des $GaAs_{1-x}P_x$-Mischkristalles gebundene Zustände, die allerdings innerhalb des Leitungsbandes liegen, was sich aus dem Auftreten entsprechender Emissionslinien ergibt. Der Vollständigkeit wegen sei erwähnt, daß eine isoelektronische N-Störstelle in GaP nicht nur ein, sondern noch ein zweites zusätzliches Exziton binden kann. Es bildet sich ein Exzitonenmolekül, das aber nur bei tiefen Temperaturen stabil ist und bei dessen Zerfall weitere neue Linienpaare entstehen [2.30].

<u>Exzitonen an Donator-Akzeptor-Paaren</u>

Wie bereits in Abschnitt 2.3.3 erwähnt wurde, ist eine lokalisierte Bindung eines Elektrons an den Donator und eines Loches an den Akzeptor nicht mehr möglich, wenn der Donator-Akzeptor-Paarabstand im Größenbereich der Bohrschen Radien der gebundenen Ladungsträger liegt. Zu einer lokalisierten Bindung eines Ladungsträgers kann es bei kleinen Abständen eines Donator-Akzeptor-Paares nur noch dann kommen, wenn es sich zumindest bei einer der beiden Störstellen um eine tiefe Störstelle handelt. Tiefe Störstellen werden nicht durch das Wasserstoffmodell (Mott-Gurney-Modell, Band 3) beschrieben, und man kann ihnen daher keinen Bohrschen Radius zuordnen. Es gilt jedoch in jedem Fall, daß das Teilchen umso stärker lokalisiert ist, je weiter entfernt der Störterm von der Leitungsband- bzw. Valenzbandkante liegt. Betrachtet man beispielsweise ein Donator-Akzeptor-Paar, bestehend aus einem tiefen Donator und einem flachen Akzeptor, dann kann nur ein Elektron durch den tiefen Donator lokalisiert gebunden werden. Nach erfolgter Bindung des Elektrons ist jedoch durch Coulomb-Wechselwirkung die Bindung eines zusätzlichen Loches möglich, so daß insgesamt ein an das Donator-Akzeptor-Paar gebundenes Exziton entsteht.

Ein typisches und für die Praxis wichtiges Beispiel für einen solchen Donator-Akzeptor-Komplex sind Zn-O- und auch Cd-O-Paare auf benachbarten (nächstmöglichen) Gitterplätzen im Abstand a_1 in GaP. Zn_{Ga} und Cd_{Ga} sind in GaP flache Akzeptoren mit Aktivierungsenergien von 62 bzw. 94 meV, O_P hingegen ist ein 896 meV tiefer Donator. Das bei der Rekombination des an den Komplex gebundenen Exzitons emittierte Photon besitzt die Energie

$$h\nu = E_g - E_D - E_{exz} + \frac{q^2}{4\pi\varepsilon\varepsilon_0 a_1}, \qquad (2.49)$$

wobei E_{exz} die Bindungsenergie des Exzitons selber (das ist der zweite Term auf der rechten Seite von (2.41) für $n = 1$) ist und etwa 35 meV beträgt. Der Coulomb-Term $q^2/4\pi\varepsilon\varepsilon_0 a_1$ berücksichtigt wie in (2.37), daß nach dem Übergang das Donator-Akzeptor-Paar ionisiert ist und beträgt mit $\varepsilon = 11$ und $a_1 = 0{,}25$ nm etwa 0,5 eV. Dadurch wird die Photonenenergie bis in den roten Spektralbereich verschoben (Abb. 2.22).

Unmittelbar benachbarte Zn-O- bzw. Cd-O-Paare tragen nicht zur Ladungsträgerbilanz bei und können daher als isoelektronischer Komplex (Molekül) betrachtet werden mit einer Bindungsenergie für Elektronen von

$$E_{Zn,O} = E_D - \frac{q^2}{4\pi\varepsilon\varepsilon_0 a_1} \approx 400\,\text{meV} \quad . \tag{2.50}$$

Die bei der Rekombination der gebundenen Exzitonen entstehenden Linien spalten im Magnetfeld genauso auf wie die von Exzitonen an isoelektronischen N_P-Atomen (Abb. 2.17) und werden daher auch mit A und B bezeichnet. Die B-Linie entspricht einem verbotenen Übergang und ist nur im Magnetfeld oder bei Druckbelastung der Kristalle zu beobachten. Gleichermaßen liefern diese Komplexe durch die starke Lokalisierung des Elektrons eine weite Ausdehnung des elektronischen Zustandes im $\vec{k}$-Raum und erhöhen damit im indirekten Halbleiter GaP erheblich die Übergangswahrscheinlichkeit für die strahlende Rekombination.

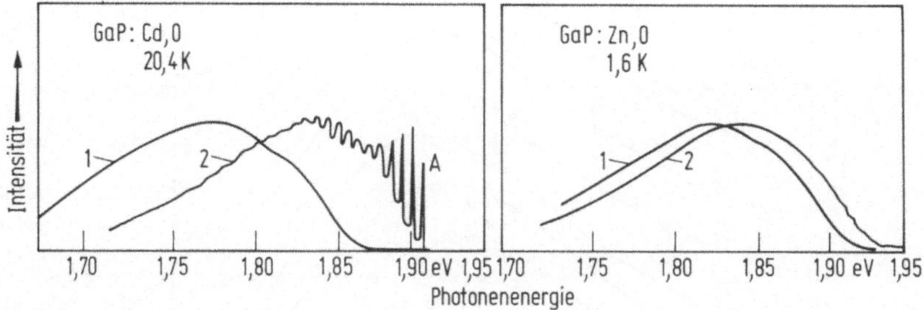

Abb. 2.22. Photolumineszenzspektren von GaP : Cd,O und GaP : Zn,O. Nach [2.31].
1: Paarrekombinationsband; 2: Exzitonenband

Ein an einen Zn-O- bzw. Cd-O-Komplex gebundenes Elektron kann nicht nur nach Exzitonenbildung, sondern auch mit einem Loch an einem weiter entfernten Zn- bzw. Cd-Akzeptor rekombinieren. Die Energie des bei diesem Paarübergang emittierten Photons beträgt dann

$$h\nu = E_g - \left(E_D - \frac{q^2}{4\pi\varepsilon\varepsilon_0 a_1}\right) - E_A = E_g - E_{Zn,O} - E_A \quad . \tag{2.51}$$

Da der Zn-O- bzw. Cd-O-Komplex nach dem Übergang neutral ist, kommt auf der rechten Seite kein weiterer Coulomb-Term hinzu. Aufgrund von (2.49) und (2.51) sollten beim Zn- und O-dotierten GaP Paarband und Exzitonenband um etwa 25 meV, beim Cd- und O-dotierten GaP um etwa 60 meV zueinander verschoben sein, was experimentell bestätigt werden konnte. Für die Beteiligung der gleichen Störstelle bei der Entstehung des Exzitonenbandes und des Paarbandes spricht des weiteren auch die durch die starke Phononenbeteiligung geprägte gleiche Form der Spektren - die starke Phononenbeteiligung resultiert aus der engen Bindung des Elektrons an den Donator - und das gleichzeitige Verschwinden beider Lumineszenzbanden nach Erwärmung des GaP-Kristalles auf über 1100 °C, was auf einen Dissoziationsprozeß des Bindungszentrums hinweist. Aus der Aufspaltung der B-Linie im Magnetfeld kann weiter geschlossen werden, daß die Symmetrieachse des Bindungszentrums in Richtung der Verbindung zweiter benachbarter Ga- und P-Atome liegt.

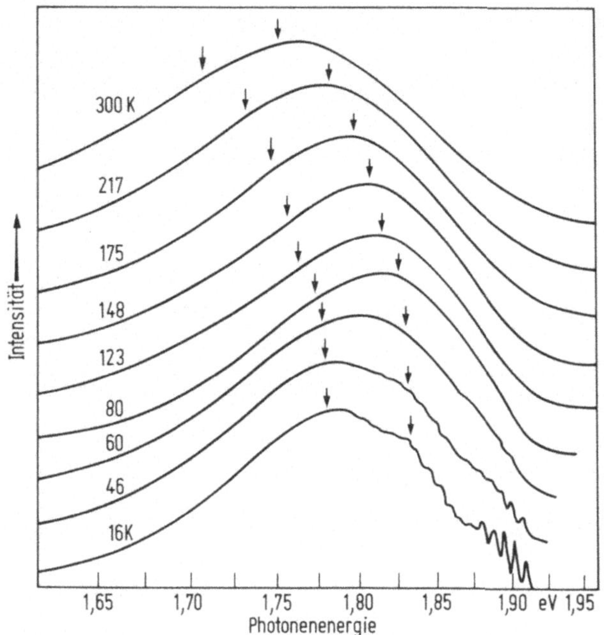

Abb.2.23. Integrale Kathodolumineszenzintensität von GaP : Cd,O in Abhängigkeit von der Temperatur. Nach [2.32]. Die jeweils linken Pfeile geben das Maximum des Paarrekombinationsbandes, die jeweils rechten die des Exzitonenbandes an, wobei die angegebene Temperaturverschiebung der des Bandabstandes entspricht

Wegen der formalen Identität von (2.51) und (2.37) des gewöhnlichen Donator-Akzeptor-Paarüberganges könnte die rote Lumineszenz in GaP auch einem Paarübergang zwischen einem O-Donator und einem Zn-Akzeptor zugeschrieben werden. Zeitaufgelöste Spektroskopien des Paarbandes zeigen jedoch, daß ein neutrales Bindungszentrum beteiligt ist, da die für normale Donator-Akzeptor-Übergänge typische, mit zunehmender Abklingdauer wachsende Verschiebung des Emissionsmaximums zu längeren Wellenlängen ausbleibt.

Abb. 2.23 zeigt die integrale Kathodolumineszenzintensität von GaP : Cd,O als Funktion der Temperatur. Die Pfeile bezeichnen die jeweiligen Maxima der Exzitonen- bzw. Paaremissionsbande, von denen angenommen wird, daß sie mit der Temperatur dieselbe Verschiebung erfahren wie der Bandabstand. Demnach überwiegt bei Zimmertemperatur die Exzitonenkomponente. Zwischenzeitlich wurde noch ein weiterer, zur roten Lumineszenz bei höheren Temperaturen beitragender Rekombinationsprozeß erwogen, nämlich die Rekombination von Elektronen an den Zn-O-Zentren mit Löchern aus dem Valenzband. Genaue Messungen ergaben jedoch, daß der Anteil dieser Rekombination bei 300 K höchstens 10 % der roten Emission betragen kann [2.33].

Neben Zn und Cd wurden in GaP noch andere flache Akzeptoren im Hinblick darauf untersucht, ob sie mit O assoziiert ähnliche Exzitonenbindungszentren bilden. Interessant erschienen vor allem die relativ kleinen Atome Be und Mg, da wegen des dadurch eventuell kleineren Abstandes benachbarter Donator-Akzeptor-Paare kürzerwelliges Licht entstehen könnte, für das das menschliche Auge empfindlicher ist. Es ergibt sich in beiden Fällen ein Linienspektrum, das auf gebundene Exzitonen schließen läßt; eine Beteiligung des O an der Bildung des Bindungszentrums konnte jedoch nur im Falle des Mg nachgewiesen werden. Der Mg-O-Komplex liegt etwa 100 meV oberhalb des Zn-O-Komplexes, was zu einer orange-roten Lumineszenz führt [2.34], deren Wirkungsgrad bei tiefen Temperaturen beträchtlich, bei Zimmertemperatur jedoch vernachlässigbar ist. Die Abnahme des Wirkungsgrades ist auf die thermische Reemission der Ladungsträger aus den relativ flachen Mg-O-Zentren ins Leitungsband zurückzuführen.

Außer einfachen Donator-Akzeptor-Paaren kommen als Exzitonenbindungszentren auch komplexere Gebilde in Betracht, deren Identifizierung jedoch sehr schwierig ist, da man sie meist nur auf indirektem Wege erschließen kann. Als gesichert gilt beispielsweise die Existenz eines $Li_{Ga}Li_IO_P$-Komplexes. Li_{Ga} ist dabei ein doppelt geladener Akzeptor, Li_I ein einfach geladener Donator auf einem Zwischengitterplatz und O_P ein einfacher Donator. Das zugehörige Emissionsspektrum liegt im roten Spektralbereich, verliert aber mit zunehmender Temperatur an Intensität und ist bei Zimmertemperatur bedeutungslos [2.35].

2.3 Nichtstrahlende Rekombination

Neben den bisher behandelten Rekombinationsprozessen, bei denen Strahlung erzeugt wird, gibt es eine Vielzahl von Möglichkeiten der Rekombination von Trägern, bei denen die freiwerdende Energie letztlich in Form von Phononen an das Kristallgitter abgegeben wird. Die nichtstrahlende Rekombination nimmt meistens mit der Temperatur zu und beeinflußt daher den Wirkungsgrad der bei Zimmertemperatur betriebenen Lumineszenzbauelemente. Die Hauptschwierigkeit bei der Analyse dieser Prozesse besteht darin, daß man auf indirekte Nachweisverfahren angewiesen ist. Nicht zuletzt aus diesem Grunde ist man heute von einer umfassenden Beschreibbarkeit der nichtstrahlenden Rekombination noch sehr weit entfernt.

Die wichtigsten nichtstrahlenden Rekombinationsprozesse sind:

a) Multiphononenprozesse (auch Mehrphononenprozesse), bei denen mehrere Phononen gleichzeitig emittiert werden;

b) Phononenkaskadenprozesse, die als eine Folge von Einphononenprozessen betrachtet werden können;

c) Auger-Prozesse, bei denen die Rekombinationsenergie auf einen Ladungsträger übertragen wird, der dadurch energetisch angehoben wird, um danach seine Überschußenergie durch Stoßprozesse an das Kristallgitter abzugeben.

Multiphononen- und Phononenkaskadenprozesse beruhen auf einer Elektron-Phonon-Wechselwirkung, Auger-Prozesse hingegen auf einer Elektron-Elektron-Wechselwirkung, wobei aber bei phononenassistierten Auger-Prozessen noch eine Elektron-Phonon-Wechselwirkung hinzukommt. Die Grundzüge der Theorie der nichtstrahlenden Rekombination sind in [2.36] zusammengefaßt. Die Berechnungen der Übergangswahrscheinlichkeit beruhen analog der strahlenden Rekombination auf der Lösung der Schrödinger-Gleichung mit den die einzelnen Wechselwirkungen beschreibenden Störungsoperatoren.

2.3.1 Multiphononenprozesse

Multiphononenprozesse wurden ursprünglich in Halbleitern mit kleinerem Bandabstand zur Deutung der Rekombination über tiefliegende Rekombinationszentren in der Nähe der Bandmitte herangezogen. Bei Halbleitern mit höherem Bandabstand wie GaAs und GaP beträgt die entsprechende Übergangsenergie jedoch ein Mehrfaches der Phononenenergie, so daß wegen exponentieller Abnahme die Übergangswahrscheinlichkeit mit der Zahl der beteiligten Phononen die Wahrscheinlichkeit für diesen Prozeß sehr gering ist. Bei Berücksichtigung der im folgenden beschriebenen Gitterrelaxation erhält man jedoch auch hier hohe Wahrscheinlichkeiten für Multiphononen-Übergängen über tiefe Störstellen.

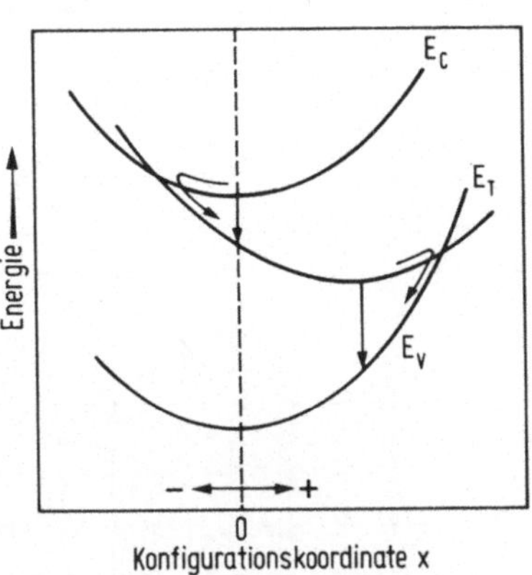

Abb.2.24. Energie-Konfigurations-Diagramm für die Rekombination eines Elektrons über eine tiefe Störstelle (z.B. O_P in GaP). E_C, E_T und E_V sind die potentielle Energie des Elektrons im Leitungsband, im Rekombinationszentrum bzw. im Valenzband. Die senkrechten Pfeile sind optische Übergänge. Nach [2.37]

Die Energie der Leitungs- und Valenzbandelektronen sowie der an einer Störstelle gebundenen Elektronen in der Nähe eines Gitteratoms hängt von dessen Schwingungszustand ab. Auf der anderen Seite werden bei Elektronenübergängen die Gleichgewichtslage der Gitteratome und die Frequenzen der Gitterschwingungen verschoben. Anschaulich wird dies durch ein Energie-Konfigurations-Diagramm beschrieben, welches die Abhängigkeit der potentiellen Energie eines Gitteroszillators von einer Konfigurationskoordinate, z.B. dem Abstand zweier Moleküle oder der Auslenkung eines Gitteratoms aus seiner Gleichgewichtslage und vom Elektronenzustand wiedergibt. Wie in Abb.2.24 gezeigt ist, erhöht sich durch eine Verschiebung des Gitteratoms aus seiner Gleichgewichtslage, die dem Minimum der Kurven entspricht, die potentielle Energie des Oszillators, wobei die Öffnung der parabelförmigen Kurve ein Maß für die Frequenz des Gitteroszillators ist. Nach dem Franck-Condon-Prinzip erfolgt der optische Übergang in den Umkehrpunkten der Schwingung, also etwa kT oberhalb des Minimums - kT wurde in Abb.2.24 verschwindend klein angenommen - und sehr schnell im Vergleich zur nachfolgenden Relaxation der Atome in die dem neuen Energiezustand zugehörige neue Gleichgewichtslage, d.h. bei unveränderter Konfigurationskoordinate. Bei höheren Temperaturen werden so große Verschiebungen aus der

Gleichgewichtslage erreicht, daß Übergänge entlang den in Abb. 2. 24 eingezeichneten Pfeilen stattfinden können, wobei bei der Relaxation der Gitteratome Phononen emittiert werden. Typisch für derartige Multiphononenprozesse ist die bei hohen Temperaturen exponentielle Zunahme des Einfangquerschnittes des Rekombinationszentrums.

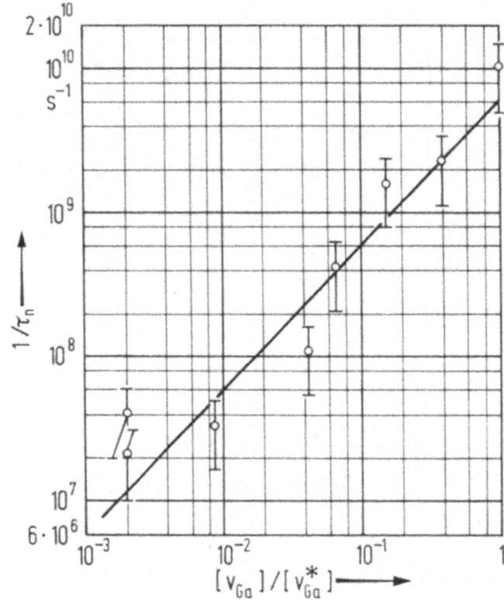

Abb. 2. 25. Reziproke Elektronenlebensdauer in GaP : Zn, O in Abhängigkeit von der Ga-Leerstellenkonzentration $[V_{Ga}]$, bezogen auf die Ga-Leerstellenkonzentration am Schmelzpunkt $[V^*_{Ga}]$. Nach [2.38]

In GaAs und in GaP wurden bereits mehrere derartige Rekombinationszentren nachgewiesen, wobei über ihren chemischen Aufbau nicht immer Klarheit besteht. In vielen Fällen sind natürliche Defekte (engl. native defects) beteiligt - das sind thermodynamisch bedingte und somit unvermeidbare Gitterfehler. Einen Hinweis für die Beteiligung von Gitterfehlstellen lieferten Lebensdauermessungen an GaP : Zn, O, wo eine umgekehrte Proportionalität zwischen der Elektroneneinfangzeit durch das nichtstrahlende Rekombinationszentrum und der Konzentration der Ga-Leerstellen gefunden werden konnte (Abb. 2. 25). Diese kann durch die Temperatur bei der Kristallherstellung und die Art der Herstellung stark beeinflußt und dabei in einem weiten Bereich eingestellt werden (siehe auch Abb. 4. 1). Während der Elektroneneinfang bei diesem Prozeß über Multiphononenemission ablaufen dürfte, ist es nicht sicher, ob die nachfolgende Rekombination mit einem Loch nicht über einen Auger-Prozeß erfolgt. Der Nachweis eines strahlenden Überganges wird nämlich relativ unempfindliche Photodektoren gibt. Aufgrund theoretischer Betrachtungen über die Bildungsenthalpie von Gitterfehlstellen wurde als Lumineszenzkiller ein $V_{Ga}P_{Ga}V_{Ga}$-Komplex vorgeschlagen [2.39]. Der beim Aufbau dieses Zentrums beteiligte "Antisite-Defect" P_{Ga} konnte in GaP mittels Elektronensprinresonanz direkt nachgewiesen werden [2.40]. $V_{As}Al_{As}V_{As}$-Komplexe könnten u.U. auch in GaAs-(Ga,Al)As-Laserdioden für die Entstehung der in diesem Zusammenhang beschriebenen dunklen Linien verantwortlich sein (Abschnitt 8.3).

Ein Beispiel für einen nichtstrahlende Rekombination erzeugenden Leerstellen-Fremdatom-Komplex ist bei Te-dotiertem GaP der Komplex $Te_PV_{Ga}Te_P$. Die Beteiligung zweier Te-Atome folgt aus der quadratischen Zunahme der Zentrendichte mit der Te-Konzentration [2.41]. Ein in GaP:N-LED dominierendes nichtstrahlendes Rekombinationszentrum, dessen Dichte mit der Versetzungsdichte korreliert ist und über dessen Natur noch keine Klarheit besteht, liegt 0,75 eV oberhalb der Valenzbandkante [2.42].

2.3.2 Phononenkaskadenprozesse

Phononenkaskadenprozesse (Lax-Mechanismus, [2.43]) treten auf, wenn viele energetisch dicht aneinanderliegende Elektronenzustände vorhanden sind, die ein rekombinierendes Elektron jeweils nach der Emission eines Phonons einnehmen kann. Phononenkaskadenprozesse sind anders als Multiphononenprozesse auch ohne Rückwirkung des Elektronenzustandes auf das Gitter möglich.

Eine hohe Zahl angeregter Zustände besitzen in Halbleitern jedoch nur flache, zum eingefangenen Träger entgegengesetzt geladene Störstellen, die durch das Mott-Gurney-Modell beschrieben werden können. Neutrale Störstellen besitzen weniger angeregte Zustände, gleichgeladene Störstellen überhaupt keine. Übergänge in tiefe Störstellen durch Phononenkaskadenprozesse sind unwahrscheinlich, weil bei diesen der erste angeregte Zustand soweit oberhalb des Grundzustandes liegt, daß die Energiedifferenz nicht durch einen Einphononenprozeß überbrückt werden kann.

Die Wahrscheinlichkeit für das Auftreten von Phononenkaskadenprozesse nimmt mit zunehmender Temperatur ab, da bei höheren Temperaturen die Phononenabsorptionsprozesse überwiegen. Bei tiefen Temperaturen und bei Übergängen in flache Donatoren oder Akzeptoren hingegen spielen sie eine große Rolle.

2.3.3 Auger-Prozesse

Als Auger-Rekombination in Halbleitern bezeichnet man die Rekombination eines Elektrons und eines Loches, bei der die freiwerdende Energie auf einen anderen freien oder einen gebundenen Ladungsträger übertragen wird [2.45]. Sie ist der inverse Prozeß zur Stoßionisation und wird daher auch als Stoßrekombination bezeichnet. Der energetisch angehobene Ladungsträger, das sog. Auger-Teilchen, kehrt meistens unter Aussendung von Phononen in tieferliegende Zustände zurück. Unter Umständen wird nach der Auger-Rekombination eine Strahlung beobachtet, wenn das angeregte Teilchen, z.B. ein Elektron mit einem Loch im Valenzband rekombiniert, wobei Photonenenergien über dem Bandabstand (max. $2E_g$) emittiert werden. Ein Auger-Elektron kann auch direkt nachgewiesen werden, wenn die Austrittsarbeit des Halbleiters durch eine Cs-Bedeckung soweit erniedrigt wird, daß das hochangeregte Elektron den Kristallverband verlassen kann.

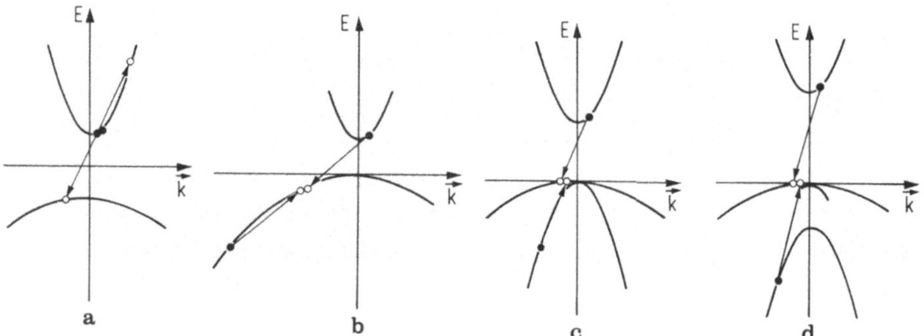

Abb.2.26. Auger-Prozesse in einem direkten Halbleiter mit parabolischen Bändern. Nach [2.44]. • Anfangszustand; o Endzustand eines Elektrons

Beispiele für Auger-Prozesse in einem direkten Halbleiter mit parabolischer Bandstruktur sind in Abb.2.26 gezeigt. Handelt es sich bei den beiden wechselwirkenden Teilchen um zwei Elektronen im Leitungsband (Fall a), von denen ein mit 1 bezeichnetes Elektron mit der Energie E_1 mit einem Loch der Energie E_1' rekombiniert und die Rekombinationsenergie zur energetischen Anhebung eines mit 2 bezeichneten Elektrons aus dem Zustand E_2 in den Zustand E_2' aufgewandt wird, dann muß wegen der Energieerhaltung

$$E_1 + E_2 = E_1' + E_2' \qquad (2.52)$$

und wegen der Impulserhaltung

$$\vec{k}_1 + \vec{k}_2 = \vec{k}_1' + \vec{k}_2' \tag{2.53}$$

gelten.

Im Gegensatz zur strahlenden Rekombination ist die Auger-Rekombination von Ladungsträgern in den Bandextrema nicht möglich, sondern es müssen die Elektronen 1 und 2 in einem Abstand von der Bandkante liegen, der gegeben ist durch

$$E_a = \frac{m_n}{m_n + m_p} E_g . \tag{2.54}$$

Diese Aktivierungsenergie ist umso geringer und die Auger-Rekombination damit umso wahrscheinlicher, je kleiner m_n und E_g und je größer m_p ist. Für den Fall zweier Löcher im Valenzband (Fall b), wo ein Loch energetisch angehoben wird, sind m_n und m_p entsprechend zu vertauschen.

Eine kleinere Aktivierungsenergie erhält man im p-Halbleiter, wenn man beide Valenzbänder, die mit den schweren Löchern m_{ps} und die mit den leichten Löchern m_{pl}, berücksichtigt (Fall c). Die Aktivierungsenergie für diesen Drei-Bänder-Auger-Prozeß beträgt

$$E_a = \frac{m_{pl}}{2m_{ps} + m_n - m_{pl}} E_g . \tag{2.55}$$

Noch kleinere Aktivierungsenergien erhält man unter Umständen bei Berücksichtigung des infolge Spin-Bahn-Aufspaltung um den Energiebetrag E' abgespaltenen Valenzbandes mit der Löchermasse m_p' (Fall d), nämlich

$$E_a = \frac{m_p'}{2m_{ps} + m_n - m_p'} (E_g - E') , \tag{2.56}$$

wodurch es vor allem in GaSb, wo $E_g \approx E'$ ist, zu einer starken Erhöhung der Auger-Rekombination kommt. Dieser Prozeß tritt auch in p-GaAs auf und erklärt dort den starken Abfall des Quantenwirkungsgrades bei hoher Dotierung [2.45]. Er konnte in beiden Fällen direkt durch das Auftreten einer Emissionsbande bei $E_g + E'$ nachgewiesen werden [2.46].

In indirekten Halbleitern sind Auger-Prozesse ebenfalls möglich, nur sind hier naturgemäß die Verhältnisse komplizierter. Geringe Aktivierungsenergien besitzen nur Übergänge zwischen Elektronen in der Nähe der Leitungsbandkante und Löchern in der Nähe der Valenzbandkante, die mit der Übertragung eines großen Impulses verbunden sind und daher ähnlich wie die Band-Band-Übergänge um Größenordnungen geringere Übergangswahrscheinlichkeiten besitzen als Auger-Prozesse in direkten Halbleitern. Aus diesem Grunde wurden für indirekte Halbleiter und auch für Halbleiter mit hohem Bandabstand, wo die Aktivierungsenergien sehr hoch sein können, phononenassistierte (indirekte) Auger-Prozesse erwogen.

Neben den bisher beschriebenen Band-Band-Auger-Prozessen sind auch Auger-Prozesse möglich, bei denen die Rekombinationsenergie eines Leitungsband-Akzeptor-, eines Donator-Valenzband- oder auch eines Donator-Akzeptor-Überganges auf einen freien Ladungsträger übertragen wird. Auch gebundene Exzitonen können über einen Auger-Prozeß zerfallen, wie bereits in Abschnitt 2.2.5 am Beispiel der an neutrale Donatoren und Akzeptoren in GaP gebundenen Exzitonen gezeigt wurde.

Die Auger-Rekombination an Störstellen ist immer dann sehr effektiv, wenn nach der Rekombination ein ungepaarter Ladungsträger in der Störstelle zurückbleibt, auf den die Energie übertragen werden kann. Bei der Rekombination von Exzitonen an isoelektronischen Störstellen hingegen werden Auger-Prozesse erst oberhalb einer Ladungsträgerkonzentration von etwa 10^{18} cm^{-3} bedeutend, wobei die Energie auf einen freien Ladungsträger im Leitungs- oder Valenzband übertragen wird. Exzitonen an doppelt geladenen Störstellen wie $Si_{Ga}^{+}O_{P}^{+}$- (oder $C_{Ga}^{+}O_{P}^{+}$-)Komplexen in GaP dürften hingegen bevorzugt über einen Auger-Prozeß rekombinieren, da diese Komplexe neben einem Exziton noch einen weiteren Ladungsträger binden können. Diese Art von nichtstrahlender Rekombination kann entscheidend den Wirkungsgrad von GaP-Lumineszenzdioden limitieren, zumal Si und O zu den Hauptverunreinigungen von GaP gehören und Si-O-Zentren daher immer in hoher Konzentration vorhanden sein dürften.

2.4 Zeitkonstanten der Rekombination

2.4.1 Strahlende Lebensdauer

Mit der durch (2.28) gegebenen strahlenden Rekombinationsrate ist im Falle der schwachen Anregung, d.h. wenn die Dichte der bei der Anregung erzeugten Minoritätsträger kleiner bleibt als die Majoritätsträgerkonzentration, mit einer Zeitkonstante τ_R verknüpft. Diese erhält man aus der Kontinuitätsgleichung bei Annahme räumlicher Homogenität (siehe z.B. Band 1 der Reihe). Beispielsweise gilt für einen p-Halbleiter nach erfolgter Anregung für die zeitliche Änderung der Überschußelektronenkonzentration n' mit (2.32)

$$\frac{\partial n'}{\partial t} = -R + G_0 = -R_0 \frac{np}{n_i^2} + R_0 = R_0 \left(\frac{n_i^2 - np}{n_i^2} \right), \tag{2.57}$$

wobei G_0 die thermische Generationsrate ist. Hieraus ergibt sich bei schwacher Anregung wegen $n' = p' \ll n_0 + p_0$ ein zeitlich exponentielles Abklingen der Überschußelektronenkonzentration

$$n' \sim \exp(-t/\tau_R) \tag{2.58}$$

mit

$$\tau_R = \frac{n_i^2}{R_0(n_0 + p_0)} . \tag{2.59}$$

τ_R wird als strahlende Lebensdauer bezeichnet. Der Index R soll hier und im folgenden immer kennzeichnen, daß es sich um eine strahlende Rekombination handelt.

Für einen n-Halbleiter erhält man denselben Ausdruck für τ_R. Den größten Wert besitzt τ_R in intrinsischem Material ($n_0 = p_0 = n_i$), nämlich

$$\tau_{Ri} = n_i/2R_0 . \tag{2.60}$$

τ_{Ri} ist eine für jeden Halbleiter charakteristische Größe. Bei hochreinen Kristallen erhält man aus einem Vergleich der höchsten gemessenen Lebensdauer τ mit der intrinsischen Lebensdauer einen ersten Aufschluß über die Wahrscheinlichkeit des optischen Überganges. Lebensdauerwerte $\tau \ll \tau_{Ri}$ lassen auf das Überwiegen nichtstrahlender Prozesse schließen.

2.4.2 Rekombination über eine Störstelle

Bei der strahlenden und nichtstrahlenden Rekombination über eine Störstelle (Rekombinationszentrum) spielt die Dichte der Störstellen und deren Einfangquerschnitt für Ladungsträger die entscheidende Rolle. Die Rekombinationsrate wird bestimmt durch die Einfangrate von Ladungsträgern und durch die strahlende oder nichtstrahlende Rekombinationsrate der eingefangenen Ladungsträger mit Ladungsträgern entgegengesetzten Vorzeichens.

Für die Einfangrate von Elektronen - die Betrachtung bezieht sich auf einen p-Halbleiter - durch eine Störstelle der Dichte N_T gilt

$$R_T = B_T n N_T (1 - f) \, , \tag{2.61}$$

wobei f der Bruchteil der besetzten Zentren, $N_T(1 - f)$ also die Dichte der unbesetzten Zentren ist. Die Einfangwahrscheinlichkeit B_T hängt gemäß

$$B_T = v_{th} \sigma_T \tag{2.62}$$

von der thermischen Geschwindigkeit der Ladungsträger

$$v_{th} = \sqrt{\frac{3kT}{m_{n,p}}} \tag{2.63}$$

und dem für die Störstelle charakteristischen Einfangquerschnitt σ_T ab. Formal läßt sich der Einfangrate R_T auch eine Zeitkonstante n/R_T (Einfangzeit) zuordnen, die aber vom Besetzungsgrad der Zentren abhängt. Es ist meistens üblich, die Zeitkonstante bei kleiner Anregung, d.h. für $f \ll 1$, nämlich

$$\tau_T = (v_{th} \sigma_T N_T)^{-1} \tag{2.64}$$

als Einfangzeit zu bezeichnen. Die Einfangrate ergibt sich dann entsprechend zu

$$R_T = \frac{n}{\tau_T} (1 - f) \, . \tag{2.65}$$

Die Zeitkonstante der Gesamtrekombination bei Beteiligung eines Rekombinationszentrums ergibt sich aus dem Gleichgewicht zwischen Füllen und Leeren der Zentren und wird im wesentlichen durch die größere der beiden Zeitkonstanten für den Ladungsträgereinfang und für den anschließenden Rekombinationsprozeß bestimmt.

2.4.3 Lebensdauer bei Auger-Prozessen

Wie die strahlende Rekombination ist auch die Auger-Rekombination im Falle schwacher Anregung mit einer Zeitkonstante verknüpft. Zur Berechnung dieser Zeitkonstante aus der Kontinuitätsgleichung muß auch die Stoßionisation als inverser Prozeß zur Auger-Rekombination berücksichtigt werden. In einem n-Halbleiter ist die Stoßionisationsrate nur proportional der Elektronenkonzentration n, während die Auger-Rekombinationsrate dem Produkt aus drei Ladungsträgerkonzentrationen proportional sein muß. Es gilt somit

$$\partial n'/\partial t = g_n n - C_n n^2 p \; , \tag{2.66}$$

mit dem Stoßionisationskoeffizienten g_n und dem Auger-Rekombinationskoeffizienten C_n. Im thermischen Gleichgewicht ($\partial/\partial t = 0$, $np = n_i^2$) ergibt sich aufgrund des Satzes vom detaillierten Gleichgewicht

$$g_n = C_n n_i^2 \; . \tag{2.67}$$

Damit erhält man für das zeitliche Abklingen der Überschußelektronenkonzentration n' anstelle von (2.57)

$$-\partial n'/\partial t = C_n n(pn - n_i^2) \; , \tag{2.68}$$

woraus man bei geringer Anregung ($n' \ll n_0 + p_0$) als Lösung

$$n' \sim \exp(-t/\tau_{Aug}) \tag{2.69}$$

mit

$$\tau_{Aug} = \frac{1}{C_n n_0 (n_0 + p_0)} \approx \frac{1}{C_n n_0^2} \tag{2.70}$$

erhält. Die Auger-Lebensdauer τ_{Aug} nimmt also angenähert mit dem Quadrat der Ladungsträgerkonzentration ab. In analoger Weise ergibt sich für einen p-Halbleiter

$$\tau_{Aug} = \frac{1}{C_p p_0 (n_0 + p_0)} \; . \tag{2.71}$$

Die Auger-Rekombinationskoeffizienten C_n und C_p, die dem Quadrat der Übergangsmatrixelemente des Elektron-Elektron-Wechselwirkungsoperators proportional sind, liegen je nach Mechanismus zwischen 10^{-33} cm^6/s und 10^{-25} cm^6/s. Sie hängen von der Übergangsenergie ab und sind bei den meisten Auger-Prozessen (Zwei-Band-Übergängen, Leitungsband-Akzeptor-, Donator-Valenzband- und Donator-Akzeptor-Übergängen) etwa proportional $E^{-3/2}$. Da die Rekombinationskoeffizienten für strahlende Band-Band-Übergänge mit dem Quadrat der Übergangsenergie zunehmen, ergibt sich daraus die in den meisten Fällen gültige Regel, daß der Quotient aus den Raten von Auger- und strahlender Band-Band-Rekombination mit abnehmender Übergangsenergie proportional $E^{-7/2}$ zunimmt [2.47].

Literatur zu Kapitel 2

2.1. Chelikowski, J.R.; Cohen, M.L.: Electronic Structure of GaAs. Phys. Rev. Lett. 32 (1974) 674-677

2.2. Bergh, A.A.; Dean, P.J.: Light-Emitting Diodes. Oxford: Clarendon Press 1976

2.3. Casey, H.C. Jr.; Trumbore, F.A.: Single Crystal Electroluminescent Materials. Mater. Sci. Eng. 6 (1970) 69-109

2.4. Stern, F.: Elementary Theory of the Optical Properties of Solids. Sol. State Phys. 15 (1963) 299-408

2.5. Schiff, L.I.: Quantum Mechanics. New York, Toronto, London: Mc Graw-Hill

2.6. Hill, D.E.: Infrared Transmission and Fluorescence of Doped GaAs. Phys. Rev. 133 (1964) A866-A872

2.7. Hopfield, J.J.; Dean, P.J.; Thomas, D.G.: Interference between Intermediate State in the Optical Properties of Nitrogen Doped Gallium Phosphide. Phys. Rev. 158 (1967) 748-755

2.8. Landsberg, P.T.; Adams, M.J.: Radiative and Auger Processes in Semiconductors. J. Lumin. 7 (1973) 3-34

2.9. Pilkuhn, M.H.: Fundamentals of Stimulated Emission in Semiconductors. J. Lumin. 7 (1973) 269-283

2.10. Hildenbrand, O.; Faltermeier, B.O.; Pilkuhn, M.H.: Direct Determination of Reduced Band Gap and Chemical Potential in High Purity GaAs. Sol. State Commun. 19 (1976) 841-844

2.11. Winstel, G.H.; Heywang, W.: Zum Bandaufbau bei hochdotierten Halbleitern. Z. Naturf. 169 (1961) 440-441

2.12. Halperin, B.I.; Lax, M.: Impurity-Band Tails in the High-Density Limit. I. Minimum Counting Methods. Phys. Rev. 148 (1966) 722-740

2.13. Dean, P.J.: Junction Electroluminescence. Applied Solid State Science, vol. 1 (Eds. Wolfe, R.; Kriesman, C.J.), New York: Academic Press 1969, S. 1-151

2.14. Redfield, D.; Wittke, J.P.; Pankove, J.I.: Luminescent Properties of Energy-Band-Tail States in GaAs : Si. Phys. Rev. B 2 (1970) 1830-1839

2.15. Vink, A.T.: Optical Properties of Donor-Acceptor Pairs and Bound Excitons in GaP. Diss. TH Eindhoven 1974

2.16. Mehrkamp, L.; Williams, F.: Configuration Interaction in Donor-Acceptor Pairs. Phys. Rev. 6 (1972) 3753-3756

2.17. Morgan, T.N.: Symmetry of Electron States in GaP. Phys. Rev. Lett. 21 (1968) 819-823

2.18. Van der Does De Bye, J.A.W.; Vink, A.T.; Bosman, A.J.; Peters, R.C.: Kinetics of Green and Red-Orange Pair Luminescence in GaP. J. Lumin. 3 (1970) 185-197

2.19. Thomas, D.G.; Hopfield, J.J.; Augustyniak, W.M.: Kinetics of Radiative Recombination at Randomly Distributed Donors and Acceptors. Phys. Rev. 140 (1965) A202-A220

2.20. Lorenz, M.R.; Morgan, T.N.; Pilkuhn, M.H.; Pettit, G.D.: Recombination Processes in GaP Diodes as Function of Temperature. Proc. Int. Conf. Physics of Semiconductors, Phys. Soc. Japan, Tokyo (1966) 283-287

2.21. Bhargava, R.N.: Role of Oxygen in (Zn, O) Doped GaP. Phys. Rev. B 2 (1870) 387-392

2.22. Broser, I.: Exzitonen-Lumineszenz in Halbleitern. Halbleiterprobleme XI zugl. Festkörperprobleme III, Braunschweig: Vieweg 1966, S. 283-318

2.23. Hopfield, J.J.: The Quantum Chemistry of Bound Exiton Complexes. Int. Halbleitertagung Paris 1964. Paris: Dunod 1964, S. 725-735

2.24. Haynes, J.R.: Experimental Proof of the Existence of a New Electronic Complex in Silicon. Phys. Rev. Lett. 4 (1960) 361

2.25. Thomas, D.G.; Gershenzon, M.; Hopfield, J.J.: Bound Excitons in GaP. Phys. Rev. 131 (1963) 2397-2404

2.26. Dean, P.J.: Recombination Processes Associated with 'Deep States' in Gallium Phosphide. J. Lumin. 1 (1970) 398-419

2.27. Thomas, D.G.; Hopfield, J.J.: Isoelectronic Traps Due to Nitrogen in Gallium Phosphide. Phys. Rev. 150 (1966) 680-689

2.28. Hart, P.B.: Green and Yellow Emitting Devios in Vapor-Grown Gallium Phosphide. Proc. IEEE 61 (1973) 880-884

2.29. Craford, M.G.; Keune, D.L.; Groves, W.O.; Herzog, A.H.: The Luminescent Properties of Nitrogen Doped Ga(As,P) Diodes. J. Electron Mat. 2 (1973) 137-158

2.30. Merz, J.L.; Faulkner, R.A.; Dean, P.J.: Excitonic Molecule Bound to the Isoelectronic Nitrogen Trap in GaP. Phys. Rev. 188 (1969) 1228-1239

2.31. Henry, C.H.; Dean, P.J.; Cuthbert, J.D.: New Red Pair Luminescence from GaP. Phys. Rev. 166 (1968) 754-756

2.32. Cuthbert, J.D.; Henry, C.H.; Dean, P.J.: Temperature-Dependent Radiative Recombination Mechanisms in GaP(Zn,O) and GaP(Cd,O). Phys. Rev. 170 (1968) 739-748

2.33. Bachrach, R.Z.; Jayson, J.S.: Is Free to Bound Important in GaP : Zn,O at 300°K? Phys. Rev. B7 (1973) 2540-2545

2.34. Bhargava, R.N.; Michel, C.; Lupatkin, W.L.; Bronner, R.L.; Kurtz, S.K.: Mg-O Complexes in GaP - a Yellow Diode. Appl. Phys. Lett 20 (1972) 227-229

2.35. Dean, P.J.: Isoelectronic Trap Li-Li-O in GaP. Phys. Rev. B 4 (1971) 2596-2612

2.36. Haug, A.: Strahlungslose Rekombination in Halbleitern (Theorie). Festkörperprobleme XII. Braunschweig: Vieweg 1972, S. 411-447

2.37. Henry, C.H.; Lang, D.V.: Nonradiative Recombination at Deep Levels in GaAs and GaP by Lattice-Relaxation Multiphonon Emission. Phys. Rev. Lett. 35 (1975) 1525-1528

2.38. Jordan, A.S.; Von Neida, A.R.; Caruso, R.; DiDomenico, M. Jr.: Red Photoluminescent Efficiency and Minority-Carrier Lifetime of GaP : Zn,O Pulled from Nonstoichiometric Melts. Appl. Phys. Lett 19 (1971) 394-397

2.39. Van Vechten, J.A.: Simple Theoretical Estimates of the Enthalpy of Antistructure Pair Formation and Virtual-Enthalpies of Isolated Antisite Defects in Zinc-Blende and Wurtzite Type Semiconductors. J. Electrochem. Soc. 122 (1975) 423-429

2.40. Kaufmann, U.; Schneider, J.; Räuber, A.: ESR Detection of Antisite Lattice Defects in GaP, $CdSiP_2$, and $ZnGeP_2$. Appl. Phys. Lett. 29 (1976) 312-313

2.41. Fabre, E.; Bhargava, R.N.; Zwicker, W.K.: Thermally Stimulated Current Measurements in N-Type LEC GaP. J. Electron. Mat. 3 (1974) 409-430

2.42. Peaker, A.R.; Hamilton, B.; Wight, D.R.; Blenkinsop, L.D.; Harding, W.; Gibb, R.: Non-radiative recombination and structural defects in gallium phosphide. Inst. Phys. Conf. Ser. 33a (1977) 326-334

2.43. Lax, M.: Cascade Capture of Electrons in Solids. Phys. Rev. 119 (1960) 1502-1523

2.44. Conradt, R.: Auger-Rekombination in Halbleitern. Festkörperprobleme XII. Braunschweig: Vieweg 1972, S. 449-464

2.45. Zschauer, K.H.: Auger Recombination in Heavily Doped p-type GaAs. Sol. State Commun. 7 (1969) 1709-1712

2.46. Benz, G.: Emissionsprozesse in III-V-Halbleitern oberhalb der Bandkante: Auger-Effekte und Intraband Lichtstreuung. Diss. Univ. Stuttgart (1975)

2.47. Landsberg, P.T.; Adams, M.J.: Radiative and Auger Processes in Semiconductors. J. Lumin. 7 (1973) 3-34

3 Physik der Lumineszenzdioden

Die zur Erzeugung von Licht notwendige Anregung eines Halbleiterkristalls wird am einfachsten in einer in Flußrichtung betriebenen Lumineszenzdiode erzielt. Diese enthält einen pn-Übergang, über den jeweils Minoritätsträger in das neutrale p- bzw. n-Gebiet injiziert werden, wo sie sich durch strahlend oder nichtstrahlend erfolgende Rekombinationsprozesse wieder der Gleichgewichtszustand einstellt. Ein der Messung unmittelbar zugängliches Maß für die dabei erzielte Umwandlung von elektrischer in Strahlungsenergie ist der externe Quantenwirkungsgrad, der sich als Quotient aus der Zahl der die Diode in der Zeiteinheit verlassenden Photonen und der in der gleichen Zeit transportierten Ladungsträger ergibt. Dieser Wirkungsgrad wird durch den Quantenwirkungsgrad der strahlenden Rekombination der Minoritätsträger, den Injektionswirkungsgrad und durch den optischen Wirkungsgrad beim Austritt des Lichtes aus dem Kristall bestimmt.

3.1 Stromführungsmechanismen in Lumineszenzdioden

Für die Berechnung des externen Quantenwirkungsgrades ist es zunächst notwendig, die verschiedenen Stromführungsmechanismen in einer Diode zu kennen. Die Shockleysche Diodengleichung gibt für Minoritätsträgerinjektion über einen abrupten pn-Übergang für den Diffusionsstrom I_D den Zusammenhang mit der an die Diode angelegte Spannung U (Band 1)

$$I_D = A\,q\left(p_{n0}\frac{L_p}{\tau_p} + n_{p0}\frac{L_n}{\tau_n}\right)\left(\exp\frac{qU}{kT} - 1\right). \tag{3.1}$$

Dabei sind A die Fläche des pn-Überganges, q die Elementarladung $p_{n0} = n_i^2/n_{n0}$ und $n_{p0} = n_i^2/p_{p0}$ die Gleichgewicht-Minoritätsträgerdichten im n- und p-Gebiet, L_p und L_n die Löcher- bzw. Elektronendiffusionslänge τ_p bzw. τ_n die Löcher- bzw. Elektronenlebensdauer im n- bzw. p-leitenden Injektionsgebiet.

Bei Flußspannungen $U > 3kT/q$ ergibt sich aus (3.1) näherungsweise für den Löcherdiffusionsstrom ins n-Gebiet

$$I_p = Aq\,n_{p0}\,\frac{L_n}{\tau_n}\exp\frac{qU}{kT} \tag{3.2}$$

und für den Elektronendiffusionsstrom ins p-Gebiet

$$I_n = Aq\,p_{n0}\,\frac{L_p}{\tau_p}\exp\frac{qU}{kT}\;, \tag{3.3}$$

d.h. zusammengefaßt für diesen Diffusionsstrom eine Beziehung der Form

$$I_D = I_D^0\exp\frac{qU}{kT}\;. \tag{3.4}$$

(3.1) beschreibt aber die Strom-Spannungs-Charakteristik einer pn-Diode nur unter gewissen einschränkenden Voraussetzungen vollständig. Unberücksichtigt bleiben die Generation und Rekombination in der Raumladungszone des pn-Überganges, Oberflächen- und Tunnelströme sowie der Spannungsabfall, der durch die Bahnwiderstände des neutralen p- und n-Gebietes und durch Kontaktwiderstände verursacht wird. Ferner wird schwache Injektion angenommen, d.h. die Konzentration der injizierten Minoritätsträger am Rande der Raumladungszone bleibt klein gegenüber den durch die Dotierung im n- und p-Gebiet erzielten Majoritätsträgerkonzentrationen:

$$p_n = p_{n0}\exp\frac{qU}{kT} < n_n \quad \text{bzw.} \quad n_p = n_{p0}\exp\frac{qU}{kT} < p_p\;. \tag{3.5}$$

Bei Berücksichtigung der Rekombination in der Raumladungszone kommt zum Diffusionsstrom (3.4) noch ein Raumladungsrekombinationsstrom I_{RZ} hinzu, der bei Annahme der Rekombination über eine tiefe Störstelle gegeben ist durch [3.1]

$$I_{RZ} = \frac{AqW}{2}\,\sigma_t N_t n_i\exp\frac{qU}{2kT} = I_{RZ}^0\exp\frac{qU}{2kT}\;. \tag{3.6}$$

Hierbei ist W die Breite der Raumladungszone, die von der Spannung abhängt; N_t und σ_t sind die Dichte bzw. der Einfangquerschnitt des Rekombinationszentrums. Die Rekombination in der Raumladungszone muß dann berücksichtigt werden, wenn die Breite der Raumladungszone nicht gegen die Diffusionslänge vernachlässigt werden kann. Sie spielt auch grundsätzlich in Halbleitern mit höherem Bandabstand, bei denen n_i sehr klein ist, eine Rolle, da der Diffusionsstrom proportinal n_i^2 und der Raumladungsstrom nur proportional n_i abnimmt.

Oberflächenströme I_{OF} entstehen durch Rekombination von Ladungsträgern an Stellen, wo der pn-Übergang an die Oberfläche tritt, und können wie auch Raumladungszonenströme die Strom-Spannungscharakteristik von Dioden bei kleinen Strömen bestimmen. Sie werden durch die Beziehung

$$I_{OF} \sim \exp \frac{qU}{nkT} \tag{3.7}$$

mit $n \sim 2$ beschrieben [3.2].

Die durch quantenmechanisches Durchtunneln der Raumladungszone bewirkten Tunnelströme, die ebenfalls nur im Bereich kleiner Ströme eine Rolle spielen, werden durch Beziehungen der Form

$$I_T \sim \exp \beta U \tag{3.8}$$

beschrieben, wobei jedoch der Parameter β nicht bzw. nur sehr wenig von der Temperatur abhängt.

Bei höheren Strömstärken macht sich in zunehmendem Maße der Serienwiderstand R der Diode, der sich aus den Bahnwiderständen der neutralen n- und p-Gebiete und den Kontaktwiderständen zusammensetzt, bemerkbar. Er wird berücksichtigt, indem man in (3.1) bis (3.8) die Größe U durch (U - IR) ersetzt.

Ab einer gewissen Spannung kann die Annahme schwacher Injektion nicht mehr aufrechterhalten werden, wenn die Konzentration der injizierten Minoritätsträger am Rand der Raumladungszone die Majoritätsträgerkonzentration übersteigt. Bei starker Injektion erhält man für die Konzentration der Minoritätsträger am Rand der Raumladungszone

$$p_n \text{ bzw. } n_p \sim n_i \exp \frac{qU}{2kT} \tag{3.9}$$

und für den Strom I_{Si}

$$I_{Si} \sim \exp \frac{qU}{2kT} . \tag{3.10}$$

Zusammenfassend gilt, daß die Strom-Spannungs-Charakteristik einer Lumineszenzdiode meist durch eine Beziehung der Form

$$I \sim \exp \frac{qU}{nkT} \tag{3.11}$$

beschrieben werden kann. Findet man experimentell n = 1, dann dominiert der Diffusionsstrom, bei n = 2 und kleinen Strömen überwiegt die Rekombination in der Raumladungszone über tiefe Störstellen oder es liegen Oberflächenströme vor; ist hingegen bei hohen Strömen n = 2, dann liegt starke Injektion vor.

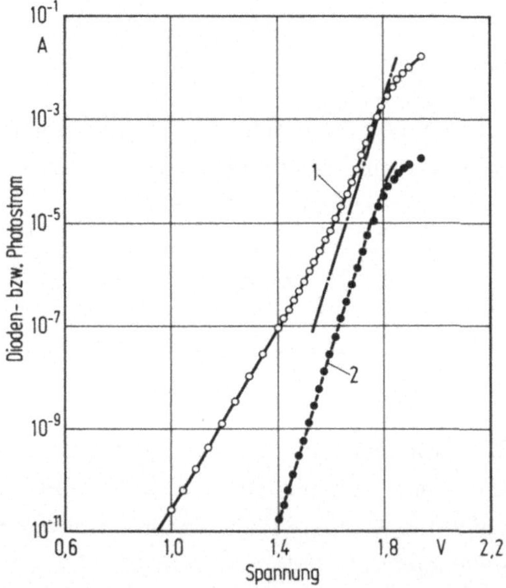

Abb.3.1. Strom-Spannungs- (1) und Lichtstrom-Spannungs-Charakteristik (2) einer GaP : Zn,O-Diode (Beschreibung im Text. Nach [3.3])

Eine Auskunft über Art und Größe des zur Lichtemission beitragenden Strommechanismus erhält man durch Messung der Lichtstrom-Spannungs-Charakteristik der Lumineszenzdiode. In Abb.3.1 ist die gemessene Strom-Spannungs-Charakteristik einer rot leuchtenden GaP-Diode gezeigt, die mit Zn-O-Paaren dotiert ist. Der Diodenstrom setzt sich hier gemäß

$$I = I_D + I_{RZ} \tag{3.12}$$

aus einem Raumladungszonenstrom mit n = 2 und dem Diffusionsstrom mit n = 1 zusammen. Oberflächenströme konnten durch Messungen an Dioden unterschiedlicher Geometrie ausgeschlossen werden. Durch Anpassung von (3.12) an die experimentellen Ergebnisse (ausgezogene Kurve in Abb.3.1) kann die Größe des Diffusionsstromes (strichpunktierte Gerade), des Raumladungsstromes und des Bahnwiderstandes bestimmt werden; dazu muß aber auch die Spannungsabhängigkeit der Breite der Raumladungszone bekannt sein, die sich aus der Spannungsabhängigkeit der Kapazität des pn-Überganges bestimmen läßt, wobei man bei höheren Flußspannungen, wo die Messung der Kapazität wegen des hohen Verlustwinkels unmöglich werden kann, auf Modellvorstellungen angewiesen ist. Die Messung der Lichtstrom-Spannungs-Charakteristik ergibt, daß die Lichtemission proportional exp(qU/kT) erfolgt und daß somit in der GaP : Zn,O-Diode der Diffusionsstrom der für die Lichtemission maßgebliche Strom ist, was mit der Vorstellung übereinstimmt, daß das rote Licht durch Rekombination von injizierten Elektronen über Zn-O-Paare im p-Gebiet entsteht.

3.2 Der externe Quantenwirkungsgrad

Der externe Quantenwirkungsgrad als Quotient der die Lumineszenzdiode in der Zeiteinheit verlassenden Photonen zur Zahl der in der Zeiteinheit transportierten Ladungsträger ist die wichtigste Meßgröße für die Untersuchung und für die Optimierung von Lumineszenzdioden. Er berücksichtigt, daß

a) nicht alle Rekombinationsprozesse strahlend erfolgen;
b) nicht alle in der Diode auftretenden Strommechanismen zur Lichterzeugung beitragen;
c) nicht alle im Halbleiterinneren erzeugten Photonen den Kristall auch wirklich verlassen, d.h. einer Nutzung zugänglich werden.

Demnach kann der externe Quantenwirkungsgrad η_{ex} als das Produkt dreier Größen, dem Quantenwirkungsgrad der strahlenden Rekombination η_R, dem Injektionswirkungsgrad η_I und dem optischen Wirkungsgrad η_{opt} dargestellt werden

$$\eta_{ex} = \eta_R \, \eta_I \, \eta_{opt} \, , \tag{3.13}$$

die die oben erwähnten einzelnen Verlustmechanismen beinhalten. Dem externen Quantenwirkungsgrad proportional ist der Leistungswirkungsgrad der Lumineszenzdiode als Quotient aus emittierter Strahlungsleistung und elektrischer Eingangsleistung. Der Proportionalitätsfaktor beträgt $h\nu/qU$. Wenn man von hohen Diodenströmen absieht, ist bei vielen Lumineszenzdioden $h\nu/qU \approx 1$, d.h. der Leistungswirkungsgrad unterscheidet sich vom externen Quantenwirkungsgrad zahlenmäßig nur wenig.

3.2.1 Quantenwirkungsgrad der strahlenden Rekombination

Treten z.B. in einem p-Halbleiter mehrere Rekombinationsprozesse - strahlende und nichtstrahlende - mit den dazugehörigen Zeitkonstanten τ_i auf, dann ergibt sich nach (2.57) bei schwacher Anregung

$$\frac{\partial n'}{\partial t} = -\frac{n'}{\tau} = G_0 - R = -\sum_i \frac{n'}{\tau_i} \, . \tag{3.14}$$

Für die resultierende Lebensdauer τ der Überschußelektronenkonzentration gilt somit

$$\frac{1}{\tau} = \sum_i \frac{1}{\tau_i} \, . \tag{3.15}$$

Die resultierende Lebensdauer wird also im wesentlichen durch den Rekombinationsprozeß mit der kürzesten Zeitkonstante bestimmt.

Beispielsweise ergibt sich bei stationärer ($\partial/\partial t = 0$) Anregung mit der Generationsrate $G > G_0$ und bei Annahme zweier paralleler Rekombinationswege, einem strahlenden (τ_R) und einem nichtstrahlenden (τ_{NR}) Übergang

$$G - R = 0 = G - \frac{n'}{\tau_R} - \frac{n'}{\tau_{NR}} \, . \tag{3.16}$$

Den Quotient aus strahlender Rekombinationsrate $R_R = \frac{n'}{\tau_R}$ und Generationsrate G, die im stationären Zustand gleich der Gesamtrekombinationsrate ist, bezeichnet man als den Quantenwirkungsgrad der strahlenden Rekombination

$$\eta_R = \frac{n'/\tau_R}{n'/\tau_R + n'/\tau_{NR}} = \frac{1}{1 + \tau_R/\tau_{NR}} . \tag{3.17}$$

Für $\tau_R \ll \tau_{NR}$ ist $\eta_R \approx 1$, d.h. die Rekombination erfolgt praktisch nur strahlend. Bei Überwiegen der nichtstrahlenden Rekombination ($\tau_{NR} \ll \tau_R$) hingegen wird $\eta_R \approx \tau_{NR}/\tau_R \ll 1$.

Die Dotierungsabhängigkeit der Intensitätskurven der strahlenden Rekombination in GaAs (Abb.2.7) wird durch (3.17) erklärt. Der Abfall bei hohen Dotierungen ist auf die zunehmende Auger-Rekombination zurückzuführen; diese nimmt für p-GaAs stärker mit der Trägerdichte ab als die strahlende Band-Band-Rekombination (Abschnitt 2.4). Für die Abnahme der Emission bei niedrigen Dotierungen muß ein weiterer nichtstrahlender Rekombinationsprozeß angenommen werden, dessen Zeitkonstante in diesem Bereich vergleichbar oder kleiner ist als die der strahlenden Rekombination.

Die Beziehung (3.17) gilt jedoch nur für den einfachen Fall, daß sich die durch Anregung erzeugten Überschußelektronen alle in demselben Minimum des Leitungsbandes befinden und daß es sich bei der Rekombination um Band-Band-Übergänge handelt. Im allgemeinen liegen jedoch kompliziertere Verhältnisse vor, wie es zwei Beispiele zeigen:

Quantenwirkungsgrad der strahlenden Rekombination bei Berücksichtigung zweier Leitungsbandminima

In $GaAs_{1-x}P_x$-Mischkristallen verändern die beiden Leitungsbandminima in den Punkten Γ und X der Brillouin-Zone mit zunehmendem x, d.h. wachsendem P-Anteil ihre relative Lage zueinander (Abb.2.3). Die durch Anregung erzeugten Überschußelektronenkonzentration - die Betrachtungen beziehen sich wieder auf p-Material - verteilen sich auf die beiden Leitungsbandminima bei X und bei Γ gemäß

$$\frac{n'_X}{n'_\Gamma} = \frac{N_{cX}}{N_{c\Gamma}} \exp[-(E_X - E_\Gamma)/kT] . \tag{3.18}$$

N_{cX} und $N_{c\Gamma}$ sind die Zustandsdichten in dem entsprechenden Bereich der Brillouin-Zone. Der direkte Übergang beim Punkt Γ besitzt einen nichtstrahlenden ($\tau_{\Gamma NR}$) Anteil, der indirekte Übergang wird ausschließlich nichtstrahlend (τ_{XNR}) angenommen (Abb.3.2). Für die zeitliche

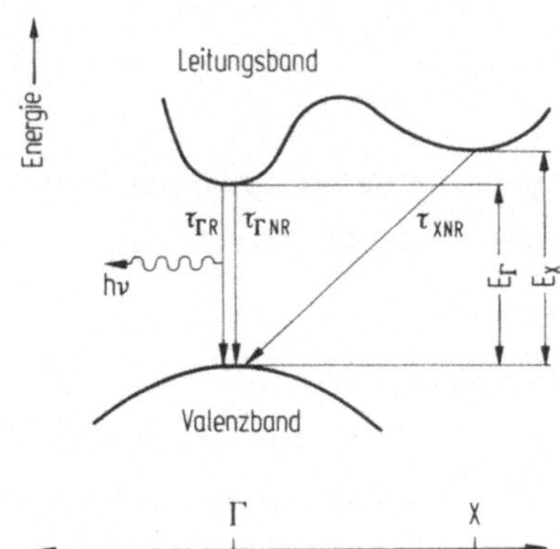

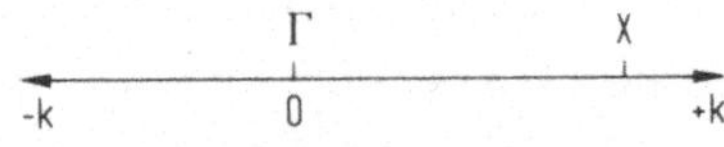

Abb.3.2. Rekombinationsmodell für $GaAs_{1-x}P_x$ (Beschreibung im Text. Nach [3.4])

Änderung der Überschußelektronenkonzentration gilt dann

$$-\frac{\partial n'}{\partial t} = -\frac{\partial}{\partial t}(n'_X + n'_\Gamma) = R - G = \frac{n'_\Gamma}{\tau_{\Gamma R}} + \frac{n'_\Gamma}{\tau_{\Gamma NR}} + \frac{n'_X}{\tau_{XNR}} - G \,. \quad (3.19)$$

Im stationären Fall erhält man hiermit für den Quantenwirkungsgrad der strahlenden Rekombination

$$\eta_R = \frac{R_R}{G} = \frac{n'_\Gamma/\tau_{\Gamma R}}{n'_\Gamma/\tau_{\Gamma R} + n'_\Gamma/\tau_{\Gamma NR} + n'_X/\tau_{XNR}} \,. \quad (3.20)$$

Mit der vereinfachenden Annahme $\tau_{\Gamma NR} \approx \tau_{XNR}$ gilt die Beziehung

$$\eta_R = \frac{1}{1 + \tau_{\Gamma R}/\tau_{\Gamma NR}(1 + N_{cX}/N_{c\Gamma}\exp(E_\Gamma - E_X)/kT} \,. \quad (3.21)$$

Abb.3.3 zeigt die gute Übereinstimmung des gemäß (3.21) berechneten und des bei $GaAs_{1-x}P_x$-Lumineszenzdioden gemessenen externen Quantenwirkungsgrades, der nach (3.13) dem Quantenwirkungsgrad der strahlenden Rekombination proportional ist.

Quantenwirkungsgrad der strahlenden Rekombination über eine isoelektronische Störstelle

Wesentlich komplizierter liegen die Verhältnisse bei der strahlenden Rekombination von Exzitonen, die an eine isoelektronische Störstelle gebunden sind. In Abb.3.4 sind schematisch die Rekombinationswege im Falle

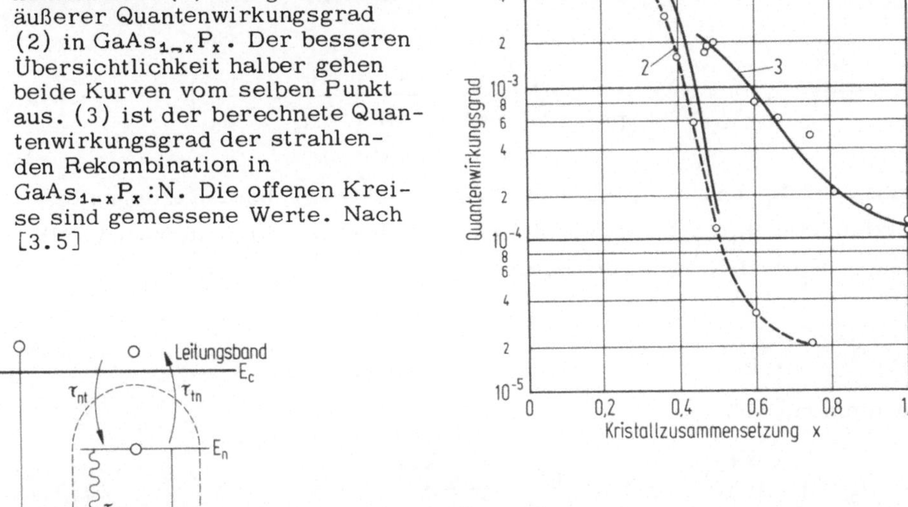

Abb.3.3. Berechneter Quantenwirkungsgrad der strahlenden Rekombination (1) und gemessener äußerer Quantenwirkungsgrad (2) in $GaAs_{1-x}P_x$. Der besseren Übersichtlichkeit halber gehen beide Kurven vom selben Punkt aus. (3) ist der berechnete Quantenwirkungsgrad der strahlenden Rekombination in $GaAs_{1-x}P_x$:N. Die offenen Kreise sind gemessene Werte. Nach [3.5]

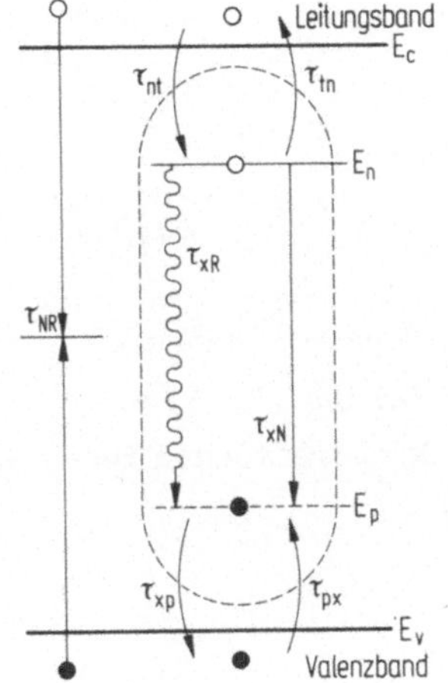

Abb.3.4. Schematisches Modell eines Halbleiters mit strahlender Rekombination über eine isoelektronische Störstelle (Beschreibung im Text). Nach [3.6]

eines mit isoelektronischen Störstellen der Dichte N_t dotierten p-Halbleiters gezeigt. Die nichtstrahlenden Prozesse werden in einen einzigen Rekombinationsweg mit der Zeitkonstante τ_{NR} zusammengefaßt. Die Füllung und Leerung der isoelektronischen Zentren erfolgt mit den Zeitkonstanten τ_{nt} bzw. τ_{tn} - die des Exzitonen-Löcherniveaus mit den Zeitkonstanten τ_{px} bzw. τ_{xp}. Das gebundene Exziton rekombiniert strahlend mit der Zeitkonstante τ_{xR} und nichtstrahlend über einen Auger-Prozeß mit der Zeitkonstante τ_{xN}. Die thermische Dissoziation des Exzitons erfolgt mit der Zeitkonstante τ_{xn}.

Für die zeitliche Veränderung der Elektronen- und Besetzungsdichten gelten bei einer Generationsrate G folgende Bilanzgleichungen [3.6]:

$$\frac{\partial n'}{\partial t} = G - n'\left(\frac{1}{\tau_{nt}} + \frac{1}{\tau_{NR}}\right) + (N_t^e - N_t^x)\,\frac{1}{\tau_{tn}} + N_t^x\left(\frac{1}{\tau_{xn}}\right) \qquad (3.22)$$

$$\frac{\partial N_t^e}{\partial t} = \frac{n'}{\tau_{nt}} - (N_t^e - N_t^x)\frac{1}{\tau_{tn}} - N_t^x\left(\frac{1}{\tau_{xR}} + \frac{1}{\tau_{xn}} + \frac{1}{\tau_{xN}}\right) \tag{3.23}$$

$$\frac{\partial N_t^x}{\partial t} = (N_t^e - N_t^x)\frac{1}{\tau_{px}} - N_t^x\left(\frac{1}{\tau_{xp}} + \frac{1}{\tau_{xR}} + \frac{1}{\tau_{xn}} + \frac{1}{\tau_{xN}}\right), \tag{3.24}$$

wobei mit N_t^e und N_t^x die Dichte der mit Elektronen bzw. Exzitonen besetzten isoelektronischen Störstellen bezeichnet ist. Im stationären Fall hängen N_t^x und N_t^e über die Beziehung

$$N_t^x = N_t^e f_p \tag{3.25}$$

zusammen, wobei

$$f_p = \left(1 + \frac{\tau_{px}}{\tau_{xp}} + \frac{\tau_{px}}{\tau_{xn}} + \frac{\tau_{px}}{\tau_{xN}} + \frac{\tau_{px}}{\tau_{xR}}\right)^{-1} \tag{3.26}$$

die Aufenthaltswahrscheinlichkeit eines Loches an der elektronenbesetzten Störstelle ist. Aus der stationären Lösung von (3.22) bis (3.24) erhält man mit $\tau_{xn} \approx \tau_{tn}$ für den Quantenwirkungsgrad der strahlenden Rekombination die Beziehung

$$\eta_R = \frac{N_t^x}{G\tau_{xR}} = \frac{\tau_D}{\tau_{xR}}\left(1 + \frac{\tau_{nt}}{\tau_{NR}} + \frac{\tau_D\tau_{nt}}{\tau_{NR}f_p\tau_{tn}}\right)^{-1}, \tag{3.27}$$

mit

$$\frac{1}{\tau_D} = \frac{1}{\tau_{xR}} + \frac{1}{\tau_{xN}}. \tag{3.28}$$

Da $\tau_{xp}, \tau_{px} \ll \tau_{xR}\tau_{xN}$ ist, wie am Beispiel des GaP : Zn,O gezeigt werden konnte [3.7], ist die Wahrscheinlichkeit für die Löcherbesetzung des Exzitonenzustandes durch die für den nichtentarteten Halbleiter gültige Boltzmann-Wahrscheinlichkeit

$$f_p = \frac{g_{ex}p}{N_v} \exp\frac{\Delta E_p}{kT} \tag{3.29}$$

gegeben, wobei g_{ex} der Entartungsfaktor des Exzitonen-Lochzustandes und $\Delta E_p = E_p - E_v$ die Bindungsenergie des Loches ist.

Für den Fall kleiner Anregung mit einer Elektronendichte, die wesentlich kleiner ist als die Dichte der isoelektronischen Störstellen gilt aufgrund des Satzes vom detaillierten Gleichgewicht

$$\frac{\tau_{nt}}{\tau_{tn}} = \frac{N_c}{N_t} \frac{3}{g_t} \exp\left(-\frac{\Delta E_n}{kT}\right) \tag{3.30}$$

mit $g_t = 2$ als Entartungsfaktor des Elektronenzustandes im Abstand ΔE_n vom Leitungsband. Der Faktor 3 entsteht durch die dreifache Entartung des Leitungsbandes im Punkt X der Brillouin-Zone.

Bei p-GaP : N läßt sich nach [3.6] wegen $\tau_D \gg \tau_{NR} f_p \frac{\tau_{tn}}{\tau_{nt}}$ und wegen $\tau_{NR} \ll \tau_{nt}$ die Beziehung (3.27) vereinfachen, und man erhält für Quantenwirkungsgrad der strahlenden Rekombination mit (3.29) und (3.30)

$$\eta_R = \frac{\tau_{NR}}{\tau_{xR}} \frac{N_t\, p\, g_t\, g_{ex} \exp \Delta E/kT}{3 N_c N_v} \approx \frac{\tau_{NR}\, p\, N_t}{\tau_{xR}}, \tag{3.31}$$

wobei $\Delta E = \Delta E_n + \Delta E_p$ ist. Für nicht zu große τ_{NR} gilt diese Beziehung auch für p-$GaAs_{1-x}P_x$: N. Sie gilt außerdem auch für n-Halbleiter, wenn p durch n ersetzt wird. Die wesentliche Aussage von (3.31) ist jedoch, daß der Quantenwirkungsgrad der stahlenden Rekombination in GaP : N und in $GaAs_{1-x}P_x$: N durch die nichtstrahlende Lebensdauer τ_{NR} begrenzt wird.

Die Gültigkeit der obigen vereinfachenden Annahme wird durch die bei p-GaP : N experimentell gefundene Proportionalität von externem Quantenwirkungsgrad und der mit der Lebensdauer nahezu identischen Abklingzeit der Lumineszenzstrahlung gerechtfertigt. Bei p-GaP : N wird bis zum Wirksamwerden der Auger-Rekombination bei $p \approx 1 \cdot 10^{18}\, cm^{-3}$ auch die Proportionalität von Quantenwirkungsgrad der strahlenden Rekombination und Löcherkonzentration gefunden [3.6]; bei n-GaP : N hingegen ergeben sich von der durch (3.31) gegebenen Beziehung erhebliche Abweichungen.

Bei der Berechnung des Quantenwirkungsgrades der strahlenden Rekombination in $GaAs_{1-x}P_x$: N muß noch berücksichtigt werden, daß die strahlende Lebensdauer des Exzitons τ_{xR} von der Zusammensetzung des $GaAs_{1-x}P_x$-Mischkristalles abhängig ist. Sie kann nach [3.5] beschrieben werden durch

$$\tau_{xR}(x) = \tau_{xR}(x = 1)\ \frac{|\Psi|^2(x = 1,\ k = 0)}{|\Psi|^2(x,\ k = 0)}\ . \tag{3.31a}$$

τ_{xR} nimmt von etwa 90 ns bei reinem GaP [3.8] auf etwa 10 ns bei $GaAs_{0.35}P_{0.65}$: N ab. Nach (3.31a) ergibt sich damit eine als Band Structure Enhancement bezeichnete Zunahme des Quantenwirkungsgrades der strahlenden Rekombination mit zunehmendem As-Gehalt. Bei dem in Abb. 3.3 gezeigten Vergleich zwischen berechneter und experimenteller Kurve wurde noch der mit zunehmendem As-Gehalt verringerte N-Einbau berücksichtigt.

Bei p-GaP : Zn, O ist wegen der hohen Bindungsenergie des Elektrons von $\Delta E_n \approx 300$ meV der Quotient $\tau_{tn}/\tau_{nt} \approx 100$ (experimentell ergibt sich der Wert 20 [3.9]). Damit erhält man bei Material mit genügend hohem τ_{NR}

$$\eta_R \approx \frac{1}{1 + \tau_{xR}/\tau_{xN}}\ , \tag{3.32}$$

d.h. der Quantenwirkungsgrad der strahlenden Rekombination wird unabhängig von τ_{NR} und hängt nur noch vom Verhältnis der strahlenden zur nichtstrahlenden Lebensdauer des Exzitons ab.

Bei GaP : Zn, O muß allerdings wegen der erreichbaren geringen Dichte der ZnO-Zentren von max. $5 \cdot 10^{16}\ cm^{-3}$ bereits bei relativ kleinen Anregungsdichten die Auffüllung der Zentren berücksichtigt werden, was zur Sättigung der ZnO-Emission in GaP [3.10] führt.

3.2.2 Der Injektionswirkungsgrad und der innere Quantenwirkungsgrad

Als Injektionswirkungsgrad η_I einer Lumineszenzdiode bezeichnet man den Anteil des durch die Diode fließenden und zur strahlenden Rekombination beitragenden Diffusionsstromes am gesamten Strom. Bei der rot leuchtenden GaP : Zn, O-Diode beispielsweise ist dies der in das entsprechend dotierte p-Gebiet injizierte Elektronendiffusionsstrom. Sein Anteil am Gesamtdiffusionsstrom wird bei Annahme eines abrupten pn-Überganges mit der Nettodonatoren- und Akzeptorenkonzentration N_D bzw. N_A

mit Hilfe von (3.1) gegeben durch

$$r = \frac{L_n/N_A \tau_n}{L_n/N_A \tau_n + L_p/N_D \tau_p} . \qquad (3.33)$$

Der Injektionswirkungsgrad der Diode ist dann

$$\eta_I = \frac{I_D}{I_D + I_{RZ}} r . \qquad (3.34)$$

Da der Diffusionsstrom bei hohen Diodenströmen dominiert, nimmt der Injektionswirkungsgrad einer GaP:Zn,O-Diode mit steigendem Diodenstrom zu [3.3].

Das Produkt aus Injektionswirkungsgrad und Quantenwirkungsgrad der strahlenden Rekombination

$$\eta_{int} = \eta_R \eta_I \qquad (3.35)$$

wird auch innerer oder interner Quantenwirkungsgrad der Diode genannt. Entsteht Licht sowohl im p- als auch im n-Gebiet mit unterschiedlichen Quantenwirkungsgraden der strahlenden Rekombination $\eta_R^{(p)}$ und $\eta_R^{(n)}$, wie es beispielsweise bei den grün leuchtenden GaP : N-Dioden der Fall ist, dann ist der innere Quantenwirkungsgrad gegeben durch

$$\eta_{int} = \eta_R^{(p)} \frac{I_D}{I_D + I_{RZ}} r + \eta_R^{(n)} \frac{I_D}{I_D + I_{RZ}} (1 - r) . \qquad (3.36)$$

η_R und η_I hängen beide von den Dotierungsverhältnissen am pn-Übergang ab und sind daher nicht voneinander unabhängig. Aus diesem Grunde muß zum Erreichen eines möglichst hohen inneren Quantenwirkungsgrades meistens ein Kompromiß geschlossen werden. Eine Ausnahme bilden hier Hetero-pn-Übergänge, bei denen die Injektion unabhängig von den Dotierungsverhältnissen eingestellt werden kann (Abschnitt 5.2.1).

Die Beziehung (3.36) gilt jedoch nicht uneingeschränkt. Es wird nämlich vorausgesetzt, daß innerhalb der Rekombinationszone mit konstanten Werten $\eta_R^{(n)}$ und $\eta_R^{(p)}$ gerechnet werden kann. Dies ist nicht mehr der Fall, wenn die Dicke der lichtaktiven Schicht kleiner wird als das Dreifache einer Diffusionslänge, da dann der Beitrag der nichtstrahlenden Oberflächenrekombination nicht mehr vernachlässigt werden kann [3.11]. Das gleiche gilt auch für den Abstand des pn-Überganges von einer Zwischenfläche (z.B. zwischen Substrat und Epitaxieschicht), da diese ebenfalls meistens einen Bereich mit einer hohen nichtstrahlenden Rekombinationsrate darstellt. Eine verringernde Wirkung auf den inneren Quantenwirkungsgrad haben auch sog. Dead Layers am pn-Übergang, das sind schmale Zonen mit einem gegenüber dem Halbleiterinneren verminderten Quantenwirkungsgrad der strahlenden Rekombination, deren Entstehung auf Kristalldefekte am pn-Übergang zurückzuführen ist.

3.2.3 Der optische Wirkungsgrad

Als optischen Wirkungsgrad η_{opt} bezeichnet man den Proportionalitätsfaktor zwischen innerem und äußerem Quantenwirkungsgrad der Diode

$$\eta_{opt} = \eta_{ex}/\eta_{int} \, , \tag{3.37}$$

der, wie bereits eingangs erwähnt, alle beim Austritt der Strahlung aus dem Halbleiterkristall auftretenden Verluste und die Reemissionseffekte durch Selbstabsorption beinhaltet.

Die Hauptursache dafür, daß nur ein Bruchteil der im Halbleiterinneren erzeugten Strahlung den Halbleiterkristall verläßt, ist der hohe optische Brechungsindex n* des Halbleitermaterials, der bei GaAs 3,6 und bei GaP 3,3 beträgt.[1] Das hat zur Folge, daß der Grenzwinkel der Totalreflexion beim Übergang vom Halbleiter in Luft

$$\theta_g = \sin^{-1}\left(\frac{1}{n^*}\right) \tag{3.38}$$

bei GaAs nur 16,2° und bei GaP 17,7° beträgt, d.h. alle unter einem größeren Winkel auf die innere Grenzfläche Halbleiter-Luft auftreffenden Strahlen werden in das Halbleiterinnere total reflektiert. Der Bruchteil der von einem Punkt im Halbleiterinneren isotrop ausgehenden Strahlung, der auf eine ebene Grenzfläche Halbleiter-Luft unter einem kleineren Winkel als θ_g auftritt, ist $\sin^2\theta_g/2$ und liegt bei GaAs und GaP im Bereich von nur einigen

---

[1] Die Dispersion des Berechnungsindex wird für die Betrachtungen über die Lichtauskopplung vernachlässigt, da sich dieser beispielsweise im gesamten Emissionsbereich einer GaAs-Diode maximal um 3% ändert.

Prozent. Dieser Strahlungsanteil unterliegt auch noch einer teilweisen Reflexion; der Transmissionskoeffizient T_0 senkrecht auf die Grenzfläche auftreffender Strahlen beträgt nämlich nur

$$T_0 = \frac{4n^*}{(n^* + 1)^2} \quad (3.39)$$

Bei GaP beträgt $T_0 = 0{,}715$. Da der Transmissionskoeffizient bei $17{,}7^\circ$ verschwindet, muß mit einem über alle $\theta < \theta_g$ gemittelten Transmissionskoeffizient gerechnet werden, der bei GaP etwa 0,7 beträgt [3.12], so daß, wenn man die Absorption der Strahlung auf dem Weg zur Grenzfläche vernachlässigt, bei einer ebenen Struktur insgesamt nur $(\sin^2\theta_g/2)0{,}7 \approx 1{,}7\,\%$ der erzeugten Strahlung den Halbleiterkristall auf direktem Wege verlassen können.

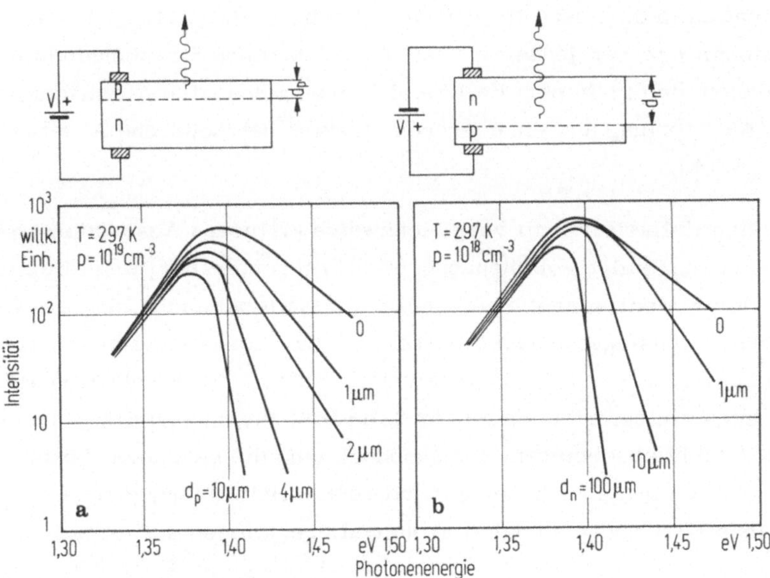

Abb. 3.5. Einfluß der Schichtdicke von n- und p-Schicht auf das Emissionsspektrum einer GaAs-Lumineszenzdiode. a) Absorption durch die p-Schicht; b) Absorption durch die n-Schicht. Nach [3.13]

Echte Verlustmechanismen bei der Auskopplung der Strahlung aus einer Lumineszenzdiode sind jedoch die Absorption im Halbleiterinneren (Volumenabsorption) und die Absorption an den Metallkontakten, über die der Strom zugeführt wird. Die Volumenabsorption spielt vor allem bei Halbleitern mit direkter Bandlücke eine große Rolle. Bei der Auskopplung aus einem Halbleiter mit hoher Volumenabsorption wird auch das Emissionsspektrum einer Diode modifiziert, wie in Abb. 3.5 am Beispiel einer GaAs-Diode gezeigt ist. Das Emissionsmaximum wird mit zunehmender Dicke der Halbleiterschicht, die durchstrahlt werden muß, zu höheren Wellenlängen verschoben. Da der Absorptionskoeffizient von p-GaAs höher ist als der von n-GaAs, entspricht daher die Absorption durch eine 10 μm dicke p-Schicht etwa der durch eine 100 μm dicke n-Schicht.

Bei Betrachtungen über die Volumenabsorption in Verbindung mit der Strahlungsauskopplung müssen neben den Absorptionseffekten noch anschließende Reemissionseffekte berücksichtigt werden, d.h. absorbierte Photonen erzeugen Elektron-Loch-Paare, die dann wiederum strahlend rekombinieren können usw. Dieser Effekt spielt bei der Auskopplung jedoch nur dann eine Rolle, wenn der Quantenwirkungsgrad der strahlenden Rekombination in dem betreffenden Gebiet nahe 1 ist [3.14]. Da bei den Reemissionsprozessen jedesmal wieder ein isotropes Strahlungsfeld entsteht, können sich in diesem Fall bei den oben gemachten Abschätzungen über die Auskopplung aus einer ebenen Struktur beträchtliche Änderungen ergeben [3.14].

In indirekten Halbleitern mit vergleichsweise kleineren Absorptionskoeffizienten macht sich die Volumenabsorption erst bemerkbar, wenn die Lichtstrahlen durch Mehrfachreflexion an der Kristalloberfläche längere Wege im Kristall zurücklegen. Stärker wirkt sich bei diesen Materialien aber die Absorption in den rückristallisierten, extrem hoch dotierten Bereichen unter einlegierten Metallkontakten aus, die nahezu das gesamte auffallende Licht absorbieren. Meist jedoch sind die genannten Absorptionsverluste bei Lumineszenzdioden aus indirekten Halbleitern geringer und der optische Wirkungsgrad damit größer als bei Dioden aus direkten Halbleitern.

Aus dem Gesagten ergeben sich konsequenterweise mehrere Möglichkeiten zur Steigerung des optischen Wirkungsgrades von Lumineszenzdioden, deren spezifische Wirksamkeit sich nach dem vorliegenden Diodentyp richtet:

Formgebung der Halbleiteroberfläche

Durch geeignete Formgebung der Halbleiteroberfläche läßt sich erreichen, daß der Anteil der unter einem kleineren Winkel als dem der Totalreflexion einfallenden Strahlen größer wird, als es bei einer ebenen Struktur (Abb. 3.6a) der Fall ist. In Abb.3.6b ist eine Diode mit Halbkugelform gezeigt, bei der alle von dem relativ kleinflächigen pn-Übergang ausgehenden Strahlen nahezu senkrecht auf die Grenzfläche Halbleiter-Luft auftreffen. Bei Annahme einer punktförmigen Lichtgeneration im Kugelmittelpunkt, eines totalabsorbierenden Rückseitenkontaktes und bei Vernachlässigung der Volumenabsorption beträgt bei dieser Diodengeometrie der aus der Diode in Luft ausgekoppelte Teil der intern generierten Strahlung

$$\eta_{opt} = \frac{2n^*}{(n^* + 1)^2} , \tag{3.40}$$

das sind bei GaAs mit $n^* = 3{,}6$ immerhin 34 %. Die Emission erfolgt in den Halbraum 2π isotrop, d.h. die Strahlstärke als Strahlungsleistung im Raumwinkel 1 sr ist in allen Richtungen gleichgroß.

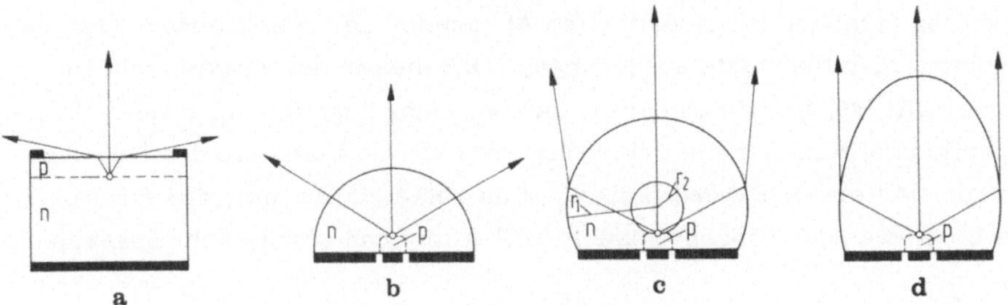

Abb.3.6. Lichtauskopplung bei verschiedenen Geometrien von Lumineszenzdioden. Nach [3.15].
a) Ebener Flächenstrahler; b) Halbkugelstrahler; c) Strahler mit Weierstraßsphäre ($r_2 = r_1/n^*$); d) Ellipsoidstrahler

Manchmal ist jedoch eine sehr hohe Strahlstärke in einem engen Raumwinkel gewünscht. Berechnungen zeigen, daß die Strahlstärke bei einer Kugelgeometire dann am höchsten ist, wenn die Diode die Form des Weierstraßschen-Kugelsegmentes besitzt, wobei sich der strahlungserzeugende Bereich im Abstand $r_2 = r_1/n^*$ (r_1 ist der Kugelradius) vom Kugelmittelpunkt befindet (Abb.3.6c). Der Öffnungswinkel für die Abstrahlung beträgt in diesem Fall $2\sin^{-1}(1/n^*)$ und alle von der Kugelfläche mit dem Radius r_2 ausgehenden Strahlen treffen die Weierstraßsphäre unter einem kleineren Winkel als Θ_g. Zu einer noch ausgeprägteren Steigerung der Strahlstärke führt eine Form der Diode, die einem Ellipsoidsegment mit besonderen Dimensionen entspricht (Abb.3.6d), allderdings ist bei dieser Geometrie der insgesamt ausgekoppelte Anteil der Strahlung kleiner als bei der Kugelgeometrie. In Tab.3.1 werden diese Diodengeo-

Tabelle 3.1. Vergleich der in Abb.3.6 gezeigten Diodengeometrien hinsichtlich Lichtauskopplung. Die Volumenabsorption und die Reflexion an den Rückseitenkontakten sind vernachlässigt. Die Zahlenwerte sind auf die im Inneren einer GaAs-Diode erzeugte Strahlungsleistung bezogen, nach [3.7]

	Ausgekoppelte Strahlungsleistung	Maximale Strahldichte	Mittlere Strahldichte
ebener Flächenstrahler	0,013	0,0042	0,0039
Halbkugel	0,34	0,054	0,054
Weierstraß-Sphäre	0,34	1,4	0,52
Ellipsoidsegment	0,25	9,8	0,39

metrien hinsichtlich ausgekoppelter Strahlungsleistung, maximaler Strahlstärke (immer in Richtung der Symmetrieachse) und über den Halbraum 2π gemittelter Strahlstärke verglichen. Bei den entsprechenden Berechnungen wurde von einer verschwindenden Absorption der direkt ausgekoppelten Strahlen und einer totalen Absorption der reflektierten Strahlen durch die Metallkontakte ausgegangen. Daß dies in der Praxis nicht immer erfüllt ist, zeigt sich daran, daß bei einer kugelförmigen GaAs-Diode experimentell ein optischer Wirkungsgrad von 40 % anstelle des berechneten von 34 % erreicht wurde [3.16]. Das deutet darauf hin, daß ein Teil des Lichtes an der Diodenrückseite reflektiert und somit auch ausgekoppelt wird.

Für eine einfache Diodentechnologie kommen jedoch nur ebene Strukturen in Frage, für spezielle Sonderbauformen noch die Halbkugelgeometrie. Die obigen Überlegungen gewinnen aber dadurch an Bedeutung, daß man die Diode meistens in ein anderes Medium, z.B. Kunststoff, bettet, dessen Oberfläche einfacher in die in Abb.3.6 gezeigten Formen gebracht werden kann, wobei der Halbleiterquader als nahezu punktförmige Lichtquelle anzusehen ist.

Vergrößerung des Grenzwinkels

Bei Einbettung der Lumineszenzdiode in ein Medium mit einem Brechungsindex, der größer als der von Luft ist, vergrößert sich entsprechend der Grenzwinkel der Totalreflexion und damit der aus dem Halbleiter ausgekoppelte Strahlungsanteil. Am einfachsten ist das Eingießen der Diode in einen für die Strahlung transparenten Kunststoff. Die Brechungsindices der heute gebräuchlichen Kunststoffe (Epoxydharze) liegen zwischen 1,5 und 1,6. Mit ihnen erhöht sich beispielsweise der Grenzwinkel zwischen GaP und Kunststoff ($n^* = 1,5$) von $17,7^0$ auf 27^0. Der Anteil der direkt ausgekoppelten Strahlung steigt dadurch von etwa 1,7 % auf etwa 4,5 %, also etwa um den Faktor 2,7. Eine wesentlich größere Steigerung erhält man bei Verwendung von Arsen-Chalkogen-Halogen-Gläsern (z.B. (As, S, Br)- oder (As, Se, I)-Gläser) mit einem Brechungsindex von 2,4 bis 2,9, mit denen sich bei Vernachlässigung ihrer Volumenabsorption eine rechnerische Verbesserung des optischen Wirkungsgrades um nahezu eine Größenordnung ergibt, die bei einer rot leuchtenden (Ga,Al)As-Diode auch experimentell erreicht wurde [3.17]. Ein Nachteil dieser Gläser besteht jedoch neben der gegenüber Kunststoff schwierigeren Technologie in ihrer Instabilität vor allem an Luft, so daß sie bisher keine technische Bedeutung erlangt haben.

Erhöhung des Transmissionskoeffizienten

Durch Aufbringen einer sog. $\lambda/4$-Schicht aus einem Material mit einem Brechnungsindex

$$n^*_{\lambda/4} = \sqrt{n^*_{Halbl}\, n^*_{Luft}} \approx 1,8 - 1,9 \tag{3.41}$$

- Brechungsindices dieser Größe besitzen beispielsweise die in der Halbleitertechnologie oft verwendeten SiO-, SiO_2- und Si_3N_4-Filme - läßt sich die durch (3.39) gegebene Transmission für den Übergang vom Halbleiter in Luft auf nahezu 100 % erhöhen. Dieses Verfahren ist vom optischen Vergüten von Glaslinsen her bekannt. Eine Steigerung des Transmissionskoeffizienten für senkrechte auffallende Strahlen auf 100 % ergibt eine Steigerung des optischen Wirkungsgrades einer ebenen Diode um etwa 45 %; experimentell wurde bei GaAs-Dioden eine Steigerung von 35 % erzielt [3.18].

Verringerung der Absorptionsverluste

Als Absorptionsmechanismen kommen, wie bereits angegeben, die Volumenabsorption im Halbleiterinneren und die Absorption an Metallkontakten in Betracht. Zur Minimalisierung der Volumenabsorptionsverluste müssen grundsätzlich die vor dem Austritt aus dem Halbleiterkristall zurückgelegten Wege der Strahlen klein gemacht werden, d.h. der pn-Übergang sollte möglichst nahe bei der Oberfläche liegen. Für die GaAs-Diode in Abb.3.5 beispielsweise bedeutet das, daß die p-Schicht möglichst dünn gehalten werden muß oder daß die Diode mit der n-Seite nach oben (sog. face-down-Aufbau) aufgebaut wird, um den bei n-GaAs niedrigeren Absorptionskoeffizient auszunutzen.

Der pn-Übergang läßt sich jedoch nicht beliebig nahe an die Oberfläche legen, da sonst, wie schon in Abschnitt 3.2.2 erwähnt wurde, durch strahlungslose Oberflächenrekombination der innere Quantenwirkungsgrad der Diode verringert wird. Als zweiter limitierender Faktor für die Verringerung des Abstandes des pn-Überganges von der Oberfläche muß noch die Stromverteilung berücksichtigt werden, die von der elektrischen Leitfähigkeit und Dicke der obersten Halbleiterschicht und der Geometrie der Kontakte abhängt. Ist die Halbleiterschicht sehr dünn und besitzt sie eine geringe Leitfähigkeit, dann konzentriert sich der Stromfluß auf die Bereiche der Kontakte, so daß diese die strahlungserzeugende Zone abschatten. Aus dieser Sicht ist die Dicke der Schicht und die Geometrie der Kontakte so zu wählen, daß ein Kompromiß zwischen Abschattung, Absorptionsverlusten und Stromverteilung gefunden wird.

Bei Halbleitern mit mittlerer und geringer Volumenabsorption muß neben der Abschattung durch die Kontakte noch ihre Eigenschaft, alles aus dem Halbleiterinneren auf sie auffallende Licht zu absorbieren, berücksichtigt werden. Das bedeutet, daß auch die Geometrie der Kontakte auf der Rückseite der Diode eine Rolle spielt.

Unter der Annahme, daß bei geringer Volumenabsorption die Strahlung in der Diode homogen und isotrop ist, läßt sich eine Beziehung für den optischen Wirkungsgrad der Diode herleiten, in dem das Verhältnis aus der durch die Begrenzungsflächen austretenden Strahlung und sämtlichen auftretenden Verlustmechanismen, d.h. Verluste durch Volumen- und Kontaktabsorption, gebildet wird [3.9, S. 466]. Für den optischen Wirkungsgrad gilt dann

$$\eta_{opt} = \frac{\sum A_i T_i}{\sum A_i (1 - R_i) + 4\alpha V} \quad . \qquad (3.42)$$

Mit A_i sind die Größen der einzelnen Begrenzungsflächen bezeichnet und T_i sind die über alle Strahl- und Polarisationsrichtungen gemittelten dazugehörigen Transmissionskoeffizienten. Die Größen R_i sind die mittleren Reflexionskoeffizienten der einzelnen Begrenzungsflächen (für Metallkontakte ist $R_i \approx 0$, für die übrige Halbleiteroberfläche ist $R_i = 1 - T_i$); α ist der Volumenabsorptionskoeffizient, V das Volumen des Diodenquaders.

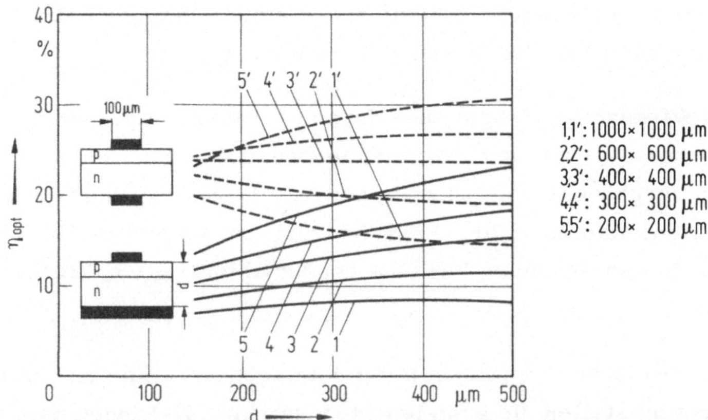

Abb.3.7. Abhängigkeit des nach (3.42) berechneten optischen Wirkungsgrades einer GaP : ZnO-Diode bei Auskopplung in Luft von der Diodendicke mit der Diodenfläche als Parameter und für zwei verschiedene Kontaktkonfigurationen

Abb.3.7 zeigt die für zwei verschiedene Diodenkonfigurationen berechneten optischen Wirkungsgrade gegen Luft für eine GaP : Zn, O-Diode mit $\alpha \approx 5\,\mathrm{cm}^{-1}$ und $T_i = 0{,}063$ in Abhängigkeit von der Diodendicke und mit dem Diodenquerschnitt als Parameter. Die Dioden unterscheiden sich dadurch, daß die eine auf der Rückseite einen ganzflächigen Metallkontakt besitzt, die andere hingegen nur teilweise metallisiert ist. Von dem nichtmetallisierten Teil der Rückfläche wird angenommen, daß der Reflexionskoeffizient 0,9 beträgt, wie er sich für die meist übliche SiO_2-Bedeckung ergibt. Der Kontaktfleck auf der Oberseite der Diode ist bei beiden Konfigurationen gleichgroß.

Betrachtet man zunächst die Kurvenschar für die Diode mit partieller Rückseitenmetallisierung, so fällt auf, daß bei großen Diodenquerschnitten der optische Wirkungsgrad mit abnehmender Diodendicke zunimmt, da das Volumen und damit die Volumenabsorptionsverluste mit abnehmender Dicke im Verhältnis stärker abnimmt als die Diodenoberfläche. Bei Dioden mit kleinem Diodenquerschnitt ist es gerade umgekehrt: Dort treten die Verluste an den beiden Kontakten mit abnehmender Dicke der Diode immer mehr in den Vordergrund, da der Anteil der Kontaktfläche an der Gesamtoberfläche zunimmt. Bei einer $400 \times 400\,\mu m^2$ großen Diode kompensieren sich die beiden Effekte, und der optische Wirkungsgrad wird unabhängig von der Diodendicke. Bei Dioden mit vollkommen metallisierter Rückseite hingegen ist die Absorption an den Kontakten bei allen Diodengeometrien der dominierende Verlustmechanismus, und der optische Wirkungsgrad nimmt mit der Diodendicke immer zu.

Der optische Wirkungsgrad kann auch durch Aufrauhen der Oberfläche der Dioden verbessert werden, da sich die Oberfläche bei gleichbleibendem Volumen vergrößert. Gleichzeitig bewirkt die rauhe Oberfläche eine diffuse Reflexion, was zu einer homogenen und isotropen Strahlungsverteilung im Diodeninneren führt, wie sie bei der Ableitung von (3.42) vorausgesetzt war.

Ein Grenzfall zwischen den Dioden mit dominierender Volumen- bzw. Kontaktabsorption stellen die grün leuchtenden GaP : N-Dioden dar. Für eine geringe Absorption des kurzwelligen Teils des Spektrums durch N-Atome muß die N-dotierte Schicht mit hohem α für die A-Linie (Abschnitt 2.2.5) dünn gemacht werden. Der längerwellige Teil des Emissionsspektrums unterliegt hingegen nur einer geringen Absorption ($\alpha \approx 15\,cm^{-1}$), weshalb die Rückseiten dieser Dioden nur partiell metallisiert sein sollten.

Abschließend sei noch erwähnt, daß bei der Festlegung der Diodengeometrie nicht nur die wünschenswerte maximale Strahlungsauskopplung eine Rolle spielt. Es muß beispielsweise noch berücksichtigt werden, daß der innere Quantenwirkungsgrad der Dioden von der Stromdichte und damit von der Fläche des pn-Überganges abhängt (Abschnitt 3.2.1). Bei GaP : Zn,O-Dioden nimmt er mit zunehmender Stromdichte ab, bei allen N-dotierten GaP- bzw. Ga(As,P)-Dioden ist es gerade umgekehrt. Außerdem muß berücksichtigt werden, daß der innere Quantenwirkungsgrad meistens mit der Temperatur abnimmt - die Rate beträgt etwa 1 %/K -, d.h. daß eine möglichst gute Ableitung der in der Diode erzeugten Verlustwärme wichtig ist. Die Betriebstemperatur der Diode hat außerdem einen entscheidenden Einfluß auf das Alterungsverhalten der Diode (Kapitel 8). Bei Berücksichtigung aller Parameter gestaltet sich demnach die Optimierung von Lumineszenzdioden, das sog. Dioden-Design, als ein äußerst komplexes Problem.

Literatur zu Kapitel 3

3.1. Sze, S.M.: Physics of Semiconductors Devices. New York, London: J. Wiley and Sons 1969

3.2. Henry, C.H.; Logan, R.A.; Merritt, F.R.: Origin of n ≃ 2 Injection Current in $Al_xGa_{1-x}As$ Heterojunctions. Appl. Phys. Lett. 31 (1977) 454-456

3.3. Ralston, J.M.: Detailed Light-Current-Voltage Analysis of GaP Electroluminescent Diodes. J. Appl. Phys. 44 (1973) 2635-2641

3.4. Archer, R.J.: Materials for Light Emitting Diodes. J. Electron. Mat. (1972) 128-154

3.5. Campbell, J.C.; Holonyak, N. Jr.; Craford, M.G.; Keune, D.L.: Band Structure Enhancement and Optimization of Radiative Recombination in $GaAs_{1-x}P_x$: N (and $In_{1-x}Ga_xP$: N). J. Appl. Phys. 45 (1974) 4543-4553

3.6. Dapkus, P.D.; Hackett, W.H. Jr.; Lorimor, O.G.; Bachrach, R.Z.: Kinetics of Recombination in Nitrogen Doped GaP. J. Appl. Phys. 45 (1974) 4920-4930

3.7. Bachrach, R.Z.; Jayson, J.S.: Is Free to Bound Recombination Important in GaP : Zn,O at 300 °K? Phys. Rev. B7 (1973) 2540-2545

3.8. Cuthbert, J.D.; Thomas, D.G.: Fluorescent Decay Times of Excitons Bound to Isoelectronic Traps in GaP and ZnTe. Phys. Rev. 154 (1967) 763-771

3.9. Henry, C.H.; Bachrach, R.Z.; Schumaker, N.E.: Simplified Analysis of Electron-Hole Recombination in Zn- and O-Doped GaP. Phys. Rev. B 8 (1973) 4761-4767

3.10. Rosenzweig, W.; Hackett, W.H. Jr.; Jayson, J.S.: Kinetics of Red Luminescence in GaP. J. Appl. Phys. 40 (1969) 4477-4485

3.11. van Opdorp, C.; Werkhoven, C.; Vink, A.T.: A Method to Determine Bulk Lifetime and Diffusion Coefficient of Minority Carriers; Application to n-Type LPE GaP. Appl. Phys. Lett 30 (1977) 40-42

3.12. Stern, F.: Transmission of Isotropic Radiation Across an Interface Between two Dielectrics. Appl. Opt. 3 (1964) 111-113

3.13. Casey, H.C. Jr.; Trumbore, F.A.: Single Crystal Electroluminescent Materials. Mater. Sci. Eng. 6 (1970) 69-109

3.14. Kuriyama, T.; Kamiya, T.; Yanai, H.: Effect of Photon Recycling on Diffusion Length and Internal Quantum Efficiency in $Al_xGa_{1-x}As$-GaAs-Heterostructures. Jap. J. Appl. Phys. 16 (1977) 465-477

3.15. Carr, W.N.: Photometric Figures of Merit for Semiconductor Luminescent Sources Operating in Spontaneous Mode. Infrared Phys. 6 (1966) 1-19

3.16. Carr, W.N.: Characteristics of a GaAs Spontaneous Infrared Source with 40 Per-Cent Efficiency. IEEE Trans. Electr. Dev. ED-12 (1965) 531-535

3.17. Fischer, A.G.; Nuese, C.J.: High Refractive Glasses to Improve Electroluminescent Diode Efficiencies. J. Electrochem. Soc. 116 (1969) 1718-1722

3.18. Yamamoto, T.; Kawamura, K.: SiO Evaporation on a GaAs Electroluminescent Diode. Proc. IEEE 54 (1966) 1967-1968

3.19. Bergh, A.A.; Dean, P.J.: Light Emitting Diodes. Oxford: Clarendon Press 1976

4 Materialherstellung und -technologie

Die Materialherstellung spielt bei Lumineszenzdioden eine besondere Rolle, da der Einbau der strahlenden und nichtstrahlenden Rekombinationszentren und damit auch der Quantenwirkungsgrad der Dioden empfindlich vom Herstellverfahren abhängen.

Obwohl über die einzelnen nichtstrahlenden Rekombinationsprozesse nur wenig bekannt ist, gilt z.B. als gesichert, daß bei GaAs- und GaP-Bauelementen Ga-Leerstellen bei der Bildung der nichtstrahlenden Rekombinationszentren beteiligt sind (Abschnitt 2.3). Wie in Abb.4.1 gezeigt ist, nimmt die Konzentration der Ga-Leerstellen in GaP mit der Temperatur zu; sie hängt aber auch davon ab, bei welchem P : Ga-Verhältnis der Materialherstellprozeß stattfindet. GaAs- und GaP-Kristalle, die aus stöchiometrischen Schmelzen bei der jeweiligen Schmelztemperatur hergestellt wurden, enthalten viele Ga-Leerstellen und liefern demnach Lumineszenzdioden mit sehr geringem Quantenwirkungsgrad. Auf der anderen Seite ist die Kristallwachstumsgeschwindigkeit aus unstöchiometrischen Schmelzen mit niedriger Schmelztemperatur sehr klein, so daß der damit erzielbare höhere Quantenwirkungsgrad nur bei dünnen epitaktisch auf einem beim stöchiometrischen Schmelzpunkt hergestellten Substratkristall aufgewachsenen Schichten wirtschaftlich genutzt werden kann. Außerdem ermöglichen Epitaxieprozesse eine bessere Kontrolle der Dotierung und der Kristallzusammensetzung bei Mischkristallen.

Als Epitaxieverfahren für Lumineszenzbauelemente auf der Basis von III-V-Halbleitern werden heute die Gasphasenepitaxie (VPE: vapor phase epitaxy, oder auch CVD: chemical vapor deposition) und die Flüssigphasen- oder Schmelzexpitaxie (LPE: liquid phase epitaxy) eingesetzt. Bei der Gasphasenepitaxie, die bevorzugt für Ga(As,P)-Mischkristalldioden benützt wird, werden die einzelnen Komponenten über die Gasphase transportiert. Sie besitzt daher gegenüber der Flüssigphasenepitaxie vor

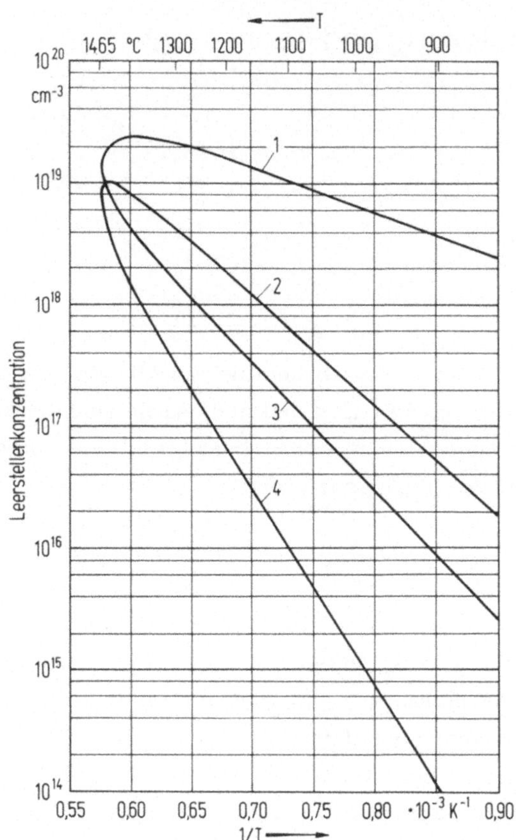

Abb. 4.1. Berechnete Ga- und P-Leerstellenkonzentration entlang der Liquidus-Kurve in einem GaP-Kristall in Abhängigkeit von der Temperatur.
1: V_P (Ga-reich); 2: V_{Ga} (P-reich); 3: V_P (P-reich); 4: V_{Ga} (Ga-reich). Nach [4.1]

allem den Vorteil der vollkommenen Flexibilität bezüglich des As/P-Verhältnisses und gestattete wegen ihrer Verwandtschaft zur seit langem bestehenden Siliziumtechnologie (Vgl. Band 4) relativ einfach eine wirtschaftliche Herstellung von Lumineszenzdioden. Demgegenüber galt die Flüssigkphasenepitaxie, bei der die epitaktische Schicht aus einer nichtstöchiometrischen meist Ga-reichen Schmelze abgeschieden wird, trotz der mit diesem Verfahren erzielten höheren Quantenwirkungsgrade zunächst als unwirtschaftlich. Dieser Nachteil wird jedoch durch die Verwendung dünner Ga-Schmelzen, die auch über die Gasphase dotiert werden können, beseitigt.

4.1 Materialsynthese und Einkristallzucht

Der für die Materialherstellung wesentliche Unterschied zwischen Silizium und den beiden für Lumineszenzdioden wichtigsten Materialien GaAs und GaP ist ihr durch die hohe Flüchtigkeit der V-wertigen Komponente verursachter hoher Dampfdruck am Schmelzpunkt von 0,9 bzw. 35 bar. Für die Herstellung von GaAs- und GaP-Kristallen mußten daher neue Technologien entwickelt bzw. bestehende Technologien entsprechend modifiziert werden.

Die einzelnen Verfahren lassen sich unterteilen in Syntheseverfahren, Verfahren zur Einkristallzucht und Verfahren, bei denen Einkristallzucht und Synthese in einem Arbeitsgang erfolgen. Sie werden im folgenden jeweils für das Material beschrieben, für welches sie sich als besonders geeignet erwiesen haben. Diese Verfahren lassen sich sinngemäß auch auf andere Materialien übertragen.

4.1.1 Syntheseverfahren

Die Darstellung von GaP gestaltet sich relativ einfach in einer offenen Apparatur. Ein oder auch zwei mit Ga gefüllte Graphit- oder Bornitrid-Boote befinden sich in einem H_2-durchströmten Quarzrohr in einem Ofen (Abb.4.2). Das dem Gasstrom beigemischte PH_3 zerfällt bei hohen Tempera-

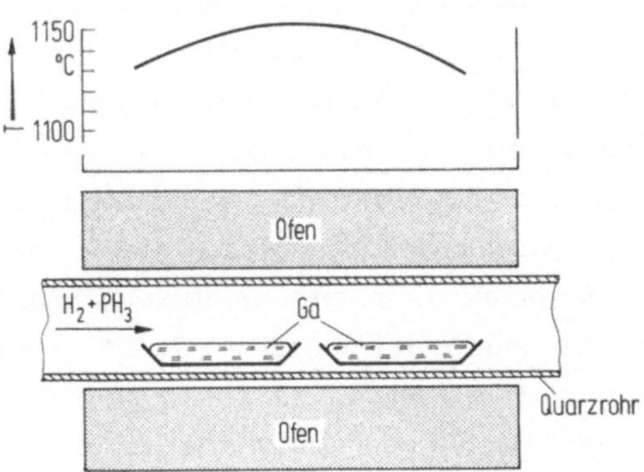

Abb.4.2. Schematische Darstellung der Niederdrucksynthese von GaP. Nach [4.2]

turen zu 1/4 P_4 und 3/2 H_2, wobei der Phosphor mit der Ga-Schmelze zu GaP reagiert. Um zu vermeiden, daß sich die Ga-Schmelze mit einer dichten GaP-Haut überzieht, was jede weitere Umsetzung zu GaP verhindern würde, befindet sich daß Boot in einem Temperaturgradienten, der dafür sorgt, daß die Kristallisation am kälteren Ende des Bootes beginnt und in Richtung heißes Ende fortschreitet.

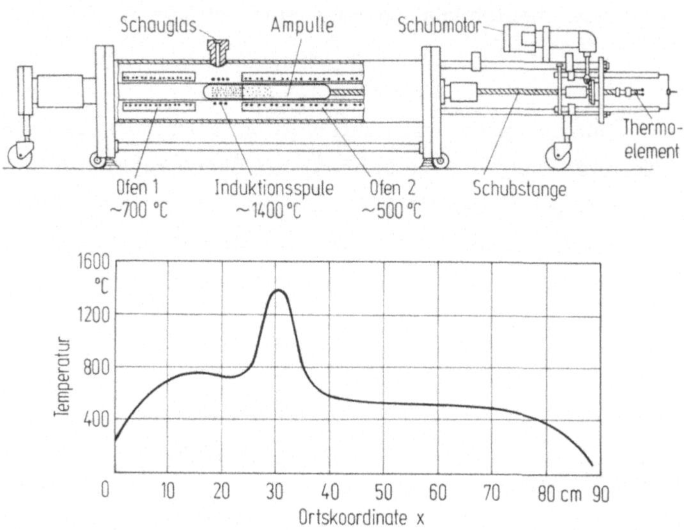

Abb.4.3. Schematischer Aufbau und Temperaturverhältnisse bei der GaP-Hochdrucksynthese

Dieses Verfahren erfordert lange Durchlaufzeiten bis zu 100 h. Wirtschaftlicher ist daher die Direktsynthese aus den Elementen Ga und P in einer Hochdruckanlage, deren schematischer Aufbau mit den während des Syntheseprozesses herrschenden Temperaturverhältnissen in Abb.4.3 gezeigt ist. Ein die Ga-Schmelze beinhaltendes Graphit- oder Bornitrid-Boot befindet sich zusammen mit einer entsprechenden Menge roten Phosphors in einer abgeschmolzenen Quarzglasampulle. Die Ampulle wiederum befindet sich in einem Autoklaven, in dem ein Stickstoffdruck von 8 bis 10 bar als Gegendruck zu dem in der Ampulle bei 500 °C auftretenden P-Dampfdruck erzeugt wird. Die Ga-Schmelze wird durch die mittels induktiver Heizung erzeugte Hochtemperaturzone von rechts nach links mit einer Geschwindigkeit von 1 bis 3 cm/h verschoben. Im heißen Teil der Ga-Schmelze löst sich eine der Temperatur entsprechende Menge Phosphor. Nach Durchlaufen der heißen Zone kühlt sich dieser Teil der Schmelze ab, wobei sich polykristallines GaP in der Schmelze aus- oder an einem vorgelegten Keim abscheidet. Bei genügend kleiner Schubgeschwindigkeit lassen sich Ga-Einschlüsse vermeiden, und die Schmelze wird nahezu 100%ig zu GaP umgesetzt. Pro Charge können bei diesem Verfahren bis zu mehreren kg polykristallines GaP hergestellt werden. Die Kompaktheit des angefallenen Materials ist zudem von Vorteil, da sie die Weiterverarbeitung zu Einkristallen nach dem im folgenden beschriebenen Schutzschmelzeverfahren erleichtert.

4.1.2 Das Schutzschmelzeverfahren zum Ziehen von GaP-Einkristallen

Das Schutzschmelzeverfahren [4.3] (LEC: liquid encapsulated Czochralski) ist eine speziell für Materialien mit einem hohen Dampfdruck am Schmelzpunkt entwickelte erweiterte Form des klassischen Czochralski-Verfahrens.

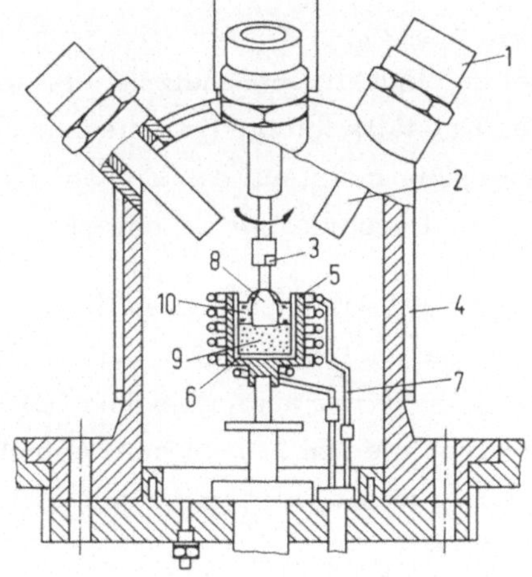

Abb. 4.4. Schematischer Aufbau einer Anlage zum Ziehen von GaP-Kristallen nach dem Schutzschmelzeverfahren. Nach [4.3]
1 Sichtfenster; 2 Quarzzylinder; 3 Keimhalterung mit Keim; 4 Kühlmantel; 5 Suszeptor; 6 Tiegel; 7 Induktionsspule; 8 GaP-Kristall; 9 Ga, P-Schmelze; 10 B_2O_3-Schutzschmelze

Abb. 4.4 zeigt den schematischen Aufbau einer für das Ziehen von GaP-Einkristallen entwickelten Anlage. Das Kernstück der Anlage ist ein wassergekühlter Autoklav, der einen Arbeitsdruck bis zu 100 bar zuläßt. In dem Autoklav befindet sich ein drehbarer und in der Höhe nachführbarer Graphittiegel, der entweder durch direkte Stromheizung oder mittels eines regelbaren Hochfrequenzgenerators induktiv geheizt wird und in dem sich in einem Tiegel aus Quarz, Graphit oder Bornitrid die GaP-Schmelze befindet. Zur Vermeidung der P-Abdampfung ist die Schmelze mit einer für P nahezu undurchlässigen Bortrioxid-Schutzschmelze bedeckt, wobei über der Schmelze ein Gegendruck eines Inertgases von über 35 bar aufrechterhalten wird. Würde der Phosphor nicht durch die Schutzschmelze am Abdampfen gehindert werden, müßten zur Vermeidung der Abscheidung sämtliche Innenteile des Autoklaven, wie Wände und Durchführungen, entsprechend auf mindestens 700 °C gehalten werden, was große technologische Schwierigkeiten bereiten würde.

Der Kristallziehprozeß wird durch Eintauchen eines meist (111)-orientierten angespitzten GaP-Keimkristalls eingeleitet. Unter ständigem Drehen des Keimkristalls und u.U. auch des Tiegels wird mit einer Vorschubgeschwindigkeit von etwa 1 cm/h ein GaP-Einkristall aus der Schmelze gezogen. Der Ziehvorgang ist über zwei zur Erhöhung des Gesichtsfeldes zur Ziehrichtung unterschiedlich geneigt angebrachte Sichtfenster visuell kontrollierbar, was allerdings aus Sicherheitsgründen über eine TV-Kamera und einen Monitor erfolgt.

Mit einer solchen Anlage können GaP-Einkristalle mit Durchmessern bis 65 mm gezogen werden. Bei großen Kristallen tritt allerdings vor allem bei der induktiven Beheizung als wesentliches Problem das Zerspringen der Kristalle infolge thermischer Spannungen auf, so daß man sich routinemäßig meist auf das Ziehen 0,5 bis 1 kg schwerer Kristalle mit 50 mm Durchmesser beschränkt.

Wegen der wirtschaftlichen Bedeutung der Lumineszenzdioden ist das Schutzschmelzeverfahren laufend verbessert worden, so daß bereits Anlagen mit einer automatischen Durchmesserkontrolle und Regelung existieren, die den Ziehprozeß weitgehend unabhängig vom Geschick des Ziehpersonals machen und einen gleichmäßigen Kristalldurchmesser garantieren.

4.1.3 Verfahren, bei denen Synthese und Einkristallzucht in einem Arbeitsgang erfolgen

Eine Möglichkeit, Synthese und Einkristallzucht von GaAs in einem Arbeitsgang durchzuführen, bietet das Horizontal-Bridgman- [4.4] und das daraus abgeleitete Gradient-Freeze-Verfahren [4.5]. In einer evakuierten Quarzglasampulle befinden sich in einem Graphit-, Bornitrid- oder Quarzboot die Ga-Schmelze und am anderen Ende der Ampulle eine entsprechende Menge elementares As (Abb.4.5). Die Ampulle wird in eine Ofenanordnung geschoben, die im wesentlichen einen Niedertemperaturteil (etwa 610 °C entsprechend einem As-Dampfdruck von 1 bar) und einem Hochtemperaturteil, der ein flaches (Horinzontal-Bridgman-Verfahren) oder ein Temperaturprofil mit konstantem Gradienten (Gradient-Freeze-Verfahren) besitzt. Beim ersten Verfahren bildet sich kristallines GaAs durch Verschieben der Ampulle im Ofen von rechts nach links, beim Gradient-Freeze-Verfahren durch Absenken der Temperatur im Hochtemperaturteil unter Beibehaltung des Temperaturgradienten.

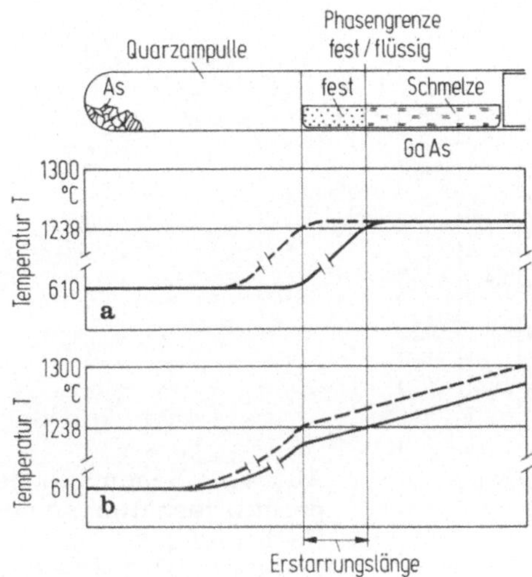

Abb.4.5. Schematische Darstellung und Temperaturverhältnisse beim Horizontal-Bridgman- (a) und beim Gradient-Freeze-Verfahren (b). Die gestrichelte Kurve gibt die Temperaturverhältnisse bei Beginn des Versuches, die ausgezogene die während des Versuches wieder

Mit diesen Verfahren kann polykristallines Stangenmaterial mit mehreren Kilogramm Gewicht und, wenn die Kristallisation genügend langsam erfolgt oder wenn ein Keimkristall vorgelegt wird, auch einkristallines Material mit relativ geringer Versetzungsdichte ($10^2\,cm^{-2}$ bis $10^4\,cm^{-2}$) hergestellt werden.

Eine Modifikation des Gradient-Freeze-Verfahrens ist das Synthesis-Solute-Diffusion-Verfahren (SSD-Verfahren), das speziell für GaP entwickelt wurde. Abb.4.6 zeigt den schematischen Aufbau einer SSD-Anlage. Der obere Teil der Ga-Schmelze befindet sich auf einer höheren Temperatur als das untere Ende. Der P-Partial-Druck im System beträgt entsprechend einer Temperatur der P-Quelle von 420 °C etwa 1 bar. Der im oberen Teil an der heißen Oberfläche der Schmelze gelöste P diffundiert in den unteren kälteren Bereich der Schmelze, wo sich polykristallines Material mit, wie sich gezeigt hat, relativ großem Korndurchmesser (über 100 µm) bildet, oder, wo sich bei Vorlage eines Keimkristalles auch einkristallines GaP abscheidet. Die Wachstumsraten sind mit etwa 2,5 mm/Tag gering und daher dem ersten Anschein nach unwirtschaftlich. Der Vorteil dieses Systems ist aber neben seiner Einfachheit der, daß es bei der Herstellung von rot leuchtenden GaP : ZnO-Dioden direkt als Substratmaterial für den p-Epitaxieprozeß eingesetzt werden kann.

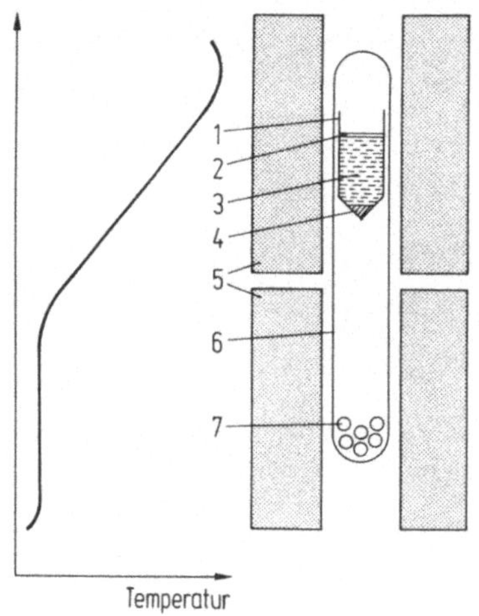

Abb.4.6. Schematischer Aufbau und Temperaturverhältnisse beim SSD-Verfahren. Nach [4.6].
1 Quarzgefäß; 2 GaP-Haut; 3 Ga,P-Schmelze; 4 GaP-Kristall; 5 Ofen; 6 Quarzglasampulle; 7 Roter Phosphor

4.2 Epitaxieverfahren

4.2.1 Gasphasenepitaxie

Bei der Gasphasenepitaxie werden die Materialkomponenten über die Gasphase entweder als Elemente oder als chemische Verbindungen an den Ort der Abscheidung transportiert. Für die Abscheidung von Ga(As,P), für das dieses Verfahren besondere Bedeutung erreicht hat, kommen mehrere Möglichkeiten in Betracht. Allen gemeinsam ist:

a) das Einbringen oder Erzeugen einer flüchtigen Ga-Komponente, meistens Galliummonochlorid (GaCl);

b) die anschließende Vermischung mit der As- und P-Komponente, die aufgrund ihres hohen Dampfdruckes in elementarer Form vorliegen, und mit den notwendigen Dotierstoffen;

c) das Überleiten des Gasgemisches über einen Substratkristall, der sich auf einer Temperatur befindet, bei der ein Kristallwachstum möglich ist.

Die Abscheidung erfolgt dann nach der Gleichung

$$2GaCl(g) + (1-x)As_2(g) + xP_2(g) + H_2(g) \rightleftharpoons 2GaAs_{1-x}P_x(s) + 2HCl(g). \quad (4.1)$$

(Die Buchstaben g, l und s in den Klammern stehen hier und im folgenden für gasförmig, flüssig und fest.) Die Reaktionsenthalpie dieser Reaktion ist negativ, d.h. eine Erniedrigung der Temperatur bewirkt eine Verschiebung des Gleichgewichtes nach der rechten Seite. Aus diesem Grunde müssen sich die Substrate auf einer niedrigeren Temperatur befinden als der Ort, an dem die Gase zusammengeleitet werden.

Je nachdem, wie die flüchtige Ga-Komponente bzw. die As- und P-Komponente erzeugt werden, unterscheidet man zwischen dem Tietjen-Rührwein- und dem Effer-Verfahren [4.7]. Bei ersterem wird GaCl durch direktes Überleiten von HCl über eine Ga-Quelle bei hoher Temperatur über die Reaktion

$$2HCl(g) + 2Ga(l) \rightleftharpoons 2GaCl(g) + H_2(g) \quad (4.2)$$

gebildet, während As und P als Arsin (AsH_3) und Phosphin (PH_3) in die Anlage gebracht werden, die sich unter Bildung von As_2- und P_2-Molekülen zersetzen:

$$2AsH_3(g) \rightleftharpoons As_2(g) + 3H_2(g), \quad (4.3)$$

$$2PH_3(g) \rightleftharpoons P_2(g) + 3H_2(g). \quad (4.4)$$

Beim Effer-Verfahren geht man von Trichloriden des Arsen bzw. Phosphors ($AsCl_3$, PCl_3) aus, die mit Wasserstoff das zum Ga-Transport notwendige HCl bilden und gleichzeitig als As- und P-Lieferant fungieren. Die entsprechenden Reaktionsgleichungen sind

$$2AsCl_3(g) + 3H_2(g) \rightleftharpoons As_2(g) + 6HCl(g) \qquad (4.5)$$

$$2PCl_3(g) + 3H_2(g) \rightleftharpoons P_2(g) + 6HCl(g)\ . \qquad (4.6)$$

Man erkennt leicht den grundsätzlichen Unterschied zwischen beiden Verfahren. Während beim Tietjen-Rührwein-Verfahren das Verhältnis der drei- bzw. fünfwertigen Komponente beliebig eingestellt werden kann, ist dies beim Effer-Verfahren bei Annahme eines 100 %igen Umsatzes des HCl zu GaCl mit 3:1 festgelegt. Verwendet man anstelle der flüssigen Ga-Quelle eine feste Ga(As,P)-Quelle, erhält man stattdessen ein Verhältnis von 3:4.

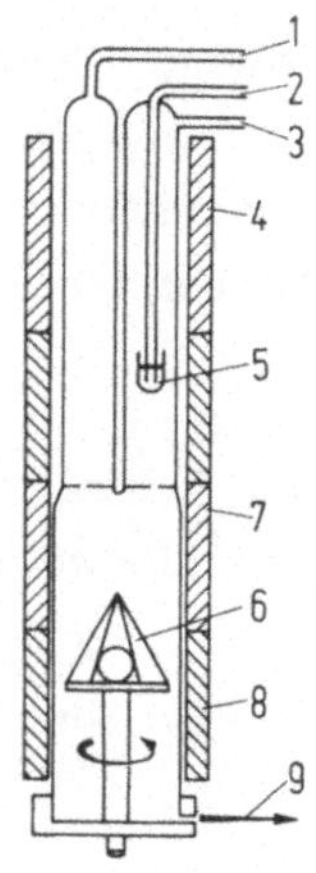

Abb.4.7. Schematischer Aufbau eines Mehrscheiben-Gasphasenepitaxiereaktors für die Abscheidung von Ga(As,P). Nach [4.7].
1 Einlaß für PH_3+AsH_3+H_2+Dotierstoffe; 2 Einlaß für H_2+HCl; 3 Einlaß für H_2; 4 Ofen; 5 Ga-Quelle; 6 Substrathalter; 7 Mischzone; 8 Abscheidezone; 9 Auslaß

Abb.4.7 zeigt schematisch einen Gasepitaxiereaktor nach dem Tietjen-Rührwein-Verfahren, wie er erstmals für die Herstellung von Ga(As,P)-Schichten auf GaAs-Substraten für rot leuchtende Lumineszenzdioden eingesetzt wurde. Mit dieser Anlage können etwa 25 cm^2 Substratmaterial - die Substrate befinden sich auf den Seitenflächen einer drehbaren Quarzglaspyramide - zugleich beschichtet werden. HCl mit H_2 verdünnt wird über eine Ga-Quelle, die sich bei Temperaturen zwischen 800 °C und 1000 °C befindet, geleitet oder auch durchperlen gelassen. Die entsprechende (GaCl,H_2)-Mischung wird mit H_2 weiter verdünnt und strömt dann in die sog. Mischzone, wo sie mit As_2 und P_2 sowie den Dotierstoffen, beispielsweise S, Se oder Te zur Erzeugung einer n-leitenden Schicht, versetzt wird. In der anschließenden Abscheidezone befinden sich die Substratkristalle bei Temperaturen zwischen 800 °C und 850 °C. Die Beheizung einer solchen Anlage kann sowohl durch Mehrzonen-Widerstandsöfen oder auch durch Hochfrequenz-Wechselstrom induktiv erfolgen. Der Wirkungsgrad der Abscheidung, das ist das Verhältnis der abgeschiedene Menge Ga(As,P) zu der insgesamt transportierten Menge Ga, As und P, beträgt typischerweise nur einige Prozent und hängt sowohl von der Abscheidetemperatur als auch von den geometrischen Verhältnissen in der Anlage ab.

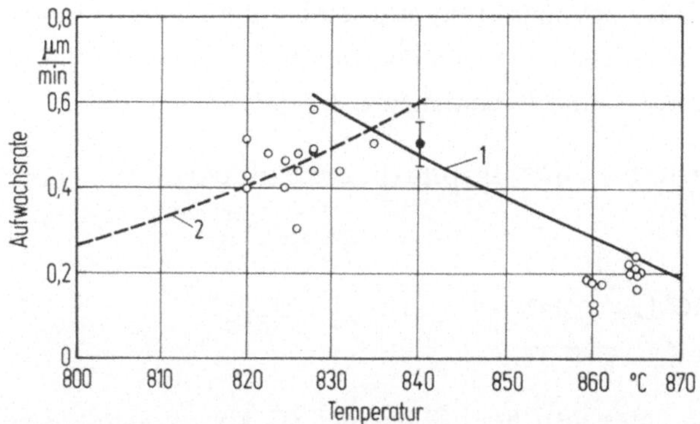

Abb.4.8. Aufwachsrate von GaP auf GaP in Abhängigkeit von der Temperatur. Nach [4.8].
1: Gleichgewichtsabscheidung; 2: Nichtgleichgewichtsabscheidung

Das Wachstum der Epitaxieschichten, deren Zusammensetzung und andere Eigenschaften können durch eine Reihe von Parametern beeinfluß werden. Es sind dies im wesentlichen die Substrattemperatur, die Substratorientierung, die Gasdurchflußmengen und das III/V-Verhältnis. In Abb. 4.8 ist die Abhängigkeit der Aufwachsrate bei GaP von der Substrattemperatur bei gleichbleibenden übrigen Parametern gezeigt. Oberhalb 840 °C erfolgt die Abscheidung entsprechend der theoretisch berechneten ausgezogenen Kurve im thermodynamischen Gleichgewicht. Bei tieferen Temperaturen spielen kinetische Effekte wie Adsorption eine begrenzende Rolle, was auch einen Einfluß der Kristallorientierung bedingt.

Die Oberflächenmorphologie der abgeschiedenen Schichten wird von der Substratorientierung und vom III-V-Verhältnis bzw. dem GaCl-Partialdruck beeinflußt. Um glatte Schichten zu erhalten, müssen die meistens eingesetzten (100)-orientierten Substrate um einige Grade in (110)-Richtung fehlorientiert werden. Oberflächenunebenheiten treten auch bei einem zu hohen bzw. zu niedrigen GaCl-Angebot auf, wobei bei zu hohem Angebot pyramidenähnliche Aufwachsungen und bei zu niedrigem Angebot Löcher in den Schichten entstehen.

Die Gasphasenepitaxie besitzt gegenüber der im nächsten Abschnitt behandelten Flüssigphasenepitaxie zwei wesentliche Vorteile. Es sind dies die freie Einstellbarkeit des As/P-Verhältnisses und die Tatsache, daß die Schichten weit oberhalb der Gleichgewichtskonzentration mit Stickstoff dotiert werden können. Die freie Einstellbarkeit des As/P-Verhältnisses in der festen Phase erlaubt es, Übergangsschichten zwischen den gewünschten Ga(As,P)-Schichten einerseits und dem GaAs- bzw. GaP-Substrat andererseits herzustellen, mit denen eine schrittweise Anpassung der Gitterkonstanten zwischen der lumineszenzaktiven Schicht und dem Substrat erreicht wird (Abschnitt 4.2.4).

Der Stickstoffeinbau bei der Gasepitaxie erfolgt über Ammoniak nach der Reaktion

$$NH_3(g) + GaCl(g) = GaN(s) + HCl(g) + H_2(g) \ . \qquad (4.7)$$

Bei Temperaturen unterhalb 840 °C bis 860 °C können unter Ausnutzung der Kinetik höhere Stickstoffkonzentrationen erzielt werden, als es dem chemischen Gleichgewicht entspricht. Dabei ergibt sich auch eine Orientierungsabhängigkeit des Stickstoffeinbaus und eine Abnahme der Wachstumsrate mit der Stickstoffkonzentration. Die breite Variationsmöglichkeit der Stickstoffkonzentration bei gasepitaktischem GaP ermöglicht wegen der Konzentrationsabhängigkeit des Emissionsmaximums (Abb. 2.20), daß nicht nur grüne, sondern auch gelb leuchtende Lumineszenzdioden mit stickstoffdotiertem GaP hergestellt werden können.

Neben der Möglichkeit, die Dreierkomponente gemäß (4.2) als Chlorid zu transportieren, können auch metallorganische Verbindungen wieTriethylgallium (TEG, $Ga(C_2H_5)_3$) oder Trimethylaluminium (TMA, $Al(CH_3)_3$) als flüchtige Ga- bzw. Al-Komponente eingesetzt werden. Mit dieser sog. Alkylepitaxie ist es erstmals gelungen, gasepitaktische (Ga,Al)As-Mischkristallschichten herzustellen, was mit den oben beschriebenen Tietjen-Rührwein- bzw. Effer-Verfahren bislang nicht gelungen ist. GaAs-Schichten, die mittels Alkylepitaxie hergestellt wurden, besitzen ausgezeichnete Lumineszenzeigenschaften, wohingegen (Ga,Al)As-Schichten bislang nur als passive Schichten bei GaAs-(Ga,Al)As-Heterostrukturdioden eingesetzt werden können [4.9].

4.2.2 Flüssigphasenepitaxie

Das Prinzip der Flüssigphasenepitaxie läßt sich am einfachsten an Hand eines Phasendiagramms, wie es in Abb.4.9 für GaAs schematisch gezeigt ist, erklären. Eine GaAs-Schmelze, die bei der Temperatur T_1 mit As gesättigt ist (Konzentration x_1), wird mit einem GaAs-Substratkristall in Kontakt gebracht. Wird die Temperatur auf den Wert T_2 erniedrigt, was ein Absinken der Löslichkeit von As in Ga auf den Wert x_2 zur Folge hat, dann scheidet sich das überschüssige As als dünne GaAs-Schicht auf dem Substratkristall aus. Abb.4.10 zeigt schematisch den Aufbau einer hierfür geeigneten Anlage. Ein Graphitschiffchen, das den Substratkristall und die Ga-As-Schmelze beinhaltet, befindet sich in einem mit einem Schutzgas (z.B. H_2) durchströmten Quarzglasrohr, das in einem Ofen steckt. Der Wachstumsprozeß wird durch Aufkippen der Schmelze auf das Substrat bei gleichzeitiger Temperaturabsenkung eingeleitet und später durch Abkippen der Schmelze beendet.

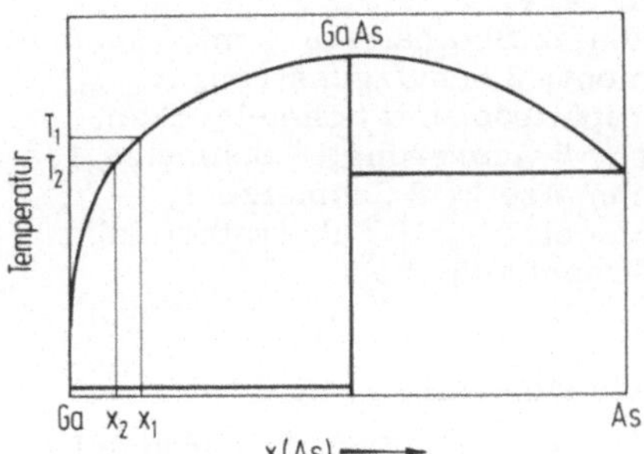

Abb.4.9. Phasendiagramm von GaAs (schematisch). Nach [4.10]

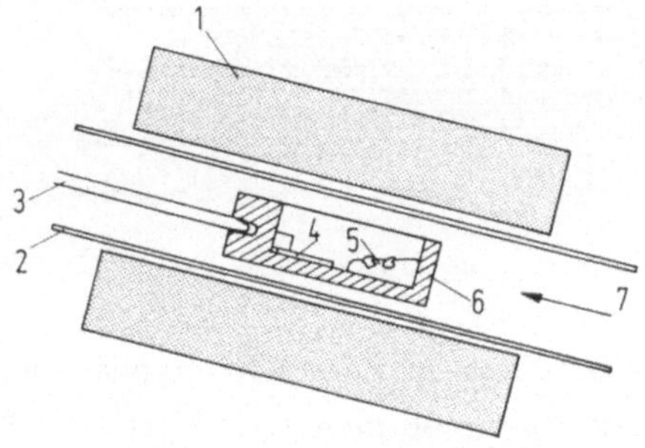

Abb.4.10. Schematischer Aufbau eines Flüssigphasenepitaxieapparatur. Nach [4.10].
1 Ofen; 2 Quarzglasrohr; 3 Halterung mit Thermoelement; 4 GaAs-Substratkristall; 5 Ga-Schmelze mit Sättigungsmaterial; 6 Graphitboot; 7 H_2-Schutzgasstrom

Nach der Art, wie der Kontakt zwischen Substrat und Schmelze hergestellt wird, unterscheidet man zwischen Kipp-, Tauch- oder Schiebeapparaturen. Abb.4.11 zeigt eine Schiebeapparatur, die die Abscheidung mehrerer Schichten hintereinander durch Auf- und Wegschieben verschiedener Schmelzen gestattet. Solche Apparaturen werden z.B. zur Herstellung von Schichtstrukturen für GaAs-(Ga,Al)As-Heterostrukturlaserdioden eingesetzt. Hierbei zeigt sich eine wesentliche Eigenschaft der Schmelzepitaxie: Sie gestattet es, das Schichtwachstum durch Anhalten der Temperatur abrupt zu unterbrechen bzw. durch Wechseln der Schmelze die Schichtzusammensetzung oder die Dotierung abrupt zu ändern. Beides läßt sich mit Gasphasenepitaxie weniger leicht bewerkstelligen. Bei der gezeigten Schiebeapparatur kann auch noch ein zweiter Substratkristall als sog. Vorsubstrat eingesetzt werden, dessen Aufgabe darin besteht, die jeweilige Schmelze, bevor sie auf den eigentlichen Substratkristall geschoben wird, in einer Haltestation exakt zu sättigen. Dieses sog. Source-Seed-Verfahren [4.12] hat sich bei der Abscheidung dünner Schichten (0,1 µm bis 0,2 µm) bewährt, die eine unabdingbare Voraussetzung für den Dauerbetrieb von Laserdioden bei Zimmertemperatur sind.

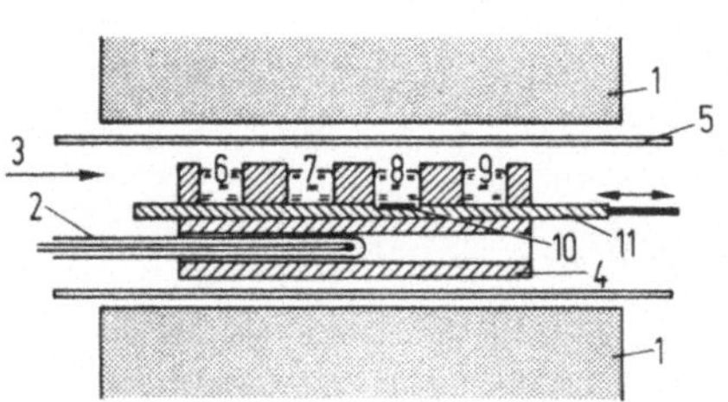

Abb.4.11. Schiebeapparatur zur Abscheidung von GaAs-(Ga,Al)As-schichtfolgen für Heterostruktur-Lumineszenz- und Laserdioden. Nach [4.11].
1 Ofen; 2 Boothalterung mit Thermoelement; 3 Schutzgasstrom (H_2); 4 Graphitboot mit Schmelzenkammern; 5 Quarzrohr; 6 Schmelze 1; 7 Schmelze 2; 8 Schmelze 3; 9 Schmelze 4; 10 Substratkristall; 11 Graphitschieber

Die Dotierung bei der Flüssigphasenepitaxie kann durch Zugabe des Dotierstoffes in elementarer Form zur Schmelze oder bei leicht verdampfbaren Substanzen durch Beigabe zum Gesamtgasstrom erfolgen, von wo aus sie in die Schmelze eindiffundieren. Der Einbau der Dotierstoffe [4.10] wird quantitativ durch den Einbau- oder Verteilungskoeffizienten als Quotient aus der Konzentration in der Epitaxieschicht C_s und der Konzentration in der Schmelze C_l beschrieben. Bei Annahme eines Gleichgewichtseinbaues ist bei einem ungeladenen Dotierstoff eine direkte Proportionalität zwischen C_s und C_l zu erwarten, d.h. der Verteilungskoeffizient ist konstant. Bei ionisierten Dotierstoffen hingegen hängt dieser von der Lage des elektrochemischen Potentials ab, das im Halbleiter durch die Fermi-Energie beschrieben wird (Band 1). Das bedeutet, daß C_s bis zu Dotierungskonzentrationen unterhalb der Eigenleitungsträgerdichte proportional C_l ist, während bei höheren Konzentrationen, wo die Lage des Fermi-Niveaus durch die Dotierungskonzentration bestimmt wird, eine Abhängigkeit der Form $C_s \sim C_l^{1/2}$ zu erwarten ist.

Dieser Zusammenhang wird jedoch nur bei wenigen Dotierstoffen gefunden, wie z.B. Zn in GaAs und in GaP. In den meisten Fällen gilt auch für hohe Konzentrationen weit oberhalb der Eigenleitungsträgerdichte die direkte Proportionalität zwischen C_s und C_l. Dies deutet auf einen Nichtgleichgewichtseinbau hin, zumal bei einigen Dotierstoffen auch eine Abhängigkeit des Verteilungskoeffizienten von der Kristallorientierung gefunden wurde. Für den Nichtgleichgewichtseinbau bei der Flüssigphasenepitaxie existieren zur Zeit zwei Modelle, das Absorptionsmodell, das einer quantitativen Behandlung nur schwer zugänglich ist, und das Schottky-Barrieren-Modell, bei dem wie beim Metall-Halbleiter-Übergang (Band 2) von einem an der Phasengrenze fixierten Fermi-Niveau ausgegangen wird.

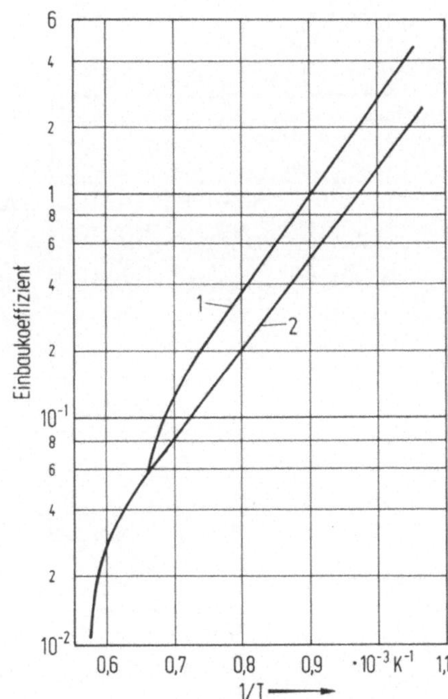

Abb.4.12. Temperaturabhängigkeit des Einbaukoeffizienten von Te in GaAs (1) und GaP (2). Nach [4.13]

Die Verteilungskoeffizienten hängen bei der Flüssigphasenepitaxie auch von der Temperatur ab; bei einigen Stoffen ist darüber hinaus eine Abhängigkeit von der Abkühlrate und damit von der Wachstumsgeschwindigkeit gefunden worden. Abb.4.12 zeigt beispielsweise das Verhalten des Einbaukoeffizienten von Te in GaAs und in GaP. Komplizierter sind die Verhältnisse beim Einbau amphoterer Dotierstoffe wie Si in GaAs, und zwar wird bei hohen Temperaturen Si bevorzugt auf Ga-Plätzen, d.h. als

Donator, bei niedrigen Temperaturen hingegen auf As-Plätzen, d.h. als Akzeptor eingebaut, so daß beim Aufwachsen einer Schicht über einen größeren Temperaturbereich der Leitungscharakter der Schicht von n- auf p-Leitung wechselt. Dies wird für die Herstellung von infrarot strahlenden GaAs : Si-Dioden ausgenutzt (Abschnitt 5.2.1). Die Umschlagtemperatur hängt, wie in Abb.4.13 gezeigt ist, außer von der Temperatur auch von der Si-Konzentration in der Schmelze ab.

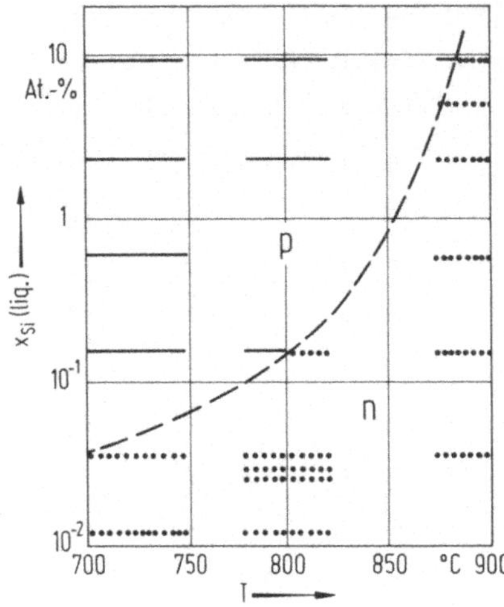

Abb.4.13. Abhängigkeit des Leitungstyps von GaAs : Si von der Si-Konzentration in der (Ga,As)-Schmelze und der Wachstumstemperatur. Nach [4.16]

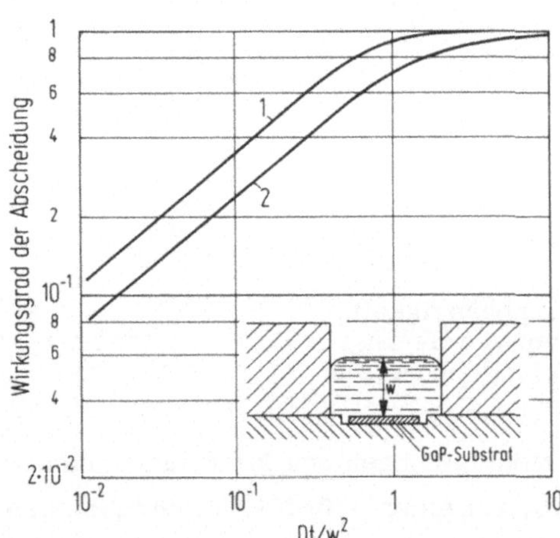

Abb.4.14. Wirkungsgrad des Flüssigphasenepitaxieverfahrens bei Abscheidung aus einer übersättigten Schmelze (1) und bei Abscheidung durch Abkühlen einer gesättigten Schmelze (2) in Abhängigkeit von der dimensionslosen Größe Dt/w^2. Nach [4.15]

Für eine quantitative Betrachtung des Schichtwachstums bei der Flüssigphasenepitaxie geht man von einer Schmelze mit vorgeschriebener Dicke w aus, die sich über einem Substratkristall befindet. Die Verhältnisse sind in Abb. 4.14 am Beispiel der GaP-Epitaxie gezeigt. Ist die Schmelze zunächst mit P übersättigt oder senkt man bei einer gesättigten Schmelze die Temperatur, so wird sich aus der Schmelze an der Grenzfläche zwischen Substrat und Schmelze GaP abscheiden, was dort eine relative P-Verarmung der Schmelze, bezogen auf das übrige Schmelzvolumen, zur Folge hat. Die weitere Abscheidung wird dann durch den Transport von P zur Phasengrenze limitiert, der durch Konvektion und Diffusion bestimmt ist. In allen Fällen, wo das Substrat sich unterhalb der Schmelze befindet, kann die Konvektion vernachlässigt werden, da diese sich nur dann ausbilden kann, wenn die durch die Abscheidung von GaP an der Phasengrenze dichter gewordene Schmelze tiefer absinken kann. Somit ist ausschließlich die P-Diffusion der wachstumsbestimmende Prozeß.

Unter der Voraussetzung, daß eine kritische Unterkühlung von ca. 10°C bis 20°C nicht erreicht wird, ist in Abb. 4.14 der Bruchteil der tatsächlich abgeschiedenen GaP-Menge zu jener, die sich aufgrund des Phasendiagramms abscheiden sollte, d.h. der Wirkungsgrad der Abscheidung in Abhängigkeit von der dimensionslosen Variablen Dt/w^2 (mit D als Diffusionskoeffizient von P in flüssigem Ga und t als Zeit) aufgetragen. Das Bild zeigt, daß für einen hohen Wirkungsgrad der Abscheidung bzw. für eine wirtschaftliche Verfahrensdurchführung die Dicke der Schmelze möglichst gering gehalten werden sollte. Dickere Schmelzen würden bei einem festgelegten Abscheidezeitraum nicht zu dickeren Schichten führen, sie erhöhen lediglich den Ga-Verbrauch.

Die Dicke der Schmelze kann aber nicht beliebig reduziert werden. Bei totaler Erschöpfung der Schmelze ist nämlich die erzielte Schichtdicke, die aus den in Abschnitt 3.2.2 angeführten Gründen für eine effiziente Lumineszenzdiode nicht beliebig dünn sein darf, proportional der Dicke der Schmelze. Außerdem bereitet die Handhabung dünner Schmelzen erhebliche technologische Schwierigkeiten. In der Praxis verwendet man üblicherweise etwa 1 mm dicke Schmelzen. Bei der Wahl der Abscheideparameter muß unbedingt beachtet werden, daß an keinem Ort der Schmelze, mit Ausnahme der Grenzfläche Substrat-Schmelze, und zu keinem Zeitpunkt die kritische Unterkühlung ΔT_k erreicht wird, da sonst die heterogene Keimbildung in bzw. an der Oberfläche der Schmelze zur

Ausscheidung an diesen Keimen führt und damit der Wirkungsgrad der Epitaxie reduziert wird. Für eine Abkühlrate α^* erhält man die Beziehung $\alpha^* \Delta t < T_k$ und daraus mit $\Delta t = w^2/D$ die Bedingung $\alpha^* < \Delta T_k D/w^2$, die mit $\Delta T_k = 15\,K$, $w = 0{,}1\,cm$ und $D = 4 \cdot 10^{-5} cm^2/s$ [4.10], eine maximal zulässige Abkühlrate von 3,6 K/min liefert.

Die Verwendung dünner Ga-Schmelzen erlaubt auch zwei weitere wesentliche technologische Vereinfachungen:

a) Durch Anbringen von Löchern oder Poren in einem Deckelteil, das die Ga-Schmelze in die dünne, z.B. 1 mm dicke Form zwingt, kann die Schmelze relativ rasch über die Gasphase dotiert oder umdotiert werden, wobei die Löcher für einen schnellen Austausch mit der Gasphase sorgen.

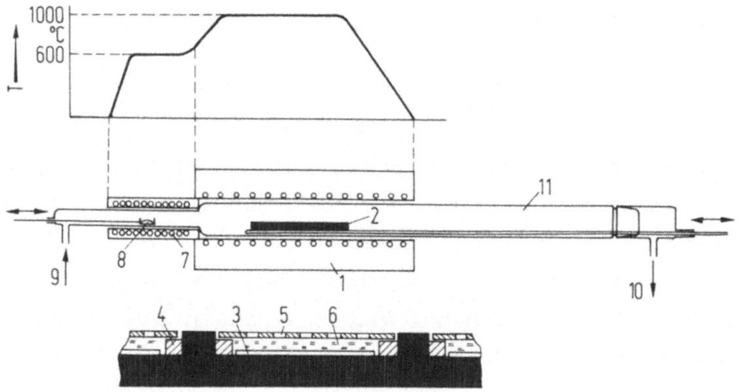

Abb. 4.15. Mehrscheiben-Flüssigphasenepitaxiereaktor für die Herstellung von GaP : N-Dioden mit Bootquerschnitt und Temperaturprofil.
1 Ofen; 2 Graphitboot; 3 GaP-Substratkristall; 4 Abstandhalter; 5 Deckel mit Löchern; 6 (Ga,P)-Schmelze; 7 Zusatzofen für die Zn-Verdampfung; 8 Zn-Quelle; 9 Gaseinlaß ($H_2 + NH_3$); 10 Gasauslaß; 11 Quarzglasrohr

b) Bei dünnen Schmelzen kann die vor der Abscheidephase nötige Sättigung der Schmelze durch Auflösen von Substratmaterial erfolgen, und außerdem kann die Schmelze schon bei Zimmertemperatur vor Prozeßbeginn auf die Substratkristalle gebracht werden, was jeglichen Schiebe- oder Drehmechanismus überflüssig macht. Abb. 4.15 zeigt schematisch eine Flüssigphasenepitaxieapparatur zur Durchführung des Dünnschmelzekonzepts, wobei in einem Arbeitsgang mehrere Substratscheiben beschichtet und die Dotierstoffe über die Gasphase zugeführt werden können.

4.2.3 Molekularstrahlepitaxie

Die Molekularstrahlepitaxie (MBE: molecular beam epitxy) [4.16] ist ein Nichtgleichgewichtsverfahren, bei dem die einzelnen Komponenten, z.B. Ga und As in Effusionszellen mit konstanter Rate verdampft werden und als Molekularstrahl im Ultrahochvakuum auf einen GaAs-Substratkristall, der sich z.B. auf einer Temperatur von etwa 500°C befindet, auftreffen und sich dort als epitaxiale Schicht abscheiden. Die Schichtwachstumsraten sind bei diesem Verfahren mit etwa 1 μm/h um ein bis zwei Größenordnungen geringer als bei der Gas- und Flüssigphasenepitaxie. Durch mechanisches Ausblenden der Molekularstrahlen können bei Vorhandensein mehrerer Effusionszellen für die verschiedenen Komponenten der Strahlen Heteroschichtfolgen mit sehr abrupten Übergängen und sehr reproduzierbaren und geringen Dicken von beispielsweise 10 nm hergestellt werden, was dieses Verfahren an sich für die Herstellung von Doppelheterostrukturlaserdioden besonders geeignet erscheinen läßt. Allerdings sind sowohl die optoelektronischen Eigenschaften als auch die Kristallqualität der Schichten nicht mit den bei der Flüssigphasenepitaxie erzielbaren vergleichbar, was sich z.B. in höheren Schwellenstromdichten und Alterungsraten äußert.

4.2.4 Probleme der Heteroepitaxie

Für eine Reihe von Anwendungen sind Heteroübergänge zwischen verschiedenen Halbleitermaterialien sehr interessant. Das wesentliche Problem besteht hierbei in der Wahl eines geeigneten Substratkristalles mit Gitterparametern, d.h. einer Gitterkonstanten und einem thermischen Ausdehnungskoeffizient, die möglichst gut mit denen der aufzuwachsenden Epitaxieschichten übereinstimmen sollten. Bei zu unterschiedlichen Gitterparametern kommt es in den Schichten zur Ausbildung von Versetzungen und Verspannungen; beides vermindert in vielen Fällen den Wirkungsgrad der Lichterzeugung oder führt zu dessen Abnahme mit zunehmender Betriebsdauer des Bauelementes.

Die Forderung nach guter Übereinstimmung der Gitterkonstante läßt sich übrigens ganz generell auch für die Auswahl der beiden Komponenten eines Mischkristallsystems erweitern. Um Spannungen infolge der statistischen Verteilung der Atome oder Clusterbildungen innerhalb des Kristallgefüges zu vermeiden, sollten die beiden Komponenten des Mischkristallsystems möglichst gleiche Gitterkonstanten besitzen. Aus dieser Sicht sind

Mischkristallsysteme mit den Dreierkomponenten Ga und Al zu bevorzugen, da diese nahezu identische kovalente Atomradien besitzen.

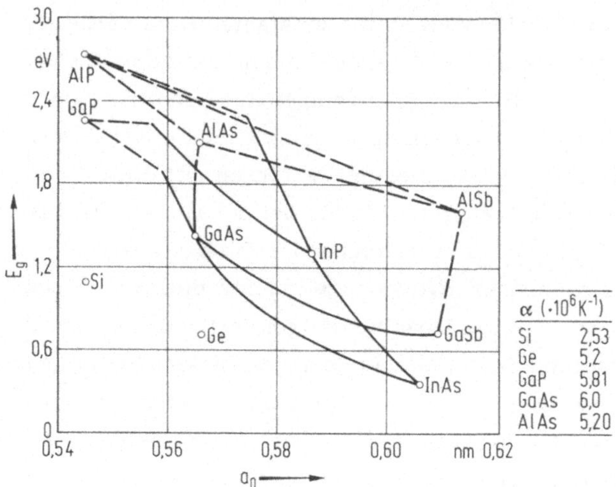

Abb.4.16. Gitterkonstanten a_0 und Bandabstand E_g sowie thermische Ausdehnungskoeffizienten α bei Si, Ge und den wichtigsten III-V-Halbleitern. Nach [4.17]. Ausgezogene Kurven entsprechen direkten Bandlücken, gestrichelte Kurven indirekten Bandlücken

In Abb.4.16 sind die Gitterkonstanten der wichtigsten III-V-Verbindungen, III-V-Mischkristallsysteme und der Elementhalbleiter Si und Ge und die entsprechenden Bandabstände gegenübergestellt, wobei bei einigen für die Praxis wichtigen Materialien noch die thermischen Ausdehnungskoeffizienten mitangegeben sind. Die Gitterkonstanten der Mischkristallsysteme wurden nach dem Vegardschen Gesetz durch lineare Interpolation aus den Binärverbindungen errechnet.

Es gibt mehrere Möglichkeiten, die beschriebenen Schwierigkeiten bei der Heteroepitaxie zu umgehen. Am einfachsten ist es, sich auf Systeme zu beschränken, für die ein passendes Substratmaterial vorliegt. In Abb.4.16 fällt auf, daß die Gitterkonstanten von GaAs und Ge sowie GaP und Si nahezu übereinstimmen, was Ge und Si als gegenüber GaAs und GaP billigeres Substratmaterial geeignet erscheinen läßt. Während Ge in letzter Zeit als Substratmaterial für Ga(As,P)-Dioden eingesetzt wurde, ist das System GaP auf Si ungeeignet, weil bei der Epitaxie von GaP auf Si wegen der stark unterschiedlichen thermischen Ausdehnungskoeffizienten Mikrorisse in der Epitaxieschicht entstehen, die eine Weiterverarbeitung zu Lumineszenzdioden unmöglich machen. Wie aus Abb.4.16 hervorgeht, erhält man eine nahezu perfekte Anpassung der Gitterkonstante bei zugleich relativ guter Anpassung des thermischen Ausdehnungskoeffizienten, wenn eine Epitaxieschicht aus $(Ga,Al)B_V$ und ein Substrat aus GaB_V oder AlB_V vorliegt. Letztere sind jedoch an Luft nicht beständig und spielen daher praktisch keine Rolle. Eine perfekte Anpassung der Gitterkonstanten ist jedoch auch hier wegen der unterschiedlichen thermischen Ausdehnungskoeffizienten nur bei gewissen Temperaturen vorhanden, wie es in Abb.4.17 am Beispiel der den (Ga,Al)As-GaAs-Heterostrukturlaserdioden zugrundeliegenden Verbindungen GaAs und AlAs gezeigt ist. Neben diesem System hat in letzter Zeit für ternäre längerwellige Laserdioden noch das System (Ga,Al)Sb auf GaSb Bedeutung erlangt, während das System (Ga,Al)P, das für grün bis blaugrün leuchtende Lumineszendioden geeignet erscheint, wegen der Nichtdotierbarkeit Al-haltiger Flüssigphasenepitaxieschichten mit Stickstoff noch grundsätzliche Schwierigkeiten bereitet.

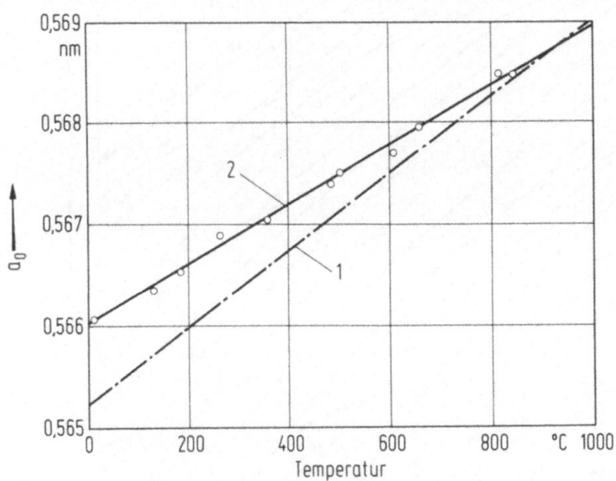

Abb.4.17. Gitterkonstanten a_0 von GaAs (1) und AlAs (2) in Abhängigkeit von der Temperatur. Nach [4.18]

Als Epitaxieverfahren für Al-haltige Mischkristallschichten wird meist die Flüssigphasenepitaxie eingesetzt. Eine gewisse Schwierigkeit bereitet hier jedoch neben hohen Anforderungen bezüglich einer geringen Sauerstoff- und Feuchtigkeitskonzentration im Epitaxiereaktor (Oxidation des Al) der hohe Verteilungskoeffizient des in der Ga-Schmelze gelösten Al. Um Epitaxieschichten konstanter Zusammensetzung zu erhalten, müssen für die Abscheidung dickerer Schichten größere Schmelzreservoire eingesetzt werden. Außerdem ist die Abkühlgeschwindigkeit besonders gering zu halten, um die einbaubedingte Verarmung des Al-Gehaltes an der Phasengrenze durch den Nachtransport auf dem Weg der relativ langsamen Diffusion kompensieren zu können.

Erweitert man die ternären Mischkristallsysteme um eine weitere Komponente zu quaternären, dann ist die Übereinstimmung der Gitterparameter in vielen Fällen erreichbar. Dieses "Material Engineering" kann für das Beispiel des quaternären Systems (In,Ga)(P,As) an Hand der Abb. 4.18 durchgeführt werden, wo die Gitterkonstanten und die Bandabstände in Abhängigkeit von der Zusammensetzung gezeigt sind. Die Epitaxie der quaternären Mischkristallschichten ist prinzipiell jedoch wesentlich komplizierter als die von ternären Systemen, so daß diesen z.Zt. für die großtechnische Herstellung von Lumineszenzdioden wenig Bedeutung zukommt.

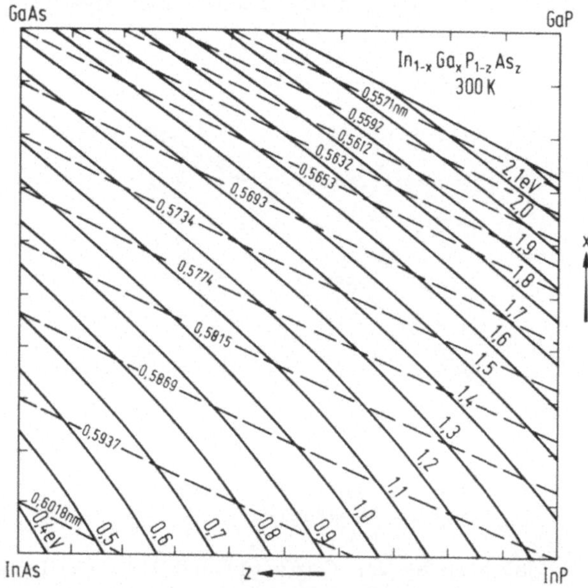

Abb.4.18. Gitterkonstanten (gestrichelte Kurven, in nm) und Bandabstände (ausgezogene Kurven, in eV) beim quaternären Mischkristallsystem (In,Ga)(P,As) bei 77K. Nach [4.19]

Wichtiger für die Herstellung von Mischkristall-Lumineszenzdioden ist das "Graded Layer"-Verfahren, bei dem die Unterschiede zwischen Epitaxieschicht und Substrat durch Zwischenschalten einer Anpassungsschicht vermieden werden. Bei Lumineszenzdioden aus Ga(As,P)- auf GaAs- oder GaP-Substraten nimmt in der Anpassungsschicht der P- bzw. As-Gehalt um etwa 1 Mol-%/μm kontinuierlich zu, bis die gewünschte Mischkristallzusammensetzung erreicht ist. In Abb. 4.19 wird am Beispiel des $GaAs_{0,6}P_{0,4}$ auf GaAs gezeigt, wie dabei die Wirkung der zu großen Gitterkonstante des Substrats durch Bildung von Anpassungsversetzungen ausgeglichen wird. Das Vorhandensein dieses notwendigen Versetzungsnetzwerkes in der Übergangsschicht läßt sich an der Oberflächenmorphologie der Epitaxieschichten erkennen. Solche Schichten weisen bei (100)-orientiertem Substrat auf der Oberfläche ein Muster zueinander senkrecht stehender Linien, das sog. Cross-Hatch-Pattern auf. Bei der Herstellung von Mischkristall-Heteroübergängen nach dem Flüssigphasenepitaxieverfahren werden, da eine kontinuierliche Änderung der Zusammensetzung schwierig zu erreichen ist, diskontinuierlich mehrere Anpassungsschichten zwischen Epitaxieschicht und Substrat eingebaut.

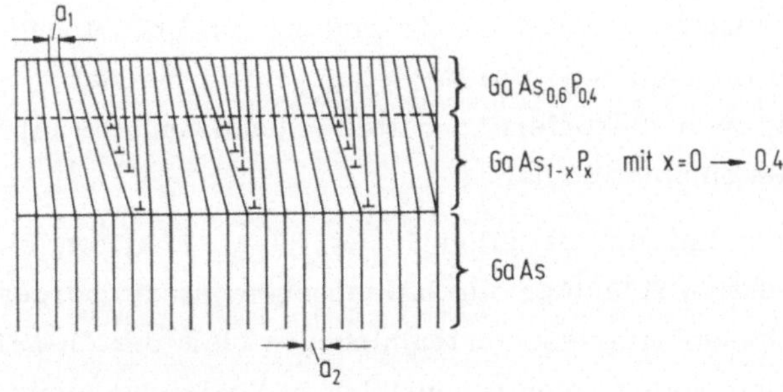

Abb. 4.19. Anpassung der Gitterkonstante a_1 der $GaAs_{0,6}P_{0,4}$-Epitaxieschicht an die Gitterkonstante a_2 des GaAs-Substratkristalles durch Zwischenschalten einer Anpassungsschicht

4.3 Herstellung von pn-Übergängen bei Lumineszenzdioden

Diffusion

Die Betrachtungen über die Diffusionsmechanismen von Dotierstoffen gestalten sich bei III-V-Verbindungen wesentlich komplizierter als in Standardhalbleiter-Silizium (Band 4), da die Löslichkeit des Dotierelementes im III-V-Halbleiter vor der jeweiligen Leerstellenkonzentration abhängt, die wiederum von den Partialdrücken der einzelnen Komponenten abhängen. Grundsätzlich sind in III-V-Verbindungen nur die Diffusionskoeffizienten für Akzeptoren genügend groß, um in praktikablen Zeiten die notwendigen Eindringtiefen zu erzielen. Dies gilt insbesondere für die Eindiffusion von Zink in GaAs und GaP, die auch technisch eingesetzt wird.

Die Diffusion von Zn in GaAs und in GaP läßt sich durch das sog. Substitutional-Interstitial-Diffusionsmodell beschreiben [4.20], welches von der Superposition einer schnellen Diffusion von Zn über Zwischengitter- und einer langsameren Diffusion über Gitterplätze ausgeht. Damit ergibt sich eine empfindliche Abhängigkeit der Zn-Diffusion von der Ga-Leerstellenkonzentration. Da diese proportional dem Partialdruck der fünfwertigen Komponente ist, wird bei Verwendung von $ZnAs_2$ oder ZnP_2 als Diffusionsquelle die Diffusion über Gitterplätze favorisiert und damit die Diffusion insgesamt verlangsamt. Dieses wirkt sich auf die Qualität der pn-Übergänge bezüglich Planarität und auf das Vermeiden diffusionsinduzierter Defekte günstig aus. Eine weitere Bedingung für die Ausbildung gleichmäßiger Diffusionsfronten ist eine gute Qualität des Kristallmaterials. Eine zu große Zahl von Versetzungen wirkt sich hier nachteilig aus, da Zn entlang von Versetzungen schneller diffundiert als im Volumen. Die Versetzungen werden daher durch hohe Zn-Konzentrationen "dekoriert" und stellen dann Gebiete mit hoher nichtstrahlender Rekombination dar.

Die Zn-Diffusion hat sich bei allen Ga(As,P)-Mischkristalldioden bewährt, deren aktive Schichten durch Gasphasenepitaxie hergestellt sind. Bei Flüssigkphasenepitaxieschichten hingegen führt die Zn-Diffusion im Vergleich zu den weiter unten beschriebenen Verfahren meist zu einer Verschlechterung der Lumineszenzeigenschaften der Schichten, was u.U. auf die Bildung nichtstrahlender Rekombinationszentren durch den Diffusionsprozeß zurückzuführen ist.

Ein wesentlicher Vorteil des Diffusionsverfahrens ist die Möglichkeit der Herstellung planarer Strukturen für Lumineszenzdioden und monolithische Displays, bei denen die Zn-Diffusion durch in Al_2O_3- oder Si_3N_4-Deckschichten freigeätzte Löcher durchgeführt wird. Dadurch wird der pn-Übergang nicht nur an seiner Durchstoßlinie mit der Halbleiteroberfläche geschützt, sondern es wird auch das lokale Testen der Qualität einzelner pn-Übergänge auf einer Scheibe ohne Zerteilen ermöglicht. Die mit der Diffusion verbundene höhere Akzeptorkonzentration an der Kristalloberfläche erleichtert außerdem die Kontaktierung der p-Schicht.

Mehrfachepitaxie

Bei der Mehrfachepitaxie werden nacheinander auf ein meist n-leitendes Substrat eine n- und eine p-leitende Schicht aufgebracht. Dies kann in getrennten Arbeitsgängen erfolgen wie bei der GaP : Zn,O-Diode (sog. Doppelepitaxie) oder auch durch zeitlich aufeinanderfolgendes Aufschieben verschiedener Schmelzen während eines Epitaxieprozesses. Bei solchen Dioden stellt der pn-Übergang eine metallurgische Grenze dar, sofern er nicht durch die während der Aufwachsvorgänge ablaufende Zn-Ausdiffusion aus der p- in die n-Schicht verschoben ist. Bei der Prozeßführung ist daher große Sorgfalt erforderlich, damit am pn-Übergang nicht Defekte wie beispielsweise die in Abschnitt 3.2.1 erwähnten "Dead-Layers" entstehen, die den Quantenwirkungsgrad der Dioden erheblich reduzieren können.

pn-Übergang durch Umdotieren bei der Epitaxie

Bei der in Abschnitt 4.2.2 erwähnten Dünnschmelze-Flüssigphasenepitaxie, bei der die Schmelze über die Gasphase dotiert werden kann, läßt sich ein pn-Übergang auf einfache Weise beim Aufwachsen einer einzigen

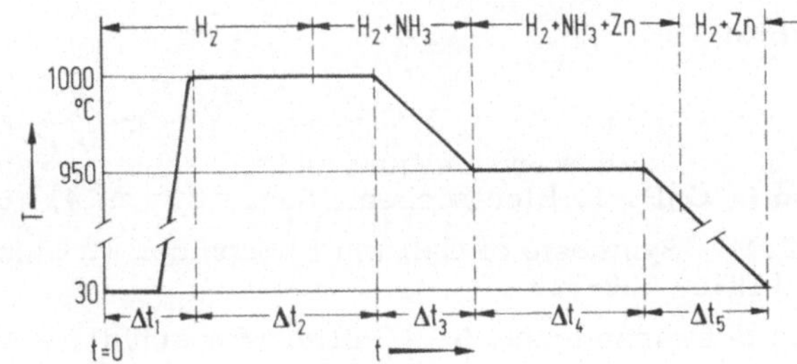

Abb.4.20. Temperatur-Zeitprogramm und Gaszusammensetzung bei der Flüssigkphasenepitaxie zur Herstellung von GaP : N-Dioden. Δt_1 : Spül- und Aufheizphase; Δt_2 : Homogenisierungsphase; Δt_3 : Aufwachsen der n-Schicht; Δt_4 : Haltephase zum Umdotieren der (Ga,P)-Schmelze; Δt_5 : Aufwachsen der p-Schicht

Epitaxieschicht, d.h. in situ erzeugen, wobei während des Epitaxieprozesses die Schmelze über den Gasraum umdotiert wird. Wie in einem solchen Fall das Temperatur-Zeit-Programm abläuft, sei am Beispiel des Epitaxieprozesses für eine grün leuchtende GaP : N-Diode gezeigt (Abb. 4.20). Ausgehend von einer Temperatur von etwa 1000°C wird die Schmelze zunächst um einen Betrag $\Delta T = 50°C$ abgekühlt, wobei zur N-Dotierung dem H_2-Gasstrom NH_3 beigemischt wird. Während der anschließenden Haltephase zur Unterbrechung des Schichtwachstums wird dem Gasstrom zusätzlich Zn-Dampf beigegeben, indem elementares Zn aus einem separaten Ofen verdampft wird (Abb.4.15), so daß beim weiteren Abkühlen eine p-leitende Schicht entsteht. Diese Art der Erzeugung des pn-Überganges führt zu relativ geringen Schwankungen des Quantenwirkungsgrades, was sicherlich darauf zurückzuführen ist, daß die Ga-Schmelze während des gesamten Prozesses auf dem Substrat bleibt und die Fläche des pn-Überganges nie ungeschützt dem Gasstrom ausgesetzt wird. Zu dieser Kategorie der Erzeugung des pn-Überganges gehört auch das in Abschnitt 4.2.2 erwähnte GaAs : Si.

Bei der Gasphasenepitaxie bringt das Verfahren des Umdotierens gegenüber der Diffusion wenig Vorteile, zumal die erreichten Quantenwirkungsgrade häufig geringer anfallen. Das liegt wahrscheinlich daran, daß bei der Gasphasenepitaxie das Schichtwachstum am Punkt der Umdotierung nicht ohne weiteres gestoppt werden kann und damit nicht genügend abrupte pn-Übergänge erzielt werden.

Literatur zu Kapitel 4

4.1. Jordan, A.S.; von Neida, A.R.; Caruso, R.; Kin, C.K.: Determination of the Solidus and Gallium and Phosphorus Vancancy Concentration in GaP. J. Electrochem. Soc. 121 (1974) 153-158

4.2. Ringle, C.M.: Synthesis of Gallium Phosphide. J. Electrochem. Soc. 118 (1971) 609-613

4.3. Raab, G.; Schwarzmichel, K.: Gallium Phosphide, a Material for Light-Emitting Diodes. Siemens Forsch.- u. Entwickl. Ber. 3 (1974) 185-189

4.4. Folbert, O.G.: Überblick über einige physikalisch-chemische Eigenschaften der A_{III}-B_V-Verbindungen unter besonderer Berücksichtigung der Zustandsdiagramme. Halbleiterprobleme 5. Braunschweig: Vieweg 1960, S. 40-74

4.5. Guire, R.J.; Weiser, K.: US Patent 2.871 100 (1959)

4.6. Kaneko, K.; Ayabe, M.; Dosen, M.; Morizone, K.; Usui, S.; Watanabe, N.: A New Methode of Growing GaP Crystals for Light Emitting Diodes. Proc. IEEE 61 (1973) 884-890

4.7. Craford, M.G.; Groves, W.O.: Vapor Phase Epitaxial Materials for LED Applications. Proc. IEEE 61 (1973) 862-880

4.8. Stringfellow, G.B.; Weiner, M.E.; Burmeister, R.A.: Growth and Properties of VPE GaP for Green LEDs. J. Electron. Mat. 4 (1975) 363-387

4.9. Stringfellow, G.B.; Hall, H.T.: VPE Growth of $Al_xGa_{1-x}As$. J. Cryst. Growth 43 (1978) 47-60

4.10. Zschauer, K.H.: Liquid-Phase Epitaxy of GaAs and the Incorporation of Impurities. Festkörperprobleme XV. Braunschweig: Pergamon/Vieweg 1975, S. 1-20

4.11. Hayashi, I.; Panish, M.B.; Foy, P.W.; Sumski, S.: Junction Lasers which Operate Continuously at Room Temperature. Appl. Phys. Lett. 17 (1970) 109-111

4.12. Dawson, L.R.: Near Equilibrium LPE Growth of GaAs-$Ga_{1-x}Al_xAs$ Double Heterostructures. J. Crystal Growth 27 (1974) 86-96

4.13. Jordan, A.S.; Trumbore, F.A.; Wolfstirn, K.B.; Kowalchik, M.; Roccasecca, D.D.: The Incorporation of Tellurium in Liquid Phase Epitaxial (LPE) GaP : Implications for Oxygen Incorporation. J. Electrochem. Soc. 120 (1973) 791-799

4.14. Rosztoczy, F.E.: Eutectic Epitaxy. J. Electrochem. Soc. 17 (1968) 516

4.15. Rode, D.L.: Isothermal Diffusion Theory of LPE: GaAs, GaP, Bubble Garnet. J. Cryst. Growth 20 (1973) 13-23

4.16. Cho, A.Y.; Arthur, J.R.: Molecular Beam Epitaxy. Progr. in Sol. State Chem. 10 (1975) 157-191

4.17. Antypas, G.A.; Moon, R.L.; James, L.W.; Edgecumbe, J.; Bell, R.L.: III-V Quaternary Alloys. Inst. Phys. Conf. Ser. No. 17 (1972) 48-54

4.18. Ettenberg, M.; Paff, R.J.: Thermal Expansion of AlAs. J. Appl. Phys. 41 (1970) 3926-3927

4.19. Chin, R.; Holanyak, N. Jr.; Kolbas, R.M.; Rossi, J.A.; Keune, D.L.; Groves, W.O.: Single Thin-Active-Layer Visible-Spectrum $In_{1-x}Ga_xP_{1-z}As_z$ Heterostructure Laser. J. Appl. Phys. 49 (1978) 2551-2556

4.20. Longini, R.L.: Rapid Zinc Diffusion in GaAs. Sol. State Electron. 5 (1962) 127-130

5 Lumineszenzdioden

Dieses Kapitel bringt einen Überblick über die verschiedenen Typen von Lumineszenzdioden. Es ist unterteilt in Lumineszenzdioden für den sichtbaren Spektralbereich (LED) und für den infraroten Spektralbereich (IRED). Am Anfang des Abschnittes über LED werden die verschiedenen photometrischen Größen zu ihrer Beschreibung erklärt. Bei den LED liegt der Schwerpunkt entsprechend der technischen Bedeutung auf den GaP- und $GaAs_{1-x}P_x$-LED. Für den infraroten Spektralbereich hat das System Ga-Al-As ähnlich große Bedeutung wie das System Ga-As-P für den sichtbaren Bereich. (Ga, Al)As-IRED emittieren im direkten Bereich des Mischkristallsystems je nach Al-Gehalt und Dotierung Strahlung mit Wellenlängen von 650 nm, d.h. vom roten Spektralbereich, bis 1000 nm. Für größere Wellenlängen müssen andere Halbleitermaterialien wie InP, InAs oder GaSb bzw. deren quasibinären Mischkristallreihen eingesetzt werden. Bei Wellenlängen oberhalb 3 µm entsteht für alle Lumineszenzdioden jedoch das grundsätzliche Problem, daß die erforderlichen Halbleitermaterialien bei Zimmertemperatur eigenleitend werden, was eine Kühlung erforderlich macht. In diesem Falle sind aber Halbleiterlaser auch aus Gründen der höheren Emissionsleistung gewöhnlichen Lumineszenzdioden vorzuziehen.

5.1 Lumineszenzdioden für den sichtbaren Spektralbereich (LED)

5.1.1 Photometrische Größen

Die Gesamtstrahlungsleistung einer LED, die im Wellenlängenintervall $d\lambda$ die Strahlungsleistung $\Phi_e^\lambda d\lambda$ emittiert, ist

$$\Phi_e = \int \Phi_e^\lambda d\lambda \;, \qquad (5.1)$$

wobei die Integration über den gesamten Wellenlängenbereich, in dem die Diode emittiert, zu erstrecken ist. Das menschliche Auge bewertet gleiche Strahlungsleistungen unterschiedlicher Wellenlänge differenziert, was durch den spektralen Hellempfindlichkeitsgrad $V(\lambda)$ - für diesen wird auch oft der Begriff Augenempfindlichkeit verwendet - ausgedrückt wird. Der von der LED emittierte Lichtstrom in Lumen beträgt dann

$$\Phi = K_m \int \Phi_e^\lambda V(\lambda) d\lambda \ . \tag{5.2}$$

Der Faktor K_m beträgt 673 lm/W, da bei einer Wellenlänge von 555 nm, auf die der spektrale Hellempfindlichkeitsgrad $V(\lambda) = 1$ normiert ist, 1 W Strahlungsleistung einem Lichtstrom von 673 lm entspricht.

Bezieht man diesen Lichtstrom auf die Gesamtstrahlungsleistung der LED, dann erhält man das photometrische Strahlungsäquivalent der LED

$$v = \Phi/\Phi_e \ . \tag{5.3}$$

Diese Größe hängt ausschließlich von der spektralen Verteilung der Emission und nicht vom äußeren Quantenwirkungsgrad der LED ab und gibt an, wieviel Lumen einem Watt Strahlungsleistung dieser LED entsprechen. Bezieht man hingegen den von der LED emittierten Lichtstrom auf die elektrische Eingangsleistung, dann erhält man die in Lumen/Watt gemessene Lichtausbeute l der LED

$$l = \Phi/IU \ . \tag{5.4}$$

Im allgemeinen ist die Lichtausbeute l das beste Maß für die Güte einer LED. Um von der Flußspannung der LED unabhängig zu sein - diese wird zum Teil auch durch die Qualität der Kontakte bestimmt -, wird auch oft der Lichtstrom nur auf den durch die Diode fließenden Strom bezogen.

Die Lichtausbeute ist jedoch wiederum nur ein integrales Maß für die Güte einer LED, d.h. eine von der Abstrahlcharakteristik unabhängige Größe. LED-Bauelemente gleicher Lichtausbeute, aber unterschiedlicher Abstrahlcharakteristik, können verglichen werden durch Angabe der Lichtstärke - das ist der in den Raumwinkel 1 sr emittierte Lichtstrom (Einheit: Candela) - beispielsweise in Richtung der optischen Achse und des Öffnungswinkels (definiert durch die Abnahme der Lichtstärke auf 50 %). Ist die leuchtende Fläche mit der Fläche des pn-Überganges identisch, wie es bei allen LED mit einem die erzeugte Strahlung absorbierenden Substrat der Fall ist, so ist auch die Angabe der Leuchtdichte - das ist die Lichtstärke, bezogen auf die Normalprojektion der leuchtenden Fläche - pro Stromdichte sinnvoll. Die hierfür international gebräuchlichste Einheit ist noch das Footlambert (fL) pro Acm^{-2}.

In der Tabelle 5.1 sind die für LED wichtigen photometrischen und die entsprechenden strahlungstechnischen (radiometrischen) Größen gegenübergestellt und die Umrechnungsfaktoren zwischen gebräuchlichen Lichtstärke- und Leuchtdichteeinheiten angegeben.

Tabelle 5.1

Photometrische Größe			Radiometrische (strahlungstechnische) Größe		
Bezeichnung	Symbol	Einheit	Bezeichnung	Symbol	Einheit
Lichtstrom	Φ	lm	Strahlungsleistung	Φ_e	W
Lichtstärke	I	cd	Strahlungsintensität (Strahlstärke)	I_e	W/sr
Leuchtdichte	L	cd/m^2	Strahldichte	L_e	$W/sr\,m^2$

$1\,cd/m^2$ = 1 nt(Nit) = 10^{-4} sb (Stilb) = πasb (Apostilb)
= 0,2919 fL (Footlambert)
1 cd = 1 lm/sr = 1,107 HK (Hefnerkerze)

5.1.2 GaP- und Ga(As,P)-LED

GaP-Dioden emittieren entsprechend der Dotierung rotes (GaP : Zn,O) oder gelbes bis gelbgrünes (GaP : N) Licht. Obwohl in beiden Fällen die Lichterzeugung auf dem gleichen physikalischen Prozeß, nämlich dem Zerfall gebundener Exzitonen an isoelektronischen Störstellen beruht (Abschnitt 2.2.5), bestehen hinsichtlich der Optimierung der beiden Diodentypen so große Unterschiede, daß sie getrennt diskutiert werden müssen.

GaP : Zn, O-LED

Mit GaP : Zn, O-Dioden wurden im Labormaßstab äußere Quantenwirkungsgrade von 15% erreicht [5.1], das ist der bei weitem höchste Wert, der mit LED erreicht wurde. Produktionsmäßig hergestellte Dioden besitzen Quantenwirkungsgrade von 3 % bis 4 %. Beim Vergleich mit anderen Dioden muß allerdings berücksichtigt werden, daß etwa 2/3 des Spektrums in den infraroten Spektralbereich fallen, was sich in einem entsprechend niedrigen mittleren photometrischen Strahlungsäquivalent äußert (Tabelle 5.2, S. 150). Da hohe Quantenwirkungsgrade bei GaP : Zn, O-Dioden relativ frühzeitig erreicht wurden, sind bei diesen Dioden die Rekombinationsmechanismen und auch das Diodendesign ausführlichst untersucht worden. Der innere Quantenwirkungsgrad der besten Dioden beträgt heute etwa 30 % und kommt damit nahe an das realisierbare Maximum heran (Abschnitt 3.2.1). Eine wesentliche Steigerung des Quantenwirkungsgrades ist daher bei diesem System nicht mehr zu erwarten.

Bei GaP : Zn, O-Dioden entsteht das Licht ausschließlich im Zn, O-dotierten p-Gebiet, so daß zum Erreichen hoher Quantenwirkungsgrade neben der Dichte der Zn-O-Zentren der Anteil des Elektronendiffusionsstromes am Gesamtstrom möglichst groß gemacht wird. Beides erreicht man, wenn man die Dioden nach dem Doppel-Flüssigphasenepitaxieverfahren herstellt. Die Gasphasenepitaxie kommt hier nicht in Betracht, da bei diesem Verfahren nicht genügend hohe Sauerstoffkonzentrationen erreicht werden. Beim Doppelepitaxieverfahren werden nacheinander auf einem n-dotierten GaP-Substrat-Kristall eine Te-dotierte n-Schicht und eine Zn, O-dotierte p-Schicht aufgewachsen. Der mit abnehmender Temperatur zunehmende Verteilungskoeffizient des Te (Abb. 4.12) führt bei den so hergestellten Dioden zu einem Dotierungsprofil, welches in Abb. 5.1 gezeigt ist und das einen hohen Elektroneninjektionsstrom ins p-Gebiet bewirkt. Eine weitere Steigerung der Te-Konzentration über den als optimal angesehenen Bereich von $5 \cdot 10^{17} cm^{-3}$ bis $1 \cdot 10^{18} cm^{-3}$ führt wieder zu einer Abnahme des Quantenwirkungsgrades, wahrscheinlich als Folge der Bildung von Ausscheidungen wie Ga_2Te, die lokale Kurzschlüsse am pn-Übergang verursachen oder unter Umständen auch Defekte in der lichterzeugenden p-Schicht induzieren. Bei der Variation der Zn-Konzentration in der p-Schicht ergibt sich gleichermaßen ein Maximum des Wirkungsgrades. Seine Abnahme bei niedrigeren Nettoakzeptorkonzentrationen ist auf die geringere Zahl von Zn-O-Rekombinationszentren zurückzuführen, die Abnahme bei höheren Akzeptorkonzentrationen durch zunehmende nichtstrahlende Auger-Rekombination. Da die Zn-O-Paarkonzentration in erster Näherung der Zn-Konzentration proportional ist und die

Auger-Rekombination durch Erniedrigung der Löcherdichte verringert werden kann, liegt es nahe, durch teilweise Kompensation der ungepaarten Zn-Akzeptoratome mittels Te den Bereich der Nettoakzeptorkonzentration, in dem der Quantenwirkungsgrad maximal ist, wesentlich zu vergrößern (Abb.5.2).

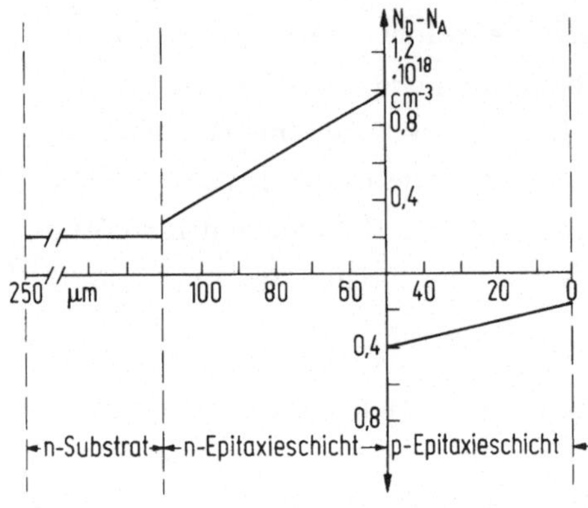

Abb.5.1. Dotierungsprofil einer GaP:Zn,O-Diode mit hohem externen Quantenwirkungsgrad. Nach [5.2]

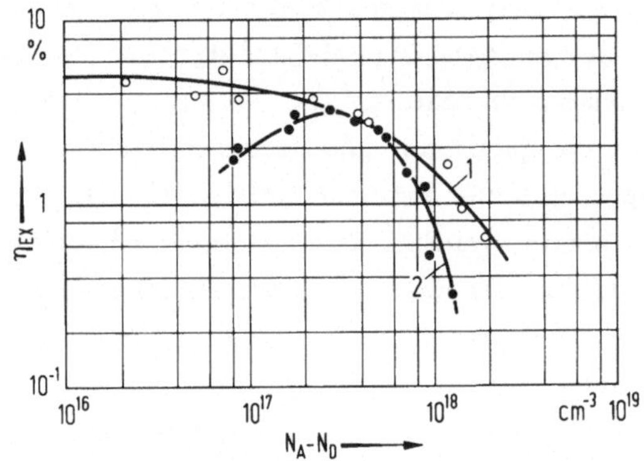

Abb.5.2. Externer Quantenwirkungsgrad nichtvergossener GaP : Zn,O-LEDs mit (1) und ohne Kompensation der p-Schicht mittels Tellur (2) in Abhängigkeit von der Nettoakzeptorkonzentration. Nach [5.3]

Ein wesentlicher Prozeßschritt bei der Herstellung hocheffizienter GaP: Zn,O-Dioden ist eine Temperung der Epitaxiescheiben bei Temperaturen zwischen 500°C und 600°C. Hierbei wird einerseits die Zahl der Zn-O-Paare erhöht und andererseits auch die Dichte nichtstrahlender Rekombinationszentren am pn-Übergang erniedrigt [5.4].

Es wurden viele Versuche gemacht, den Zweistufenepitaxieprozeß zur Herstellung von GaP:Zn,O-Dioden zu umgehen. Der einfachste Weg der direkten Abscheidung der Zn,O-dotierten p-Schicht auf einem Te-dotierten LEC-Kristall führte zu Quantenwirkungsgraden von maximal 2 %, wobei die durchschnittlich erzielten Werte noch wesentlich niedriger liegen dürften. Ähnlich hohe Werte wie beim Doppelepitaxieverfahren werden bei Einstufenprozessen nur dann erreicht, wenn es sich beim Substratkristall um aus einer (Ga,P) Schmelze gezüchtete Kristallplättchen oder ein sogenanntes SSD-Substrat handelt (Abschnitt 4.1.3), die beide in ihren wesentlichen Eigenschaften einer Flüssigphasenepitaxieschicht gleichzusetzen sind. Der Nachteil bei ersteren ist jedoch die geringe Größe und eine meist unregelmäßige geometrische Form; beim SSD-Material hingegen bereitet die Polykristallinität bei der Weiterverarbeitung der Epitaxiescheiben zu Einzeldioden Schwierigkeiten. Eine weitere Möglichkeit, den Zweistufenprozeß zu umgehen, ist die Herstellung des pn-Überganges durch Umdotieren der Ga-Schmelze während des Aufwachsens einer Te- und O-dotierten n-Schicht mittels Zink. Mit diesem Verfahren werden Quantenwirkungsgrade von durchschnittlich 1 % bis 2 % (max. 4 %) erreicht, wobei die Hauptursache für die niedrigeren Quantenwirkungsgrade die geringe Sauerstoffkonzentration in der Te-dotierten n-Schicht ist [5.5].

Ein wesentliches Merkmal und zugleich der größte Nachteil aller GaP: Zn,O-Dioden ist die Sättigung ihrer Emission bei Stromdichten oberhalb einiger A/cm^2 als Folge der limitierten Zahl der Zn-O-Rekombinationszentren, was einer Abnahme des Quantenwirkungsgrades gleichkommt. Bei kleinen Stromdichten jedoch sind diese Dioden allen anderen LED, was die Helligkeit betrifft, überlegen. Eine Verbesserung des Sättigungsverhaltens dieser Dioden wäre nur dann zu erwarten, wenn es unter Beibehaltung aller übrigen Eigenschaften gelänge, wesentlich mehr Sauerstoff einzubauen, als dies mit den bisherigen Verfahren möglich ist.

GaP:N-LED

GaP:N-Dioden besitzen wesentlich geringere äußere Quantenwirkungsgrade als GaP:Zn,O-Dioden. Maximal wurden 0,7 % bei Labormustern [5.6] und 0,1 % bis 0,2 % bei produktionsmäßig hergestellten Dioden erreicht. Dem geringeren Quantenwirkungsgrad steht aber eine etwa 30 mal höhere Empfindlichkeit des menschlichen Auges für die gelbgrüne Emission des GaP:N gegenüber. Außerdem nimmt der Quantenwirkungsgrad der GaP:N-Dioden mit zunehmender Stromdichte zunächst zu, was vor allem auf die Sättigung nichtstrahlender Rekombinationswege und auf

Injektionseffekte zurückgeführt wird. Die oben angegebenen Maximalwerte beziehen sich daher auch auf die günstigsten Stromdichten von etwa $100 A/cm^2$. Bei Stromdichten von $10 A/cm^2$ liegen die Werte meist um den Faktor 2 niedriger. Hohe Quantenwirkungsgrade werden bei GaP:N-LED nur bei Herstellung der Dioden mittels Flüssigphasenepitaxie erhalten, bei gasepitaktisch hergestellten Dioden mit diffundiertem pn-Übergang liegen die Werte um etwa den Faktor 3 niedriger.

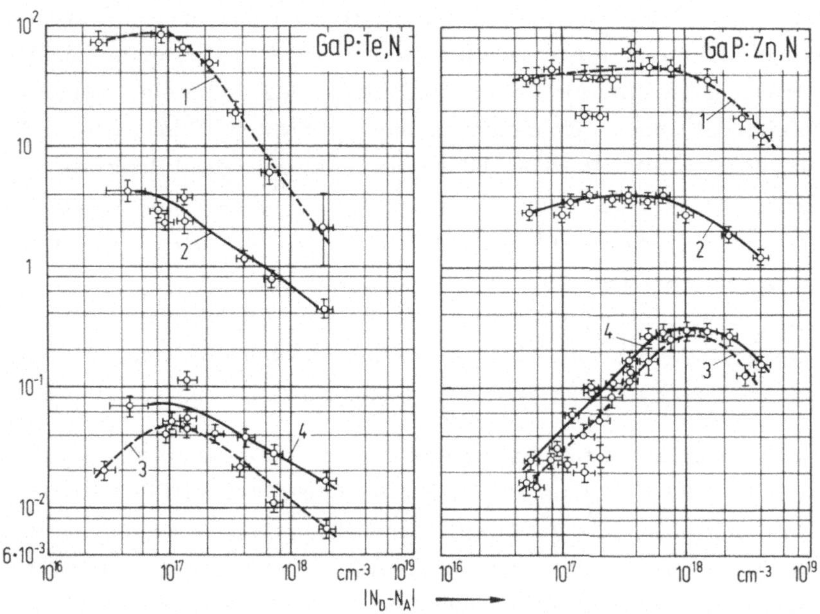

Abb.5.3. Abhängigkeit der Photolumineszenz-Abklingzeit (in ns, 1), der Diffusionslänge (in µm, 2) und des Photolumineszenz- bzw. Kathodolumineszenz-Wirkungsgrades (in % bzw. in willkürlichen Einheiten, 3 und 4) von den Nettodonator- bzw. Nettoakzeptorkonzentrationen in GaP:Te,N und GaP:Zn,N. Nach [5.7]

Im Gegensatz zu GaP:Zn,O-Dioden entsteht das Licht bei GaP:N-Dioden sowohl in der n- als auch in der p-Schicht. Für die Optimierung ist daher die genaue Kenntnis der Abhängigkeit des Quantenwirkungsgrades der strahlenden Rekombination und der Diffusionslängen von den Dotierungskonzentrationen in n- und p-Material erforderlich. Abb.5.3 zeigt hierfür in Abhängigkeit von der Nettodotierungskonzentration den Photolumineszenz- bzw. Kathodolumineszenz-Wirkungsgrad, die Diffusionslänge und die Abklingzeit der grünen Lumineszenz. Letztere ist wegen der geringen Bindungsenergie des Exzitons am isoelektronischen N-Zentrum und der damit verbundenen raschen Thermalisierung der Ladungsträger deren Minoritätsträgerlebensdauer gleichzusetzen. Demnach muß eine GaP:N-Diode mit hohem Quantenwirkungsgrad eine Nettodonatordotierung von $1 \cdot 10^{17}cm^{-3}$ in der n-Schicht und eine Nettoakzeptordotierung von $5 \cdot 10^{17}cm^{-3}$ bis $1 \cdot 10^{18}cm^{-3}$ in der p-Schicht besitzen. In diesem Fall entstehen etwa je 50 % des von der Diode erzeugten Lichtes in der n- und in der p-Schicht. Das anzustrebende Dotierungsprofil läßt sich bei Herstellung der Dioden über die Flüssigphasenepitaxie am einfachsten durch Umdotieren der (Ga,P)-Schmelze während des Aufwachsens einer einzigen Epitaxieschicht einstellen (Abschnitt 4.3.3).

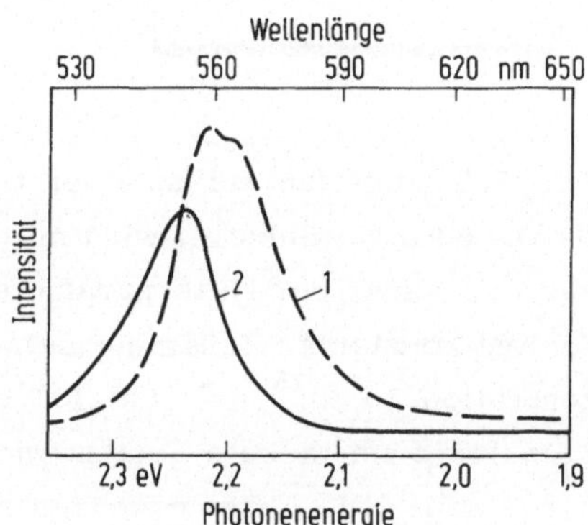

Abb.5.4. Emissionsspektrum einer GaP-LED mit (1) und ohne Stickstoffdotierung (2). Nach [5.8]

Ein Erhöhen der N-Konzentration über den mittels Flüssigphasenepitaxie maximal erreichbaren Wert von etwa $2 \cdot 10^{18}cm^{-3}$ ist nur mittels Gasphasenepitaxie möglich. Dabei verschiebt sich das Emissionsmaximum von 560 nm bis 565 nm zu immer längeren Wellenlängen bis 590 nm, d.h. in den gelben Spektralbereich, wie es in Abb.2.20 gezeigt ist. Mit solchen Dioden wurden Quantenwirkungsgrade von 0,2 % erreicht. Eine Verschiebung zu kürzeren Wellenlängen läßt sich bei Vermeiden einer N-Dotierung erreichen, indem die Rekombinationsstrahlung der freien Exzitonen, deren Emissionsmaximum bei 554 nm liegt, ausgenützt wird (Abb. 5.4). Bei Gettern von Sauerstoff durch Zugabe von Al, Mg oder Si zur Ga-Schmelze, was zu einer Zunahme der Diffusionslänge führt, wurden für solche Dioden externe Quantenwirkungsgrade von immerhin $2 \cdot 10^{-4}$ erreicht.

Ga(As,P)-LED

Die ersten in größerer Stückzahl auf dem Markt angebotenen LED waren $GaAs_{0,6}P_{0,4}$-Dioden. Das lag, wie schon in Abschnitt 1.2 erwähnt, einerseits daran, das bei diesen Dioden eingesetzte GaAs-Substrat bereits zu einem Zeitpunkt in großen Mengen erhältnich war, zu der das Schutzschmelzeverfahren zur Herstellung von großen GaP-Einkristallen noch nicht beherrscht wurde, und andererseits an dem produktionsfreundlichen Gasphasenepitaxieverfahren, nach dem diese Dioden hergestellt werden.

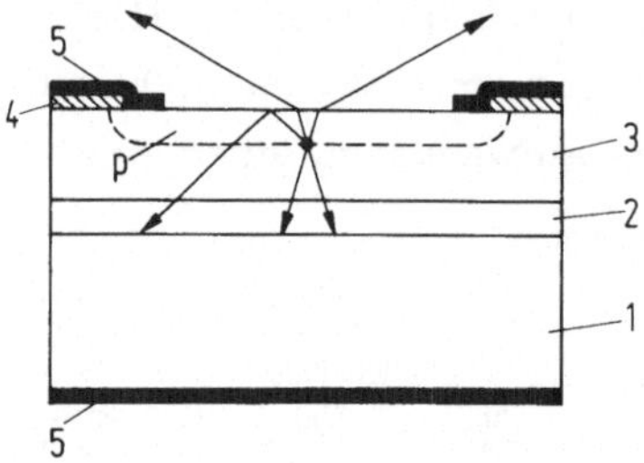

Abb. 5.5. Schematischer Aufbau einer $GaAs_{0,6}P_{0,4}$-LED. 1 GaAs-Substrat; 2 $GaAs_{1-x}P_x$-Übergangsschicht (x = 0 bis 0,4); 3 $GaAs_{0,6}P_{0,4}$-Schicht; 4 Oxid; 5 Metallisierung

Abb. 5.5 zeigt den Aufbau einer $GaAs_{0,6}P_{0,4}$-Diode. Auf das n-leitende GaAs- oder Ge-Substrat wird mittels Gasepitaxie eine Übergangsschicht zur Anpassung der Gitterparameter und anschließend die gewünschte Schicht konstanter Zusammensetzung gewachsen, deren Nettodonatorkonzentration $5 \cdot 10^{16} cm^{-3}$ bis $10^{17} cm^{-3}$ betragen soll [5.9]. Die etwa 3 µm bis 5 µm dicke p-Schicht wird durch anschließende Zn-Eindiffusion hergestellt. Die Akzeptorkonzentration beträgt typischerweise einige $10^{19} cm^{-3}$. Dies ergibt kleine strahlende Lebensdauern und damit hohe Quantenwirkungsgrade der strahlenden Rekombination. Der bei 300 K dominierende Rekombinationsmechanismus ist der strahlende Band-Band-Übergang, bei 77 K werden zusätzlich Leitungsband-Akzeptor-Übergänge beobachtet. Der Lichtaustritt erfolgt bei diesen Dioden ausschließlich durch die p-Schicht, da alle in Richtung Substrat emittierten Photonen durch die Übergangsschicht und das Substrat absorbiert werden. Die Strahlungscharakteristik solcher Dioden entspricht der eines Lambertschen Flächenstrahlers. Die Quantenwirkungsgrade produktionsmäßig hergestellter $GaAs_{0,6}P_{0,4}$-Dioden liegen mit durchschnittlich 0,2 % nur um den Faktor 2 niedriger als bei labormäßiger Herstellung.

Der Aufbau von rot-orange leuchtenden $GaAs_{0,35}P_{0,65}$:N-Dioden und gelb leuchtenden $GaAs_{0,15}P_{0,85}$:N-Dioden ist in Abb. 5.6 gezeigt. Bei diesen Dioden treten nur etwa 30 % des erzeugten Lichtes auf direktem Wege durch die p-Schicht aus. Dadurch besitzen sie eine nahezu isotrope Abstrahlcharakteristik, wie sie auch für GaP:Zn,O- und GaP:N-Dioden typisch ist. Ähnlich wie bei GaP:N-Dioden nimmt auch bei allen N-dotierten indirekten Ga(As,P)-Mischkristalldioden der Quantenwirkungsgrad mit zunehmender Stromdichte zu, weshalb bei diesen Dioden die Fläche des pn-Überganges relativ klein gemacht wird, um bereits bei kleinen Diodenströmen einen möglichst hohen externen Quantenwirkungsgrad zu erhalten. Dieser beträgt für produktionsmäßig hergestellte rot-orange bzw. gelb leuchtende Dioden maximal 0,6% bzw. 0,3% bei $10^3\ A/cm^2$. Bei Berücksichtigung des kürzerwelligen Emissionsspektrums sind rot-orange leuchtende $GaAs_{0,35}P_{0,65}$:N-Dioden etwa 5 bis 10 mal heller als herkömmliche $GaAs_{0,6}P_{0,4}$-Dioden (s. Tabelle 5.2, S. 150) und dürften daher diese, zumal der Unterschied der Substratkosten geringer geworden ist, im Laufe der Zeit verdrängen. Außerdem ist zu erwarten, daß bei ähnlich guter Kenntnis der relevanten Mechanismen und Eigenschaften dieser Dioden wie bei GaP:Zn,O und GaP:N noch eine weitere Steigerung des Quantenwirkungsgrades erreichbar ist.

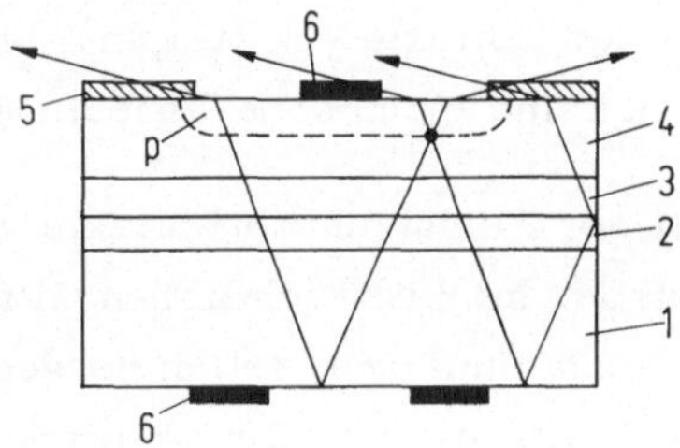

Abb. 5.6. Schematischer Aufbau einer $GaAs_{0,35}P_{0,65}$:N-LED. 1 GaP-Substrat; 2 $GaAs_{1-x}P_x$-Übergangsschicht (x = 1 bis 0,65); 3 $GaAs_{0,35}P_{0,65}$-Schicht; 4 $GaAs_{0,35}P_{0,65}$:N-Schicht; 5 Oxid; 6 Metallisierung

5.1.3 Andere III-V-LED

(GaAl)As-LED

(GaAl)As-Dioden emittieren bei einem Al-Gehalt von etwa 27% Licht mit einer Wellenlänge von 675 nm - bei dieser Wellenlänge liegt auch das theoretisch berechnete Helligkeitsmaximum dieser Dioden - mit einem externen Quantenwirkungsgrad bis zu 1,3% [5.10]. Diese Werte werden aber nur mittels Doppelflüssigphasenepitaxie erreicht, bei Zn-Eindiffusion in eine Einfachflüssigphasenepitaxieschicht liegen sie um den Faktor 5 niedriger. Bei höheren Al-Konzentrationen nimmt der Quantenwirkungsgrad der Lichterzeugung wegen des bei einem Al-Anteil von 45% stattfindenen Überganges von direkter zu indirekter Bandlücke stark ab. Isoelektronische N-Störstellen bilden im indirekten Bereich strahlende Rekombinationszentren und dürften den Quantenwirkungsgrad in ähnlicher Weise erhöhen, wie es bei Ga(As,P):N der Fall ist. Eine einfache technologische Durchführung der N-Dotierung - bisher wurde nur von Stickstoffeinbau mittels Ionenimplantation berichtet - bereitet jedoch wegen der starken Reaktion von Al mit dem für eine einfache N-Dotierung üblichen NH_3 bisher unüberwindbare Schwierigkeiten.

(Ga,In)P-LED

Im (Ga,In)P-Mischkristallsystem findet der Übergang von direkter zu indirekter Bandlücke bei einem Ga-Gehalt von etwa 65% entsprechend einem Bandabstand $E_g = 2{,}2$ eV statt. Da strahlungseffiziente direkte Übergänge bis zu wesentlich kürzeren Wellenlängen hin möglich sind, als dies bei Ga(As,P) der Fall ist, sollten die mit diesem Material hergestellten LED bei gleicher Materialqualität, d.h. gleichgroßen Zeitkonstanten für die strahlende und nichtstrahlende Rekombination, wesentlich heller sein als Ga(As,P)-Dioden ohne Stickstoffdotierung. Trotzdem haben (Ga,In)P-Dioden wegen der technologischen Schwierigkeiten, die bei der Epitaxie von (Ga,In)P-Mischkristallschichten auftreten, bislang noch keine technische Bedeutung erlangt.

Bei der Flüssigphasenepitaxie von (Ga,In)P können die zur Kompensation der hier beträchtlichen Gitterfehlanpassung notwendigen Übergangsschichten nur schwerlich hergestellt werden. Das führt dazu, daß technisch interessante Quantenwirkungsgrade nur dann erreicht werden, wenn die Gitterkonstante der (Ga,In)P-Schicht mit der des hier eingesetzten GaAs-Substrates übereinstimmt, was bei einem etwa gleich hohen In- und Ga-Anteil der Fall ist. Bei dieser Zusammensetzung liegt die Wellenlänge des Emissionsmaximums jedoch im roten Spektralbereich, der mit dem System Ga(As,P) bereits optimal abgedeckt wird. Das Herstellen anderer Schichtzusammensetzungen wird zudem dadurch erschwert, daß bei der Abscheidung die Zusammensetzung der Schicht, unabhängig von der Zusammensetzung der Schmelze, jenen oben angegebenen Wert, bei dem eine gute Anpassung zwischen Schicht und Substrat entsteht, anstrebt.

Bei der Gasphasenepitaxie können Übergangsschichten zwischen (Ga,In)P-Epitaxieschicht und einem für die Strahlung transparenten GaP-Substrat hergestellt werden - dabei werden Dioden mit einem externen Quantenwirkungsgrad von 0,1% bei 617 nm (orange) und 0,2% bei 660 nm (rot) erreicht [5.11]. Der große Unterschied der freien Bindungsenergie der beteiligten Partner GaP und InP bereitet jedoch auch bei der Gasphasenepitaxie prinzipielle Schwierigkeiten.

Im indirekten Bereich der (In,Ga)P-Mischkristallreihe bilden N-Atome, wie auch in Ga(As,P) und in (Al,Ga)As, isoelektronische Rekombinationszentren. In wieweit durch diese Zentren auch der Quantenwirkungsgrad erhöht werden kann, ist noch nicht untersucht worden.

(Al,In)P-LED

Beim Mischkristallsystem (Al,In)P findet der Übergang von direkter zu indirekter Bandlücke bei einem Al-Gehalt von 40 % statt. Der zugehörige Bandabstand beträgt 2,3 eV. Dieses System behält die strahlungseffiziente direkte Bandstruktur bis in den grünen Spektralbereich bei, bereitet aber noch größere technologische Schwierigkeiten als das System (Ga,In)P. Bisher sind nur Kathodolumineszenz-Untersuchungen an Bridgman-Kristallen durchgeführt worden [5.12]; über pn-Dioden aus (Al,In)P wurde noch nicht berichtet.

(Al,Ga)P-LED

Dieses Mischkristallsystem ist das einzige von den hier beschriebenen, bei dem nur indirekte Übergänge möglich sind, da beide binären Verbindungen GaP (E_g = 2,26 eV) und AlP (E_g = 2,43 eV) indirekte Halbleiter sind. Die Dotierung mit Stickstoff sollte wie beim reinen GaP auch hier eine Erhöhung des Quantenwirkungsgrades ermöglichen. Bisher ist es jedoch noch nicht gelungen, effiziente Dioden aus (Ga,Al)P herzustellen. Der Hauptgrund dafür ist wieder, daß die Dotierung von Al-haltigen Flüssigphasenepitaxieschichten mit Stickstoff Schwierigkeiten bereitet. Zudem ist wegen des mit zunehmendem Al-Gehalt anwachsenden Intraleitungsbandabstandes die Wirksamkeit der isoelektronischen N-Störstelle hinsichtlich einer Erhöhung der strahlenden Rekombination nicht mit der bei GaP:N vergleichbar (s. Abschnitt 2.2.5).

GaN-LED

GaN ist ein direkter Halbleiter mit einer Bandlücke von etwa 3,5 eV bei 300 K. Erwartungsgemäß zeigt dieses Material hohe äußere Photolumineszenz-Quantenwirkungsgrade von 12 % [5.14]. Bislang ist es jedoch nicht gelungen, ähnlich hohe Wirkungsgrade bei Elektrolumineszenz zu erreichen. Mögliche Ursachen dafür sind zwei bei der Herstellung von GaN-LED auftretende grundsätzliche Probleme: Die erste Schwierigkeit ist der hohe N_2-Gleichgewichtsdampfdruck über GaN, der die Herstellung größerer GaN-Einkristalle als Substratmaterial für den Epitaxieprozeß unmöglich macht und der selbst bei den bei der Gasphasenepitaxie von GaN auf Saphirsubstraten üblichen Abscheidetemperaturen von ca. 900°C noch so hoch ist, daß die Abscheidung wesentlich von der Kinetik des Prozesses abhängt. Die zweite Schwierigkeit besteht darin, daß es nicht gelingt, p-leitende GaN-Epitaxieschichten herzustellen. Ursache hierfür ist wahrscheinlich ein Selbstkompensationseffekt, wie er auch bei ZnS und ZnSe auftritt. Beispielsweise führt der Einbau des Akzeptors Zn zur gleichzeitigen Bildung einer neuen als Donator wirkenden N-Leerstelle, so daß auf diese Weise sehr hochohmige i-Schichten entstehen. Die Stickstoffleerstellen sind vermutlich auch für die hohe Ladungsträgerkonzentration von nicht absichtlich dotierten n-Schichten verantwortlich.

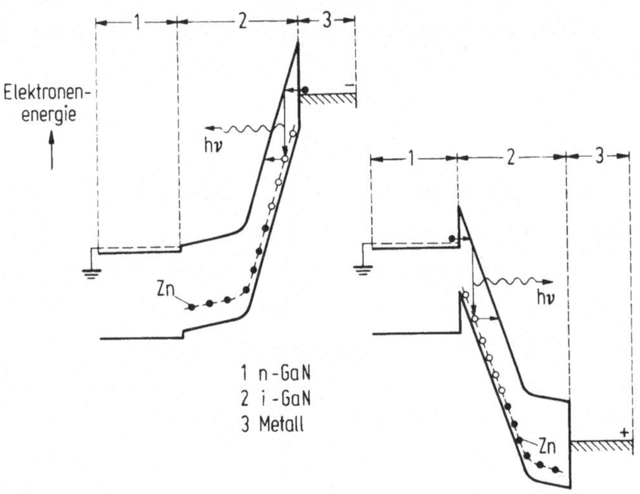

Abb.5.7. Lichterzeugung im Bänderschema bei GaN-Min-LED. • Elektronen, o Löcher. Nach [5.16]

Elektrolumineszenz mit GaN wurde mittels Schottky-Dioden [5.15] oder durch Metall/i-GaN/n-GaN-Strukturen (Min) erzeugt [5.16]. Die GaN-Min-LED verschiedener Autoren unterscheiden sich in erster Linie durch die Dicke der Zn-dotierten i-Schicht, die 100 nm bis 50 µm betragen kann. Die Lichterzeugung mittels solcher LED beruht in den meisten Fällen auf der Stoßionisation von Zn-Atomen in der i-Schicht durch Elektronen, die im hohen elektrischen Feld des Min- oder in-Überganges beschleunigt werden (Abb.5.7). Als Elektroneninjektionsmechanismus kommen die Feldemission aus den tiefen Zn-Störstellen, aus dem Leitungsband der n-Schicht oder aus dem Metallkontakt ins Leitungsband der i-Schicht in Frage. Diese Vorstellung erklärt auch, daß Lumineszenzerscheinungen sowohl bei Fluß- als auch bei Sperrpolung der Min-Dioden auftreten.

Die für diese Anregungsmechanismen erforderlichen Spannungen liegen über 10 V; blaue Elektrolumineszenz ist bei GaN-Min-Dioden jedoch auch bei Spannungen unterhalb 10 V beobachtet worden. Für die Erzeugung der bei etwa 2,9 eV liegenden Emission von bei knapp über 2 V betriebenen GaN-LED wird ein Anti-Stokes-Prozeß durch Simultanstoß eines Zn-Leuchtzentrums mit zwei Elektronen angenommen [5.17], was aus der Zunahme der Emission mit der 3. Potenz des Stromes geschlossen werden kann. Für die bei etwas höheren Spannungen von 3 V bis 10 V betriebenen GaN-LED hingegen wird ein anderes Modell für die Lichterzeugung vorgeschlagen [5.18], das auf der Löcherinjektion vom Metall in das Zn-Band beruht, über das auch der Ladungsträgertransport erfolgt. Mit solchen Dioden wurden auch die bisher bekannten höchsten äußeren Quantenwirkungsgrade von 0,1 % im Blauen (2,85 eV), 0,3 % im Grünen (2,4 eV) und 1 % im Gelben (2,2 eV) erreicht. Die Lage des Emissionsmaximums verschiebt sich mit zunehmender Zn-Konzentration zu längeren Wellenlängen, was auf eine Komplexbildung von Zn-Atomen hinweist. Trotz dieser beachtlich hohen Quantenwirkungsgrade können die Chancen für die großtechnische Herstellung von GaN-LED wegen der großen technologischen Probleme z.Zt. nur als sehr gering bezeichnet werden.

Lichtwandler-LED (Up-converter)

Die Lichtemission dieser LED beruht auf der Umwandlung von IR-Strahlung einer GaAs-Lumineszenzdiode in sichtbares Licht (rot, grün und blau) durch Addition der Energie von Photonen bei einem Energieübertragungsprozeß. Dieser Effekt wird in einigen seltenen Erden wie Ytterbium, Erbium und Thulium gefunden. Abb. 5.8 zeigt den Lichterzeugungsmechanismus anhand der Anregungsniveaus des Yb^{3+}- und Er^{3+}-Ions, die sich beispielsweise in der Kristallmatrix einer Fluoridverbindung (z.B. $NaYF_4$) befinden. Die Aufgabe des Yb^{3+}-Ions ist ausschließlich die Absorption der von der GaAs-Lumineszenzdiode emittierten Photonen und die mehrfache Weitergabe dieser Energie an ein Er^{3+}-Ion, das dadurch in der in Abb. 5.8 gezeigten Weise angeregt wird, wobei bei der Rückkehr in den Grundzustand die angegebenen Emissionslinien beobachtet werden. Das gezeigte System $NaYF_4$:Yb,Er ist bei Doppelanregung ein effizienter Grünstrahler (λ = 550 nm); die im blauen Spektralbereich liegenden Linien treten wegen der höheren Ordnung der Anregung mit nur geringer Intensität auf. Für reine Blaulichtemission wird meistens anstelle des Er^{3+} das wirksamere Tm^{3+} eingesetzt. In diesem Fall erfolgt die Anregung zwar auch über einen Dreistufenprozeß, längerwellige Linien werden jedoch nicht beobachtet. Entsprechend der Ordnung der Anregung nimmt die Lichtemission mit der 2. bzw. 3. Potenz des Diodenstromes zu.

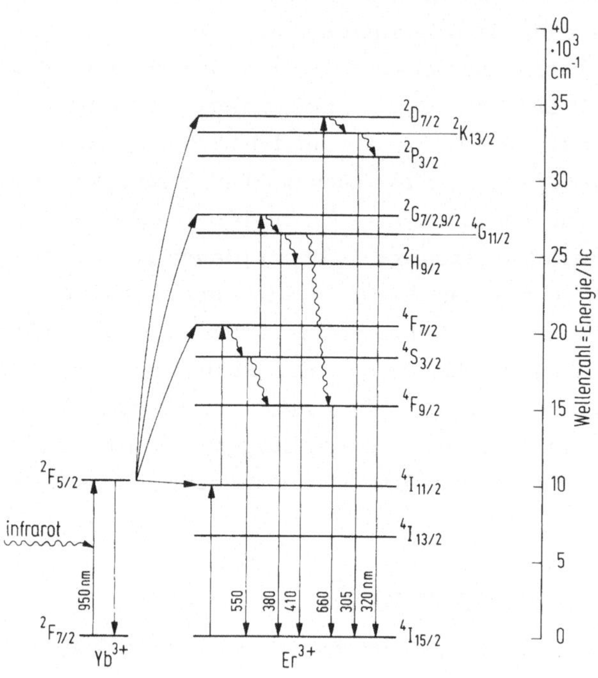

Abb. 5.8. Energieniveaus der Yb^{3+}- und Er^{3+}-Ionen mit den strahlenden (senkrechte Pfeile) und nichtstrahlenden (Wellenlinien) Übergängen. Nach [5.19]

Wandlerphosphore haben noch keine technische Bedeutung erlangt. Der Hauptgrund dafür sind natürlich die bei Ga(As,P)-Dioden erreichten hohen Lichtausbeuten. Trotzdem könnten die Dioden mit Blaulichtwandlerphosphoren - der integrale Leistungswirkungsgrad liegt bei einer Diodenstromdichte von 200 A/cm^2 und einem externen Quantenwirkungsgrad von 17 % der IR-Diode bei 0,03 % [5.19] - noch praktische Bedeutung erlangen. Bei Grünemittern liegt dieser Wirkungsgrad bei maximal 0,1 %, was nur dem Durchschnitt marktüblicher GaP:N-Dioden entspricht.

5.1.4 Andere Materialien für LED

Siliziumcarbid (SiC)

Ein wesentliches Merkmal des SiC ist seine Polytypie, d.h. daß es in mehreren Modifikationen mit kubischer (C), hexagonaler (H) und rhomboedischer (R) Kristallstruktur vorkommt. Der für Lumineszenzdioden interessanteste Polytyp ist das 6H SiC- auch α-SiC genannt - mit indirekter Bandstruktur und einem Bandabstand von $E_g = 2{,}98\,eV$, der bei Einbau entsprechender Störstellen eine Lichtemission im Blauen ermöglicht. SiC ist ohne Schwierigkeiten n- und p-dotierbar, damit unterscheidet es sich wesentlich von den anderen für eine Emission im blauen Spektralbereich in Frage kommenden Materialien GaN, ZnS und ZnSe. Der Hauptnachteil von SiC jedoch ist die indirekte Bandstruktur mit einem Intraleitungsbandabstand von über 2 eV, die damit auch keine strahlungseffizienten isoelektronischen Rekombinationszentren erwarten läßt (siehe Abschnitt 2.2.5).

Die ersten auf dem Markt befindlichen SiC-LED emittierten gelbes Licht, das Emissionsspektrum bestand aus einem breiten Emissionsband mit einem Maximum bei 590 nm. Bei diesen Dioden wurde in bei 2500°C hergestellte N-dotierte, n-leitende SiC-Kristalle Al (flacher Akzeptor) und B als Aktivator (tiefer Akzeptor) bei Temperaturen von 2200°C eindiffundiert [5.20]. Ein wesentlicher Nachteil dieser Dioden war die bereits bei Stromdichten von $0{,}1\,A/cm^2$ einsetzende Sättigung der Emission, so daß der äußere Quantenwirkungsgrad von etwa 0,5 % bei $0{,}1\,A/cm^2$ auf etwa 0,02 % bei höheren, anwendungsgerechten Stromdichten abnimmt. Mit Blaulicht-emittierenden SiC-LED wurden äußere Quantenwirkungsgrade von $4 \cdot 10^{-3}\,\%$ erreicht [5.21]. Bei diesen Dioden wird der pn-Übergang im Gegensatz zu den gelb leuchtenden LED mittels Flüssigphasenepitaxie bei etwa 1700°C hergestellt. Die Emission dieser Dioden verschiebt sich mit steigendem Strom und steigender Temperatur zu kürzeren Wellenlängen, was auf unterschiedliche dominierende strahlende Rekombinationsmechanismen schließen läßt. Die Lichterzeugungsmechanismen in diesen SiC-LED sind noch nicht endgültig geklärt. Es werden Donator-Akzeptor-Übergänge, Leitungsband-Akzeptor-Übergänge und Band-Band-Übergänge angenommen.

Der wesentliche Nachteil des SiC ist noch das Fehlen großflächiger SiC-Kristalle als Substratmaterial für den Flüssigphasenepitaxieprozeß. Trotzdem erscheint SiC zur Zeit für eine Herstellung von Blaulicht-LED bei kleinen Stückzahlen am ehesten geeignet.

ZnS- und ZnSe-LED

ZnS (E_g = 3,67 eV) und ZnSe (E_g = 2,69 eV) sind direkte Halbleiter, deren Bandabstände für eine Emission im blauen Spektralbereich geeignet sind. Trotz technologischer Vorteile gegenüber GaN bei der Kristallzüchtung haben sie mit diesem gemeinsam, daß sie nicht durch einfache Dotierung p-leitend gemacht werden können. Dieser Nachteil einer unipolaren Leitfähigkeit ist mit Ausnahme des CdTe eine allen II-VI-Verbindungen gemeinsame Eigenschaft und wird auf die Selbstkompensation der donator- oder akzeptorartigen Fremdatome durch Bildung kationischer Fehlstellen zurückgeführt.

Bisher ist es nur durch zwei Verfahren gelungen, labormäßig pn-Übergänge in $ZnS_{1-x}Se_x$ oder ZnSe herzustellen. Das eine ist die Ionenimplantation, mit der jedoch nur relativ geringe Quantenwirkungsgrade erreicht werden. Das andere Verfahren ist ein Diffusionsprozeß mit Ga, In oder Tl bei relativ niedriger Temperatur von etwa 560°C mit einem anschließenden Temperprozeß in Zn-Atmosphäre bei 940°C [5.22], bei dem dünne p-leitende Schichten entstehen. Mit diesem Verfahren wurden im gelben Spektralbereich äußere Quantenwirkungsgrade von über 1% erreicht.

Blaue Elektrolumineszenz bei ZnSe und ZnS läßt sich mit MIS- und Schottky-Diodenstrukturen erzielen. MIS-Dioden, bei denen die Isolatorschicht durch hochohmiges ZnS gebildet wird, lieferten äußere Quantenwirkungsgrade von 0,05% bei 465 nm und 5 V Flußspannung [5.23]. Als Lichterzeugungsmechanismus wird die strahlende Rekombination zwischen Elektronen an Al-Donatoren und Löchern an Zn-Leerstellen-Al-Akzeptorkomplexen angenommen, wobei die Löcher über einen Tunnelprozeß aus dem Metallkontakt injiziert werden.

II-VI-Verbindungen werden auch für Elektrolumineszenzzellen auf feinkörniger, polykristalliner Basis eingesetzt, die hier nur der Vollständigkeit halber erwähnt seien. Bei den mit Gleichstrom betriebenen Leuchtzellen wird ZnS:Mn verwendet, wobei durch Eindiffusion von Cu während eines Formierungsprozesses Heteroübergänge gebildet werden, die gelbes Licht emittieren. Der Hauptnachteil dieser und der ähnlich aufgebauten mit Wechselstrom betriebenen Elektrolumineszenzzellen, bei denen eine Schicht aus ZnS-Cu,Cl-Kriställchen in einem Binder zwischen die beiden Platten eines Kondensators gebracht wird, ist die relativ geringe Lebensdauer dieser Bauelemente von maximal einigen tausend Stunden. Eine vielversprechende Neuentwicklung bringt die ZnS:Mn-Dünnfilmtechnologie, mit der flächenhafte Anzeigen mit hohem Kontrast, hoher Lebensdauer (mehr als $2 \cdot 10^4$ h) und inhärentem Speichervermögen hergestellt werden können [5.24].

II-IV-V_2- und I-III-VI_2-Verbindungen

II-IV-V_2 und I-III-VI_2-Verbindungen kristallisieren im Chalcopyritgitter und haben naturgemäß größere Gittereinheitszellen als die binären II-V- oder II-VI-Verbindungen, was sich in einer entsprechenden Reduktion der Brillouin-Zone auf etwa 25 % des Volumens beim Zinkblendegitter auswirkt. Durch diese "Kompression" der Brillouin-Zone werden verschiedene Eigenschaften wie beispielsweise ein relatives Leitungsbandminimum von der Grenze der Brillouin-Zone des Zinkblendegitters durch Faltung auf das Zentrum der Brillouin-Zone (Punkt Γ) abgebildet. Dadurch kommt es zu pseudo-direkten Übergängen, die wieder eine entsprechende hohe strahlende Rekombination erwarten lassen [5.25].

Auch bei diesen Verbindungen gilt bis auf wenige Ausnahmen die Regel, daß die elektrischen Eigenschaften umso besser kontrollierbar sind, je geringer der Bandabstand ist. $AgGaS_2$ (E_g = 2,7 eV) und $AgGaSe_2$ (E_g = 1,8 eV), die für blau bzw. rot leuchtende LED geeignet wären, sind nach dem Bridgman-Verfahren herstellbar und fallen in dieser Form hochohmig p-leitend an. Sie konnten trotz intensiver Dotierversuche mittels geeigneter Temperprozesse nur n-leitend hochohmig gemacht werden und dürften daher mit ziemlicher Sicherheit als LED-Materialien ausscheiden. Eine diesbezügliche Ausnahme ist das $CuAlS_2$ (E_g = 3,46 eV), welches sowohl p- als auch n-dotierbar ist. Ob es sich als Material für Blaulicht-LED eignet, kann beim jetzigen Stand der Technologie dieses Materials jedoch noch nicht abgesehen werden.

5.1.5 Vergleich der verschiedenen LED-Materialien

In Tabelle 5.2 sind die Eigenschaften der in diesem Kapitel behandelten wichtigsten LED-Typen zusammengefaßt.

Tabelle 5.2. Vergleich der verschiedenen LED

LED-Material	Substrat	Farbe	Photometrisches Strahlungsäquivalent (lm/W)	Äußerer Quantenwirkungsgrad (%)		Lichtausbeute (lm/W)	
				Markt-Ø	Rekord	Markt-Ø	Rekord
GaP : Zn, O	GaP	rotorange	20	4,0	15 (a)	0,6	3,0
$GaAs_{0,6}P_{0,4}$	GaAs	rot	75	0,2	0,5* (a)	0,15	0,4
$GaAs_{0,35}P_{0,65}$: N	GaP	rotorange	190	0,4	0,6* (c)	0,8	1,2
$GaAs_{0,15}P_{0,85}$: N	GaP	gelb	400	0,2	0,3* (d)	0,9	1,4
GaP : N	GaP	gelbgrün	610	0,1	0,7 (e)	0,6	4,5
GaN : Zn	Al_2O_3	blau	60**	-	0,1 (f)	-	0,03
ZnS : Al	-	blau	200**	-	0,05 (g)	-	0,05
SiC : Al, N	*SiC*	blau	150**	-	0,004 (h)	-	0,01

* Beste gemessene Werte handelsüblicher LED.
** Abgeschätzte Werte.

(a) bei 1 A/cm^2 nach [5.1]; (b) bei 50 A/cm^2; (c) bei 500 A/cm^2; (d) bei 500 A/cm^2; (e) bei 100 A/cm^2 nach [5.6]; (f) nach [5.18]; (g) nach [5.23]; (h) nach [5.21].

5.2 Lumineszenzdioden für den infraroten Spektralbereich (IRED)

5.2.1 GaAs- und (Ga,Al)As-IRED

GaAs-IRED mit diffundiertem pn-Übergang

GaAs-IRED mit Zn-diffundiertem pn-Übergang sind zwar bei den meisten Anwendungen von der weiter unten beschriebenen effizienteren GaAs:Si-IRED verdrängt worden, ihr Einsatz wird aber dort unerläßlich, wo hohe Ansprechgeschwindigkeiten erforderlich sind: Die durch die Minoritätsträgerlebensdauer gegebenen Ansprechzeiten betragen hier typischerweise 50 ns gegenüber 500 ns bei den GaAs:Si-Dioden. Außerdem bietet der Diffusionsprozeß bei der Integration mehrerer Dioden auf einem Substrat einen höheren Grad an Flexibilität.

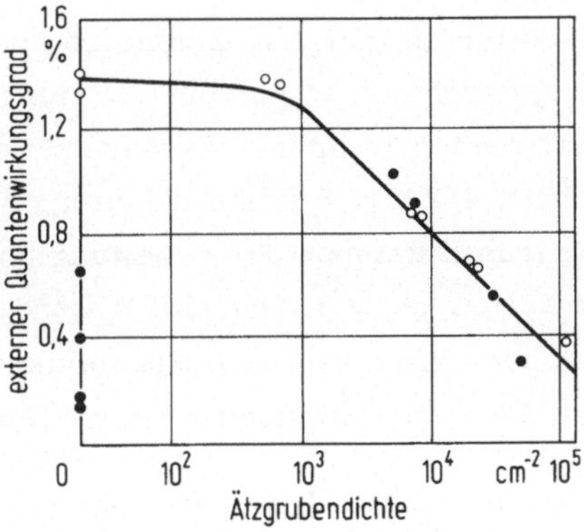

Abb. 5.9. Externer Quantenwirkungsgrad von diffundierten GaAs-IRED in Abhängigkeit von der Versetzungsdichte. Die offenen Kreise beziehen sich auf Dioden aus Bridgman-Kristallen, die vollen Kreise auf Czochralski-Kristalle. Nach [5.26]

Die höchsten externen Quantenwirkungsgrade von quaderförmigen vergossenen Dioden von 3,5 % wurden mit Si-dotiertem GaAs erreicht, das nach dem Horizontal-Bridgman-Verfahren (Abschnitt 4.1.3) hergestellt worden ist. Als Diffusionsquelle wird $ZnAs_2$ oder eine Ga-riche Zn-Quelle eingesetzt [5.26]. Bei diesen Dioden wurde auch eine starke Abhängigkeit des Quantenwirkungsgrades von der Versetzungsdichte des Grundmaterials gefunden (Abb. 5.9). Für Dioden mit hohen Quantenwirkungsgraden muß die Versetzungsdichte unterhalb $10^3 cm^{-2}$ liegen. Der Quantenwirkungsgrad von linienversetzungsfreiem LEC-GaAs ist dabei geringer als der von bootgezogenem GaAs mit einer Versetzungsdichte von $10^2 cm^{-2}$. Eine mögliche Ursache dafür könnten Versetzungsschleifen, die ähnlich wie gewöhnliche Linienversetzungen Gebiete mit einer erhöhten nichtstrahlenden Rekombination darstellen dürften, oder das vermehrte Auftreten punktförmige Killerzentren sein.

Da die Emissionsstrahlung dieser Dioden, deren Maximum bei 900 nm liegt, bei einer Linienbreite von 40 nm, im n-Gebiet wesentlich geringer absorbiert wird als im p-Gebiet (Abb.3.5), müssen zum Erreichen hoher optischer Wirkungsgrade die Dioden mit der n-Seite in Abstrahlrichtung aufgebaut werden. Der optische Wirkungsgrad vergossener quaderförmiger Dioden liegt bei 5 %, was auf innere Quantenwirkungsgrade von 75 % bzw. bei Berücksichtigung der Reemission (Abschnitt 3.2.3) auf etwas geringere Werte schließen läßt. Das bedeutet, daß bei diesen Dioden mit quaderförmiger Diodengeometrie keine wesentlichen Verbesserungen der externen Quantenwirkungsgrade mehr zu erwarten sind.

GaAs : Si-IRED

GaAs : Si-IRED enthalten eine einzige epitaxiale Schicht, die aus einer Si-dotierten (Ga, As)-Schmelze abgeschieden wird, wobei der pn-Übergang durch den amphoteren Dotierungscharakter des Si in situ bei einer bestimmten Temperatur während des Abscheidevorganges entsteht (Abschnitt 4.2.2). Für die n-Leitung sind Si_{Ga}-Donatoren verantwortlich. Für das Entstehen der p-Leitung muß neben Si_{As}-Akzeptoren noch ein weiterer, etwa 0,1 eV tief liegender Akzeptor angenommen werden, über den auch die strahlende Rekombination abläuft. Die chemische Natur dieses Akzeptors ist noch nicht geklärt.

Die Emissionswellenlänge von GaAs : Si-IRED hängt von der Si-Konzentration in der Schmelze und von der Substratorientierung ab. Mit einer Si-Konzentration von 0,2 Gew.-% bis 1,4 Gew.-% in der (Ga, As)-Schmelze können Wellenlängen zwischen 930 nm und 1000 nm eingestellt werden [5.27], wobei die externen Quantenwirkungsgrade auch von der Si-Konzentration abhängen. Mit GaAs:Si-Dioden wurden die bisher höchsten externen Quantenwirkungsgrade bei Lumineszenzdioden erhalten, und zwar 32 %. Diese Werte wurden allerdings nur bei Dioden mit quaderförmiger Geometrie erreicht, die zur Messung in ein hochbrechendes Glas eingebettet wurden. Die externen Quantenwirkungsgrade produktionsmäßig hergestellter GaAs : Si-IRED mit gewöhnlicher Epoxydharzeinbettung liegen jedoch auch sehr hoch, und zwar bei durchschnittlich 10 % bis 15 %. Neben hohen inneren Quantenwirkungsgraden ist der Hauptgrund für diese hohen Werte der hohe optische Wirkungsgrad als Folge der geringen Eigenabsorption der Strahlung (Abb.5.10).

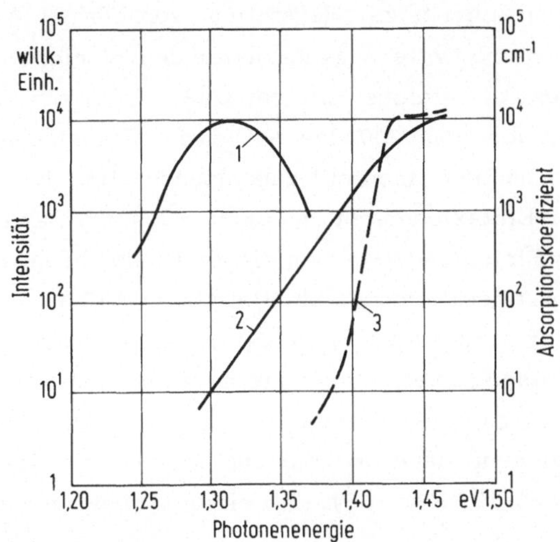

Abb. 5.10. Emissionsspektrum einer GaAs : Si-IRED bei 300 K (1) und Absorptionskoeffizient von stark kompensiertem p-GaAs:Si (2). (3) ist der Absorptionskoeffizient von undotiertem GaAs. Nach [5.28]

(Ga, Al)As : Si-IRED

(Ga, Al)As : Si-IRED stellen die konsequente Weiterentwicklung der GaAs: Si-IRED dar, wobei durch die Zugabe von Al die Emission zu kürzeren Wellenlängen verschoben werden kann. Dadurch wird eine für viele Anwendungen wünschenswerte bessere Anpassung an das Empfindlichkeitsmaximum von Si-Detektoren erreicht.

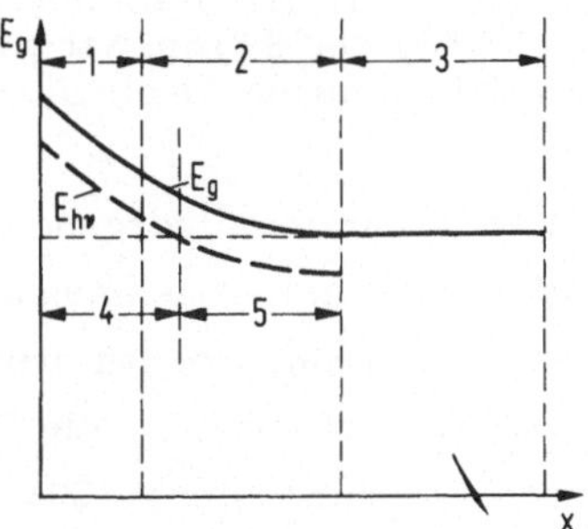

Abb. 5.11. Bandabstand E_g bei einer (Ga, Al)As-IRED (schematisch). Die Photonenenergie $E_{h\nu}$ ist wegen der Beteiligung tiefer Akzeptorzustände bei der Rekombination kleiner als der Bandabstand. Nach [5.29]. 1 p-(Ga, Al)As-Schicht; 2 n-(Ga, Al)As-Schicht; 3 n-GaAs-Substrat; 4 Bereich mit $E_{h\nu} > E_g$(GaAs); 5 Bereich mit $E_{h\nu} < E_g$(GaAs)

Die technologischen Schritte zur Herstellung von (Ga,Al)As:Si-IRED sind, da der amphotere Dotierungscharakter des Si nicht vom Al-Gehalt abhängt, nahezu die gleichen wie bei GaAs:Si-Dioden. Der hohe Verteilungskoeffizient von etwa 200 des Al bei der Flüssigphasenepitaxie (Abschnitt 4.2.4) bedingt einen mit zunehmender Schichtdicke abnehmenden Al-Gehalt der Epitaxieschicht und damit auch des Bandabstandes (Abb.5.11). Das Emissionsspektrum dieser Dioden hängt dadurch wesentlich von der Art des Aufbaues ab. Bei einem Aufbau mit der p-Seite in Abstrahlrichtung wird die Emissionsstrahlung in Gebieten mit einem gegenüber der Emissionswellenlänge kleineren Bandabstand stark absorbiert, was nicht nur zu einer Verschiebung des Emissionsmaximums, sondern auch zu einer deutlichen Reduzierung des externen Quantenwirkungsgrades führt (Abb.5.12, Kurve 2). Bei einem Aufbau mit der n-Seite in

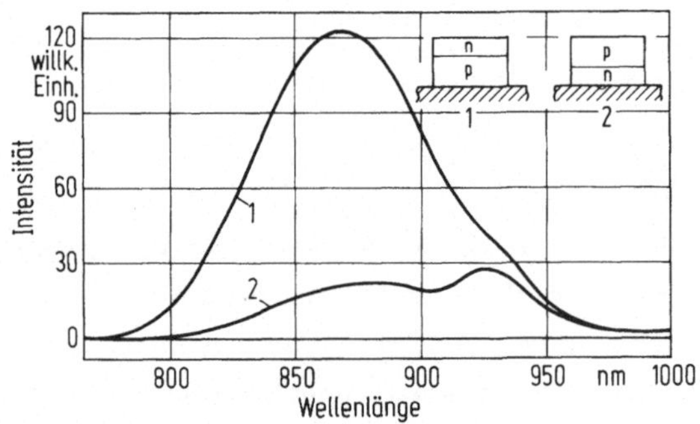

Abb.5.12. Emissionsspektrum einer (Ga,Al)As:Si-IRED bei Aufbau mit der n-Schicht nach oben (1) und mit der p-Schicht nach oben (2). Das relative Maximum der Kurve (2) bei 880 nm ist auf das seitlich aus der Diode austretende Licht zurückzuführen. Nach [5.29]

Abstrahlrichtung durchlaufen die am pn-Übergang erzeugten Photonen zunächst den Teil der Epitaxieschicht mit zunehmendem Bandabstand und damit vernachlässigbarer Absorption und werden erst im GaAs-Substrat absorbiert. Durch Entfernen des Substrates - die Dicke der jetzt freitragenden Epitaxieschicht muß dazu mindestens 150 μm betragen - können diese Absorptionsverluste verhindert werden. Das Emissionsspektrum einer solchen Diode entspricht nahezu dem der intern erzeugten Strahlung (Abb.5.12, Kurve 1). Der externe Quantenwirkungsgrad ist dadurch wesentlich höher als der bei umgekehrtem Aufbau. An quaderförmigen, in Kunststoff eingebetteten Dioden wurden Werte bis zu 27 % gemessen.

GaAs-(Ga,Al)As-Hetero-IRED

GaAs-(Ga,Al)As-Heterostrukturen haben nicht nur für Laserdioden, sondern auch für inkohärent strahlende Lumineszenzdioden Bedeutung erlangt. Sie werden überall dort eingesetzt, wo hohe Strahldichten und/oder hohe Ansprechgeschwindigkeiten erforderlich sind.

Bezüglich einer ausführlichen Beschreibung der unterschiedlichen Einfach- und Doppelheterostrukturen aus GaAs-(Ga,Al)As sei auf Kapitel 6 verwiesen. Hier sollen nur die Vorteile, die Heterostrukturen auch im inkohärentem Emissionsbetrieb bieten, aufgezählt werden: Heterostrukturdioden lassen sich derart konzipieren, daß nur das Gebiet mit dem höchsten Quantenwirkungsgrad der strahlenden Rekombination oder der gewünschten Rekombinationsgeschwindigkeit zur Strahlungserzeugung beiträgt. Durch den Al-Gehalt kann zudem die Emissionswellenlänge variiert werden. Die Begrenzung des aktiven Rekombinationsgebietes durch einen Halbleiter mit einem höheren Bandabstand vermindert außerdem die Absorptionsverluste beim Austritt der Strahlung. Dadurch und durch das Einfangen der Ladungsträger im entstandenen Potentialtopf kann das Rekombinationsgebiet zur Erhöhung der thermischen Belastbarkeit sehr nahe an die Wärmesenke gelegt werden.

Zur Erhöhung der Ansprechgeschwindigkeit von GaAs-(Ga,Al)As-IRED kommen zwei Verfahren in Betracht. Bei Einfachheterostrukturen mit nur einseitiger Begrenzung der Ladungsträgerinjektion durch einen Potentialwall wird, wenn die Dicke der obersten lichtaktiven Epitaxieschicht kleiner gemacht wird als die Diffusionslänge der injizierten Ladungsträger, deren Lebensdauer durch die sehr schnelle Oberflächenrekombination mitbestimmt. Da die Oberflächenrekombination jedoch nichtstrahlend ist, geht diese Erhöhung der Ansprechgeschwindigkeit auf Kosten des Quantenwirkungsgrades und damit der Ausgangsleistung.

Die zweite Methode, die vor allem bei Doppelheterostrukturen angewandt wird, besteht in der Verringerung der strahlenden Lebensdauer durch Erhöhung der Dotierungskonzentration im Rekombinationsgebiet gemäß (2.59), wobei allerdings das Vorliegen schwacher Injekton vorausgesetzt ist. Bei sehr schnellen Dioden nimmt jedoch auch hier der Quantenwirkungsgrad ab (Abb.5.13), da bei Erreichen der Löslichkeitsgrenze des Dotierstoffes verstärkt nichtstrahlende Rekombinationszentren gebildet werden. Außerdem würde auch die bei sehr hohen Löcherkonzentrationen einsetzende Auger-Rekombination die nichtstrahlende Lebensdauer und damit den Quantenwirkungsgrad verringern. Als geeignetster Akzeptor in dieser Hinsicht hat sich für GaAs-(Ga,Al)As-Heterostrukturdioden Germanium erwiesen. Dessen geringer Dampfdruck verhindert außerdem beim Flüssigphasenepitaxieprozeß eine Übertragung der Dotierung zwischen den Schmelzenkammern und damit auf die anderen Epitaxieschichten (Abb.4.11).

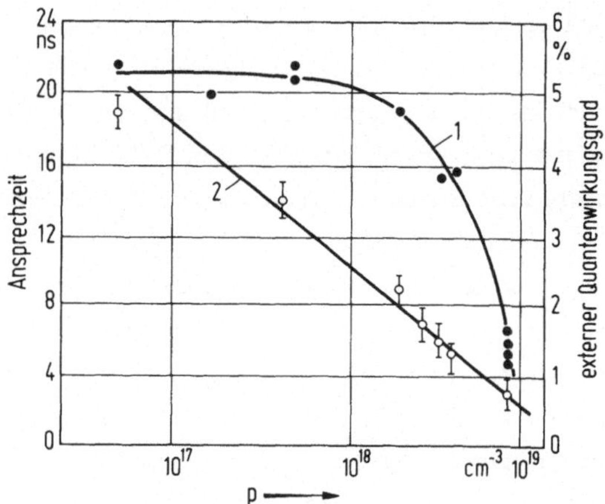

Abb.5.13. Externer Quantenwirkungsgrad (1) und Ansprechzeit (2) bei GaAs-(Ga,Al)As-Doppelheterostrukturdioden in Abhängigkeit von der Löcherkonzentration in der aktiven Zone. Nach [5.30]

Das Zeitverhalten und damit die Grenzfrequenz dieser Dioden wird außer von der Lebensdauer noch von der RC-Konstanten des Diodenaufbaues bestimmt. Als Kapazität gehen hierbei die flächenproportionale Sperrschicht- und Diffusionskapazität, als Widerstände die Bahn-, Kontakt- sowie etwaige von außen zugeschaltete Widerstände ein. Durch ein geeignetes Diodendesign läßt sich jedoch meistens erreichen, daß die Grenzfrequenz ausschließlich von der Lebensdauer der Ladungsträger bestimmt wird (vgl. Abschnitt 6.5.7).

IRED mit hoher Strahldichte können als Flächen- oder auch als Kantenemitter ausgebildet werden. In Abb.5.14 ist ein Flächenemitter vom sog. Burrus-Typ [5.31] gezeigt, bei dem zur Vermeidung von Absorptionsverlusten im Bereich des strahlenden Gebietes in das GaAs-Substrat ein Loch eingeätzt wurde. Dieser Diodenaufbau ist besonders zur Ankopplung an die Glasfaser bei optischen Nachrichtenübertragungssystemen geeignet.

Der wie eine Laserdiode mit Streifengeometrie (Abb. 6.32) aufgebaute Kantenemitter ist demgegenüber einfacher im Aufbau und hat den Vorteil, daß die aus der Stirnfläche austretende Strahlung im Vergleich zum Flächenemitter stärker gerichtet ist. Nachteilig sind bei dieser Struktur die mit zunehmender Diodenlänge zunehmenden Absorptionsverluste in der aktiven Schicht. Um diese gering zu halten, muß die Länge der aktiven Zone begrenzt werden. Eine solche Diode wird dann als REED-(restricted edge emitting diode)-Diode bezeichnet. Sie besitzt bezogen auf die Austrittsfläche eine um mehr als den Faktor 3 höhere Ausgangsleistung als eine gewöhnliche Kantenemitterdiode [5.32].

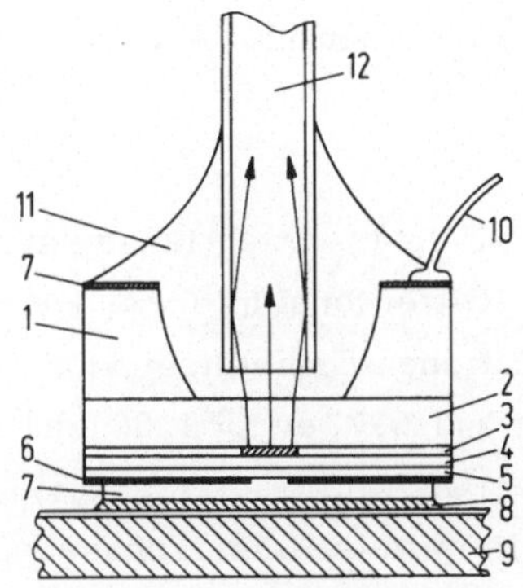

Abb. 5.14. Schematischer Aufbau einer GaAs(Ga, Al)As-Doppelheterostrukturdiode als Flächenemitter mit Ankopplung an eine Glasfaser für einen Einsatz in der optischen Nachrichtenübertragung. 1 n-GaAs-Substrat; 2 n-$Ga_{0,7}Al_{0,3}As$-Schicht; 3 p-$Ga_{0,95}Al_{0,5}As$-Schicht; 4 p-$Ga_{0,7}Al_{0,3}As$-Schicht; 5 p-GaAs-Schicht; 6 SiO_2-Isolationsschicht; 7 Au-Kontakt; 8 In-Lot; 9 Keramik-Substrat (vergoldet); 10 Au-Draht; 11 Epoxydharz; 12 Glasfaser

5.2.2 IRED für längerwellige Emission

InP-IRED

Der gegenüber GaAs um 90 meV kleinere Bandabstand des InP läßt die Herstellung von IRED in dem für die optische Nachrichtenübertragung wichtigen Wellenlängenbereich oberhalb 1 μm (s. Abschnitt 7.2.7) erwarten. Eine der GaAs:Si-Diode entsprechende InP:Si-Diode konnte bislang noch nicht realisiert werden. Die bisher höchsten Quantenwirkungsgrade von 3 % wurden mit einer kompensierten InP:Sn, Cd-Flüssigphasenepitaxieschicht auf einem InP:Zn-Substrat erzielt [5.33]. Das Emissionsmaximum liegt hier bei 1,05 um, die Linienbreite ist mit 200 nm relativ hoch, was den Vorteil eines gegenüber einer GaAs-IRED an das Dispersionsminimum von Glasfasern besser angepaßten Emissionsmaximums teilweise wieder kompensiert. Verbesserungen des Quantenwirkungsgrades sind unter Umständen bei Einführung eines Doppelepitaxieprozesses zu erwarten.

(Ga,In)As-IRED

(Ga,In)As-IRED werden mittels Gasphasenepitaxie auf GaAs-Substraten hergestellt. Bei einer Emissionswellenlänge von 1,1 μm wurden Quantenwirkungsgrade von 2% erreicht, die Linienbreite der Emissionsstrahlung und die Ansprechzeiten sind mit 50 nm bzw. 5 ns jedoch wesentlich geringer als die der InP:Sn,Cd-Dioden [5.34].

(Ga,In)(As,P)-IRED

Mit dem quaternären System Ga-In-As-P lassen sich einkristalline Epitaxieschichten mit gleicher Gitterkonstante wie das InP-Substrat herstellen, wobei durch den zusätzlichen Freiheitsgrad der Bandabstand zwischen 1,35 eV (≙ 0,95 μm) und 0,77 ev (≙ 1,66 μm) eingestellt werden kann (Abb.4.18). Mit einer $Ga_{0,17}In_{0,83}As_{0,34}P_{0,66}$-Schicht zwischen zwei InP-Schichten, die alle mittels Flüssigphasenepitaxie hergestellt worden sind, wurden IRED mit einer Emissionswellenlänge von 1,1 μm, einer Linienbreite von 100 nm und einem externen Quantenwirkungsgrad von 4% erhalten [5.35]. Bei einer Zusammensetzung der aktiven Schicht von $Ga_{0,28}In_{0,72}As_{0,61}P_{0,39}$ wird eine Emission bei 1,3 μm mit einem Wirkungsgrad von 3%.bei 5 kA cm^{-2} erreicht [5.38].

Ga(As,Sb)-IRED

Da Si seinen amphoteren Dotierungscharakter im Ga(As,Sb)-Mischkristallsystem beibehält, lassen sich hiermit durch Abscheiden einer einzigen Flüssigphasenepitaxieschicht pn-Übergänge herstellen. Bei einer Wellenlänge von 1,06 μm und einer Linienbreite von 80 nm wurden externe Quantenwirkungsgrade von 2% erreicht [5.36]. Wegen des dazu notwendigen nur geringen Sb-Gehaltes von 6% erübrigen sich bei diesen Dioden Anpassungschichten zwischen Substrat und Epitaxieschicht.

Neben diesen relativ einfachen Dioden wurden auch Ga(As,Sb)-(Ga,Al)(As,Sb)-Heterostruktur-IRED bei gleicher Wellenlänge und vergleichbaren Linienbreiten und Quantenwirkungsgraden hergestellt [5.37]. Der Aufbau dieser Dioden ist wegen der durch die Flüssigphasenepitaxie notwendigen drei Anpassungsschichten zwischen aktiver Schicht und Substrat nicht nur wesentlich komplizierter als der von Ga(As,Sb):Si-Dioden, sondern auch als der der oben beschriebenen (Ga,In)(As,P)-IRED. Aufbau und Eigenschaften solcher IRED als Laserdioden werden in Kapitel 6 eingehend behandelt.

Literatur zu Kapitel 5

5.1. Solomon, R.; DeFevere, D.: Efficiency Shift in Very High Efficiency GaP(Zn-O) Diodes. Appl. Phys. Lett. 21 (1972) 257-260

5.2. Saul, R.H.; Armstrong, J.; Hackett, W.H. Jr.: GaP Red Electroluminescent Diodes with an External Quantum Efficiency of 7 %. Appl. Phys. Lett. 15 (1969) 229-231

5.3. Bhargava, R.N.; Mürau, P.C.: Efficient Red GaP LED's with Compensated p Layers. J. Appl. Phys. 45 (1974) 3541-3546

5.4. Henry, C.H.; Bachrach, R.Z.; Schumaker, N.F.: Simpliefied Analysis of Electron-Hole Recombination in Zn- and O-Doped GaP. Phys. Rev. B 8 (1973) 4761-4767

5.5. Weyrich, C.; Winstel, G.H.; Mettler, K.; Plihal, M.: A Simple LPE Process for Efficient Red and Green GaP Diodes. Inst. Phys. Conf. Ser. No. 24 (1975) 145-154

5.6. Ladany, I.; Kressel, H.: An Experimental Study of High-Efficiency GaP:N Green-Light-Emitting Diodes. RCA Rev. 33 (1972) 517-536

5.7. Dapkus, P.D.; Hackett, W.H. Jr.; Lorimor, O.G.; Kammlott, G.W.; Haszko, S.E.: Minority-Carrier Lifetimes and Luminescence Efficiencies in Nitrogen-Doped GaP. Appl. Phys. Lett. 22 (1973) 227-229

5.8. Mürau, P.C.; Bhargava, R.N.: Oxygen Gettering in Green GaP:N LED's Grown by Overcompensated LPE. J. Electrochem. Soc. 123 (1976) 728-733

5.9. Herzog, A.H.; Groves, W.O.; Craford, M.G.: Electroluminescence of Diffused $GaAs_{1-x}P_x$ Diodes with Low Donor Concentrations. J. Appl. Phys. 40 (1969) 1830-1838

5.10. Blum, J.M.; Shih, K.K.: The Liquid Phase Epitaxy of $Al_xGa_{1-x}As$ for Monolithic Planar Structures. Proc. IEEE 59 (1971) 1498-1502

5.11. Nuese, C.J.; Sigai, A.G.; Gannon, J.J.; Zamcrowski, T.: Vapor-Grown $In_{1-x}Ga_xP$ Electroluminescent Junctions on GaAs. J. Electron. Mat. 3 (1974) 51-78

5.12. Onton, A.: Optical Properties and Band Structure of III-V Compounds and Alloys. J. Lumin. 7 (1973) 95-113

5.13. Chicotka, R.J.; Lorenz, M.R.; Nethercot, A.H.; Pettit, G.D.: Development of Gallium Aluminium Phosphide Electroluminescent Diodes. NASA Contract, NAS1-11037 (1972)

5.14. Illegems, M.; Dingle, R.; Logan, R.A.: Luminescence of Zn- and Cd-Doped GaN. J. Appl. Phys. 43 (1972) 3797-3800

5.15. Vasilishchev, A.N.; Mikhailov, L.N.; Sidoror, V.G.; Shagelov, M.D.; Shalabutov, Y.K.: Gallium Nitride Diodes Emitting Dark Blue to Violet Light. Sov. Phys. Semicond. 9 (1975) 1189-1190

5.16. Pankove, J.I.; Lampert, M.A.: Model for Electroluminescence in GaN. Phys. Rev. Lett. 33 (1974) 361-365

5.17. Pankove, J.I.: Low-Voltage Blue Electroluminescence in GaN. IEEE Trans. Electron Dev. Ed-22 (1975) 721-724

5.18. Jacob, G.; Bois, D.: Efficient Injection Mechanism for Electroluminescence in GaN. Appl. Phys. Lett. 30 (1977) 412-414

5.19. Johnson, L.F.; Guggenheim, H.J.; Rich, T.C.; Ostermayer, F.W.: Infrared-to-Visible Conversion by Rare Earths in Crystals. J. Appl. Phys. 43 (1972) 1125-1137

5.20. Potter, R.M.; Blank, J.M.; Addamiano, A.: Silicon Carbide Light-Emitting Diodes. J. Appl. Phys. 40 (1969) 2253-2257

5.21. v. Münch, W.; Kürzinger, W.: Silicon Carbide Blue-Emitting Diodes Produced by Liquid Phase Epitaxy. Sol. State Electron. 21 (1978) 1129-1132

5.22. Robinson, R.J.; Kun, Z.K.: p-n Junction Zinc Sulfo-Selenide and Zinc Selenide Light-Emitting Diodes. Appl. Phys. Lett. 27 (1975) 74-76

5.23. Kukimoto, H.; Oda, S.; Katayama, H.: Blue Emission from Forward Biased ZnS Diodes. J. Lumin. 12/13 (1976) 923-927

5.24. Inoguchi, T.; Mito, S.: Phosphor Films. Topics in Applied Physics, Vol. 17. Berlin, Heidelberg, New York: Springer 1977, S. 197-210

5.25. Wagner, S.: Chalcopyrites. Topics in Applied Physics 17. Berlin-Heidelberg, New York: Springer 1977, S. 171-196

5.26. Herzog, A.H.; Keune, D.L.; Craford, M.G.: High-Efficiency Zn-Diffused GaAs Electroluminescent Diodes. J. Appl. Phys. 43 (1972) 600-608

5.27. Ladany, I.: Electroluminescence Characteristics and Efficiency of GaAs:Si Diodes. J. Appl. Phys. 42 (1971) 654-656

5.28 Casey, H.C. Jr.; Trumbore, F.A.: Single Crystal Electroluminescent Materials. Mater. Sci. Eng. 6 (1970) 69-109

5.29 Dawson, L.R.: High-Efficiency Graded-Band-Gap $Ga_{1-x}Al_xAs$ Light-Emitting Diodes. J. Appl. Phys. 48 (1977) 2485-2492

5.30. King, F.D.; Springthorpe, A.J.; Szentesi, O.I.: High-Power Long-Lived Double Heterostructure LED's for Optical Communications. IEDM Washington (1975) 480-483

5.31. Burrus, C.A.; Miller, B.I.: Small-Area, Double-Heterostructure Aluminium-Gallium Arsenide Electroluminescent Diode Sources for Optical-Fiber Transmission Lines. Opt. Communications 4 (1971) 307-309

5.32. Kressel, H.; Ettenberg, M.: A New Edge-Emitting (Al,Ga)As Heterojunction LED for Fiber-Optic Communications. Proc. IEEE (1975) 1360-1361

5.33. Bachmann, K.J.; Buehler, E.; Shay, J.L.; Malm, D.L.: The Preparation and Properties of Bulk Indium Phosphide Crystals and of Indium Phosphide Light-Emitting Diodes Operating Near 1,05 μm Wavelength. Inst. Phys. Conf. Ser. So. 24 (1975) 121-133

5.34. Mabbitt, A.W.; Mobsby, C.D.: High-Speed High-Power 1,06 μm Gallium-Indium-Arsenide Light-Emitting Diodes. Electron. Lett. 11 (1975) 157-158

5.35. Pearsall, T.P.; Miller, B.I.; Capit, R.J.; Bachmann, K.J.: Efficient Lattice-Matched Double-Heterostructure LED's at 1,1 μm from $Ga_xIn_{1-x}As_yP_{1-y}$. Appl. Phys. Lett. 28 (1976) 499-501

5.36. Brierley, S.K.; Fonstad, C.G.: Silicon-Doped Gallium Arsenide Antimonide Electroluminescent Diodes Emitting to 1,06 μm. J. Appl. Phys. 46 (1975) 3678-3680

5.37. Nahory, R.E.; Pollack, M.A.; Beebe, E.D.; DeWinter, J.C.: Efficient $GaAs_{1-x}Sb_x/Al_yGa_{1-y}As_{1-x}Sb_x$ Double-Heterostructur LED's in the 1-μm Wavelength Region. Appl. Phys. Lett. 27 (1975) 356-357

5.38. Dentai, A.G.; Lee, T.P.; Burrus, C.A.: Small Area, High-Radiance c.w. InGaAsP L.E.D.s Emitting at 1,2 to 1,3 μm. Electron. Lett. 13 (1977) 484-485

6 Halbleiterlaser

6.1 Überblick

Außer der üblicherweise in einem angeregten Elektronensystem beobachtbaren spontanen Strahlungsemission tritt bei Vorhandensein eines entsprechenden Strahlungsfeldes eine zusätzliche Emission auf, die den eigentlich inversen Vorgang zur Absorption darstellt. Diese bereits im Kapitel 2 beschriebene induzierte oder stimulierte Strahlungsemission [6.1] wurde bereits 1917 von A. Einstein bei einer theoretischen Ableitung des Planckschen Strahlungsgesetzes postuliert sowie von R. Ladenburg und H. Kopfermann erstmals 1928 experimentell nachgewiesen.

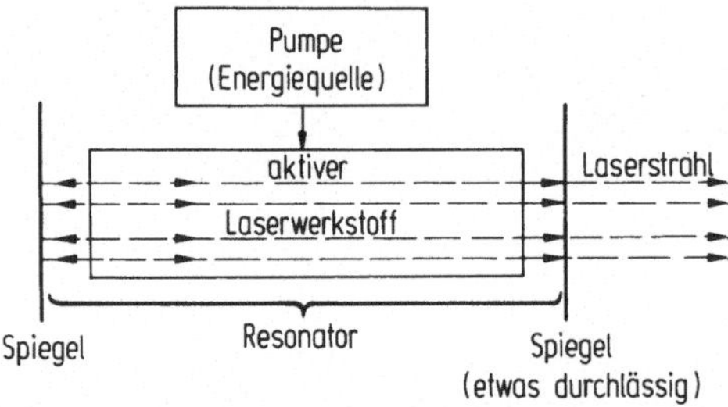

Abb.6.1. Schema und Bestandteile eines Lasers

Erreicht man in einer Anordnung, wie sie schematisch in Abb.6.1 gezeigt ist, durch Energiezufuhr von einer "Pumpe" aus einen genügend hohen Anregungszustand des Elektronensystems im aktivierten Werkstoff, so kann in diesem eine von außen eingeführte oder im Kristallinnern durch Rekombinationsvorgänge erzeugte Strahlung bei passender Frequenz strahlende Übergänge induzieren, die dem ursprünglichen Strahlungsfeld weitere Strahlungsquanten gleicher Frequenz in Phase zuführen und es damit verstärken. Hat man für eine Rückkopplung der Strahlung durch Einbau des aktiven Werkstoffes in einen Resonator gesorgt, so kann für charakteristische Wellenformen Selbsterregung auftreten, und die Anordnung arbeitet als Generator für kohärente Strahlung. Mit diesem Prinzip gelang J. Weber [6.2] 1953 als erstem der Aufbau eines Verstärkers im Mikrowellenbereich (10^9 Hz < ν < 10^{11} Hz), der heute als Maser (microwave amplification by stimulated emission of radation) bekannt ist.

1960 erzielte dann T.H. Maiman [6.3] erstmals durch induzierte Emissionsprozesse die Erzeugung kohärenter Strahlung im optischen Bereich, wobei er Chrom-dotierten Rubin als aktives Medium verwendete. Die Cr-Atome werden in diesem Wirtskristall durch Einstrahlung von Licht angeregt und die Resonatorwirkung, wie in Abb.6.1, durch Aufbau der experimentellen Anordnung nach Art des Fabry-Perot-Interferometers mit einem planparallelen Spiegelpaar erreicht. Hiermit begann die Laserentwicklung (L steht für light), wofür C.H. Townes, N.G. Basov und A.M. Prokhorov 1964 gemeinsam der Nobel-Preis für Physik verliehen wurde.

6.1.1 Phänomenologisches

Aus dem im Kapitel 2 über strahlende und nichtstrahlende Rekombination dargelegten Sachverhalt geht hervor, wie in einem Halbleiter bei der Vereinigung von Elektronen des Leitungsbandes mit Löchern des Valenzbandes Licht entstehen kann; auch Halbleiter sind daher als laseraktive Materialien einsetzbar. Das Injektionsprinzip der lichtemittierenden Dioden führt zu einem besonders einfachen elektrischen Verfahren der Laseranregung, das, wie in Kapitel 1 erwähnt, P. Aigrain bereits 1957 diskutiert hat. Auf ein weiteres elektrisches Anregungsprinzip für Halbleiter hat 1961 N.B. Basov [6.4] hingewiesen, die Trägerinjektion durch einen Elektronenstrahl. Wie in Kapitel 1 dargelegt, gelangen solche Experimente ab Ende 1962 zunächst mit Galliumarsenid und dann auch mit vielen anderen Halbleitermaterialien. Während Laserdioden aus GaAs im nahen Infrarot bei Wellenlängen zwischen 0,8 μm und 0,9 μm emittieren, lieferte eine Laserdiode aus einem Mischkristall von GaAs und GaP erstmals sichtbares kohärentes Licht mit einer Wellenlänge von 0,7 μm. Eine große Zahl der inzwischen mit verschiedenen Materialien realisierten Diodenlaser ist in Tabelle 6.1 zusammengestellt, die zeigt, daß heute ein Wellenlängenbereich von 0,63 μm bis zu etwa 30 μm auf diese Weise überstrichen werden kann.

Als Pumpe wirkt bei Laserdioden die Stromquelle. Bei niedrigen Strömen emittieren die Dioden inkohärentes Licht durch spontane Rekombinations-

Tabelle 6.1. Realisierte Diodenlaser aus verschiedenen Halbleitern

Werkstoff	Wellenlänge in μm
Binäre III-V-Halbleiter	
GaAs	0,84 ... 0,90
InP	0,01
GaSb	1,50
InAs	3,10
InSb	5,40
Ternäre III-V-Halbleiter	
GaAs-AlAs	0,63 ... 0,90
GaAs-GaP	0,64 ... 0,90
InP-GaP	0,67 ... 1,10
GaAs-GaSb	0,90 ... 1,50
InP-InAs	1,60 ... 3,10
GaAs-InAs	1,80 ... 2,10
Quaternäre III-V-Halbleiter	
(Ga,In)(P,As)	0,58 ... 1,30
(Ga,In)(As,Sb)	0,90 ... 1,50
Bleisalz-Halbleiter	
PbS	4,30
PbSe-PbS	4,30 ... 8,50
PbTe	6,80
PbSe	8,50
PbTe-SnSe	12 ... 10
PbTe-SnTe	28 ... 6,5

prozesse, wie sie im Kapitel 2 beschrieben sind. Überschreitet der Strom einen Schwellenwert, dann wird die Trägerdichte und damit die Anregung im aktiven Kristallbereich so groß, daß die induzierte Lichtemission die Absorption übertrifft. Dies führt zunächst zur sog. Superstrahlung, bei der sich der externe Wirkungsgrad der Lichterzeugung erhöht und aus der breiten unstrukturierten Emissionslinie eine Vielzahl von intensiven schmalen Linien entwickeln. Sind spiegelnde Endflächen vorhanden, so tritt, wie in Abb.6.2 gezeigt, ein steiler Anstieg der Lichtemission auf, der verbunden ist mit der für Laserlicht charakteristischen drastischen Abnahme der Linienbreite der Emission. Gleichzeitig wird die Abstrahlung auf einen engen Kegel senkrecht zu den Spiegelflächen eingeschränkt.

Allen einfachen Diodenlasern ist gemeinsam, daß zu ihrem Betrieb eine hohe Stromdichteschwelle überschritten werden muß, die zudem mit zu-

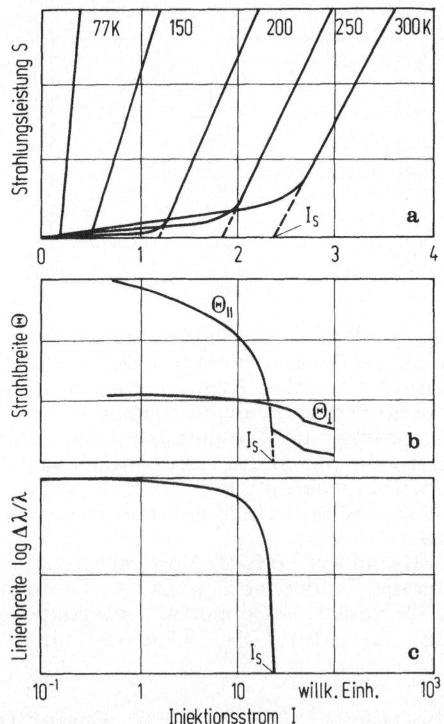

Abb.6.2. Phänomene bei der Laserfunktion.
a) Anstieg der Strahlung beim Übergang zur rückgekoppelten induzierten Emission: Nach Überschreiten einer temperaturabhängigen Stromschwelle I_s tritt kohärente Laseremission auf. b) Die zunächst wenig vom Winkel abhängige Emission konzentriert sich dabei auf einen engen Abstrahlwinkelbereich Θ. c) Die Breite Δλ der Emissionslinie verringert sich beim Überschreiten dieser Stromschwelle drastisch

nehmender Temperatur stark ansteigt; sie funktionierten daher zunächst nur bei sehr tiefen Temperaturen (z.B. 4K) im Dauerbetrieb. Da dies für die meisten Anwendungen sehr hinderlich ist, wurden große Anstrengungen unternommen, um die möglichen Arbeitstemperaturen zu erhöhen. Hierzu mußte vor allem der Schwellenstrom erniedrigt werden. Abb.6.3 zeigt, wie beim GaAs-Diodenlaser durch kontinuierliche Entwicklung und mit immer wieder neuen Lösungsansätzen im Verlauf von etwa 10 Jahren schließlich das Ziel des Dauerbetriebes bei Raumtemperatur erreicht wurde. Zunächst halfen ein verbesserter Wärmeaufbau der Dioden und durch Dotieren erzielte Veränderungen in den Details der am Übergangsprozeß beteiligten elektronischen Zustände. Auch der Übergang zu einem Resonator mit Rechteckstruktur, der vier seitliche Spiegelflächen aufweist, ergab einen erniedrigten Schwellenstrom. Diese Maßnahmen führ-

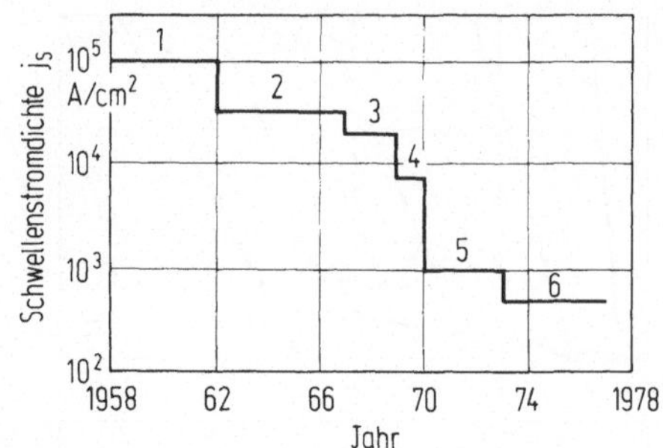

Abb. 6.3. Entwicklung der Laserdiode anhand des Schwellenstromes. Für einen breiten Einsatz ist der Dauerbetrieb bei Raumtemperatur wichtigste Voraussetzung. Die dazu nötige Erniedrigung des Schwellenstromes konnte durch immer neue Strukturverbesserungen erzielt werden. Sie waren jedoch nur realisierbar infolge entsprechend verbesserter und neuer Herstelltechnologien. So wurde die Heterostruktur, die den entscheidenen Durchbruch zum Dauerbetrieb bei 300 K brachte, schon 1963 erfunden, aber erst 1969/1970 mit Hilfe der Mehrschichtenepitaxie aus der Schmelze realisiert.
1) Homostrukturen, diffundiert, pn; 2) Homostrukturen, epitaktisch, p^+pn; 3) Homostrukturen, epitaktisch, p^+pn; 4) Einfacher Hetero-pn-Übergang (SH), LPE-Technik; 5) Doppelter Heteroübergang (DH), LPE-Technik; 6) Fünfschicht-Struktur (DH), LPE-Technik

ten 1963 zum Dauerbetrieb bei 20 K durch W. Engler [6.5], 1964 bei 77 K durch M. Pilkuhn u.a. [6.6] und 1967 bei 200 K durch J.C. Dyment und L.A. D'Asaro [6.7].

Den für praktische Anwendungen entscheidenden Durchbruch zum Dauerbetrieb bei und oberhalb Raumtemperatur brachte aber erst die von H. Krömer schon 1963 erfundene relativ komplizierte Schichtstruktur mit einer sowohl elektrisch als auch optisch wirksamen Einengung des aktiven Laservolumens innerhalb der Diode. Diese wurde 1968 erstmalig von Zh.I. Alferov durch eine geeignete Wahl der Schichtenzusammensetzung im Kristallsystem GaAs-AlAs realisiert. Sie führte 1970 zu genügend niedrigen Schwellenstromdichten (unter 2000 A/cm^2), um bei Raumtemperatur im Dauerbetrieb laufende Laserdioden herstellen zu können.

Da für eine Reihe von Anwendungen, z.B. in der optischen Nachrichtentechnik, an die Kohärenz des Lichtes hohe Anforderungen gestellt werden, wurde auch bald den Schwingungsmoden große Beachtung geschenkt. 1970 gelang J.E. Ripper [6.8] der Aufbau einer Diode mit schmalem streifenförmigen Resonator, der bei entsprechender Dimensionierung eine Monomode-Emission erzwingen kann (vgl. Abschnitt 6.4).

Die hohe Strombelastung bei der Laserdiode bringt auch erhebliche Probleme hinsichtlich der Lebensdauer. Schon bei inkohärent strahlenden GaAs-Lumineszenzdioden wurden 1972 von K. Mettler [6.9] Versetzungen im Kristall als wesentliche Ursache für die bei Dauerbetrieb häufig beobachtete schnelle Lichtabnahme erschlossen. P. Petroff [6.10] zeigte 1973, daß ähnliche Kristallfehler auch bei Laserdioden wirksam sind und identifizierte sie mit elektronenoptischen Methoden. Nach Kompensation von Gitterverspannungen zwischen den einzelnen Schichten mit zulegiertem Phosphor oder Aluminium [6.11] und schließlich schon durch besonders sorgfältige Kristallzüchtung [6.12], konnten diese Fehler eliminiert oder ihre Zahl auf ein erträgliches Maß reduziert werden.

Nach entsprechender Auswahl fehlerfrei gezüchteter Kristalle und nach zusätzlichen Vorsichtsmaßnahmen beim Anbringen der elektrischen Kontakte und bei der Diodenmontage gelang es, die Lebensdauer der Streifenlaserdiode mit Doppelheterostruktur von anfänglich Minuten (1970) auf 10^3 h (1973) bis 10^4 h (1975) zu erhöhen. Extrapolationen aus inzwischen durchgeführten Belastungsversuchen (vgl. Abschnitt 8.3) lassen heute Lebensdauern von 10^6 h bis 10^7 h erwarten, so daß die Laserdiode ebenbürtig neben die übrigen Halbleiterbauelemente tritt.

6.1.2 Anregungsarten

Halbleiter können auch auf andere Weise zur kohärenten Lichtemission angeregt werden. Mit Elektronenstrahlen war 1963 als erster N.G. Basov [6.13] bei Kadmiumsulfid erfolgreich; 1964 gelang diese Anregungsart auch bei Indiumarsenid und -antimonid [6.14] sowie bei Galliumarsenid [6.15]. Theoretisch untersuchten C.A. Klein und H. Hora [6.16] die Elektronenstrahlanregung, letzterer für langsame Elektronen. Eine weitere Anregungsart wurde 1965 durch K. Weiser und J.F. Woods [6.17] erprobt; sie haben die nötigen Ladungsträgerdichten, ähnlich wie in einer Gasentladung, durch Stoßionisation im elektrischen Feld einer Kristallzone hohen Widerstandes mit nachfolgender Trägervervielfachung erzeugt. Schon 1964 gelang es, auch mit optischer Anregung Laserlichtemission zu erzielen; R.J. Phelan jr. und R.H. Rediker [6.18] hatten Erfolg bei Galliumarsenid sowie I. Melngailis [6.19] bei Indiumarsenid. Durch Anregung mit dem Licht eines Galliumarsenidlasers konnte schließlich 1965 durch C.E. Kelley [6.20] ein zweiter Galliumarsenidkristall zur kohärenten Lichtemissions gebracht werden. Die Tabellen 6.2 und 6.3 geben einen Überblick über diese Nichtdiodenlaser.

Tabelle 6.2. Durch Elektronenstrahl angeregte Halbleiter

Material	Wellenlänge in µm	Material	Wellenlänge in µm
ZnS	0,32	ZnTe	0,78
ZnO	0,37	GaAs	0,84
ZnS-CdS	0,32 ... 0,50	$CdSnP_2$	1,01
ZnSe	0,46	GaSb	1,53
CdS	0,49	InAs	3,0
CdS-CdSe	0,49 ... 0,69	Te	3,64
GaSe	0,59	PbS	4,27
CdSe	0,69	InSb	4,95 ... 5,2
GaAs-GaP	0,70	PbTe	6,5
CdTe	0,78	PbSe	8,5

Tabelle 6.3. Optisch angeregte Halbleiterlaser

GaAs	GaSb	InSb	InAs	CdS	CdS-CdSe	PbTe

Die Wellenlänge der jeweiligen Laserstrahlung liegt im gleichen Bereich wie bei Elektronenstrahlanregung. Ansonsten wurden HgTe-CdTe und Cd_3P_2 auf diese Weise angeregt; die entsprechenden Wellenlängen der emittierten Strahlung lagen zwischen 3,7 µm und 4,1 µm bzw. bei 21 µm

6.1.3 Anwendungsaspekte

Von den verschieden angeregten Halbleiterlasern hat bis jetzt nur die Laserdiode Bedeutung erlangt. Ein Vorteil gegenüber anderen Laserlichtquellen liegt in ihren kleinen Abmessungen, die im Submillimeterbereich liegen, wobei der Querschnitt des lichtführenden Bereiches noch wesentlich kleiner sein kann. Außerdem sind Laserdioden wie andere diskrete Halbleiterbauelemente einfach zu handhaben und können direkt durch elektrischen Strom angeregt werden, wobei die Lichtemission bei GaAs-Dioden wegen der kleinen Zeitkonstanten des lichterzeugenden Rekombinationsprozesses bis in den Gigahertzbereich modulierbar ist. Auch relativ hohe Strahlleistungen von 100 W bei Impulsbetrieb und von 1 W bei Dauerbetrieb wurden bereits realisiert. Hinsichtlich der physikalischen Qualität des emittierten Lichtes liegen Laserdioden zwischen den Gas- und Festkörperlasern und den oben behandelten Lumineszenzdioden mit durch spontane Rekombination erzeugter Lichtemission. Zum Vergleich können für normale Laser, Laserdioden und Lumineszenzdioden (IRED) als charakteristische Daten angesehen werden: 0,1 nm Linienbreite für die Laser und 30 nm für die IRED sowie 1 mrad, 0,2 rad und 1 rad für die jeweilige Strahlbündelung.

Die Eigenschaften der Laserdioden machen sie, vor allem in Verbindung mit der Glasfaseroptik, interessant als intensive und kohärente Lichtquelle. Anwendungen in der Holographie, der Optoelektronik, der optischen Nachrichtenübertragung sowie bei der Entfernungsmessung, der Entdeckung und Ortung von Hindernissen und für die optische Abtastung feinster Strukturen bei der Bildplatte werden bereits realisiert. Auch als einfache monochrome Lichtquelle hoher Intensität, vor allem im Infrarotbereich, wird die Laserdiode Eingang in die Anwendungen finden und eventuell sogar die inkohärent strahlenden IRED ersetzen (s. Kapiteil 7).

Heute werden die Laserdioden je nach Aufbau grob unterschieden in solche mit einem pn-Übergang im einheitlichen Halbleitermaterial (Homoübergänge) und solche mit einer Mehrschichtenstruktur, die Heteroübergänge zwischen Materialien mit verschiedenem Bandabstand und verschiedenem Brechungsindex enthält. Homodioden spielen als Hochleistungslaser für Pulsbetrieb eine Rolle, die Heterodioden ersetzen diese aber mehr und mehr und weiten bei GaAs-Lasern den Anwendungsbereich bis zum Dauerbetrieb bei Raumteperatur aus. Eine Übersicht über heute erhältliche Typen und deren charakteristische Eigenschaften gibt Tabelle 6.4.

6.2 Physik des Halbleiterlasers

6.2.1 Bilanzgleichungen

Trifft auf ein Atom, das sich im angeregten Energiezustand E_2 befindet, Licht der Frequenz $\nu = (E_2 - E_1)/h$, so kann das Atom in den energetisch niedrigeren erlaubten Zustand E_1 übergehen unter Aussendung eines Photons, das sich nach Phase, Ausbreitungsrichtung und Polarisation in das den Übergang induzierende Strahlungsfeld einpaßt. Für die Änderung der Besetzungsdichte n_2 und n_1 im angeregten bzw. im nicht angeregten Zustand gelten die folgenden Bilanzgleichungen:

$$\frac{dn_2}{dt} = -\frac{dn_1}{dt} = Bn_1S_{ph} - B'n_2S_{ph} - An_2 , \qquad (6.1)$$

wobei B, B' und A konstant sind. In den beiden ersten Termen der rechten Seite, die für die Absorption und die induzierte Emission stehen, erscheint im Gegensatz zum letzten Term, der für die spontane Emission steht, die Strahlungdichte S_{ph} des Strahlungsfeldes.

Tabelle 6.4. Technische Laserdioden (Beispiele)

Hersteller Typ/Struktur	Strahlungsdaten			
	Leistung in mW	Wellenlänge/ Linienbreite in nm	Winkel-grad II/⊥ pn-Ebene	Leucht-fleck in μm^2
RCA				
C 30130/DH	6 ... 15	820/4	5/20	13 · 2
C 30127/DH	5 ... 15	820/2	5/20	13 · 2
Laser-Diodes				
LD-22/Homo	$4 \ldots 5 \cdot 10^3$	-	-	150 · 20
LD-24/Homo	$16 \ldots 20 \cdot 10^3$	-	-	400 · 20
LD-60/SH	$2 \ldots 3 \cdot 10^3$	900/3,5	-	80 · 20
LD-90/DH	$0{,}5 \ldots 0{,}75 \cdot 10^3$	890/3,5	-	80 · 20
LD-95/DH	$1{,}0 \ldots 1{,}5 \cdot 10^3$	890/35	-	220 · 20
LCW-5/DH	5 ... 10	850/2,5	-	12 · 0,2
LCW-10/DH	10 ... 20	850/2,5	-	12 · 0,2
ITT/DH	200	850/4,5	11/50	100 · 0,2
Hitachi				
HLP-1600/DH	5 ... 15 (linear stabiler Transversal-Modus)	830/1	30/10	-
HLP-2600 U/DH	0,75 ... 1,5 (linear stabiler Transversal-Modus)	830/1	35/40	-
AEG-Telef.				
CQX 20/DH	10	820/2,5	-	-
Mitsubishi				
--/TJS	3(linear, stabiler Transversal-Modus)	-	12/50	2 · 0,3
Siemens				
--/DH	5 ... 10 linear	850/2	-	4 · 0,2

Homo: pn-Übergang in einheitlichem Material; SH: pn-Übergang als Heteroübergang; DH: Diode mit einer durch zwei Heteroübergänge begrenzten aktiven Schicht; BH: Diode mit vergrabener Aktivschicht, allseitig

Tabelle 6.4 (Fortsetzung)

Elektrische Daten

Schwellenstrom in mA	Max.-Strom in mA	Spannung in V	Schaltzeit in ns	Tastverh. in (%)/ Pulsdauer in ns	Betriebstemperatur in °C
300	400	2	< 1	cw	35
250	400	2	-	-/-	50
$7 \cdot 10^3$	$25 \cdot 10^3$	6,5	-	10/-	-
$16 \cdot 10^3$	$60 \cdot 10^3$	7,0	-	10/-	-
$3 \cdot 10^3$	$10 \cdot 10^3$	5,0	< 0,5	10/200	75
750	$2,5 \cdot 10^3$	4,5	< 0,5	5/50	100
$2 \cdot 10^3$	$6 \cdot 10^3$	5,0	< 0,5	5/50	100
200 ... 250	250 ... 400	1,5	< 0,1	cw	65
200 ... 250	250 ... 400	1,8	0,1	cw	65
500	$1,3 \cdot 10^3$	3,5	-	6/350	70
70 ... 100	95 ... 125	-	< 1	cw	25
20 ... 35	25 ... 40	-	< 0,8	-/-	25
200	-	2,0	1 GHz	-/-	40
Betriebsstrom	40	1,4	> 2 GHz (≙ 1 Gbit)	-/-	-
150 ... 200	175 ... 225	1,7	1 Gbit	cw	40

durch Sprung im Brechungsindex begrenzt; TJS: Transversal im Kristall aufgebauter pn-Übergang mit BH-Struktur; cw: Dauerbetrieb (continuous wave).

Im stationären Zustand ($d/dt = 0$) ergibt sich aus (6.1) für das Besetzungsverhältnis zwischen angeregtem und nicht angeregtem Zustand

$$\frac{n_2}{n_1} = \frac{BS_{ph}}{A + B'S_{ph}} . \tag{6.2}$$

Ohne die induzierte Emission, d.h. für $B' = 0$, könnte danach n_2/n_1 monoton beliebig mit der Strahlungsdichte anwachsen, und n_2 schließlich größer als n_1 werden, was in der üblichen Boltzmann-Verteilung $n_2/n_1 = \exp(-\Delta E/kT)$ einer negativen Temperatur entspricht. Dies widerspricht aber dem 2. Hauptsatz der Thermodynamik. Richtig wird (6.2), wenn man $B' = B$ setzt, denn dann wird mit zunehmender Strahlungsdichte n_2 asymptotisch höchstens gleich n_1. Für den Zusammenhang zwischen A und B folgt übrigens aus (6.2) mit dem Planckschen Strahlungsgesetz

$$B = Ac^2/8\pi h\nu^3 . \tag{6.3}$$

Durch Lichteinstrahlung in ein System mit zwei Energieniveaus kann also keine Überbesetzung des angeregten Zustandes E_2 geschaffen werden. Will man aber eine Lichtwelle durch induzierte Emission verstärken, so muß diese die Absorption übertreffen. Hierzu muß nach (6.1) die Zahl der angeregten Atome n_2 größer sein als die Zahl n_1 der nicht angeregten.

Die Inversionsbedingung $n_2 > n_1$ kann auf verschiedene Weise realisiert werden. Es gelingt, wenn man zur Anregung noch Zustände höherer Energie mitverwendet. In diese werden z.B. durch optische Absorption Elektronen hochgepumpt und von dort aus die energetisch tieferliegenden laseraktiven Zustände gespeist. Im Halbleiter erfolgt die Anregung über im Innern der Energiebänder liegende Zustände, deren Besetzung besonders einfach ist, wenn man sie wie im Diodenlaser durch Stromtransport bewerkstelligt. An die Stelle der angeregten Atomzustände der Energie E_2 treten bei dem hier betrachteten Bandübergang die Elektronenzustände mit E_c am Rande des Leitungsbandes und an die Stelle des Grundzustandes E_1 Zustände E_v am Rande des Valenzbandes. Zur Nachlieferung von Elektronen dienen höhere Zustände ($E > E_2$) im Leitungsband und zum Abtransport tiefere Zustände ($E < E_1$) im Valenzband. So betrachtet, entspricht der Halbleiterlaser dem Vier-Niveau-Laser [6.21].

6.2.2 Rekombinationsraten

Im Halbleiter gehen die beiden ersten Terme von (6.1) über in die Nettorate der induzierten Emission nach (2.15), der dritte Term entspricht der Emissionsrate durch spontane Rekombination nach (2.26). In (2.15) wird nun das Matrixelement des Störoperators $|Q_{cv}|^2$ ersetzt durch die Verknüpfung mit dem Übergangsmatrixelement $|M_{cv}|^2$ nach (2.18) und der Amplitude A_0^2 des Vektorpotentials der Lichtwelle nach (2.3), die mit der mittleren zeitlichen Photonenzahl N_{ph} in den möglichen Schwingungsmoden zusammenhängt.

Für die Modenzahl $G(\nu)$ pro Volumeneinheit im Frequenzintervall zwischen ν und $\nu + d\nu$ gilt

$$G(\nu) = 4n^*\nu^2/c^2 v_g \quad . \tag{6.4a}$$

Die Energie in der Mode mit der Frequenz ν ist $h\nu N_{ph}$, womit sich die Energiedichte zu

$$u(\nu) = G(\nu)h\nu N_{ph} \tag{6.4b}$$

ergibt. Für diese gilt der Zusammenhang mit dem Poynting-Vektor

$$S = u(\nu)v_g = \frac{1}{2}[\vec{E} \times \vec{H}] \tag{6.4c}$$

$$= \frac{4\pi^2 n^* \nu^2}{2c} A_0^2$$

und damit

$$A_0^2 = \frac{2n^* h\nu}{\pi^2 c} N_{ph} \quad . \tag{6.4d}$$

Verwendet man diese Beziehungen, so erhält man anstelle von (2.15) und (2.26) in differentieller Form

$$r_{ind} d\nu = \frac{4\pi n^* q^2}{m^2 c} \rho(h\nu) N_{ph} |M_{cv}|^2 [f(E_c) - f(E_v)] d\nu \tag{6.5}$$

und

$$r_{spon} d\nu = \frac{4\pi n^* q^2 \nu}{mc^2} \rho(h\nu) |M_{cv}|^2 f(E_c)[1 - f(E_v)] d\nu \quad . \tag{6.6}$$

Dies gibt anstelle von (6.1) für die Gesamtnettorate der strahlenden Rekombinationsprozesse

$$r_{tot} d\nu = \frac{4\pi n^* q^2 \nu}{m^2 c} \rho(h\nu) |M_{cv}|^2 \{f(E_c)[1-f(E_v)] + N_{ph}[f(E_c)-f(E_v)]\} d\nu . \tag{6.7}$$

6.2.3 Allgemeine thermodynamische Laserbedingung

Nach Integration über die möglichen Übergänge erhält man aus (6.5) bis (6.7) die Gesamtraten der Rekombinationsprozesse je Volumeneinheit des Halbleiterkristalls. (6.5) enthält ebenso wie (2.15) den die Besetzung von Leitungs- und Valenzband beschreibenden Faktor $f(E_c)-f(E_v)$, der für eine die Absorption überwiegende induzierte Emission, wie sie für das Auftreten des Lasereffektes notwendig ist, positiv sein muß. Die Laserbedingung heißt entsprechend

$$f(E_c) > f(E_v) \; . \tag{6.8}$$

Für die folgenden Berechnungen wird vorausgesetzt, daß die Besetzung des Leitungsbandes mit Elektronen und die des Valenzbandes mit Löchern in angeregtem Zustand jeweils durch eine Fermi-Verteilung analog (2.16) beschrieben werden kann. Dann tritt an die Stelle der Fermi-Energie E_F des thermodynamischen Gleichgewichtes eine den Anregungsgrad charakterisierende Quasi-Fermi-Energie F_n der Elektronen und F_p der Löcher.

Die Einführung der Quasi-Fermi-Verteilungen setzt voraus, daß sich die Träger durch Streuung an Gitterschwingungen (Phononen) innerhalb ihres Bandes in Zeiten ins Temperaturgleichgewicht setzen, die klein sind gegen die Rekombinationszeiten. Man erhält für die Einstellzeiten τ_{ak} und τ_{op} bei Streuung an akustischen bzw. optischen Phononen [6.22]

$$\tau_{ak} = \frac{D_{n,p}}{v_s^2}\left(\frac{kT}{E_e}\right)^{1/2} , \tag{6.9}$$

$$\tau_{op} = \tau_{ak} m_{n,p} v_s^2 / E_{op} \; .$$

Hierbei sind $D_{n,p}$ der Diffusionskoeffizient, v_s die Schallgeschwindigkeit, E_e die Überschußenergie der Träger und E_{op} die Phononenenergie. Mit $v_s = 5 \cdot 10^5$ cm/s und $E_e = E_{op} = 0{,}1$ eV liefert eine Abschätzung für Galliumarsenid bei 300 K Werte $\tau_{ak} \approx 10^{-9}$ s und $\tau_{op} \approx 10^{-3}\,\tau_{ak}$, die die genannte Bedingung erfüllen.

Setzt man in (6.8) die Quasi-Fermi-Verteilungen ein, so gewinnt man für die notwendige Laserbedingung

$$F_n - F_p = \Delta F > E_c - E_v = E_g \; . \tag{6.10}$$

Unter den gleichen Voraussetzungen erhält man anstelle der im thermodynamischen Gleichgewicht gültigen (2.25) die Beziehung

$$f(E_c) - f(E_v) = f(E_c)[1 - f(E_v)]\left[1 - \exp\frac{E_c - E_v - \Delta F}{kT}\right], \qquad (6.11)$$

die den Zusammenhang zwischen r_{ind} und r_{spon} herstellt

$$r_{ind}(h\nu) = N_{ph}\, r_{spon}(h\nu)\left[1 - \exp\frac{h\nu - \Delta F}{kT}\right]. \qquad (6.12)$$

Diese Gleichung liefert im thermodynamischen Gleichgewicht mit $\Delta F = 0$ erwartungsgemäß $r_{tot} = r_{ind} + r_{spon} = 0$, da in diesem Fall die Photonenzahl in den Moden der Energie $h\nu$ nach der Bose-Statistik durch $N_{ph} = [\exp(h\nu/kT) - 1]^{-1}$ gegeben ist.

Für die Energiedifferenz $E_c - E_v$ zwischen Anfangs- und Endzustand im Valenz- bzw. Leitungsband ist hier wegen der vorausgesetzten strahlenden Übergänge die Energie des emittierten Photons $h\nu = E_g$ eingesetzt. (6.12) gilt unabhängig von der Bandstruktur und von speziellen Auswahlregeln beim Rekombinationsprozeß.

6.2.4 Rekombination im Halbleiter

Für die weiteren Berechnungen genügt es, wegen (6.12) nur die induzierten Übergänge explizite zu betrachten. Setzt man in (6.5) und (6.6) anstelle der allgemeinen Zustandsdichte $\rho(h\nu)$ die Zusammenhänge $\rho_c(E)$ bzw. $\rho_v(E)$ für die Zustandsdichten in der Bandstruktur des betrachteten Halbleiters ein und integriert über alle Übergänge mit der Energie $E_c - E_v = h\nu$, so ergibt sich mit einem Vorfaktor C, der alle Konstanten enthält,

$$r_{ind}(h\nu) = CN_{ph}\int \rho_c(E)\,\rho_v(h\nu - E_g - E)[f(E_c) - f(E_v)]dE. \qquad (6.13)$$

Wie bereits in Kapitel 2 beschrieben, ist der Verlauf der Zustandsdichten im realen dotierten und hochangeregten Halbleiter kompliziert. Setzt man aber ideale ungestörte parabolische Bänder voraus, mit

$$\rho_v = \frac{2^{5/2}\pi m_p^{3/2}}{h^3}\sqrt{E_v - E}, \quad E < E_v \qquad (6.14)$$

und

$$\rho_c = \frac{2^{5/2}\pi m_p^{3/2}}{h^3}\sqrt{E - E_c}\,, \qquad E > E_c\,, \tag{6.15}$$

so kann man (6.13) integrieren und erhält zusammen mit (6.12) für die Rekombinationsrate, die die Zeitkonstante des Emissionsprozesses beschreibt,

$$R_{spon} = \int r_{spon}(h\nu)d(h\nu) = Bnp\ . \tag{6.16}$$

Hier bedeuten n und p die Elektronen- bzw. Löcherdichten im Leitungs- und Valenzband, B ist der Rekombinationskoeffizient.

Im allgemeinen muß bei der Integration von (6.5), (6.6), (6.7) und (6.13) die $\vec{k}$-Auswahlregel (Band 3) berücksichtigt werden, die besagt, daß nur Übergänge zwischen Zuständen mit gleichem Wellenvektor $\vec{k}$ zulässig sind.

Diese $\vec{k}$-Auswahlregel kann im Laserbereich meist außer Betracht bleiben, wie durch experimentelle Untersuchungen des Rekombinationsverhaltens gezeigt werden konnte (vgl. Abschnitt 2.2.1). Bei hochdotierten Halbleitern mit großer Trägerdichte oder bei entsprechend starker Anregung werden nämlich die Bänder mit Trägern aufgefüllt, was zunächst zu einer Verkürzung der Wellenlänge des emittierten Lichtes führen sollte. Durch die Trägerwechselwirkung im Plasma von Elektronen und Löchern wird aber eine wesentlich stärkere Tendenz in der anderen Richtung wirksam, so daß die Wellenlänge größer wird (s. Abschnitt 2.3.2). Die Analyse dieser Ergebnisse führt zur Aufhebung der $\vec{k}$-Auswahlregel [6.23], die ja aus der Ein-Elektronen-Näherung der Bandstruktur resultiert, wo die Eigenfunktionen der Elektronen durch Bloch-Funktionen (vgl. (2.12)) beschrieben werden.

6.2.5 Anregungsträgerdichte

Das den Anregungszustand beschreibende ΔF in (6.10) kann man aufspalten in die Eindringtiefen z_n und z_p des Quasi-Fermi-Niveaus in den Bändern und in den Bandabstand E_g

$$\Delta F = E_g + (z_n + z_p)\ . \tag{6.17}$$

Die den Füllgrad der Bänder beschreibenden temperaturabhängigen Größen z_n und z_p sind bei bekannter Bandstruktur umrechenbar in die entsprechenden Elektronen- und Löcherdichten n bzw. p. Für ein parabolisches Leitungsband mit einer Zustandsdichte entsprechend (6.14) und einer Quasi-Fermi-Besetzung analog (2.16) erhält man den Zusammenhang zwischen Trägerdichte und Fermi-Energie durch Integration über alle besetzten Zustände der Bänder.

$$n = \int_0^\infty \rho_c(E) f(E_c) dE = N_c \frac{2}{\sqrt{\pi}} \int_0^\infty \left(\frac{E}{kT}\right)^{1/2} \left(1 + \exp \frac{E + E_c - F_n}{kT}\right)^{-1} d\left(\frac{E}{kT}\right). \tag{6.18}$$

Hierbei ist N_c das sog. Bandgewicht des Leitungsbandes, mit dessen Hilfe man für viele Zwecke in der Halbleiterphysik das gesamte Band durch eine Dichte N_c von Einzelzuständen mit einer energetischen Lage an der Stelle des Leitungsbandminimums beschreiben kann; Analoges gilt für das Bandgewicht des N_v Valenzbandes:

$$N_{c,v} = 2(2\pi m_{n,p} kT/h^2)^{3/2} \approx 2{,}5 \cdot 10^{19} \left(\frac{m_{n,p}}{m_0}\right)^{3/2} \left(\frac{T}{300\,K}\right)^{3/2} cm^{-3} . \tag{6.19}$$

Normiert man in (6.18) alle Energiegrößen auf kT, so erhält man mit $E/kT = t$

$$n/N_c = \frac{2}{\sqrt{\pi}} \int_0^\infty \frac{\sqrt{t}\, dt}{\exp(t - t_n) + 1} . \tag{6.20}$$

Eine analoge Beziehung ergibt sich für das Valenzband

$$p/N_v = \frac{2}{\sqrt{\pi}} \int_0^\infty \frac{\sqrt{t}\, dt}{\exp(t - t_p) + 1} , \tag{6.21}$$

wobei $t_{n,p}$ die Abstände $z_{n,p}/kT$ der Quasi-Fermi-Niveaus F_n und F_p von der Leitungs- bzw. Valenzbandkante sind, mit positiven Werten im Fall $F_p < E_v$ oder $F_n > E_c$, d.h. wenn F_n bzw. F_p im Leitungs- bzw. im Valenzband liegen. Die Größe $z_{n,p}/kT$ ist als Funktion von n/N_c bzw. p/N_v in Abb.6.4 zusammen mit zwei nützlichen analytischen Näherungsausdrücken dargestellt. Für große negative Werte von $z_{n,p}$, d.h. wenn das Quasi-Fermi-Niveau $F_{n,p}$ im Bereich des verbotenen Bandes liegt, gilt für den wesentlichen Teil des Integranten (nahe $t = 0$) $\exp(t - t_{n,p}) \gg 1$. In diesem Fall kann der Integralwert durch einen analytischen Ausdruck angegeben werden

$$n/N_c = \exp(z_n/kT) \ll 1$$

bzw. (6.22)

$$p/N_v = \exp(z_p/kT) \ll 1 \; .$$

Für große positive Werte von beispielsweise z_n, d.h. wenn das Quasi-Fermi-Niveau F_n tief im erlaubten Band liegt, gilt $\exp(t - t_n) \ll 1$, und man erhält

$$n/N_c = \frac{4}{3\sqrt{\pi}} (z_n/kT)^{3/2} > 1 \; . \tag{6.23}$$

Die Laserbedingung nach (6.10) kann unter Verwendung der Eindringtiefen der Quasi-Fermi-Niveaus geschrieben werden

$$z_n + z_p > 0 \; . \tag{6.24}$$

Aus Abb. 6.4 oder den Beziehungen (6.22) und (6.23) kann man jetzt für parabolische Bänder bei bekannten Bandparametern die Trägerdichten n

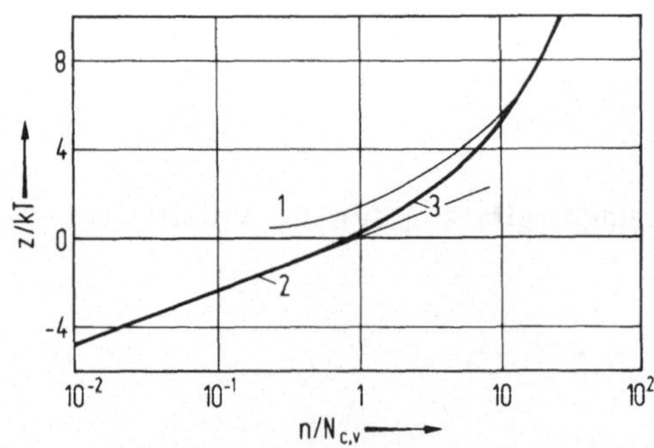

Abb. 6.4. Abstand z des Fermi-Niveaus E_F von den Bandkanten als Funktion der Temperatur und der Trägerdichte n (bzw. p) bei parabolischen Bändern entsprechend (6.14) bzw. (6.15).
1: $z/kT = 1{,}209\,(\frac{n}{N_{c,v}})^{2/3}$; 2: $z/kT = \ln \frac{n}{N_{c,v}}$; 3: In der Umgebung von $z = 0$ gilt $z/kT \approx \ln \frac{1}{N_{c,v}/n + 0{,}2}$.

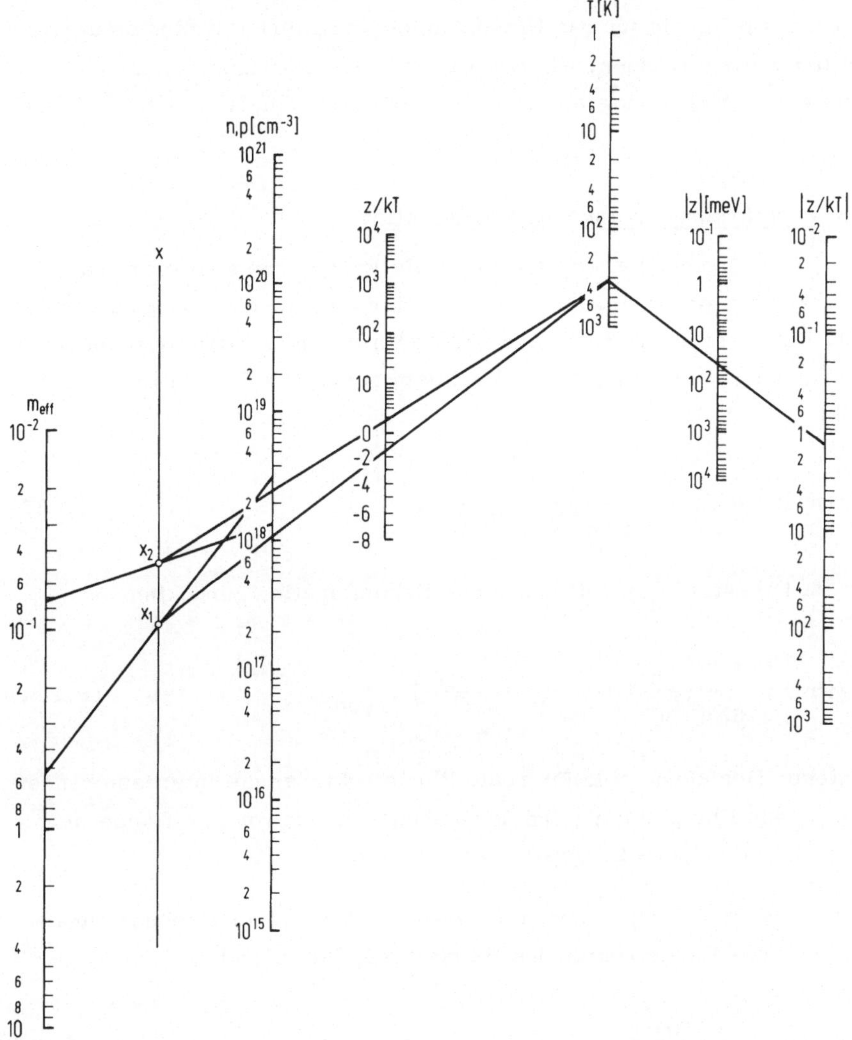

Abb.6.5. Nomogramm zur Bestimmung der Dotierungs- und Trägerdichten für den Laserbetrieb. Die Bedingung für den Laserbetrieb $z_n + z_p > 0$ führt temperaturabhängig zu Trägerdichten, die von der effektiven Masse m_{eff} abhängen.
Beispiel:
Gegeben ist für GaAs eine Grunddotierung der aktiven Schicht $N_A = p = 3 \cdot 10^{18} cm^{-3}$ bei einer effektiven Löchermasse von 0,5. Verbindet man beide Werte auf den linken Skalen, so erhält man auf der Hilfsgeraden einen Punkt x_1. Dieser wird mit dem Arbeitstemperaturwert T = 300 K verbunden. Dies ergibt einen Wert $z_p/kT = -1,3$. Verbindet man T = 300 K mit $|z_p/kT| = 1,3$, so erhält man $z_p = 35$ meV. Verlangt man jetzt $z_n = -z_p$ an der Grenze zur induzierten Emission, so geht man von T = 300 K aus und verbindet jetzt mit $z_n/kT = 1,3$. So findet man den Punkt x_2, den man mit der Elektronenmasse 0,07 verbindet. Die Verlängerung dieser Linie bis zur Trägerdichte liefert die erforderliche Injektionsdichte für Elektronen $n = 1,3 \cdot 10^{18} cm^{-3}$. Analog verfährt man bei Vorgabe anderer Daten oder bei vorgegebenem Gewinn, der mit einem bestimmten Wert von $z_n + z_p$ nach (6.13) und (6.25) verknüpft ist.

und p ermitteln, die für das Einsetzen der induzierten Emission überschritten werden müssen. Ein auf dieser Basis berechnetes, für die Praxis nützliches Nomogramm nach [6.24] gibt Abb.6.5.

6.2.6 Verstärkung im angeregten Halbleiter

Für die Beschreibung eines Lasers ist die je Längeneinheit erzielbare Verstärkung g praktischer als die Rate der induzierten Übergänge nach (6.5). Diese ist nach (2.15) und (2.19a) mit dem Absorptionskoeffizienten verknüpft, dessen negativer Wert dem gesuchten Gewinn (gain) entspricht

$$g(h\nu) = -\alpha(h\nu) = \frac{c^2 h}{8\pi n^{*2} \nu^2} r_{ind}(h\nu) \; . \qquad (6.25)$$

Nach (6.12) ist r_{ind} auf die spontane Rekombination zurückführbar

$$g(h\nu) = \frac{c^2 h N_{ph}}{8\pi n^{*2} \nu^2} \left(1 - \exp \frac{h\nu - \Delta F}{kT} \right) r_{spon} \; . \qquad (6.25a)$$

Aus dieser Beziehung sind für reale Bandstrukturen die interessierenden Größen - wie Pumpleistung und deren Abhängigkeit von der Temperatur - nur durch numerische Integration zu erhalten.

Eine für niedrige Temperaturen ($T \approx 0\,K$) brauchbare Beziehung, unabhängig von der Bandstruktur des Halbleiters, ist [6.25]

$$g_0(h\nu) = \frac{c^2 Bnp}{8\pi n^{*2} \Delta\nu} \; ; \qquad (6.26)$$

dabei ist $\Delta\nu$ die Breite der spontanen Emissionslinie.

6.2.7 Quantitative Berechnungen der Laseremission

Eine Anwendung der bisherigen Ergebnisse auf Galliumarsenid mit den Parametern $m_n = 0{,}08\, m_0$ und $m_p = 0{,}5\, m_0$ des parabolisch angenommenen Bandes liefert zunächst das in Abb.6.6a dargestellte Verhalten der induzierten und der spontanen Emission. Hierbei wurden als Arbeitstemperaturen 80 K und eine feste Löcherdichte $p = 2{,}3 \cdot N_V = 3 \cdot 10^{18}\, cm^{-3}$

entsprechend $z_p = 11{,}8\,\text{meV}$ angenommen. Für die Elektronendichte wurden zwei verschiedene Werte $n = 1{,}2 \cdot N_c = 8{,}7 \cdot 10^{16}\,\text{cm}^{-3}$ und $n = 3 \cdot N_c = 2{,}1 \cdot 10^{17}\,\text{cm}^{-3}$ entsprechend $z_n = 5\,\text{meV}$ bzw. 15 meV gewählt [6.26].

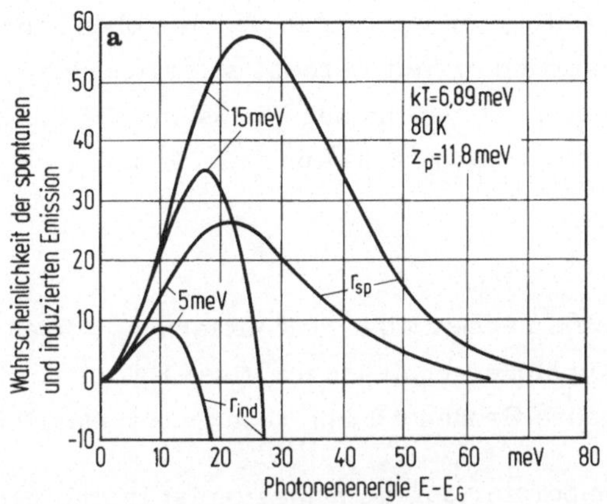

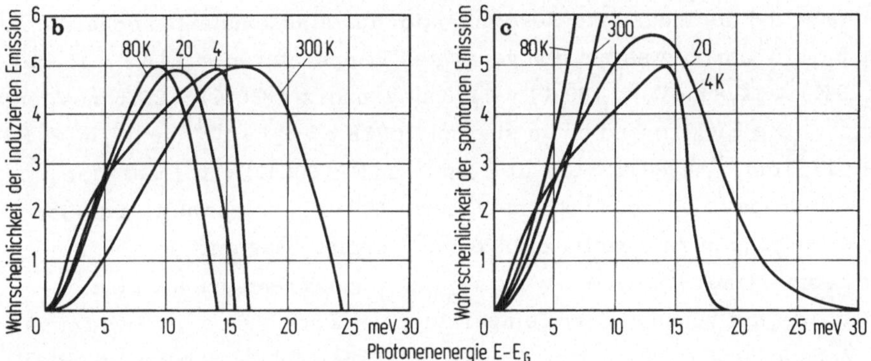

Abb.6.6. Theoretische Emission für Band-Band-Übergänge ohne k-Erhaltung bei parabolischem Band (a). Den Einfluß der Temperatur auf die spontane und die induzierte Emission gibt (c) und (b); hierbei ist die Löcherdichte konstant $p = 3 \cdot 10^{18}\,\text{cm}^{-3}$ und die Elektronendichte ist so angesetzt, daß jeweils ein Gewinn $g = 120\,\text{cm}^{-1}$ erreicht wird

r_{ind} zeigt bei $h\nu = E_g + z_n + z_p$ einen Übergang zwischen Emission und Absorption, der durch den Faktor $1 - \exp(h\nu - \Delta F)/kT$ in (6.12) gegeben ist. Die Maxima der induzierten Emission liegen bei niedrigeren Energien $h\nu$ und haben eine kleinere Amplitude als bei der spontanen Emission. Die Laseremissionslinie sollte demnach nach der bisherigen Theorie auf der niederenergetischen Schulter der spontanen Emissionslinie erscheinen. Den Maximalwerten der induzierten Emission entsprechen nach (6.25a) gain-Werte $g = 200\,cm^{-1}$ bzw. $g = 850\,cm^{-1}$, und für die Rekombinationsrate nach (6.16) erhält man $Bnp = 1{,}9 \cdot 10^{26}\,cm^{-3}s^{-1}$ bzw. $4{,}6 \cdot 10^{26}\,cm^{-3}s^{-1}$ und für den Rekombinationskoeffizienten $B = 7{,}3 \cdot 10^{-10}\,cm^{-3}s^{-1}$.

Setzen wir einen p-Halbleiter voraus, in dem die oben genannten Elektronendichten durch Injektion erzielt werden, so ergibt sich mit diesen Daten für die Zeitkonstante der spontanen Emission oder die Lebensdauer der Überschußelektronen nach (2.32) und (2.59) mit $R_0 = Rn_i^2$

$$\tau_n = 1/Bp \; . \tag{6.27}$$

Zahlenwerte für Galliumarsenid bei 80 K liefern $\tau_n = 0{,}46$ ns, einen Wert, der gegenüber Meßergebnissen um einen Faktor 2 bis 3 zu klein ist, der aber die wahre Größenordnung recht gut wiedergibt.

Der Einfluß der Temperatur auf die Emission ist in Abb.6.6b dargestellt [6.26]. Sie zeigt für die Temperaturen 4 K, 20 K, 80 K und 300 K die spontane und die induzierte Rekombination für eine konstante Löcherdichte von $3 \cdot 10^{18}\,cm^{-3}$, was bei den genannten Temperaturen $z_p(4\,K) = 15\,meV$, $z_p(20\,K) = 14{,}8\,meV$, $z_p(80\,K) = 11{,}8\,meV$ und $z_p(300\,K) = 25{,}6\,meV$ entspricht. Die Elektronendichten sind mit $n(4\,K) = 6{,}2 \cdot 10^{15}\,cm^{-3}$, $n(20\,K) = 8{,}8 \cdot 10^{15}\,cm^{-3}$, $n(80\,K) = 3 \cdot 10^{17}\,cm^{-3}$ und $n(300\,K) = 1{,}1 \cdot 10^{18}\,cm^{-3}$ ($z_n = 1{,}58\,meV$, $0{,}6\,meV$; $2{,}2\,meV$ bzw. $50\,meV$) so gewählt, daß sich der erzielte gain zu jeweils $g = 120\,cm^{-1}$ ergibt, was mit $C = 24\,cm^{-1}(meV)^{-2}$ einem Wert $r_{ind}/C = 5\,meV$ entspricht. Man erkennt, wie mit zunehmender Temperatur zum Erreichen einer bestimmten Verstärkung g, die nötige Anregung (Trägerdichte) stark ansteigt, was sich in einem realen Diodenlaser in einer starken Zunahme der zu überschreitenden Schwellenstromdichte äußert.

Für eine genaue Berechnung von $g(h\nu)$ aus (6.25) muß man den realen Verlauf der Zustandsdichten an den Bandrändern berücksichtigen, wie er in Abb.6.7 dargestellt ist [6.27]. Das durch (6.14) und (6.15) beschriebene ungestörte parabolische Band wird bei hohen Dotierungen und starkem Kompensationsgrad, $|(N_A - N_D) : (N_A + N_D)| \ll 1$, von gleichzeitig vorhandenen Donatoren und Akzeptoren in guter Näherung nach Abschnitt 2.2.2 ersetzt durch

$$\rho(E) \sim \exp(E/E_0) \; . \tag{6.28}$$

Abb.6.8 zeigt das hiermit für Galliumarsenid bei einer speziellen Dotierungssituation ($N_D = 1 \cdot 10^{18}\,cm^{-3}$ und $N_A = 4 \cdot 10^{18}\,cm^{-3}$) errechnete Ergebnis für die Abhängigkeit des Gewinns von der Stromdichte bei verschiedenen Temperaturen [6.27]. Die hieraus resultierende Abhängigkeit der Schwellenstromdichte wird in Abschnitt 6.3.3 diskutiert.

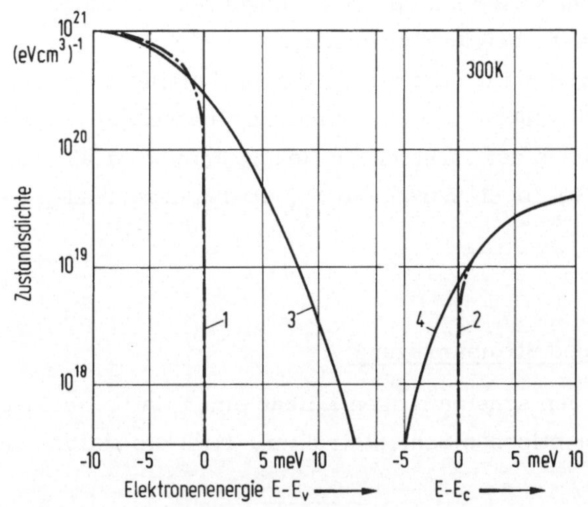

Abb.6.7. Zustandsdichten an den Bandrändern. Gegenüber dem parabolischen Verlauf (1,2) treten in der Realität Bandausläufer (3,4) entsprechend (6.28) auf. In diesem Fall gilt $N_A = 1{,}1 \cdot 10^{19}\,cm^{-3}$ (Akzeptoren), $N_D = 9 \cdot 10^{18}\,cm^{-3}$ (Donatoren)

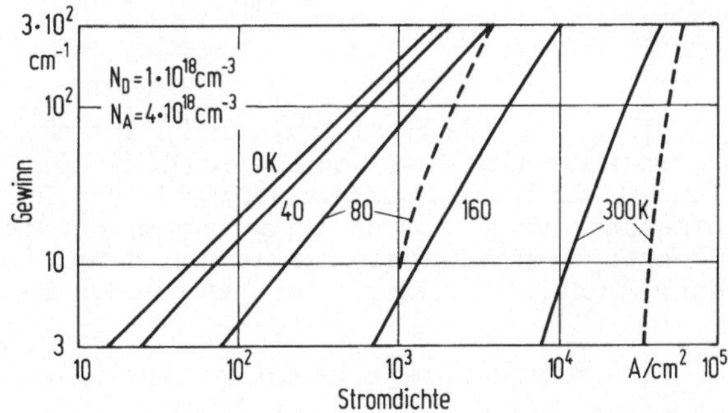

Abb.6.8. Abhängigkeit des mit zunehmender Stromdichte bei verschiedenen Temperaturen erzielbaren Gewinns g, für die in Abb.6.7 dargestellten Bandstrukturen. Die Dotierung ist dabei festgehalten: $N_D = 10^{18}\,cm^{-3}$, $N_A = 4 \cdot 10^{18}\,cm^{-3}$

6.3 Die Laserdiode

Bei den bisherigen Betrachtungen wurde ein homogener verlustfreier Halbleiterlaser vorausgesetzt, d.h. alle injizierten Ladungsträger führen zur strahlenden Rekombination, und das dabei erzeugte Licht bleibt im einmal gewählten Schwingungsmodus erhalten.

Bei einem realen Laser sind diese Bedingungen nicht erfüllt. Es treten zunächst Verluste bei der Anregung auf, deren Art für eine pn-Injektion bereits in Kapitel 3 im Zusammenhang mit Lumineszenzdioden beschrieben und durch Einführung eines Injektionswirkungsgrades und eines Quantenwirkungsgrades der strahlenden Rekombination erfaßt wurden. Weitere Verluste müssen für die Strahlung S_{ph} in den Lasermoden berücksichtigt werden.

6.3.1 Aufbau und Stromanregung

Abb.6.9 zeigt den schematischen Aufbau einer Halbleiterlaserdiode mit ihrer charakteristischen Schichtstruktur. 1 ist die aktive Schicht. Die

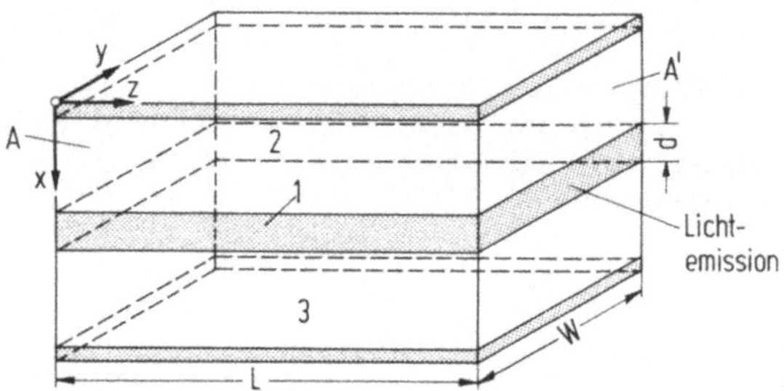

Abb.6.9. Schichtaufbau einer Halbleiterlaserdiode. Die aktive Schicht 1 ist beidseitig begrenzt durch passive Schichten. Die Endflächen A und A' sind nach Abb.6.1 als Spiegel ausgebildet und bilden den optischen Resonator der Laseranordnung. Sowohl die aktive Schicht als auch die passiven Schichten können ihrerseits weiter strukturiert sein (in Abschnitt 6.6.1 werden einige wichtige Strukturen für Laserdioden diskutiert)

Bedeutung der anderen Schichten ist abhängig von der speziellen Art des Halbleiterlasers. Die Endflächen A und A' sind meist als planparallele Spiegel nach Art eines Fabry-Perot-Interferometers ausgebildet. Als solche wirken bereits natürliche Spaltflächen des verwendeten Kristalls oder polierte Endflächen, die wegen des hohen Brechungsindex der Halbleiterkristalle von $n^* = 3$ bis 4 nicht unbedingt zusätzlich verspiegelt werden müssen.

Bei Anregung durch Strominjektion sind die an die Schicht 1 anschließenden Bereiche auf der einen Seite n-leitend und auf der anderen p-leitend: Die Schicht 1 ist entweder undotiert oder meist p-leitend, da dies die strahlende Rekombination begünstigen kann. Im ersteren Fall müssen sowohl Löcher als auch Elektronen injiziert werden, im zweiten nur Elektronen. Geht man von einer durch die Strominjektion homogenen aktivierten Schicht der Dicke d aus, so gilt für den Zusammenhang zwischen der strahlenden Rekombination und der Stromdichte in der Diode bei einem Quantenwirkungsgrad η_R

$$j = qR_{tot}\, d/\eta_R \,, \tag{6.29}$$

wobei sich R_{tot} durch Integration von (6.7) ergibt. Im Bereich der spontanen Rekombination bis zum Lasereinsatz ist die Photonenzahl N_{ph} noch sehr niedrig, und man kann das Ergebnis von (6.16) verwenden. An der Grenze zum Lasereinsatz erhält man dann mit $n = n_s$ und $p = p_s$ für den Schwellenstrom

$$j_s = qBn_s p_s\, d/\eta_R \,. \tag{6.30a}$$

Führt man bei konstanter p-Dotierung mit ausschließlicher Elektroneninjektion die Trägerlebensdauer für strahlende Übergänge nach (6.27) ein, so ergibt sich stattdessen

$$j_s = q\, \frac{n_s}{\tau_n}\, d/\eta_R \,. \tag{6.30b}$$

In einer einfachen Laserdiode ist die Dicke d näherungsweise durch die Diffusionslänge L_n der Elektronen im p-Bereich gegeben, die bestimmt ist durch $L_n^2 = D_n\tau$. Setzt man dies in (6.30a) ein, so erhält man mit $\tau = \eta_R\tau_n$

$$j_s = qn_s \sqrt{\frac{D_n}{\tau_n\eta_R}} \,. \tag{6.30c}$$

n_s ist hier die an der Laserschwelle erforderliche Dichte an injizierten Elektronen im p-dotierten Laserbereich.

Daten für Galliumarsenid hoher Qualität, d.h. mit einer Elektronenbeweglichkeit von $\mu_{80K} = 20000\,cm^2/Vs$ und $\mu_{300K} = 2000\,cm^2/Vs$ bei einer Akzeptorendichte von $3 \cdot 10^{18}\,cm^{-3}$ und einer Lebensdauer von $\tau_n = 0{,}5\,ns$, ergeben $D_n = \mu_n kT/q = 140\,cm^2/s$ bzw. $50\,cm^2/s$ bei 80 K und 300 K.

Werte für n_s gewinnt man der thermodynamischen Lasergrenze des verlustfreien Lasers mit beispielsweise $p = 3 \cdot 10^{18}\,cm^{-3}$ aus Abb. 6.5. Beispielsweise ergibt sich für $z_n = -11{,}8\,meV$ und 80 K eine Elektronendichte von $n_s = 1{,}1 \cdot 10^{16}\,cm^{-3}$ und für $z_n = 25{,}6\,meV$ und 300 K ein Wert von $n_s = 6{,}0 \cdot 10^{17}\,cm^{-3}$. Für die minimale Schwellenstromdichte des verlustfreien Diodenlasers errechnet sich nach (6.30b) mit diesen Zahlenwerten $j_{s0}(80\,K) = 930\,A/cm^2$ und $j_{s0}(300\,K) = 30000\,A/cm^2$. Benutzt man die realistischeren Daten der Abb. 6.6 mit einer Verstärkung von $g = 120\,cm^{-1}$, dann erhöhen sich die nötigen Elektronendichten n_s, und man erhält die wesentlich größeren Schwellenstromdichten $j_s(80\,K) = 2540\,A/cm^2$ und $j_s(300\,K) = 56000\,A/cm^2$. Niedrigere Werte von $j_s(80\,K) = 1600\,A/cm^2$ und $j_s(300\,K) = 30000\,A/cm^2$ liefert die Abb. 6.8 für eine Bandstruktur nach (6.28). Diese Zahlenwerte liegen gegenüber experimentellen Werten für einfache pn-Diodenstrukturen wiederum zu niedrig. Hierfür kann vor allem der von 100% abweichende Quantenwirkungsgrad η_R in (6.29) und (6.30), insbesondere bei zunehmender Temperatur verantwortlich sein.

6.3.2 Der verlustbehaftete Halbleiterlaser

Für die Funktion des verlustbehafteten realen Lasers genügt es wie gesagt nicht, daß die induzierte Emission den direkt inversen Prozeß der induzierten Absorption überwiegt, wie es für die thermodynamische Laserbedingung nach (6.10) gefordert wurde. Es wird vielmehr notwendig, auch alle Verluste der Laseranordnung durch die induzierte Lichtemission zu decken.

Insgesamt entstehen Verluste der induzierten Strahlung durch die Nutzabstrahlung über die Spiegelflächen, durch Beugung in die absorbierenden (n- und p-leitenden) passiven Bereiche nach Abb. 6.9 und durch Verluste innerhalb des laseraktiven Bereiches. Ursache für die letzteren sind die Absorption durch die nötigen freien Ladungsträger und die Lichtstreuung an optischen Inhomogenitäten, wie Einschlüsse von Fremdphasen oder lokale Unterschiede im Brechungsindex. Die inneren optischen Verluste kann man in einem Verlustkoeffizienten α_V, der auf die Längeneinheit längs der Ausbreitung einer Laserschwingung im Kristall bezogen ist, erfassen, die Abstrahlung nach außen durch die Reflexionskoeffizienten R_1 und R_2 der beiden spiegelnden Endflächen.

Ist die laseraktive Schicht 1 in Abb.6.9 in einem genügend hochangeregten Zustand mit $g(h\nu) > 0$ nach (6.25), dann wird in ihr eine an der Endfläche A senkrecht einfallende elektromagnetische Welle entsprechender Frequenz ν_i beim Durchlauf verstärkt. Ihre Intensität X nimmt dabei über die Länge L des Lasers um den Faktor $\exp(gL)$ zu. Aufgrund der oben angegebenen Verluste nimmt sie aber gleichzeitig um $\exp(-\alpha_V L)$ ab. Am Spiegel der Endfläche A' entstehen dann Transmissionsverluste, die durch dessen Reflexionskoeffizienten R_2 beschrieben werden. Die reflektierte Welle läuft nun zurück zum Spiegel A und erfährt hierbei wieder Verstärkung, Dämpfung und Transmissionsverluste. Wird die Nettoverstärkung bei einem vollen Durchlauf vom Spiegel A nach Spiegel A' und zurück größer 1, so tritt Selbsterregung auf, und die Diode strahlt kohärentes Licht ab. Die Schwingbedingung heißt demnach

$$R_1 R_2 \exp 2(g - \alpha_V)L \geqslant 1 \tag{6.31}$$

mit einem Schwellenwert

$$g_s = \alpha_V + \frac{1}{2L} \ln \frac{1}{R_1 R_2} \,. \tag{6.32}$$

Die Tieftemperaturnäherung für $g(h\nu)$ nach (6.26) liefert mit (6.29) für den Schwellenstrom in guter Übereinstimmung mit Abb.6.8 als Näherung $g \sim j$

$$g(h\nu) = \frac{c^2 \eta_R j}{8\pi q n^{*2} \nu^2 \Delta\nu d} \,. \tag{6.32a}$$

Für höhere Temperaturen steigt der Gewinn entsprechend $g \sim j^r$, mit $r > 1$ an, wobei der Einfluß der Zustandsdichteverteilung auf den Wert von r stark ist. Mit einer geringen Kompensation (Abschnitt 6.2.7) von 0,33 wird r = 1,9; bei 0,13 ist r = 1,34, und bei hoher Kompensation 0,05 gilt r = 1,04. Experimentell ergibt sich $r^2 \sim [1 + h\nu/E_0]$, was mit dem Gang der Bandausläufer nach (6.28) gut zusammenpaßt.

6.3.3 Schwellenstrom

Aus dem Zusammenhang von Gewinn und Anregungsdichte erhält man die zum Lasereinsatz nötige Schwellenstromdichte, wenn man als Schwelle einen bestimmten Wert $g > 0$ ansetzt, der erforderlicht ist, um alle Verluste der Laserdiode zu decken. Bei einem nötigen Gewinn von $g = 100\,cm^{-1}$ ergibt sich die in Abb.6.10 zusammengestellte Abhängigkeit der Laserschwellenstromdichte von der Temperatur. Parameter ist die Dotierung mit Akzeptoren N_A und Donatoren N_D bei konstanter Löcherkonzentration $p_s = N_A - N_D$.

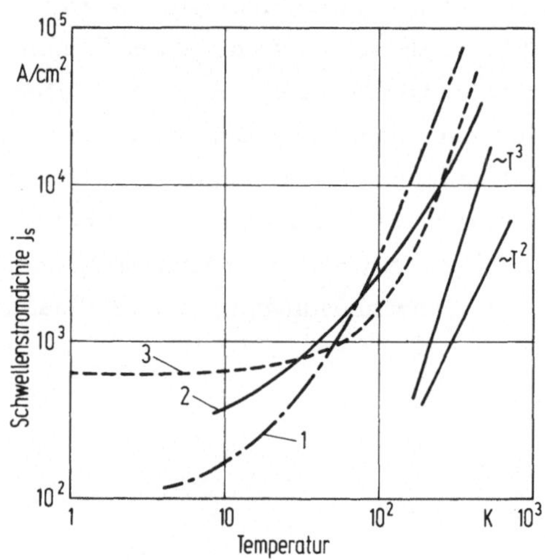

Abb.6.10. Temperaturabhängigkeit der Schwellenstromdichte für den Einsatz der Laseremission bei einem nötigen Schwellenwert des Gewinns $g = 100\,cm^{-1}$.
1: $p = 3 \cdot 10^{18} cm^{-3}$, unkompensiert; 2: $N_A - N_D = 3 \cdot 10^{8} cm^{-3}$, kompensiert mit Bandausläufern nach Abb.6.7; 3: $N_A - N_D = 3 \cdot 10^{18} cm^{-3}$, ungestörtes parabolisches Band

Die starke Abhängigkeit von der Gesamtdotierung $N_D + N_A$ fällt auf. Bei tiefen Temperaturen steigt die Schwellenstromdichte mit dieser, bei hoher Temperatur sinkt sie stark ab. Dies erklärt die oberhalb 100 K beobachtete relativ niedrige Schwellenstromdichte der amphoter mit Si dotierten GaAs-Dioden, wo nahezu gleich viele Si-Atome als Donatoren auf Ga-Plätzen wie als Akzeptoren auf As-Plätzen eingebaut sind. Bis etwa 100 K ist der Schwellenstrom konstant, oberhalb steigt er, wie der Gewinn, ungefähr nach einem Potenzgesetz $j_s \sim (T/T_0)^r$ mit $2 < r < 3$. Für Streifenlaser mit Doppelheterostruktur hat sich ein Exponentialansatz $j_s \sim \exp T/T_0$ bewährt.

Setzt man entsprechend den Ergebnissen der Abb.6.8 und (6.63) die Verstärkung g proportional zum Strom an, so erhält man mit einem Proportionalitätsfaktor $1/\beta$ und mit (6.31) für den Schwellenstrom anstelle von (6.30)

$$j_s = \frac{1}{\beta} g_s = \frac{1}{\beta}\left[\alpha_V - \frac{1}{2L}\ln(R_1R_2)\right] , \qquad (6.33)$$

eine Beziehung, die sich in vielen Fällen bewährt hat [6.28]. Geprüft wird (6.33) entweder durch verschiedene Längen L der Dioden oder durch Variieren des Brechungsindex in der Umgebung einer Diode (z.B. Immersionsflüssigkeit), wobei R_1R_2 geändert wird. Die erste Methode setzt sehr gleichartige Dioden voraus und liefert daher in der Praxis weniger gesicherte Ergebnisse als die zweite. Typische Zahlenwerte der Größen β und α_V für Laserdioden mit verschiedenem Aufbau sind in Tabelle 6.5 zusammengestellt. Abb.6.11a gibt ein Beispiel für die genannte

Tabelle 6.5. Verstärkungsfaktor β und Dämpfung α_V für verschiedene GaAs-Laserstrukturen und ihr Schwellenstrom (typische Beispiele), für die Berechnung von j_s nach (6.33) wurde gesetzt $L \approx 350\ \mu m$, $R_1 = R_2 = 0,3$

Aufbau Herstelltechnik	T in K	β in $A^{-1}cm$	α_V in cm^{-1}	j_s in $A\,cm^{-2}$
Homodiode pn Diffusion	4,2	$5 \cdot 10^{-2}$	13	$1 \cdot 10^3$
	77	$4 \cdot 10^{-2}$	15	$1,2 \cdot 10^3$
	195	$2 \cdot 10^{-2}$	15	$2,5 \cdot 10^3$
	300	$1 \cdot 10^{-3}$	25	$6 \cdot 10^4$
Homodiode p^+pn Epitaxie VPE bzw. LPE	77	$3 \cdot 10^{-2}$	15	$1,6 \cdot 10^3$
	300	$4 \cdot 10^{-3}$	100	$3 \cdot 10^4$
Einfachhetero-struktur (SH)	77	$4 \cdot 10^{-3}$	10	$1,1 \cdot 10^4$
	300	$5 \cdot 10^{-3}$	25	$1,2 \cdot 10^4$
Doppelhetero-struktur (DH)	300	$3 \cdot 10^{-2}$	20	$1,8 \cdot 10^3$
Fünfschicht-diode (SCH)	300	$5 \cdot 10^{-2}$	10	$9 \cdot 10^2$

Bestimmung dieser Größen nach (6.33). Trägt man dieselben Daten entsprechend $g_s \sim j_s^r$, mit r = 2 oder r = 3 auf, so erhält man durch Extrapolation für verschwindende Abstrahlverluste (R_1R_2 = 1), einen negativen Stromwert, dies bestätigt (6.33) für den vorliegenden Fall. Abb.6.11b zeigt experimentelle Werte für den Exponenten r in Abhängigkeit von den Dotierungsverhältnissen [6.29].

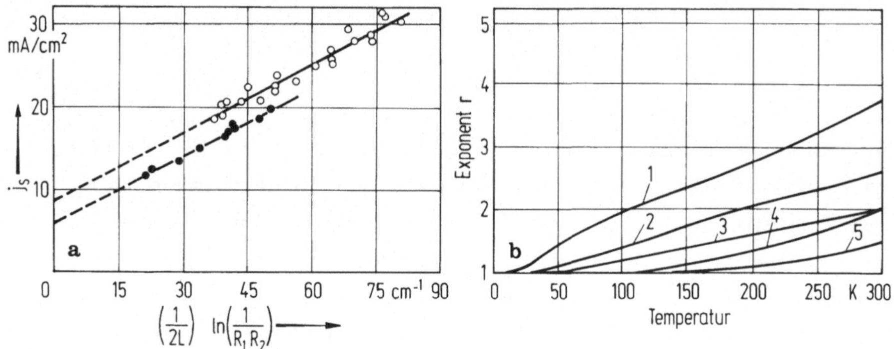

Abb.6.11. a) Bestimmung des Gewinnfaktors und der Verluste in (6.33). Bei Dioden verschiedener Länge wurde das Brechungsindexprodukt R_1R_2, d.h. die Spiegelverluste durch Aufbringen von SiO-Deckschichten verschiedener Dicke variiert. b) Experimentelle Daten für den Exponenten r in $g \sim j^r$ in Abhängigkeit von den Dotierungsverhältnissen.
1: $N_D = 3 \cdot 10^{18} cm^{-3}$, $N_A = 6 \cdot 10^{18} cm^{-3}$; 2: $N_D = 3 \cdot 10^{18} cm^{-3}$, $N_A = 4 \cdot 10^{18} cm^{-3}$; 3: $N_D = 10 \cdot 10^{18} cm^{-3}$, $N_A = 10^{18} cm^{-3}$; 4: $N_D = 4 \cdot 10^{18} cm^{-3}$, $N_A = 3 \cdot 10^{18} cm^{-3}$; 5: $N_D = 6 \cdot 10^{18} cm^{-3}$, $N_A = 3 \cdot 10^{18} cm^{-3}$

6.4 Schwingungsmoden des Halbleiterlasers

Im Halbleiterlaser mit der in Abb.6.9 dargestellten charakteristischen Schichtstruktur sind verschiedene Eigenschwingungen für die erzeugte elektromagnetische Welle möglich, die sich unter Beachtung der jeweiligen Randbedingungen als Lösungen der Maxwellgleichungen ergeben. Betrachtet man Schwingungsformen, die sich längs der Achse des Parallelepipeds senkrecht zu den Spiegeln ausbreiten und deren Abhängigkeit von der Koordinate z in Ausbreitungsrichtung von den anderen Koordinaten mathematisch separierbar ist, dann ergeben sich die axialen Moden. Ihre halbe Wellenlänge ist, wie bereits im entsprechenden eindimensionalen Fall, so festgelegt, daß der Abstand L der planparallelen Endspiegelflächen ein ganzzahliges Vielfaches q von $\lambda/2n^*$ ist

$$L = q\lambda/2n^* \; . \tag{6.34}$$

Dabei sind innerhalb der Spektrallinie der spontanen Emission alle Werte von λ erlaubt. Da q eine große Zahl ist, kann man den Abstand $\Delta\lambda$ zwischen benachbarten Wellenlängen durch Differentiation von (6.34) erhalten, wobei man die Dispersion im Kristall berücksichtigen muß,

$$\frac{\Delta\lambda}{\lambda} = \frac{-\lambda/2L}{n^* - \lambda(\partial n^*/\partial\lambda)} \; , \tag{6.35}$$

Soll auch die Temperatur- oder Druckabhängigkeit der Moden erfaßt werden, dann ist der Einfluß dieser Parameter zu beachten. Es gilt für die Temperaturabhängigkeit mit $n^* = n^*(\lambda, T)$

$$\frac{d\lambda}{\lambda} = \frac{1}{n^*}\left(\frac{\partial n^*}{\partial\lambda}\, d\lambda + \frac{\partial n^*}{\partial T}\right) + \frac{dL}{L} \tag{6.36}$$

und für die Druckabhängigkeit eine analoge Beziehung, wo an die Stelle von T der Druck p tritt. Als typisch für die Koeffizienten können ihre experimentellen Werte für Galliumarsenid als Halbleitermaterial angesehen werden: $\partial n^*/\partial T = 3 \cdot 10^{-4}\,K^{-1}$ und $\partial n^*/\partial p = 1 \cdot 10^{-6}\,bar^{-1}$.

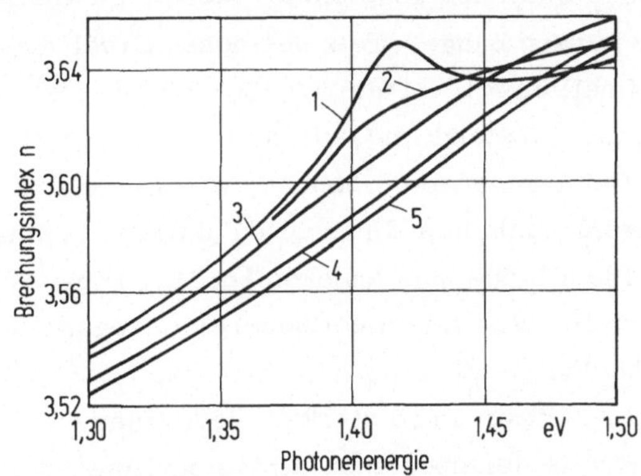

Abb.6.12. Verlauf des Brechungsindex mit der Wellenlänge für verschiedene Dotierungspegel bei GaAs.
Berechnet für verschiedene p-Konzentrationen: $p = 1{,}5 \cdot 10^{17} cm^{-3}$ (1); $p = 1{,}1 \cdot 10^{19} cm^{-3}$ (2); $p = 2{,}6 \cdot 10^{19} cm^{-3}$ (3); $p = 6{,}0 \cdot 10^{19} cm^{-3}$ (4) und $p = 1{,}0 \cdot 10^{20} cm^{-3}$ (5)

Berechnete Werte von $n^*(h\nu)$ als Funktion der Dotierung bei GaAs gibt Abb.6.12 [6.30]. Die Dispersion $d\lambda/\lambda$ ist in der Nähe der dem Band-Band-Übergang entsprechenden Photonenenergie besonders groß. Sie ist experimentell aus dem Abstand der einzelnen axialen Moden, der induzierten Strahlung bestimmbar, die kurz vor dem Lasereinsatz in der sog. Superstrahlung (Abschnitt 6.4.2), zu beobachten sind. Da sich bei Erhöhung des Anregungsstromes die Wellenlänge der Emission verschiebt, kann man nach (6.35) die Größe $2L(\Delta\lambda/\lambda^2)$ als Funktion von λ bestimmen.

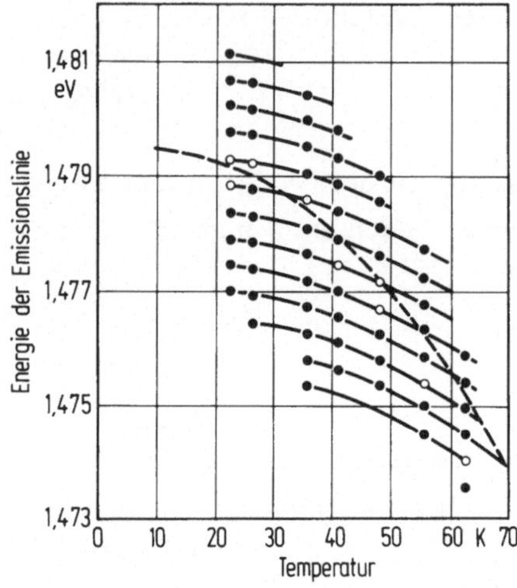

Abb.6.13. Modensprünge aufgrund der Temperaturerhöhung beim Betrieb einer GaAs-Laserdiode. • mögliche axiale Eigenschwingungen; o beobachtete Eigenschwingungen; ---- Verlauf des Bandabstandes E_g - 41,6 meV

Die Frequenzabstände zwischen den axialen Moden sind beim Halbleiterlaser wegen seiner kurzen Länge, trotz des hohen Brechungsindex, sehr groß. Mit der Maximallänge L = 1 mm ergibt sich bei $n^* = 3{,}6$ und $\lambda = 840$ nm als Frequenzabstand im Galliumarsenidlaser $\Delta\nu \approx 10^{11}$ Hz oder $\Delta\lambda = 0{,}2$ nm. Bei Temperaturerhöhung, wie sie beim Betrieb eines einfachen Diodenlasers nach dem Einschalten auftritt, springt der Schwingungszustand von einem Mode zum anderen [6.31]. Dieses Verhalten ist in Abb.6.13 dargestellt. Vor allem bei höherer Anregung werden immer häufiger mehrere Moden gleichzeitig angeregt. Ihre Zahl wächst auch mit der Diodenlänge L, und zwar umso stärker, je kleiner das Verhältnis aus Modenabstand und Breite der spontanen Emissionslinie ist und je kleiner die ambipolare Diffusionskonstante $D_a = (\mu_p D_n + \mu_n D_p)/(\mu_n + \mu_p)$ ist, die den örtlichen Ausgleich der Ladungsträger im Kristall besorgt.

6.4.1 Berechnung der Schwingungsmoden

Neben den axialen Schwingungsmoden gibt es in einer Laserdiode noch eine Vielzahl anderer Möglichkeiten. Dies sind z.B. die verschiedenen stehenden Wellen, wie sie entsprechend Abb.6.14 bei Laserdioden mit vier zueinander senkrecht stehenden Spiegelseiten auftreten. Da für die Anwendung praktisch nur Laserdioden vom Fabry-Perot-Typ wichtig sind, werden hierfür auch Feinheiten der axialen Moden interessant. Sie ergeben sich durch die Begrenzung des aktiven Bereiches in einer Laserdiode quer zur Ausbreitungsrichtung. Je nach den lateralen (in der pn-Ebene) und transversalen (senkrecht zur pn-Ebene) Abmessungen können, senkrecht zur Abstrahlung mehrere Maxima im Intensitätsverlauf der emittierten elektromagnetischen Welle auftreten. Die Querdimensionen betragen bei modernen Laserdioden mit Streifenstruktur nur wenige Wellenlängen, wodurch die Zahl der Eigenschwingungen mit genügend geringer Dämpfung stark eingeschränkt wird.

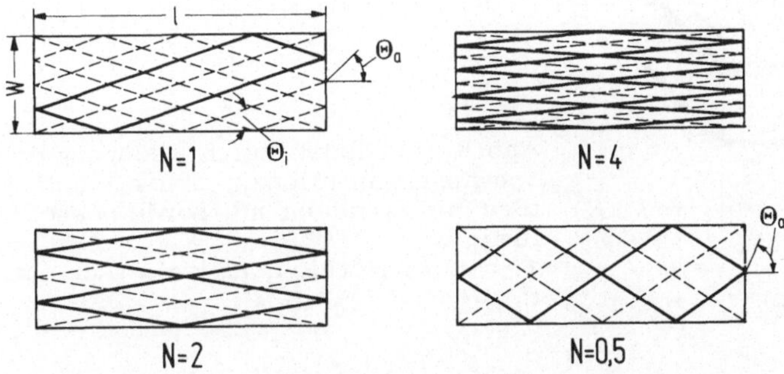

Abb.6.14. Einige Beispiele für geschlossene Lichtwege in einem Rechteckresonator. Der Einfallwinkel im Innern ist Θ_i = arc tan(W/NL), der Austrittswinkel Θ_a = arc sin [n* arct tan (W/NL)]

Für die Berechnung der Modenstruktur im vorliegenden Rechteckresonator mit unscharfen seitlichen Begrenzungen wird das in Abb.6.15 im kartesischen Koordinatensystem dargestellte einfache Modell verwendet. Der Brechungsindex ist wegen der unscharfen Übergänge von einem Halbleitermaterial zum anderen ortsabhängig und als komplexe Zahl

$$n^* = n_1^* - in_2^* \tag{6.37a}$$

anzusetzen, wobei $n_2^* > 0$ ein Maß für die Verstärkung der Lichtwelle ist. Für die Ortsabhängigkeit ist ein Ansatz

$$n^{*2}(x,y) = n_0^{*2}\left[1 - \left(\frac{x}{x_0}\right)^2 - \left(\frac{y}{y_0}\right)^2\right] \tag{6.37b}$$

mit $|x/x_0|$ und $|y/y_0| \gg 1$ brauchbar, der zu überschaubaren analytischen Lösungen führt [6.32]. Für diesen Verlauf von n^* ergeben sich Hybrid-Moden, die durch reelle Modenzahlen m, n und q charakterisiert sind; m gibt die Zahl der Nullstellen in x-Richtung, n die in y-Richtung und q wieder die Zahl der Halbwellen in z-Richtung zwischen den Endflächen des Lasers an. Verschiedene Werte von q liefern die axialen Schwingungsmoden; n deren lateralen und m den transversalen Habitus.

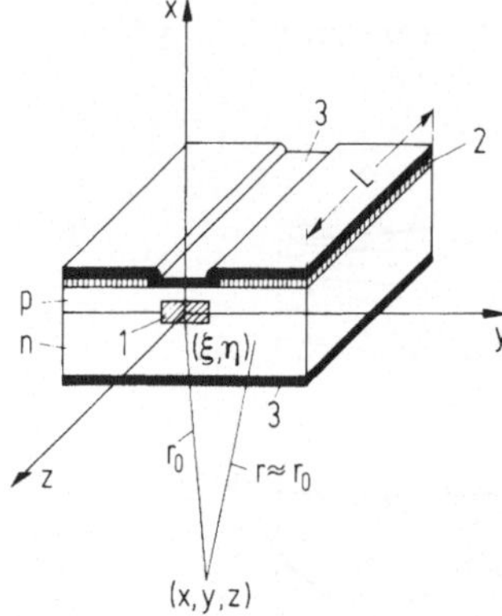

Abb.6.15. Modell zur Berechnung der Eigenschwingungen (Moden) eines Rechteckresonators mit variablen n^*, sowie dessen Abstrahlung.
1. aktiver Bereich, 2. Isolierschicht, 3. Kontakte

Mit $|m\lambda/\pi x_0|$ und $|n\lambda/\pi y_0| \gg 1$ ergibt sich aus den Maxwell-Gleichungen näherungsweise die einfache Wellengleichung für die Feldstärke im Diodeninnern

$$[\nabla^2 + (n^*k)^2]\vec{E}_i = 0 \,, \qquad (6.38)$$

wobei $k = 2\pi/\lambda$ die Wellenzahl der Lichtwelle im freien Raum bedeutet. Mit der Bedingung verschwindender Feldstärken $\vec{E}$ für $x,y \to \infty$ erhält man als Lösungen im Halbleiterinnern

$$\vec{E}_{i,mnq}(x,y,z) = A_{mnq}X_m(x)Y_n(y)\exp(\pm ik\,\gamma_{mnq}z) \,. \qquad (6.39)$$

A_{mnq} ist eine Konstante und X_m, Y_n und γ_{mnq} sind Funktionen der Variablen x, y und der Parameter des Brechungsindexverlaufes. Es gilt

$$X_m(x) = H_m(ax)\exp\left[-\frac{1}{2}(ax)^2\right] \,,$$
$$Y_n(y) = H_n(by)\exp\left[-\frac{1}{2}(by)^2\right] \,, \qquad (6.40a,b,c)$$
$$\gamma^2 mnq = n_0^{*2}\left(1 - \frac{2m+1}{n^*x_0k} - \frac{2n+1}{n^*y_0k}\right) \,,$$

wobei $a^2 = 2\pi n^*/\lambda x_0$ und $b^2 = 2\pi n^*/\lambda y_0$ gesetzt ist und H_m das Hermitische Polynom m-ter Ordnung[1] bedeutet. Vernachlässigt man in (6.40c) den Klammerausdruck, was mit der Voraussetzung für das Aufstellen von (6.38) übereinstimmt, dann erhält man

$$\gamma_{mnq} \approx n_1^* - in_2^* \; . \tag{6.40d}$$

Das Laufglied in (6.39) spaltet sich dann auf, und es ergibt sich aus dem Imaginärteil von γ_{mnq} die Verstärkung der Welle und damit der Zusammenhang zwischen Gewinn und Imaginärteil des Brechungsindex

$$kn_2^* = g/2 \; . \tag{6.41}$$

Eine durch n_2^* in den Funktionen X_m und Y_m hervorgerufene Modulation mit $\cos(\alpha x^2)$ führt zu einer gebogenen Phasenfront und damit zu einer Abweichung von der ebenen Welle.

Die Oszillationen in der Laserdiode setzen sich aus der Superposition der in die beiden entgegengesetzten z-Richtungen laufenden verstärkten Wellen nach (6.39) zusammen. Ein Schwingungsmodus verlangt als Randbedingung $\vec{E}_{i,mnq}(x, y, 0) = \pm\vec{E}_{mnq}(x, y, -L)$, was für den Realteil von γ_{mnq} die Bestätigung von (6.34) bedeutet

$$(\gamma_{mnq})_{Re} \approx n_1^* = q\pi/kL = q\lambda/2L \; ;$$

setzt man diese Werte in (6.39) ein, so ergeben sich die Resonanzfrequenzen

$$\nu_{mnq} = \frac{c}{4n_0^*\pi}\left(\frac{2m+1}{x_0} + \frac{2n+1}{y_0}\right) + \frac{cq\pi}{Ln^*}\left\{1 + \left[\frac{L}{2\pi q}\left(\frac{2m+1}{x_0} + \frac{2n+1}{y_0}\right)\right]^2\right\}^{1/2} . \tag{6.42}$$

Die Superposition der beiden laufenden Wellen führt zu einer stehenden Lichtwelle in der Laserdiode

$$\vec{E}'_{mnq}(x,y,z,t) = 2A_{mnq}X_m(x)Y_n(y)\cos\left(\frac{q\pi z}{L}\right)\cosh kn_2^*(L-2z) \times \cos(\gamma_{mnq}t) \; . \tag{6.43}$$

---

[1] Für die ersten Hermiteschen Polynome $H_m(z)$ gilt $H_0 = 1$; $H_1 = 2z$; $H_2 = 4z^2 - 2$; $H_3 = 8z^3 - 12z$; $H_4 = 16z^4 - 48z^2 + 12$ und $H_5 = 35z^5 - 160z^3 + 120z$.

Abb.6.16 zeigt das experimentell beobachtete Frequenzspektrum einer Laserdiode mit Streifengeometrie, d.h. mit einer engen seitlichen Begrenzung (y-Richtung) der durch Strom unter einem streifenförmigen Kontakt aktivierten Zone. Eine Auswertung mit den Daten des Lasers gibt aus dem Abstand der einzelnen Moden ($\Delta q = 1$) und den Satellitenfrequenzen ($\Delta n = 1$) die Werte für x_0 und y_0 in guter Übereinstimmung mit anderen Messungen. Der Abstand der axialen Moden beträgt 0,18 nm, der der Satelliten 0,018 nm. Wegen der extrem kleinen Ausdehnung der aktiven Zone in x-Richtung, senkrecht zum pn-Übergang, wird hier nur ein m-Wert realisiert.

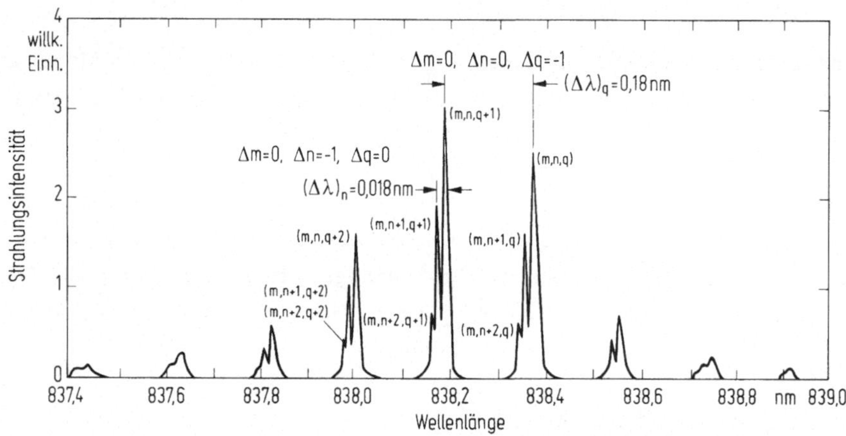

Abb.6.16. Hochaufgelöstes Emissionsspektrum einer GaAs-Laserdiode. Man erkennt die axialen Grundmoden mit ihrem Abstand von 0,18 nm und ihre Satelliten

6.4.2 Abstrahlung der Laserdiode

Das Außen- oder Fernfeld $\vec{E}_{a,mnq}$ der Laserdiode ergibt sich aus dem Strahlungsfeld $\vec{E}_{i,mnq}$ an einer Austrittsebene nach dem Huygensschen Prinzip. Mit $kr_0 \gg 1$, ξ/r_0 und $\eta/r_0 \ll 1$ ergibt sich für $z > 0$:

$$\vec{E}_{a,mnq}(x,y,z) = \frac{k}{2\pi i} \frac{z}{r_0} \frac{e^{ikr_0}}{r_0} \int\!\!\int_{-\infty}^{+\infty} E_{i,mnq}(\xi,\eta,0) \times \exp\left(-ik\left[\frac{x}{r_0}\xi + \frac{y}{r_0}\eta\right]\right) d\xi\, d\eta \,. \tag{6.44a}$$

Setzt man die Amplitude $\vec{E}'(x,y,0,0)$ nach (6.43) für $\vec{E}_{i,nmq}$ ein, so erhält man für das Fernfeld im Abstand r_0

$$\vec{E}_{a,mnq}(x,y,z) = B_{mnq} \frac{z}{r_0} \frac{e^{ikr_0}}{r_0} H_m\left(\frac{\sqrt{2}x}{w_x}\right) H_n\left(\frac{\sqrt{2}y}{w_y}\right) \times$$

$$\exp\left[-\left(\frac{x}{w_x}\right)^2 - \left(\frac{y}{w_y}\right)^2\right] . \qquad (6.44b)$$

B_{mnq} ist eine Konstante, die den Reflexionskoeffizienten des Laserspiegels enthält. Die Größen

$$w_x^2 = \lambda_n^* z/\pi x_0 \quad \text{und} \quad w_y^2 = \lambda_n^* z/\pi y_0 \qquad (6.45)$$

beschreiben die Strahlbreite der abgestrahlten Moden.

Für einen festen Wert von x erhält man

$$E_a(y) \sim H_m\left(\frac{\sqrt{2}y}{w_y}\right) \exp\left[-\left(\frac{y}{w_y}\right)^2\right] . \qquad (6.46)$$

Experimentell ist das Schwingungsverhalten eines Diodenlasers aus dem abgestrahlten Licht zu erschließen. Regt man eine Laserdiode an, so leuchtet der pn-Übergang zunächst auf seiner gesamten Breite am Austrittsspiegel gleichmäßig. Mit zunehmender Strominjektion entstehen stärker leuchtende Lichtflecke, die perlschnurartig aneinandergereiht sind. Die theoretische Intensitätsverteilung nach (6.46) zeigt Abb.6.17a für m = 5 mit Nullstellen für $2y/w_y = 0; \pm 0{,}96; \pm 2{,}02$. Entsprechende experimentelle Ergebnisse gibt Abb.6.17b wieder [6.33]. Nah- und Fernfeld für Laserdioden mit verschiedener Streifenbreite von 10 μm bis 50 μm zeigen mit zunehmender Breite Moden höherer Ordnung.

Beobachtet man in Abhängigkeit vom Injektionsstrom die spektrale Lichtverteilung mit einem Fabry-Perot-Interferometer, so erhält man die in Abb.6.18 gezeigte Entwicklung des Spektrums [6.34]. Über die breite spontane Emissionslinie verteilt tritt bei Überschreiten der thermodynamischen Laserbedingung (Abschnitt 6.5) zunächst eine große Anzahl von Emissionsspitzen auf, die man als Superstrahlung bezeichnet. Mit zunehmendem Strom entwickelt sich hieraus diejenige Laserlinie, für die die Laserdiode, als Resonator betrachtet, die höchste Verstärkung aufweist.

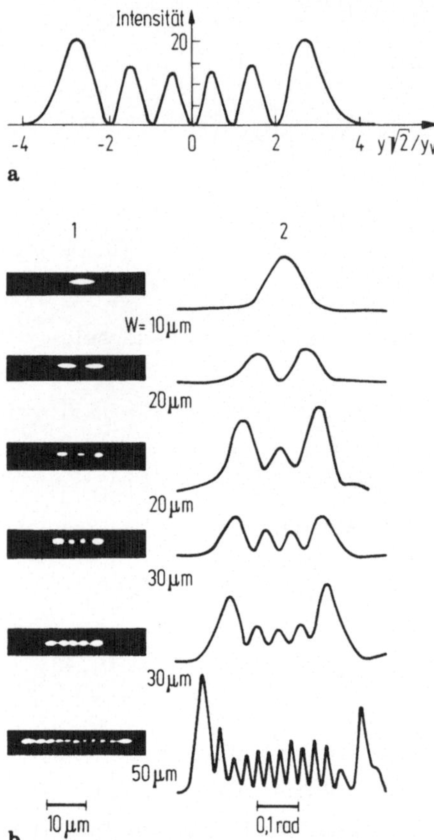

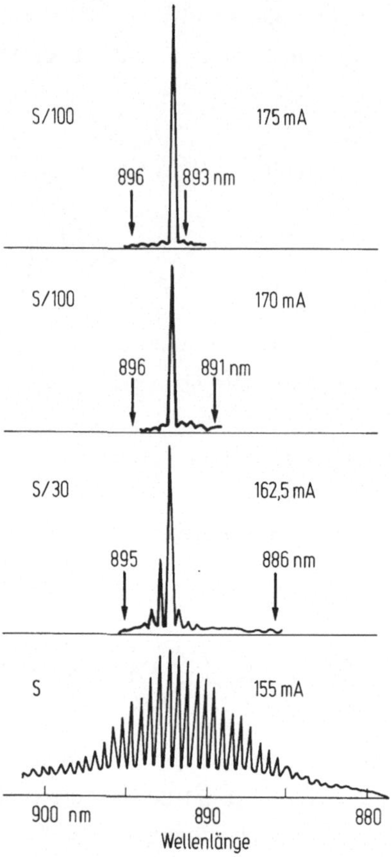

Abb. 6.17. a) Theoretische Intensitätsverteilung am Ausgang einer Laserdiode (Nahfeld) nach Anregung der 5. Oberschwingung mit m = 5 in (6.46). b) Intensität der Abstrahlung bei Streifenlaserdioden. Mit zunehmender Streifenbreite treten Moden höherer Ordnung auf.
1: Leuchtbilder des Nahfeldes,
2: Intensitätsverteilung im Fernfeld

Abb. 6.18. Entwicklung des Emissionsspektrums einer Streifenlaserdiode bei Überschreiten der Laserschwelle. Aus dem Spektrum der Superstrahlung nach Einsetzen der induzierten Emission entwickelt sich mit zunehmender Anregung eine Monomodeschwingung [6.34]

Beispielsweise wurde bei 15 K mittels Interferenzmessung eine Linienbreite von $2 \cdot 10^{-4}$ nm (50 MHz) bestimmt. Noch empfindlicher kann man die Linien auflösen, wenn man die Bandbreite einer Mischlinie mißt, die durch Überlagerung der Linie mit ihren nahebei liegenden Satelliten entsteht. Hier wurde bei einem Diodenlaser mit 7 W Ausgangsleistung bei 4,2 K eine Linienbreite von nur 150 kHz entsprechend $5 \cdot 10^{-7}$ nm gemessen [6.35].

Weitere Auskunft über das Abstrahlungsverhalten gibt die Beobachtung der Intensitätsverteilung am Endspiegel (Nahfeld) und die Strahldivergenz des abgestrahlten Lichtes. Abb.6.19 zeigt den Verlauf entlang der Streifenbreite in Abhängigkeit von der Anregung [6.36], Abb.6.20, senkrecht zur pn-Ebene [6.37]. Man erkennt wie das Licht abhängig vom Δn^*-Sprung an den Schichtgrenzen in beiden Richtungen mehr oder weniger in die passiven Kristallbereiche eindrigt.

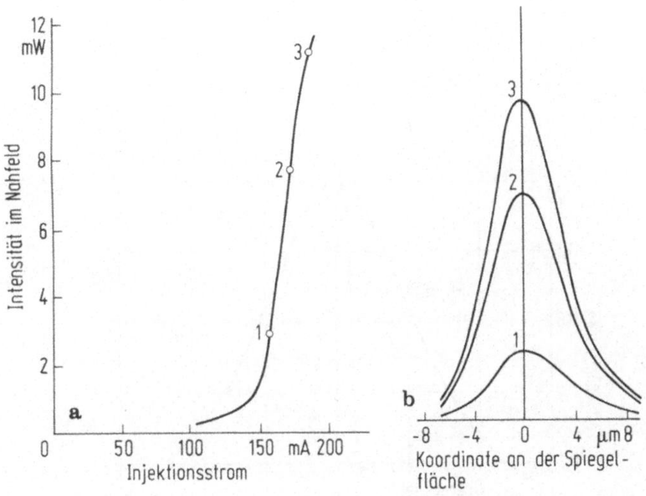

Abb.6.19. Verlauf der Lichtintensität einer Laserdiode: (a) mit dem Injektionsstrom, (b) entlang der Streifenbreite parallel zur pn-Ebene für verschiedene Arbeitspunkte auf der Licht-Strom-Charakteristik

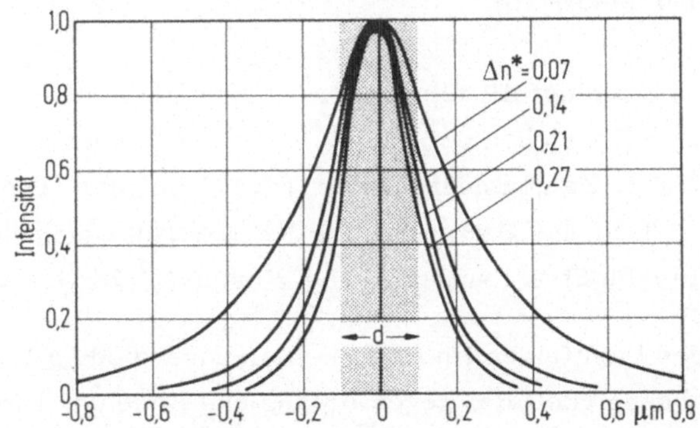

Abb.6.20. Verlauf der Lichtintensität senkrecht zur pn-Ebene einer Laserdiode für verschieden große Sprünge im Brechungsindex an den Grenzen der aktiven Schicht

Experimentelle Winkelverteilungen der Ausstrahlung sowohl senkrecht zur pn-Ebene als auch in der pn-Ebene sind in Abb.6.21 wiedergegeben.

Als Öffnungswinkel Θ liefert (6.44b) für den Modus nullter Ordnung mit $H_0 = 1$ (bezogen auf 2 Neper Abfall):

$$\Theta \approx 2 \operatorname{arc} \frac{2\lambda n^*}{x_0 \pi} . \tag{6.47}$$

Mit $d = x_0/3$, entsprechend einer Abnahme des Brechungsindex nach (6.36a) um 3 % zu den Rändern der aktiven Zone, ergibt sich mit $n^* = 3{,}6$

$$\Theta = 2 \operatorname{arc} \frac{2\lambda}{3d} \frac{3{,}6}{\pi} = 2 \operatorname{arc} 0{,}76\, \lambda/d . \tag{6.48}$$

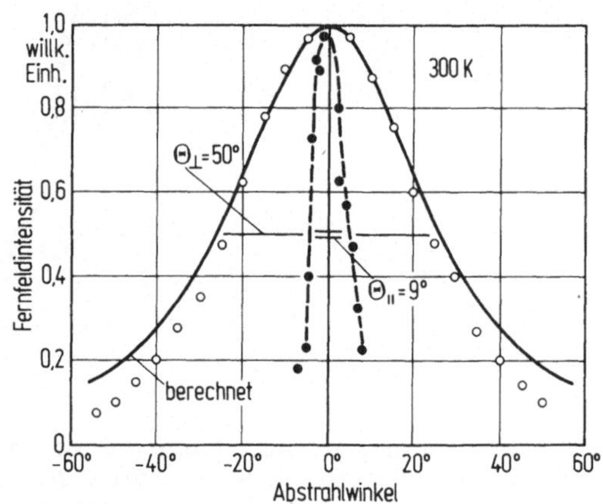

Abb.6.21. Winkelverteilung der Abstrahlung in der pn-Ebene und senkrecht dazu; o und • Meßwerte

Verwendet man ein Kastenprofil für den Brechungsindex, d.h. $n^* = \text{const}$ in den verschiedenen Bereichen der Abb.6.9, so erhält man stattdessen $\Theta \approx \operatorname{arc} \sin \lambda/d$ [6.37]. Zahlenmäßig liefert (6.47) mit der Transversaldimension $d = 3\lambda \approx 3\,\mu m$ bei GaAs und mit der Lateralausdehnung $w = 20\,\lambda \approx 20\,\mu m$ für die Strahlbündelung die Winkel $\Theta_\perp \approx 28^\circ$ bzw. $\Theta_\parallel \approx 4{,}1^\circ$.

Für den Verlauf des Lichtfeldes im Innern einer Laserdiode gilt nach (6.43) eine Ortsabhängigkeit der gegen Anfang und Ende der Diode symmetrischen Amplitude

$$\vec{E}_i = \vec{E}'_i(x, y, t) \cosh [k n_2^* (l - 2z)] . \tag{6.43a}$$

Die erzielte Verstärkung bei einem Durchgang muß alle Verluste einschließlich der Abstrahlung an den Spiegelenden der Diode decken. Hierdurch wird der notwendige Wert von n_2^* mit den Transmissionsverlusten durch Abstrahlung an den Spiegeln in Verbindung gebracht. Abb. 6.22 zeigt für verschiedene Werte des Reflexionskoeffizienten R den Verlauf der Photonendichte innerhalb der Laserdiode in axialer Richtung [6.38]. Man erhält ihn aus (6.43a) nach Quadrieren bis auf eine additive Konstante

$$S(z) = S_0 \cosh\left(\frac{\ln R}{L} z\right) , \tag{6.49}$$

wobei α_v in (6.31) und (6.41) vernachlässig wurde. Man sieht, wie vor allem bei großen Werten von R, d.h. bei geringer Transmission, sehr hohe Feldstärken an den Spiegeln entstehen, die im Betrieb sogar zu deren Zerstörung führen können. Diese Felder können abgesenkt werden, wenn man die Diodenenden durch Wahl der Kontaktgeometrie ungepumpt beläßt oder dielektrische Schichten anbringt, die das Reflexionsvermögen vermindern (Abschnitt 8.3).

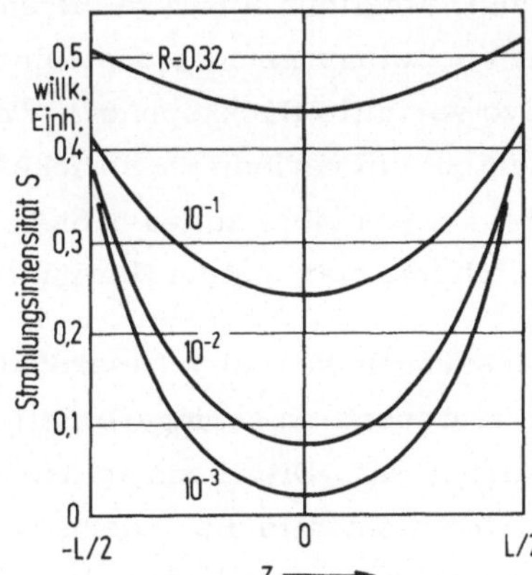

Abb. 6.22. Verlauf der Lichtintensität längs einer Laserdiode in Abhängigkeit vom Reflexionskoeffizienten der Spiegelflächen

Da zwischen der Trägerinjektion und dem Imaginärteil des Brechungsindex ein enger Zusammenhang besteht, muß man einen starken Einfluß der Kontaktstreifenbreite eines streifenförmig angeregten Lasers (Abschnitt 6.6) auf die Schwellenstromdichte erwarten. Injizierte Träger diffundieren etwa eine Diffusionslänge seitlich über die Kontaktzone hinaus. Setzt man entsprechend dem parabolisch angesetzten Brechungsindex nach (6.36a) auch den Imaginärteil $n_2^* = g/2k$ als Parabel an, so gilt

$$g(x) = g(0)[1 - (x/x_1)^2] , \tag{6.50}$$

und man kann die entsprechenden Berechnungen ausführen.

6.5 Dynamik der Laseremission (Einschwingen, Verstärkung und Modulation)

Für Anwendungen der Laserdiode in der Meßtechnik und vor allem in der optischen Nachrichtentechnik spielt das Zeitverhalten der Lichtemission eine wichtige Rolle. In der Nachrichtentechnik ist eine kleine Zeitkonstante für die direkte Modulation über den Anregungsstrom zu fordern, wenn eine große Bandbreite der Übertragung erzielt werden soll. Bei Pulscodemodulation (PCM-Technik) ist ein rasches Abklingen der Relaxationsschwingungen wichtig, die bei plötzlicher Änderung der Anregung auftreten, bei Analogmodulation ein breiter, von der Anregungsfrequenz unabhängiger linearer Modulationsbereich.

Wie Berechnungen zeigen, sind diese Ziele bei einem einfachen Monomodelaser nur schwer zu erreichen, da hier die Relaxationsschwingungen bei der Resonanzfrequenz nur schwach gedämpft sind. Günstiger ist zunächst ein Multimodelaser, der jedoch nicht ohne weiteres an die modernen breitbandigen Monomodeglasfasern (Abschnitt 7.2.7) angekoppelt werden kann. Mögliche Auswege bieten die externe Synchronisation einer einzelnen Schwingungsmode oder eine interne Festlegung durch frequenzselektive verteilte Rückkopplung. Im letzteren Fall wird der aktiven Laserschicht ein periodisches Dickenmuster aufgeprägt, das zu einer Teilreflexion von Licht an jeder Stoßstelle führt, so daß ein enger Frequenzbereich mit maximalem Gewinn entsteht (Abschnitt 6.6.3).

Messungen an realen Laserdioden zeigen jedoch, daß das Einschwingen eine wesentlich geringere Rolle spielt, als nach den Berechnungen zu erwarten war. Dies kann an der Vernachlässigung des Anteils der spontanen Lichtemission in die Lasermoden liegen. Eine in dieser Hinsicht verbesserte Berechnung liefert den erwarteten Einfluß [6.39]. Eine Lösung für den gezielten Aufbau von relaxationsfreien Laserdioden bieten geeignete Dotierungsprofile an den Rändern der aktiven Laserschicht, so daß alle Schwingungsformen außer einem Grundmodus sehr hohe Verluste (τ_S in (6.52) sehr klein) aufweisen (Abschnitt 6.6).

6.5.1 Bilanzgleichungen für die Laserdiode

Im Halbleiterlaser wird die Anregungsenergie der aktivierten Elektron-Loch-Paare in Lichtenergie umgesetzt. Den Vorgang des Energieaustauschens beschreiben die sog. Bilanzgleichungen [6.40], deren Lösung sowohl das stationäre als auch das dynamische Verhalten der Lichtemission liefert.

Für die zeitliche Änderung der Elektronendichte n im Leitungsband eines p-Halbleiters gilt analog zu (6.1)

$$dn/dt = \alpha j - snB - n/\tau_e \tag{6.51}$$

und für das Zeitverhalten der Photonendichte s in den Lasermoden

$$ds/dt = snB - s/\tau_s + \gamma n/\tau_{sp} \; . \tag{6.52}$$

In diesen Bilanzgleichungen ist j die Injektionsstromdichte und B der Einstein-Koeffizient, $\tau_e = \eta_R \tau_{sp}$ und τ_s sind Zeitkonstanten, die die Lebensdauer der Elektronen im angeregten Zustand bzw. die Aufenthaltsdauer eines Photons im laseraktiven Bereich des Halbleiters beschreiben. Dabei ist τ_{sp} die Zeitkonstante für die strahlende spontane Rekombination und η_R der Quantenwirkungsgrad zur Erzeugung von Licht durch spontane Rekombination (Abschnitt 3.2.2). α ist bei einer einfachen Laserdiode umgekehrt proportional zur Elektronenladung q und zur Dicke d des Laserbereiches $\alpha = 1/qd$. γ beschreibt den Anteil der spontanen strahlenden Rekombination, der zu Photonen in den betrachteten Lasermoden führt. Es gilt $\gamma = N_L/N_{ges}$, wobei N_L die Zahl der angeregten Lasermoden und N_{ges} die Gesamtzahl aller Schwingungsmoden bedeuten. Der Anteil $\gamma\eta_R$ der spontanen Emission an der Laserstrahlung wurde experimentell zu 10^{-5} für einen Modus gefunden [6.40c]. Als Konsequenz der in (6.51) und (6.52) angenommenen räumlich homogenen Anregungsgrößen j und n im aktiven Laservolumen werden alle Lasermoden gleichwertig und damit auch s ortsunabhängig, und die in der Realität vorhandenen verschiedenen Lasermoden bleiben unberücksichtigt.

Für die zeitabhängige Lösung der gekoppelten Differentialgleichungen (6.51) und (6.52) ist es notwendig, das Zeitgesetz des eingeprägten Injektionsstromes zu kennen; außerdem werden benötigt die Größen τ_s und B. Die Aufenthaltsdauer τ_s eines Photons im Laser ergibt sich aus den inneren Verlusten α_V, die vor allem vom Aufbau der Diode ahängen, und aus der axialen Abstrahlung an der Spiegelfläche

$$\tau_s = Ln^*/c[\alpha_V L - (1/2)\ln(R_1 R_2)] \; . \tag{6.53}$$

Für B erhalten wir aus den Beziehungen nach (6.12) und (6.16) mit der Bedingung $n_0 \ll n - n_0 = p - p_0 \ll p_0$

$$B = \frac{1}{\tau_{sp}} [1 - \exp(h\nu - \Delta F)/kT] \; . \qquad (6.54)$$

Für kleine Ströme ist $\Delta F < h\nu$; dann ist $B < 0$ und snB liefert die der spontanen Emission proportionale Absorption. Bei hoher Anregung $\Delta F > h\nu$ ist $B \approx 1/\tau_{sp} > 0$. Die in (6.51) und (6.52) auftretende Größe nB kann man daher nach (6.10) beim Einsatz überwiegender induzierter Emission in Übereinstimmung mit experimentellen Ergebnissen [6.41] ansetzen:

$$nB = b(n - n_{th}) \; , \qquad (6.55)$$

wobei n_{th} die Elektronendichte für $\Delta F = h\nu$ an der thermodynamischen Laserschwelle bedeutet; beim realen Lasereinsatz ist $n = n_s > n_{th}$, um die Verluste decken zu können.

Alle Ergebnisse dieses Abschnittes 6.5 werden quantitativ modifiziert, wenn man für B in (6.51) und (6.52) einen allgemeinen Ansatz $B \sim n^r$ macht [6.40b]. Für Temperaturen unter 100 K liefert eine einfache Theorie [6.42] B = const, in Übereinstimmung mit dem Experiment [6.43], wenn man Übergänge zwischen Bandausläufern mit exponentiellem Verlauf voraussetzt. Bei höheren Temperaturen ergeben sich verschiedene Werte für p. Bei Dioden mit einfacher Heterostruktur auf Te-dotiertem Substrat und für Doppelheterostrukturen ergibt sich in Übereinstimmung mit einer genaueren Theorie $r = 2$ [6.44]. Mit Einfachheterostrukturen auf Si-dotierten Substraten ergibt sich wieder B = const [6.27], was auf eine bei der Herstellung verschleppte amphotere Dotierung und die damit verknüpften Bandausläufer hinweist.

Messungen der Verzögerungszeit und des Modulationsverhaltens lassen eine Bestimmung dieses Parameters r zu. Als weitere Messung ist der Zusammenhang zwischen Schwellenstrom j_s und der Länge L des Lasers geeignet.

6.5.2 Stationäre Lösungen der Bilanzgleichungen und Laserkenngrößen

Setzt man in (6.51) und (6.52) $d/dt = 0$, so erhält man die stationären Lösungen (Index 0), die sich nach einem noch zu behandelnden Einschwingvorgang einstellen. (6.52) liefert mit (6.55) für die Photonendichte

$$s_0 = \frac{\gamma n_0/\tau_{sp}}{b(n_{th} - n_0) + 1/\tau_s} , \tag{6.56}$$

die für eine Grenzträgerdichte $n_0 = n_g$, welche nicht überschritten werden kann, unstetig anwächst

$$n_g = n_{th} + 1/b\tau_s . \tag{6.57}$$

Setzt man (6.56) und (6.57) in (6.51) ein, so erhält man die mit dem Strom anwachsende Trägerdichte nach

$$\alpha j_0 = \frac{n_0}{\tau_e} \left(1 + \gamma\eta_R \frac{n_0 - n_{th}}{n_g - n_0}\right) . \tag{6.58}$$

Mit steigendem Strom ergibt sich hiermit schließlich wieder die obige Grenzträgerdichte $n_0 = n_g$.

Setzt man die Beziehungen (6.56) und (6.57) in (6.52) für den stationären Fall ein, so ergibt sich

$$\alpha j_0 = \frac{(1 - \gamma\eta_R)n_g/\tau_e}{1 + \frac{\gamma\eta_R\tau_s}{s_0\tau_e}(n_g - n_{th})} + \frac{s_0}{\tau_s} . \tag{6.59}$$

Mit $\tau_s \ll \tau_{sp}$, d.h. wegen der sehr kurzen Aufenthaltszeit der Photonen im extrem kleinen Laserdiodenresonator und unterstützt durch die geringe Anzahl der angeregten Lasermoden wird der zweite Term im Nenner schon für geringe Photonendichten s_0 in den Lasermoden vernachlässigbar. Vernachlässigt man auch den Strombeitrag für den "spontanen" Anteil der Laseremission ($\gamma\eta_R \ll 1$) so erhält man

$$\alpha j_0 = n_g/\tau_e + s_0/\tau_s , \tag{6.60}$$

womit sich ein praktischer Schwellenstromwert für den Lasereinsatz gewinnen läßt

$$\alpha j_s = n_g/\tau_e . \tag{6.61}$$

Hiermit erhält man aus (6.60) für die Strahlung

$$s_0 = \alpha j_s \tau_s \left(\frac{j_0}{j_s} - 1 \right) . \qquad (6.62)$$

Der Schwellenstrom nach (6.61) ergibt den nach (6.30a) erwarteten Zusammenhang mit der Trägerdichte. Er kann jedoch wegen $n_g > n_{th}$ wesentlich größer ausfallen, als es sich bei den Berechnungen im Abschnitt 6.3.1 ergab. Der Hauptgrund lag in der Vernachlässigung der Verluste des Lasers und ist jetzt direkt zu erkennen.

Die gemachten Näherungen kann man zwanglos bestätigen, wenn man experimentelle Daten für Galliumarsenid-Laserdioden annimmt, wie sie entsprechend [6.41a] auch im Abschnitt 6.5.4 zur Berechnung des Einschwingverhaltens benutzt werden.

Setzt man in (6.61) für den Schwellenstrom die Photonenlebensdauer nach (6.53) ein, so erhält man explizite

$$j_s = \frac{qd}{\tau_e} \left[n_{th} + \frac{c/n^*}{Lb} (L\alpha_V - 2\ln R_1 R_2) \right] ; \qquad (6.63)$$

vernachlässigt man n_{th}, so wird diese Beziehung identisch mit (6.33).

Eine weitere charakteristische Größe der Laserdiode ist der differentielle Wirkungsgrad $\Delta\eta$. Er ist gegeben durch den Differentialquotienten aus der einseitig abgestrahlten Lichtleistung und dem injizierten Gesamtstrom

$$\Delta\eta = \frac{dS}{dI} = \frac{ds_0}{dj_0} \frac{c}{n^*} (1 - R_1) \frac{d}{L} . \qquad (6.64)$$

Aus (6.60) ergibt sich hierfür mit (6.53) nach Umrechnung

$$\Delta\eta = \frac{h\nu/q}{1 - \alpha_V L/\ln R_1} , \qquad (6.65)$$

wobei für die vorliegenden kleinen optischen Reflexionskoeffizienten $1 - R_1$ näherungsweise durch $\ln(1/R_1)$ ersetzt wurde.

(6.58) und (6.59) kann man nach n_0 bzw. s_0 auflösen, da es sich um in diesen Variablen quadratische Gleichungen handelt. Auf diese Weise erhält man in normierter Schreibweise

$$2(1-\gamma\eta_R)N_0 = I_0 + 1 - \beta N_{th} - \sqrt{(I_0 - 1 - \beta N_{th})^2 + 4\gamma\eta_R(I_0 - N_{th})} \qquad (6.66)$$

und

$$2\frac{\tau_e}{\tau_s}S_0 = I_0 - 1 + \beta N_{th} + \sqrt{(I_0 - 1 + \beta N_{th})^2 + 4\gamma\eta_R\, I_0(1 - N_{th})} \qquad (6.67)$$

wobei $I_0 = j_0/j_s$ ist und alle Trägerdichten auf den Schwellenwert n_g normiert sind.

Diese Beziehungen vereinfachen sich sehr, wenn man n_{th}, d.h. N_{th} gleich Null setzt:

$$2(1-\gamma\eta_R)N_0 = I_0 + 1 - \sqrt{(I_0 - 1)^2 + 4\gamma\eta_R I_0}\ , \qquad (6.66a)$$

$$2\frac{\tau_e}{\tau_s}S_0 = I_0 - 1 + \sqrt{(I_0 - 1)^2 + 4\gamma\eta_R I_0}\ . \qquad (6.67a)$$

6.5.3 Nichtlineare Verstärkung und Sättigung

(6.52) ermöglicht auch die Berechnung der Verstärkung und ihre Sättigung bei hoher Anregung für den Diodenlaser [6.45]. Ist n konstant und durch die Strominjektion festgelegt, so kann man zwei Fälle unterscheiden. Entweder alle n stehen für die Lichterzeugung der Energie $h\nu$ zur Verfügung oder nur ein Teil davon. Bei kleinen Anregungen liegt der erste Fall vor, und man erhält für die Verstärkung der Photonendichte s je Längeneinheit des Lasers die Beziehung (mit $\gamma = 0$)

$$\frac{1}{s}\frac{ds}{dx} = \frac{nB}{c/n^*}\ , \qquad (6.68)$$

deren Integration zu einem exponentiellen Anstieg des Ausgangssignals mit der Laserlänge L und dem Gewinnfaktor g_0 führt:

$$s = s_1 \exp\frac{nBL}{c/n^*} = s_1 \exp g_0 L\ , \qquad (6.69)$$

hierbei ist nach (6.52) die Verstärkung $g_0 = n^*/c\,\tau_s$. Trägt nur ein Teil der strahlend rekombinierenden Träger unmittelbar zur Laseremission bei, dann ist, wie in (6.51), die Wirkung des Injektionsstromes aufgeteilt in die induzierte Emission und in spontane Rekombination. Statt der Pumpleistung αj kann man die Besetzung $n = n_1$ einführen, die man stationär ohne induzierte Emission erhalten würde

$$\alpha j = n_1/\tau_e \ . \tag{6.70}$$

(6.68) ist jetzt zu modifizieren durch einen Gewichtsfaktor $f(\nu)$, der die spontane Emissionslinie widerspiegelt, d.h. die natürliche Verteilung der injizierten Träger auf alle Emissionsfrequenzen

$$\frac{1}{s}\,\frac{ds}{dx} = \frac{Bn}{c/n^*}\,f(\nu) \ . \tag{6.71}$$

Setzt man (6.70) in (6.51) ein und berechnet damit den Zusammenhang zwischen Gesamtträgerdichte n und der verfügbaren Dichte n_1, so ergibt sich anstelle von (6.71)

$$\frac{1}{s}\,\frac{ds}{dx} = \frac{n_1 B}{c/n^*}\,\frac{1}{1 + s/s_0} \ . \tag{6.72}$$

Hierbei ist gesetzt

$$s_0 = 1/B\tau_e f(\nu) \ . \tag{6.73}$$

Integriert man nun (6.72), so erhält man anstelle von (6.69) die Verstärkungsbeziehung

$$(s - s_1)/s_0 + 1(s/s_1) = g_0 x \ , \tag{6.74}$$

die für kleinere Werte von s in (6.69) übergeht und für große s-Werte, d.h. hohe Anregung, eine Sättigung des Gewinns liefert. Bei konstanter Länge des Lasers L entspricht dies

$$s = s_0 g_0 L \ , \tag{6.75}$$

d.h. das Ausgangssignal nimmt wegen der mit der Länge zunehmenden Strahlungsdichte nur noch linear mit der Länge und dem oben für geringe Anregung definierten Gewinnfaktor g_0 zu.

6.5.4 Einschwingverhalten

Das zeitliche Verhalten eines Diodenlasers ergibt sich übersichtlich aus dem numerischen Lösungen der gekoppelten nichtlinearen Differentialgleichungen (6.51) und (6.52). Abb.6.23 zeigt das Ergebnis nach [6.41] für einen abrupt eingeschalteten Injektionsstrom, der 30 % über dem Schwellenstrom liegt, mit einem Anteil von $\gamma\eta_R = 10^{-4}$, 10^{-3} bzw. 10^{-2} der spontanen Emission in die Lasermoden. Für die übrigen Parameter wurden die schon genannten experimentellen Daten, die für Galliumarsenid gelten, eingesetzt:

$$\tau_s = 2{,}93\,\mathrm{ps}(1 + 2{,}67 \cdot 10^{-19}\,n\,\mathrm{cm}^3)^{-1} ,$$

$$\tau_e = 4\,\mathrm{ns};\ b = 1{,}13 \cdot 10^{-6}\,\mathrm{cm}^3/\mathrm{s} ,$$

$$n_{th} = 1{,}1 \cdot 10^{18}\,\mathrm{cm}^{-3};\ d = 0{,}5\,\mu\mathrm{m};\ j = 1{,}3\,j_s .$$

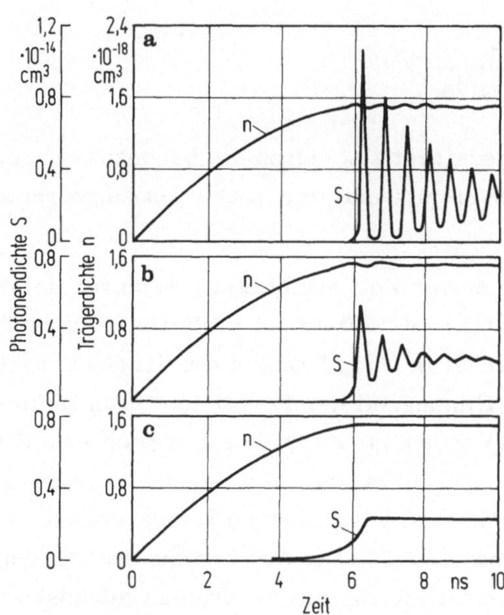

Abb.6.23. Einschwingverhalten der Trägerdichte und der Lichtintensität in einer Laserdiode unter Berücksichtigung des Anteils der spontanen Emission im Lasermodus.
a) $\gamma\eta_R = 10^{-4}$; b) $\gamma\eta_R = 10^{-3}$; c) $\gamma\eta_R = 10^{-2}$

Für kleine $\gamma\eta_R$-Werte, d.h. bei geringem Anteil an spontaner Emission in den Lasermoden, tritt ein ausgeprägter Einschwingvorgang in der

Lichtemission auf, der oberhalb $\gamma\eta_R = 0{,}75 \cdot 10^{-2}$ verschwindet, so daß der stationäre Zustand aperiodisch erreicht wird. Weniger ausgeprägt ist das Einschwingen bei der Trägerdichte. Nach Erreichen eines nahezu konstanten Wertes, der n_g in (6.57) entspricht, erscheint die induzierte Lichtemission. Sie tritt also erst nach einer Verzögerungszeit τ_V auf, die man mit Hilfe der Bilanzgleichungen ermitteln kann.

Setzt man in (6.51) die induzierte Lichtemission $s = 0$, so erhält man

$$dn/dt = \alpha j - n/\tau_e \, , \tag{6.76}$$

mit der Lösung bei eingeprägtem Strom

$$n(t) = \alpha\tau_e j_0 [1 - \exp(-t/\tau_e)] \, . \tag{6.77}$$

Die zum Aufbau der für den Lasereinsatz erforderlichen Trägerdichte nötige Zeit τ_v ist damit

$$\tau_v = \tau_e \ln \frac{1}{1 - j_s/j_0} \, . \tag{6.78}$$

Diese Verzögerungszeit ist also durch die Lebensdauer der injizierten Träger bestimmt und nimmt mit der Größe des eingeprägten Stromes j_0 ab.

Eine Verlängerung dieser Zeit ergibt sich, wenn vor dem Auftreten der strahlenden Rekombination Haftstellen im Kristall aufgefüllt werden müssen. In diesem Fall ist in (6.51) rechts ein Glied $-n(1 - k)/\tau_T$ zuzufügen, wobei τ_T die Einfangzeit der Träger in diesen Haftstellen und k deren Besetzungsgrad bedeuten. Außerdem gilt noch eine Bilanzgleichung für die Haftstellen. Abb.6.24 zeigt für GaAs-Laserdioden die gemessene Verzögerungszeit für zwei verschiedene Temperaturen 77 K und 300 K als Funktion des Stromes [6.45]. Die Auswertung der Steigung liefert bei 77 K in guter Übereinstimmung mit anderen Ergebnissen für die Lebensdauer der Elektronen $\tau_e = 1{,}6$ ns. Bei 300 K tritt eine starke Abweichung auf, die zu einer Einfangzeit für hier aufzufüllende Haftstellen von $\tau_T \approx 5$ ns gehört.

Beim Einschwingen der Lichtemission treten vor Erreichen der stationären Emission entsprechend (6.67) bzw. (6.67a) im allgemeinen Lichtpulse, die sog. Spikes auf, deren Intensität mit der Zeit abnimmt. Geht man von einem festen Arbeitspunkt, charakterisiert durch die Größen n_0, s_0, j_0 aus und erhöht den Strom um einen kleinen Betrag j_1, so wird $n_0 + n_1$ und $s = s_0 + s_1$ mit den ebenfalls kleinen Größen n_1 und s_1, deren Produkt man in (6.51) und (6.52) vernachlässigen darf. Man erhält damit für diese Größen die lineare Differentialgleichungen

$$n_1 = \alpha j_1 - s_1 b(n_0 - n_{th}) - n_1(s_0 b + 1/\tau_e) \tag{6.79}$$

und

$$s_1 = s_1[b(n_0 - n_{th}) - 1/\tau_s] + n_1(s_0 b - \gamma\eta_R/\tau_e) \ . \tag{6.80}$$

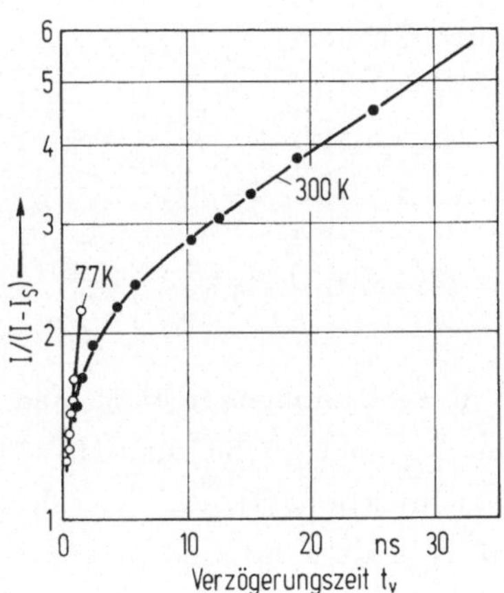

Abb.6.24. Verzögerungszeit des Lasereinsatzes gegenüber dem Beginn der Strominjektion bei Rechteckimpulsen. Aus dem Anstieg bei 77 K resultiert eine Trägerlebensdauer τ_e = 1,6 ns. Die Abweichung von der Geraden nach (6.78) bei 400 K deutet auf Haftstellen hin, die vor Einsatz der Laseremission gefüllt werden müssen

Diese Beziehungen führen zu der normierten Differentialgleichung zweiter Ordnung für den Schwingungsvorgang

$$\ddot{S}_1 + (B - C)\dot{S}_1 + (AD - BC)S_1 + DI_1/\tau_e = 0 \tag{6.81}$$

mit

$$A(1 - N_{th})\tau_e = N_0 - N_{th} \ ,$$

$$B(1 - N_{th})\tau_e = S_0 \cdot \tau_e/\tau_s + 1 - N_{th} \ ,$$

$$C(1 - N_{th})\tau_s = N_0 - 1 \ ,$$

$$D(1 - N_{th})\tau_s = S \cdot \tau_e/\tau_s + \beta(1 - N_{th}) \ .$$

Die Lösung von (6.81) ist eine gedämpfte Schwingung mit der Schwingfrequenz

$$\omega_R^2 = \omega_0^2 - 1/\tau_0^2 \, , \tag{6.82}$$

wobei ω_0^2 die Schwingfrequenz für verschwindende Dämpfung bedeutet,

$$\omega_0^2 = AD - BC \, , \tag{6.83a}$$

und τ_0 die Dämpfungskonstante,

$$1/\tau_0 = (B - C)/2 \, . \tag{6.84}$$

Setzt man A, B, C und D ein, so ergeben sich für diese charakteristischen Größen

$$\tau_e \tau_s \omega_0^2 (1 - N_{th}) = S_0 - N_0(1 - \beta) - \beta(1 - \beta)/(1/N_{th} - 1) + 2 \tag{6.85}$$

$$2(1 - N_{th})/\tau_0 = \left(S_0 \cdot \frac{\tau_e}{\tau_s} + 1 - N_{th} \right)/\tau_e + (1 - N_0)/\tau_s \, . \tag{6.86}$$

In diese Gleichungen kann man die oben gewonnenen Ausdrücke für S_0 und N_0 nach (6.66) und (6.67) einsetzen und erhält die Abhängigkeit vom Injektionsstrom. Übersichtlich werden die Ergebnisse nach [6.38] für $N_{th} \ll 1$. Sie sind in Abb.6.25 für ω_R und $2/\tau_0$ mit $\tau_s = 5\,\mathrm{ps}$ und $\tau_e = 2{,}5\,\mathrm{ns}$ dargestellt. Es gilt

$$\tau_s \tau_e \omega_0^2 = \sqrt{(I_0 - 1)^2 + 4\gamma\eta_R I_0} \tag{6.87}$$

und

$$1/\tau_0 = [I_0 + 1 + \sqrt{(I_0 - 1)^2 + 4\gamma\eta_R I_0}]/4\tau_e$$

$$+ [-I_0 + 1 + \sqrt{(I_0 - 1)^2 + 4\gamma\eta_R I_0}]/4\tau_s(1 - \gamma\eta_R) \, . \tag{6.88}$$

Die Darstellung von ω_R der Abb.6.25 zeigt, daß unmittelbar anschließend an den Lasereinsatz ein mit $\gamma\eta_R$, d.h. mit zunehmendem Anteil an "spontan" erzeugtem Laserlicht wachsender Bereich liegt, in welchem ein neuer stationärer Zustand aperiodisch erreicht wird. Dies ist, wie eingangs erwähnt, eine wesentliche Bedingung für den Einsatz der Laserdiode in der Nachrichten- und Signalübertragung bei hohen Frequenzen oder Pulsraten.

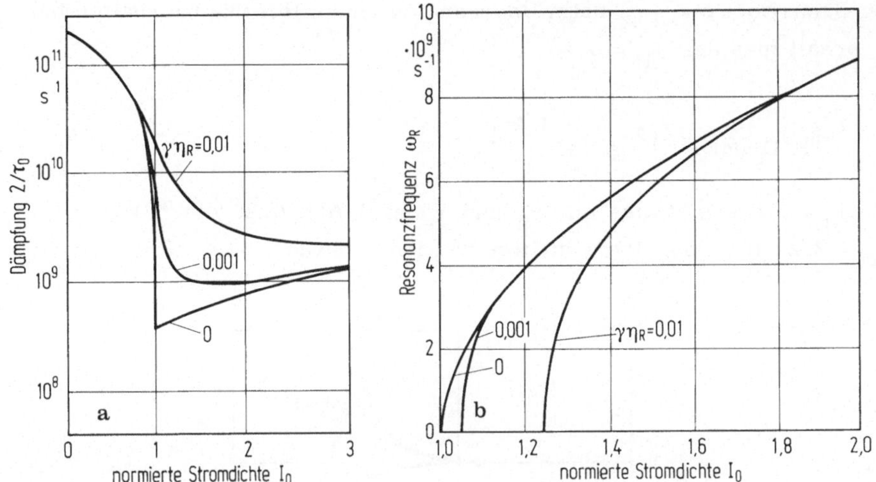

Abb.6.25. Kenngrößen des Einschwingens in Abhängigkeit vom Arbeitsstrom $I = j/j_s$ für verschiedenen Anteil an spontaner Emission $\gamma\eta_R$ mit $\tau_e = 2{,}5\,\text{ns}$ und $\tau_s = 5\,\text{ps}$.
a) Dämpfungskonstante $2/\tau_0$ nach (6.86); b) Resonanzfrequenz ω_R nach (6.82) und (6.85)

6.5.5 Modulationsverhalten

Für die Modulation der Emission eines Lasers sind wiederum die Bilanzgleichungen (6.51) und (6.52) zu lösen. Beschränkt man sich wie in Abschnitt 6.5.4 wiederum auf eine Kleinsignalbetrachtung, so gilt auch hierfür die Differentialgleichung (6.81), allerdings mit einer eingeprägten Wechselstromkomponente $j_1 = i_1 \sin\omega_M t$ der Modulationsfrequenz ω_M.

Als Modulationsgrad des emittierten Lichtes wird definiert das Verhältnis der Lichtamplitude $s_1(\omega_M)$ bei der Frequenz ω_M zur Amplitude $s_1(0)$ für einen zeitlich konstanten Zusatzinjektionsstrom j_1. Die Rechnung liefert bei Vernachlässigung von N_{th} die Beziehung

$$\frac{s_1(\omega_M)}{s_1(0)} = F(\omega_M) = \frac{\omega_R^2}{(\omega_R - \omega_M)^2 + (\gamma\eta_R\omega_M)^2}\,, \qquad (6.89)$$

die in Abb.6.26 für die obigen Werte von τ_s und τ_e aufgetragen ist. Liegt der Grundstrom I_0 so wenig über 1, daß es für einen gegebenen Wert von $\gamma\eta_R$ keinen Einschwingvorgang gibt, dann hat $F(\omega)$ kein Maximum. Einem Plateau folgt bei höheren Frequenzen ein monotoner Abfall.

Den Grenzwert für $\gamma\eta_R$ beim Übergang zu einem Resonanzverhalten bei ω_R erhält man aus $\omega_R = 0$ zu

$$(\gamma\eta_R)_{Grenze} \approx (2\tau_s/\tau_e)^{1/2}(I_0 - 1)^{3/2} . \qquad (6.90)$$

Für $I_0 = 1,5$ ergibt dies mit τ_s und τ_e nach Abb.6.26 einen Wert $\gamma\eta_R = 2,2 \cdot 10^{-2}$ der überschritten werden müßte.

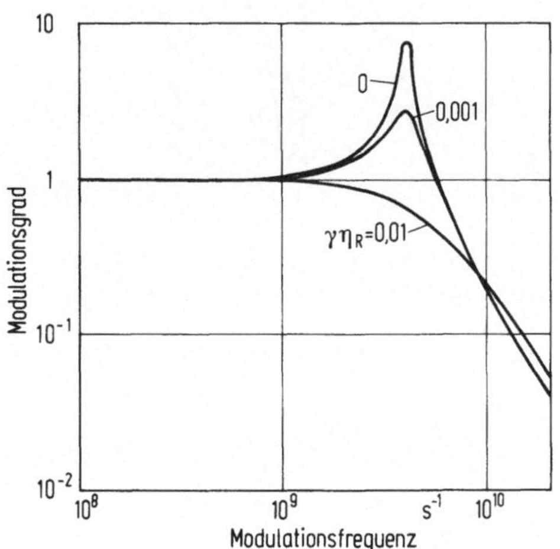

Abb.6.26. Modulationsgrad $\frac{s_1(\omega)}{s_s(0)}$ der Emission nach (6.89). Alle Größen gelten für eine Kleinsignalbetrachtung, wo die Abweichungen vom Arbeitspunkt (j_1, n_1, s_1) klein sind gegenüber den stationären Werten (j_s, n_0, s_0)

Hält man die Modulationsgrequenz ω_M konstant und variiert den Grundgleichstrom, so tritt ein Maximum des Modulationsgrades $F(\omega)$ bei einem Strom auf, der gegeben ist durch

$$j_{max}/j_s = 1 + \tau_e\tau_s\omega_M^2 . \qquad (6.91)$$

Das Großsignalverhalten der Laserdiode wurde ebenfalls berechnet. Da es dafür eine Vielzahl von Möglichkeiten gibt, muß hier aber auf Originalarbeiten verwiesen werden [6.39, 6.41a, 6.47].

Grundsätzlich ist nach (6.82) und (6.89) die Modulationsfrequenz für die direkte Strommodulation beschränkt. Für hohe Ströme erhält man nämlich

$$\omega_R^2 = \frac{I_0 - 1}{\tau_e \tau_s} - (I_0/2\tau_e)^2 \, , \tag{6.92}$$

mit einem Maximalwert $\omega_{R,max} = 1/\tau_s$, der allerdings erst bei unrealistisch hohen Werten $I_0 = 2\tau_e/\tau_s$ erreicht würde. Mit $\tau_s = 5 \cdot 10^{-12}$ s und $\tau_e = 2,5 \cdot 10^{-9}$ s ergibt dies eine maximale Modulationsgrequenz $\nu_M = 3$ GHz. Mit einem zulässigen Maximalstrom von $I_0 = 2$ ergibt sich aber bereits eine niedrigere Frequenz von 1,4 GHz, bei $I_0 = 1,3$ nur noch 430 MHz.

Will man noch höhere Modulationsfrequenzen z.B. für Anwendungen in der Nachrichtentechnik erreichen, so muß man auf indirekte Modulationsverfahren [6.48] zurückgreifen, wie sie für andere Laser entwickelt wurden. Man unterscheidet die externe Modulation, wobei das Laserlicht außerhalb der Laserdiode durch elektrooptische Methoden moduliert wird und die Auskoppelmodulation, bei der der Resonator innerlich angezapft und nur ein kleiner Teil der optischen Energie bei gleichzeitiger Modulation verfügbar gemacht wird. Diese Art der Modulation läßt Frequenzen bis zu einigen 10 GHz zu, wie es für Kohlendioxidlaser gezeigt wurde [6.49]. Bei Laserdioden kann man sich geeignete Anordnungen denken, die die Methoden der "Integrierten Optik" nutzen [6.50, 6.51].

6.5.6 Spektrale Modulation

Bei den bisherigen Betrachtungen des dynamischen Verhaltens wurde immer nur eine stabile Laserschwingung vorausgesetzt. Meist sind aber mehrere Schwingungsmoden gleichzeitig angeregt. In diesem Fall kann man das Modulationsverhalten nach Erweiterung der Bilanzgleichungen für mehrere Moden mit unterschiedlicher Güte (τ_s) und unterschiedlichem Gewinn [6.52] berechnen.

Man erhält dann als erstes für den stationären Zustand verschiedene Spektren je nach Höhe des Injektionsstromes. Dabei sind nicht nur die Intensitäten verändert, auch neue Linien werden bei erhöhtem Strom angeregt. Eine andere Erweiterung der Bilanzgleichungen bringt das Einbeziehen der Ortsabhängigkeit von n und s. Erstere entsteht durch die Abhängigkeit der lokalen Injektionsstromdichte von der induzierten Emission, die in den Bereichen hoher Lichtintensität zum lokalen "hole-burning" [6.45] in der Trägerverteilung führt, was die Berücksichtigung der Trägerdiffusion erforderlich macht. Ein weiterer Effekt auf das Spektrum beruht auf dem hole-burning in der Energieverteilung der Träger, ebenfalls verursacht durch den starken Anstieg der induzierten Emission mit der Lichtintensität.

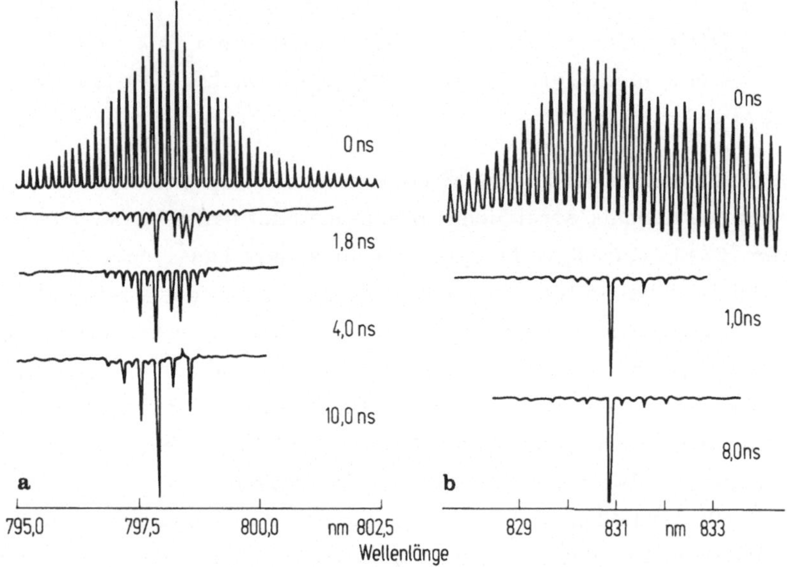

Abb.6.27. Anschwingverhalten von Monomodelaserdioden. Gezeigt sind die Emissionsspektren bei einem Strom wenig unterhalb der Laserschwelle (Superstrahlung) und für verschiedene Zeiten nach Einschalten eines über die Schwelle führenden Zusatzstromes.
1) Diode mit langsamen Einschwingen; b) Diode mit schnellem Einschwingen

Alle diese Effekte führen zu einer Instabilität im Schwingungszustand der Laserdiode. Sie zeigen sich bereits deutlich beim Anschwingen [6.53]. Abb.6.27 zeigt die Spektren einer sich langsam stabilisierenden Emission, die schließlich nach 10 ns in einigen wenigen stabilen Moden endet und das Verhalten einer Monomodediode, die bereits nach 1 ns stabil schwingt.

6.5.7 Frequenzverhalten von Lumineszenzdioden

Für viele Anwendungen in der Daten- und Signalübertragungstechnik (Abschnitt 7.2) reichen die Modulationseigenschaften von LED bereits aus. Ihr Frequenzverhalten wird wie das der Laserdioden von der Lebensdauer

τ_e der injizierten Träger wesentlich bestimmt. Während jedoch bei der Laserdiode die Aufenthaltsdauer τ_s der Photonen im Resonator als weitere bestimmende Größe auftritt, spielt bei LED die Diodengeometrie über den Einfluß innerer und äußerer Grenzflächen auf das Rekombinationsgeschehen eine ähnliche Rolle. Man erhält für Doppelheterostrukturdioden als effektive Lebensdauer

$$1/\tau_{eff} = 1/\tau_e + 2s/d \ , \tag{6.93}$$

wobei s die Rekombinationsgeschwindigkeit an den Grenzflächen und d den Abstand der Injektionsquelle von der Grenzfläche bedeutet, der von den Trägern durch Diffusion überbrückt wird [6.54]. Verwendet man Heterostrukturen mit kleinen d-Werten, wie bei der Burrus-Diode (Abschnitt 5.2.1), so kann auf diese Weise eine Grenzfrequenz über 1 GHz erzielt werden [6.55]. Andernfalls wird durch das RC-Produkt aus Bahnwiderstand und Sperrschichtkapazität die Modulationsfrequenz beschränkt [6.56]. Abb.6.28 zeigt den Frequenzgang der Modulation für den Fall einer Begrenzung durch die Sperrschichtkapazität mit τ_{RC} = RC, sowie die Verbesserung durch eine innere Grenzfläche mit einer Dicke der aktiven Schicht von etwa 1 µm. Im ersten Fall erhält man als Modulationsgrenzfrequenz 100 MHz, im zweiten Fall etwas mehr als 1 GHz. Außerdem ist die Abhängigkeit der Grenzfrequenz bei einfachen Dioden von der Löcherkonzentration im p-Gebiet aufgetragen. Zu beachten ist allerdings,

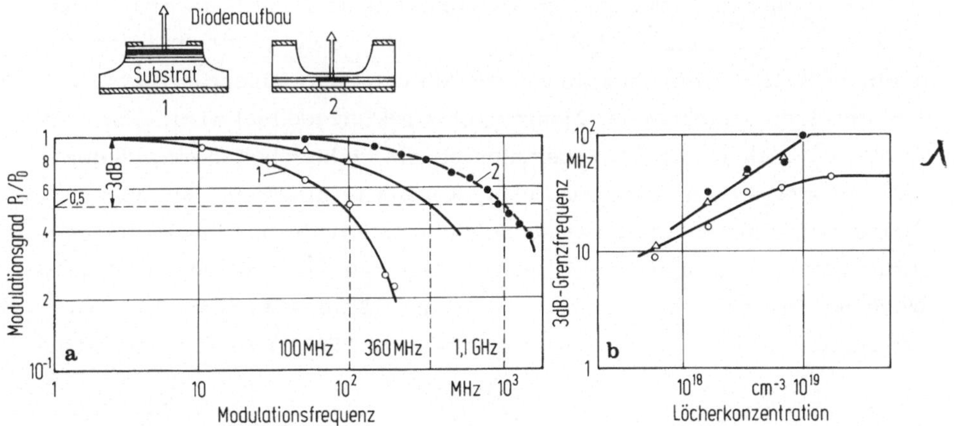

Abb.6.28. Modulationsverhalten von LED.
a) Diode mit 100 MHz Grenzfrequenz bei Begrenzung durch die Volumenträgerlebensdauer und Sperrschichtkapazität (1), 1000 MHz bei effektiver Verringerung der Trägerlebensdauer mittels innerer Grenzflächenrekombination (2); b) prinzipieller Verlauf der Grenzfrequenz mit der Dotierungskonzentration in solchen Dioden.

daß jede Erhöhung der Modulationsgrenzfrequenz durch eine Einbuße an Lichtleistung bezahl werden muß. Erst eine sehr hohe Injektion kann aus dieser Beschränkung durch ein nahezu konstantes Gewinn-Bandbreite-Produkt herausführen [6.54].

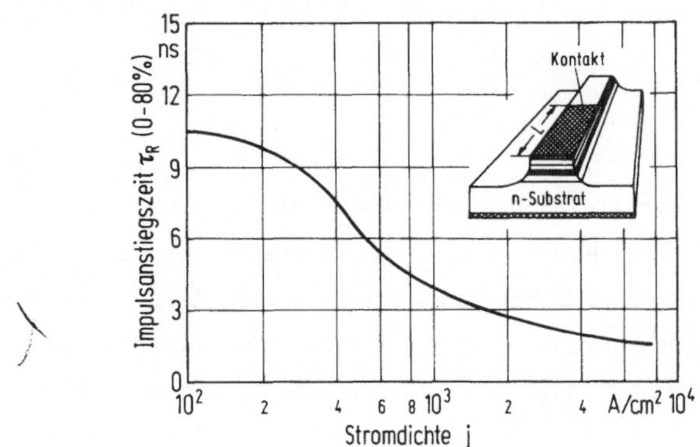

Abb.6.29. Abnahme der Zeitkonstanten einer Superstrahlungsdiode (SLD) mit Doppelheterostruktur. Um die optische Rückkoppelung zu unterdrükken, ist, wie im Aufbauschema gezeigt, ein Teil der Diode nicht kontaktiert und wird daher elektrisch nicht angeregt. Die Linienbreite oberhalb der Schwelle zur induzierten Emission ($j_s \approx 5\,kA/cm^2$) ist von 40 nm auf 10 nm zurückgegangen. Die übertragbare Bitrate beträgt etwa 250 Mbit/s

Interessant ist noch ein Sonderfall zwischen LED und Laserdiode, die Superstrahlungsdiode SLD [6.57]. Sie hat einen Aufbau ähnlich der Laserdiode, jedoch ohne spiegelnde Endflächen. Bei hoher Stromdichte tritt induzierte aber nicht rückgekoppelte Lichtemission auf. Die Abstrahlcharakteristik ist ähnlich wie bei der Laserdiode, da auch hier die Lichtwelle in einem Wellenleiter läuft, der durch Materialheteroübergänge zwischen den einzelnen Schichten der Mehrschichtstruktur gebildet wird. Abb.6.29 zeigt die Abnahme der Zeitkonstanten für die Lichtemission einer solchen SLD mit steigendem Injektionsstrom, wobei allerdings eine Vielzahl von Emissionslinien innerhalb der durch die spontane Rekombination festgelegten natürlichen Linienbreite auftritt. Wie man sieht werden auf diesem Wege bei Stromdichten über etwa $10^3\,A/cm^3$ Zeitkonstanten unter 2 ns erreicht, was eine Übertragungsrate von etwa 250 Mbit/s erwarten läßt.

6.6 Spezielle Halbleiterdiodenlaser

Hohe Lichtleistung bei Puls- oder Impulsbetrieb, Dauerbetrieb bei 300 K oder höher, Abstrahlcharakteristiken mit enger Strahlbündelung, Stabilität und geringe Anzahl der angeregten Schwingungsmoden, insbesondere Monomodebetrieb (d.h. schmale Emissionslinien), sowie eine große Anzahl an verschiedenen Wellenlängen und deren Abstimmbarkeit, sind die häufigsten Forderungen, die von seiten der Anwender an Laserlichtquellen gestellt werden.

Nicht alle Forderungen sind gleichzeitig erfüllbar, so ist die Wellenlängenvariation und deren Durchstimmbarkeit gerade bei einer Laserdiode aus GaAs-AlAs besonders gering. Das kurzwellige Spektrum des sichtbaren Lichtes wird überhaupt nicht von den Diodenlasern erfaßt. Die entsprechenden Materialien können nur optisch oder mit Elektronenstrahlen angeregt werden (Tabellen 6.2 und 6.3).

Von den Halbleiterlasern haben sich aber bisher nur die Diodenlaser mit ihrer elektrischen Anregung durch den Injektionsstrom in der Praxis durchgesetzt; deshalb konzentriert sich das Folgende vornehmlich auf die verschiedenen Strukturen derartiger Laser. Halbleiterlaser, die optisch oder mit Elektronenstrahl angeregt werden, sind relativ kurz in Abschnitt 6.7 behandelt.

6.6.1 Laserdioden mit Fabry-Perot-Struktur

Dioden mit einem Aufbau nach Abb.6.9 entsprechen einem Fabry-Perot-Interferometer. Sie bestehen aus einem quaderförmigen Kristallkörper, der zwei planparallele Spiegelflächen besitzt. Die Schichten parallel zur aktiven Schicht (z.B. 2 und 3) dienen der Stromzufuhr und der elektrischen bzw. optischen Konzentration von Anregung und erzeugter Strahlung.

Die Länge eines Diodenlasers ist praktisch auf Werte unter 1 mm beschränkt, da sonst die technologischen Schwierigkeiten der Herstellung stark ansteigen. Außerdem bringt eine weitere Verlängerung keine adäquate Verbesserung der Eigenschaften, wie es schon die in Abschnitt 6.5 beschriebene Sättigung des Gewinns (vgl. (6.75)) oder der Anstieg der Zeitkonstante τ_s zeigt (vgl. (6.53)).

Je nach transversalem Aufbau senkrecht zur Schichtstruktur unterscheidet man Homodioden (HD), die aus einem einheitlichen Halbleitermaterial bestehen, das nur unterschiedlich dotierte Bereiche enthält und Heterodioden. Bei Einfachheterodioden (SH: single heterostructure) [6.28] fol-

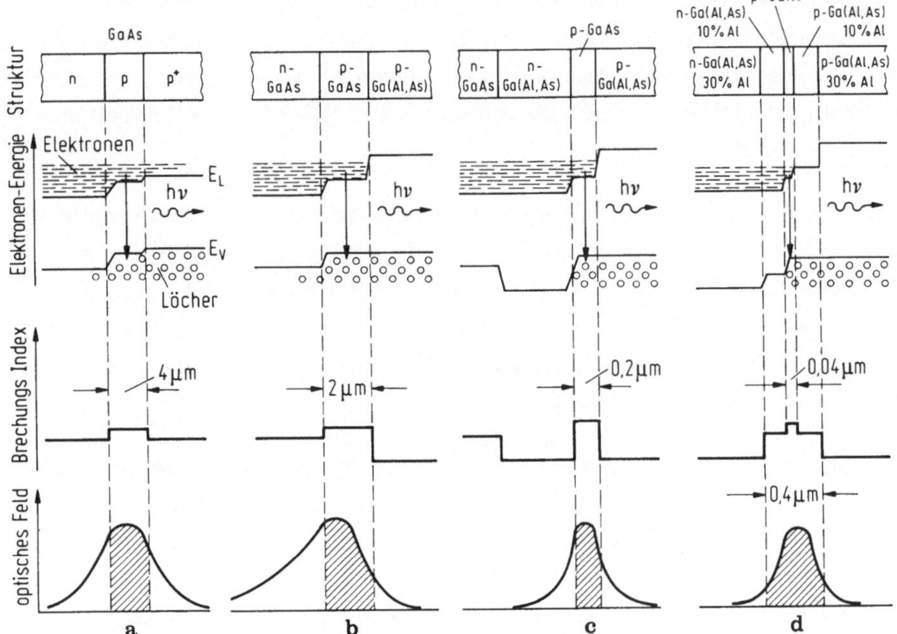

Abb.6.30. Aufbau, Bänderschema, Verlauf des Brechungsindex und einfachstes optisches Strahlungsfeld für die wichtigsten Laserdiodentypen mit Fabry-Perot-Struktur.
a) Homodiode, p^+pn; b) Diode mit einem Heteroübergang (SH); c) Diode mit zwei Heteroübergängen und damit starker Lokalisierung des optischen Feldes (DH) sowie d) Fünfschichtdiode mit vier Heteroübergängen (SCH), die das optische Feld auf einen relativ breiten Streifen lokalisiert und die injizierten Träger auf eine darin enthaltene, sehr schmale Zone. Die kleinen Brechungsindexsprünge an den Übergängen betragen 0,1 % bis 1,0 %, die großen liegen bei etwa 5 %; dementsprechend ist die Lichteindringtiefe in die nicht angeregten Bereiche etwa 1 µm bzw. 0,1 µm. Der Bereich der angeregten Zone ist schraffiert dargestellt

gen zwei Halbleitermaterialien mit unterschiedlichem Bandabstand und Brechungsindex aufeinander und bei den Doppel- und Vielfachheterostrukturen (DH: double heterostructure) sind zwei oder mehrere solcher Materialübergänge im Spiel. Die Heterostrukturen werden meist innerhalb des Systems GaAs-AlAs realisiert, das je nach Zusammensetzung eine starke Änderung des Bandabstandes, und gegenläufig hierzu, des Brechungsindex ermöglicht. Dabei bleibt die für die Technologie wichtige Gitterkonstante im ganzen Temperaturbereich, der bei der Kristallherstellung durchlaufen wird, nahezu gleich (Abb.4.16 und 4.17).

Abb.6.30 zeigt schematisch den Schichtaufbau solcher Dioden mit dem zugehörigen Verlauf von Brechungsindex und Bänderschema sowie die Trägerinjektionsverhältnisse und die einfachsten Formen des optischen Feldes [6.58]. Die Tabellen 6.4 und 6.5 (S. 171 bzw. S. 189) geben quantitativ Auskunft über die wichtigsten Betriebsdaten.

Homolaserdioden (LD)

Die Homodioden nach Abb. 6.30a weisen eine p^+pn-Schichtfolge auf (p^+ bedeutet hohe Löcherdichte gegenüber p) mit einer häufig nahezu kompensierten aktiven p-Zone. Diese Struktur kann entweder durch einfache Diffusion von Akzeptoren in n-leitendem Grundmaterial erzeugt werden oder durch eine epitaktische Abscheidung der einzelnen Schichten mit mehr oder weniger ausgeprägten Diffusionszonen (Abschnitt 4.3). Die Löcherkonzentration im p^+-Gebiet beträgt einige $10^{18}\,cm^{-3}$. Die Breite d der elektrisch angeregten Zone ist bei diesem einfachen pn-Übergang, wie in Abschnitt 6.3 beschrieben, näherungsweise gleich der Diffusionslänge der aus dem n-Gebiet in den p-Bereich injizierten Elektronen. Da die in der Regel höhere Beweglichkeit μ_n der Elektronen die größere Diffusionslänge bedingt, kann man die Diffusion der Löcher ins n-Gebiet vernachlässigen. Zwischen den unterschiedlich dotierten Zonen treten kleine Brechungsindexunterschiede von etwa 0,1 % bis 1 % auf, die zu einem Führungseffekt für unter sehr flachen Einfallswinkeln laufende axiale Lichtwellen führen. Deshalb erleiden diese eine nur geringe Beugung in die anliegenden Kristallzonen und der Schwellenstrom für ihre Anregung fällt relativ niedrig aus. Beim Einsatz der Laseremission überwiegen daher diese Moden. Solche HD-Laserdioden haben aber, wie in Tabelle 6.5 notiert, bei 300 K hohe Schwellenstromdichten und können daher nur mit sehr kurzen Impulsen im Nanosekundenbereich betrieben werden. Ihr Emissionsspektrum ist breit und das Fernfeld ist unterschiedlich strukturiert. Die erzielbare Pulsstrahlungsleistung ist jedoch wegen des großen angeregten Volumens und der nötigen starken Anregung hoch (Tabelle 6.4).

Einfachhetero-Laserstrukturen (SH) sowie LOC-Laser

Eine wesentliche Verbesserung hinsichtlich Dauerbetrieb bringt die Einfachheterodiode nach Abb. 6.30b mit einem Materialsprung im p-Bereich. Hier wird durch den größeren Brechungsindexsprung (1 % bis 5 %) das Eindringen von Licht in die p-Zone noch weiter vermindert und damit gleichzeitig die Führung der Lichtwelle wesentlich verbessert. Auch die Diffusion der injizierten Elektronen wird beschränkt, da diese die am Heteroübergang entstehende Potentialschwelle nicht mehr überwinden können. Ist die Dicke der inneren p-Schicht kleiner als die Diffusionslänge, dann erfüllen die injizierten Elektronen nur diese Schicht und haben dort eine nahezu konstante Konzentration. Die elektrisch angeregte Schicht wird also dünner als bei der Homodiode und damit der Schwellenstrom nach (6.30a) kleiner. Dotiert man gleichzeitig die n-Zone relativ niedrig, so wird dort die Absorption gering, was zu einer weiteren Verbesserung führt. In einer solchen Diode wird das Licht in einer relativ breiten Zone geführt. Diese Führung kann durch einen weiteren Heteroübergang mit Brechungsindexsprung im n-Bereich noch wesentlich verbessert werden. Der entstehende optische relativ breite Resonator (LOC: large optical cavity) hat nach (6.47) und (6.48) einen verengten Abstrahlkegel zur Folge [6.59], und die Belastung der Spiegel durch die Strahlung wird geringer, so daß die katastrophische Alterung (Abschnitt 8.3) durch Spiegelerosion erst bei höherer Abstrahlleistung auftritt. Eine Struktur, mit einer elektrischen Anregungszone von 1 μm Breite und einem 7 μm breiten optischen Resonator, erbrachte Schwellenströme von $1 \cdot 10^4 A/cm^2$ und eine Spiegelbelastbarkeit von 2 kW/cm gegenüber 700 W/cm beim einfachen SH-Laser.

Doppelhetero-Laserstrukturen (DH)

Den wesentlichen Fortschritt in Richtung niedriger Schwellenströme und verbesserter Strahlungsqualität bringt die Doppelheterostruktur nach Abb.6.30c mit einem weiteren Materialsprung an der pn-Grenze, der zusätzlich auch für die Löcher einen Potentialwall bildet. Auf diese Weise werden alle injizierten Träger und die Strahlung auf einen engen Bereich der Breite d konzentriert. Die erhöhte Trägerdichte und die die induzierte Rekombination stimulierende Strahlungsdichte werden vergrößert, so daß die Schwellenstromdichte entsprechend (6.30a) bis zu $d = 0,2\,\mu m$ proportional absinkt. Abb.6.31 zeigt dieses Verhalten für verschieden hohe Brechungsindexsprünge an den Heteroübergängen bei undotierter Aktivzone aus GaAs [6.60]. Der Minimalwert liegt bei $j_s = 0,5 \cdot 10^3 A/cm^2$ und einer Breite der aktiven Schicht unter 0,1 μm. Der Wideranstieg nach kleineren d-Werten entspricht der Erwartung für $d < \lambda/2n^*$, wo, wie die entsprechenden Lösungen von (6.37) zeigen, zunehmend die Führung der Lichtwelle nachläßt. Das in die Nachbarbereiche abgebeugte Licht wird dort absorbiert und α_V in (6.33) steigt an.

DH-Laserdioden mit einer aktiven Schicht unter 0,5 μm Dicke haben eine so niedrige Schwellenstromdichte, daß die Eigenerwärmung bei guter Wär-

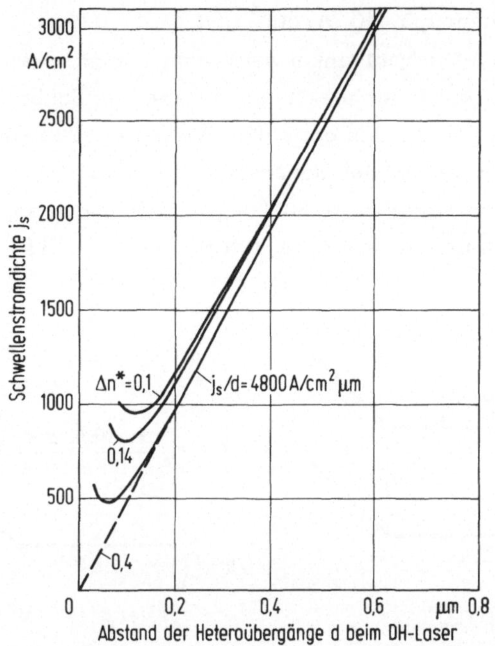

Abb.6.31. Abhängigkeit der Schwellenstromdichte bei DH-Laserdioden aus $Ga_{1-x}Al_xAs$ von der Dicke d der aktiven Schicht für Monomodebetrieb. Als Parameter ist der Sprung des Brechungsindex Δn^* an den Heteroübergängen eingetragen. Die Kurven entsprechen von unten nach oben x = 0,65, x = 0,5 und x = 0,25

meabführung (Abschnitt 6.7) gering bleibt. Dioden mit einer Breite bis zu etwa 100 µm können daher bei 300 K und darüber im Dauerbetrieb laufen. Der bandförmige lichtführende Bereich führt allerdings zu einem Abstrahlkegel mit stark elliptischem Querschnitt und die Zahl der angeregten lateralen Schwingungsmoden ist meist noch sehr groß (Abb.6.17b).

Mehrschichtstruktur (SCH)

Eine weitere Ausführung der Laserdiode nach Abb.6.30d hat eine Fünfschichtstruktur mit vier Heteroübergängen. Bei diesem Aufbau werden Anregungsraum und Ausbreitungsgebiet für die Strahlung ähnlich wie bei der LOC-Diode - aber wesentlich effektiver - voneinander getrennt. So ist es möglich, die injizierten Träger auf eine Zonenbreite unter $\lambda/2n^*$ zu konzentrieren und die Strahlung in einem Streifen mit einer Dicke von mehreren Wellenlängen zu führen (separate confinement heterostructure SCH). Hierbei wird die Schwellenstromdichte besonders niedrig und die Symmetrie in der Abstrahlcharakteristik verbessert [6.61]. Schwellenstromdichten zwischen $0,5 \cdot 10^3$ A/cm^2 und $1 \cdot 10^3$ A/cm^2, Wirkungsgrade von 30 % bis 50 % und Abstrahlwinkel senkrecht zur pn-Ebene unter 15° wurden mit einer Dicke d der elektrisch angeregten Schicht von weniger als 0,1 µm und einer Dicke des optischen Wellenleiterbereiches von etwa 1 µm erzielt. Transversalmoden höherer Ordnung können dabei vermieden werden, es werden aber etwa 20 Longitudinalmoden angeregt, was zu einer Gesamtlinienbreite von etwa 1,5 nm bei $I = 1,3 I_s$ führte.

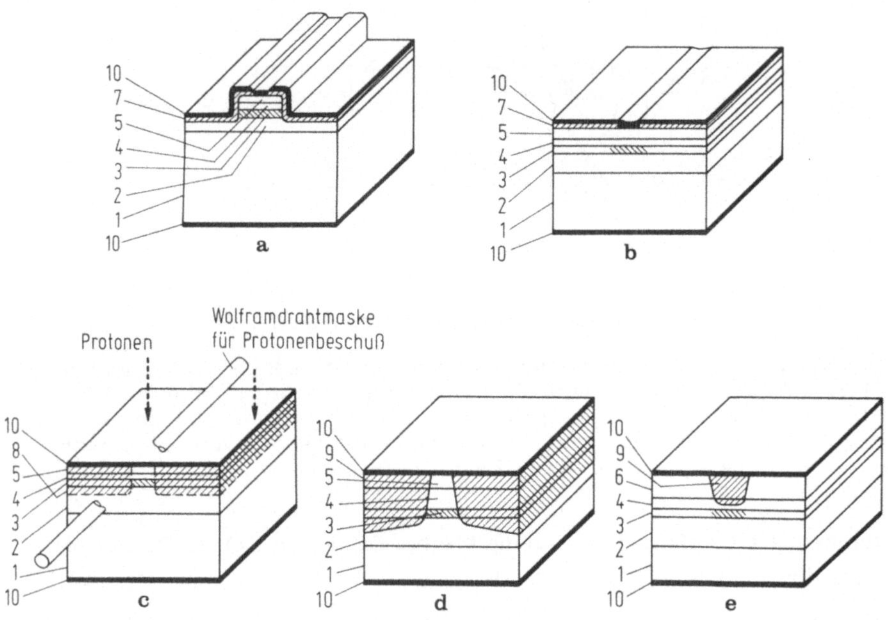

Abb.6.32. GaAs-Streifenlaserdioden mit verschiedenem Aufbau zur lokalisierung der Stromanregung.
a) Durch Ätzen erzeugte Mesadiode, die zur Vereinfachung der Kontaktierung durch eine Oxidschicht seitlich geschützt ist. b) Durch eine maskierende Oxidschicht wird die Stromausbreitung vom Kontakt auf einen schmalen Kristallstreifen beschränkt. c) Die Strombahn wird durch semiisolierende Kristallbereiche, die durch Bombardement mit 100 keV-Protonen erzeugt werden, eingeengt. Als Maske dient hierbei ein Golddraht oder eine elektrolytisch erzeugte Goldbahn genügender Dicke. d) Durch Zn-Diffusion in GaAs erzeugte p^+-Zonen beschränken die Strombahn auf einen schmalen Streifen, da der in der n-(GaAl)As-Schicht liegende diffundierte pn-Übergang wegen der p-Dotierung eine höhere Barriere hat, als der parallel liegende Übergang zur aktiven p-Schicht. e) Anschluß eines Streifens in der aktiven Schicht durch einen Zn-diffundierten Bereich, der gegenüber dem n-dotierten Bereich an der Oberfläche den Stromfluß sperrt.
1: n-GaAs Substrat; 2: n-(Ga,Al)As; 3: p-GaAs enthält die aktive Schicht; 4: p-(Ga,Al)As; 5: p^+-GaAs; 6: n-GaAs; 7: Oxidsicht; 8: protonenbombardierte isolierende Schicht; 9: Zn-diffundierte Schicht; 10: metallische Kontaktschicht; aktive Laserschicht

Zur Erniedrigung der Schwellenströme und zur weiteren Verbesserung der Qualität des Laserlichtes hinsichtlich Modenzahl und Symmetrie der Abstrahlcharakteristik führt die Anwendung des Konzeptes der Streifengeometrie [6.40, 6.8] auf die DH-Laserdiode. Abb.6.32 zeigt verschiedene einfache Wege, wie dies zu bewerkstelligen ist. Sie führen alle zu ähnlichen Ergebnissen. Ausgehend von der ganzflächigen DH-Struktur eines Kristalls wird die Streifenstruktur entweder (a) durch Ätzen einer Mesa mit anschließender Isolation der Seitenflächen und ganzflächig aufgebrachter Metallkontaktschicht erzielt oder (b) durch seitliche Begrenzung der Strominjektion mittels einer Oxidmaske oder (c) mit semiisolierenden Bereichen, die durch Bombardement mit Protonen (100 keV) erzeugt werden. Weitere Möglichkeiten liefert (d) die seitliche Erzeugung von Strombarrieren oder (e) der elektrische Anschluß der Streifenzone mittels Zn-Diffusion.

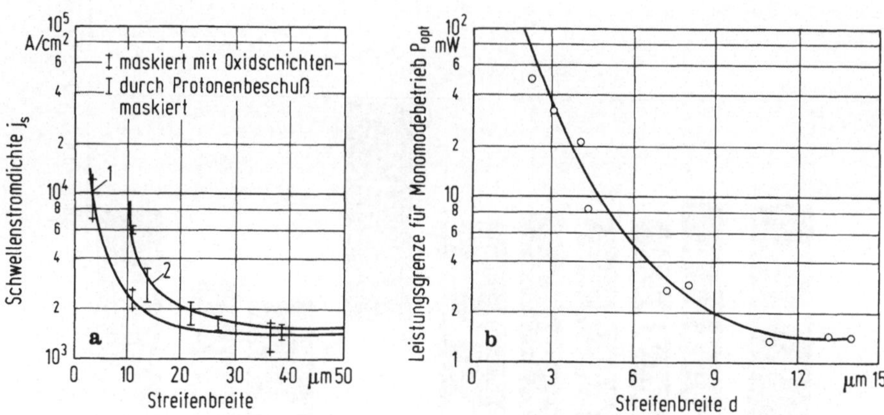

Abb.6.33. Schwellenstromdichte für Streifenlaser (a) und Grenzleistung für das Auftreten transversaler Moden höherer Ordnung (b).
1: Schwellenstrom bei Oxidmaske (Abb.6.32b); 2: Schwellenstrom bei Einengen des Strompfades durch hochohmige, protonenbeschossene Bereiche (Abb.6.32c)

Die für die Laserfunktion ideale Mesastruktur, bei der der ganze Strom zur Anregung verfügbar ist und die Strahlung auch seitlich durch einen Brechungsindexsprung geführt wird, ist für die Herstellung und die spätere Montage sehr ungünstig. Dagegen sind planare Streifenstrukturen wesentlich einfacher direkt mit der Wärmesenke zu verbinden. Sie weisen jedoch, wie Abb.6.33 zeigt, wegen der unvollständigen Konzentration des Anregungsstromes bei schmalen Streifen unter 10 µm einen unerwünsch-

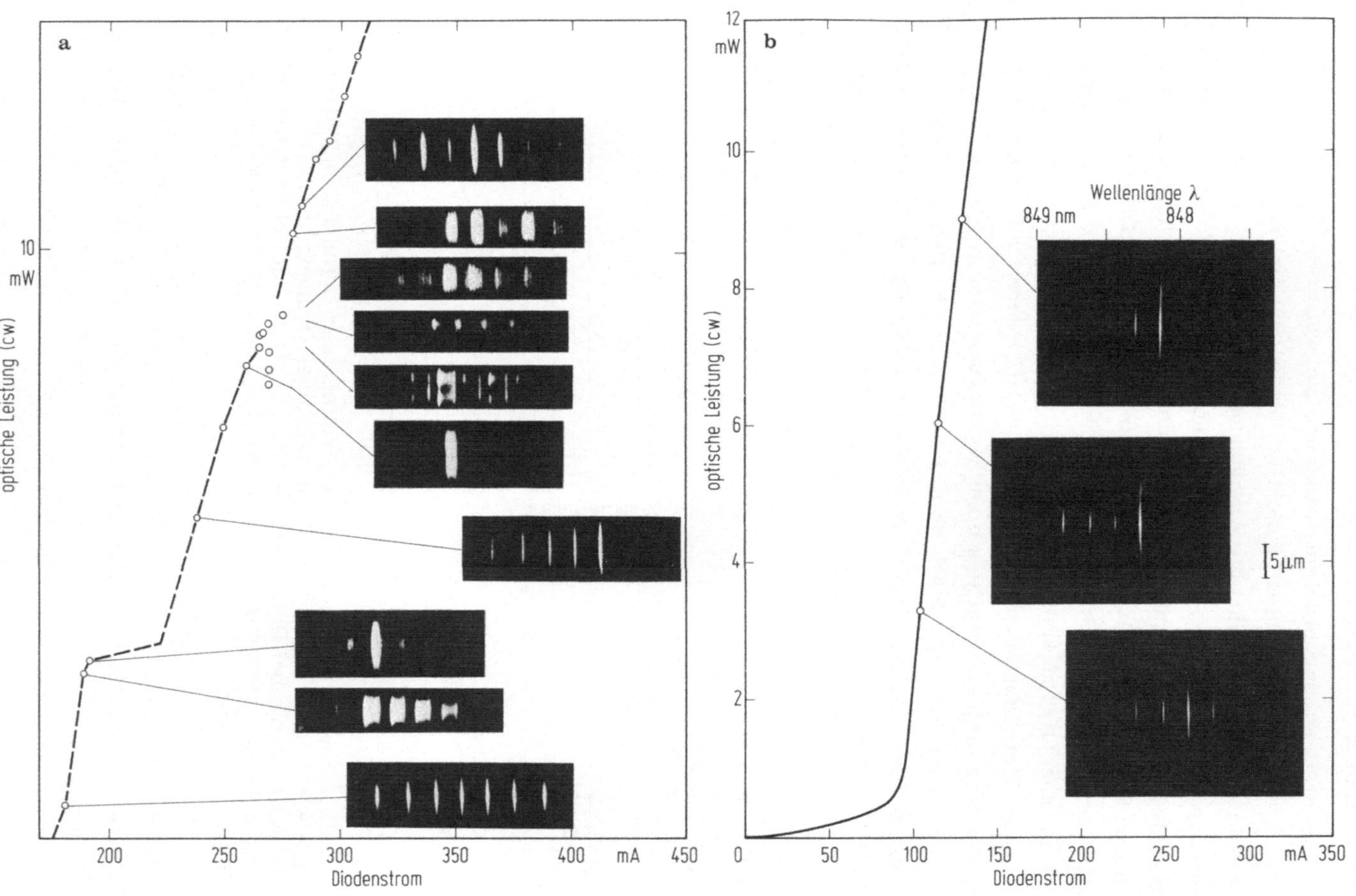
a
optische Leistung (cw)
10
mW
200
250
300
350
400
mA
450
Diodenstrom
b
12
mW
10
8
6
4
2
optische Leistung (cw)
Wellenlänge λ
849 nm
848
5 μm
0
50
100
150
200
250
300
mA
350
Diodenstrom

ten Anstieg des Schwellenstromes auf [6.62a]. Der Bereich mit linearer Licht-Stromcharakteristik wird dort aber immer größer, wobei keine Transversalmoden höherer Ordnung mehr auftreten [6.62b].

Der Einfluß der lateralen Stromverteilung und der Strahlungsverluste auf den Schwellenstrom des Streifenlasers wurde kürzlich theoretisch untersucht. Mit einem Modell, das die Geometrie, den Verlauf des Brechungsindex und die elektronischen Daten der Schichten berücksichtigt, konnte gute Übereinstimmung mit allen experimentellen Ergebnissen erzielt werden [6.62a].

Streifenbreiten über 10 μm führen zu Laserdioden mit "Knicken" in der Licht-Strom-Charakteristik, wie es Abb.6.34a für eine besonders ungünstige 20-μm-Diode zeigt [6.63]. Die Emissionsspektren für verschiedene Arbeitspunkte bestehen aus einer Vielzahl sich ändernder Schwingungsmoden, die sich auch im Modulationsverhalten ungünstig bemerkbar machen [6.64]. So treten an den Instabilitätspunkten jeweils Resonanzen entsprechend (6.89) auf.

DH-Laserdioden mit Streifenbreiten unter 10 μm können "knickfrei" gezüchtet werden. Sie haben dann, wie Abb.6.34b zeigt, eine lineare Kennlinie, und es werden nur noch mehrere Longitudinalmoden angeregt [6.65]. Im Nahfeld ändert sich das Modenbild und das Spektrum besteht aus Linien im Abstand von 0,2 nm, was nach (6.35) den Longitudinal- oder Axialmoden eines 400 μm langen Lasers entspricht.

Auskunft über das dynamische Verhalten solcher Dioden gibt Abb.6.35. Sie zeigt oben eine eingeprägte elektrische Pulsfolge (Wort) entsprechend einer Informationsrate von 565 Mbit/s und unten deren Wiedergabe, nachdem das entsprechende Laser-Licht-Signal eine Glasfaserstrecke von

---

Abb.6.34. a) Licht-Strom-Charakteristik einer DH-Laserdiode mit 20 μm-Streifen und ihr Strahlungsspektrum bei verschiedenen Arbeitspunkten. Jeder Knick in der Kennlinie entspricht einer Änderung des Schwingungsmodus, wobei auch die Form des Resonators durch Veränderungen im Gewinnprofil instabil sein kann. Dies dürfte vor allem zu dem Meßpunkthaufen nahe 8 mW geführt haben. b) Laserdiode mit linearer Licht-Strom-Charakteristik (Siemens). Bei kleiner Streifenbreite (hier 7 μm) und geringer Anregungsleistung treten keine Knicke mehr in der Licht-Strom-Kennlinie auf. Die verbleibenden Frequenzspektren sind auf eine unterschiedliche Zahl angeregter Longitudinalmoden zurückzuführen. Die Bilder zeigen die Lichtintensitätsverteilung in der pn-Ebene im Nahfeld an der Spiegelfläche

1 km durchlaufen hat. Die Laserdiode wurde direkt oberhalb der Laserschwelle mit etwa 160 mA betrieben und mit 40-mA-Pulsen ausgesteuert. Die empfangenen Impulse zeigen keinerlei Einschwingen und ihre Amplitude ist auf 5 % konstant.

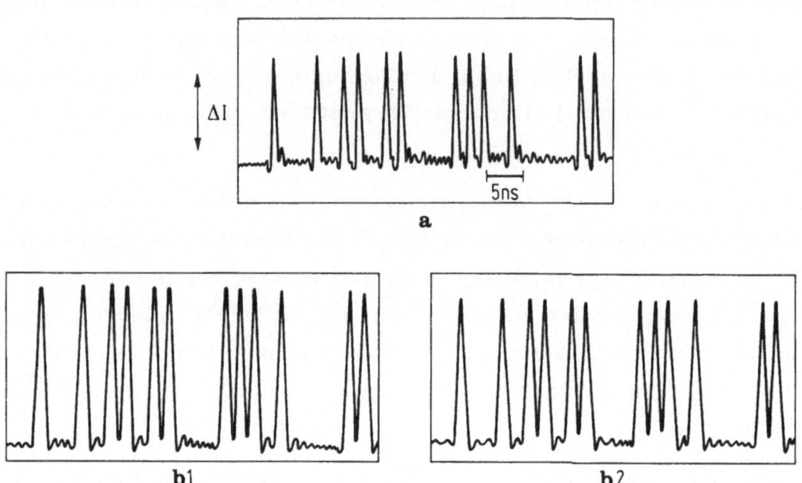

Abb. 6.35. Stromimpulse (a, 565 Mbit/s) und Lichtimpulsantwort (b) bei einem Arbeitspunkt dicht oberhalb der Laserschwelle (I_0 = 1,01 und 1,02 entsprechend 156 mA bzw. 157 mA) und einer Emission von 1 mW/μm Streifenbreite (ΔI = 40 mA) für eine Laserdiode nach Abb. 6.34b.
1: nach 620 h; 2: nach 1030 h Betriebsdauer

Verbesserte Streifenlaser

Streifenlaser können noch wesentlich verbessert werden, wenn man für eine konzentriertere Stromanregung und eine noch effektivere seitliche Führung der Lichtwelle sorgt. Hierfür wurden schon viele Lösungswege beschritten, von denen Abb. 6.36 einige Möglichkeiten wiedergibt. Abb. 6.36a, b zeigt zwei Strukturen mit verbesserter Ausnutzung des Stromes durch doppelte Einengung der Strombahn (DCC: double carrier confinement). Diese Wirkung haben pn-Übergänge an den Seiten des aktiven Streifens, die in Sperrrichtung betrieben werden und daher sehr niedrige Leckströme aufweisen [6.66]. Der Schwellenstrom für Dauerbetrieb bei 300 K lag hier bei 65 mA bzw. 90 mA und damit um 30 % niedriger als bei einfachen Streifenlasern. Dieser Vorteil setzt sich weniger ausgeprägt bis zu geringen Streifenbreiten fort. Allerdings tritt dann die Trägerdiffusion nach den Seiten als wesentlicher Verlustmechanismus auf. Hier hilft

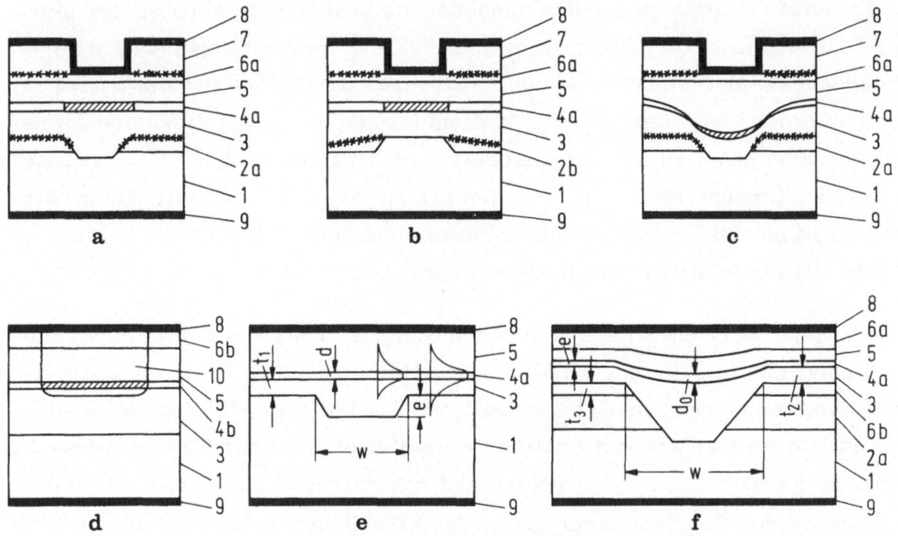

Abb.6.36. Verbesserte Streifenlaserstrukturen.
a) und b) Strukturen mit doppelter Einengung der Stromlaufbahn durch sperrende pn-Übergänge mit niedrigen Leckströmen. c) Vergrabene Streifenstruktur nach Art der BH-Struktur (vgl. Abb.6.38a). d) Seitliche Stabilisierung der Lichtwelle durch Brechungsindexsprünge in der aktiven Zone, die mit einer tiefen Zn-Diffusion erzielt werden. e) Durch seitliche Absorptionsbereiche stabilisierte DH-Struktur. f) Struktur mit gebogener Aktivzone zur Stabilisierung des lateralen Grundmodus der Strahlung.
Schichten, ihre Doterung und Dicke: 1: n-GaAs, 10^{18} cm^{-3}, 100 µm; 2a: p-GaAs, 10^{16} cm^{-3}, 1,3 µm; 2b: p-$Ga_{0,78}Al_{0,22}As$, 1,3 µm; 3: n-$Ga_{0,55}Al_{0,45}As$, 2,3 µm; 4a: p-GaAs, aktive Zone, 0,2 µm; 4b: n-$Ga_{0,95}Al_{0,05}As$; 5: p-$Ga_{0,55}Al_{0,45}As$, 0,9 µm; 6a: p-GaAs, 10^{18} cm^{-3}, 0,5 µm; 6b: n-GaAs; 7: n-$Ga_{0,55}Al_{0,45}As$, 2,3 µm; 8: Cr-Au Kontakt; 9: In-Au Kontakt; 10: Zn-diffundierter p-Streifen; xxxx Stromsperrende Übergänge. Abmessungen: d: 0,1 µm; t_1: 0,4 µm; t_2: 3,0 µm; e: 1,0 µm; d_0: 1,3 µm

die vergrabene Streifenstruktur der Abb.6.36c weiter, die eine weitere Senkung des Schwellenstromes bringt. Dabei wird nämlich eine wirksame seitliche Schranke für das Strahlungsfeld realisiert, da die aktive Zone jetzt voll von Material mit niedrigerem Brechungsindex eingeschlossen ist. Hiermit konnten bei Streifenbreiten von 10 µm bis $2 I_S$ und bei 30 µm bis $1,6 I_S$ lineare Kennlinien und ein stabiler Grundmodus der Strahlung erzielt werden.

Einen besonders einfachen Weg zum gleichen Ziel bietet eine Zn-Diffusionszone (nach Abb.6.32b) über die aktive Schicht hinaus, wie es Abb.

6.36d zeigt. Hierdurch werden zunächst die Leckströme seitlich der aktiven Zone weiter unterdrückt, wichtiger ist aber der entstehende seitliche n*-Sprung im aktiven Bereich an den Grenzen der Diffusionszone. Dies führt zu einer Verbesserung der Wellenführung, so daß sich höhere Transversalmoden auch bei breiten Laserstreifen erst mit sehr hoher Anregung ausbilden. Lineare Kennlinien wurden bis zu $2I_s = 200$ mA mit einem Wirkungsgrad bis 60 % erhalten; die Lichtleistung betrug dabei 30 mW bis 50 mW bei einer Streifenbreite von 10 µm [6.67].

Eine andere Möglichkeit zur seitlichen Stabilisierung des Schwingungsmodus bringt die Struktur nach Abb.6.36e. Hier wird der DH-Laser über einen schmalen Graben im Substrat aufgebaut. Will hier die Lichtwelle aus dem mittleren Bereich mit breitem Wellenleiter nach der Seite ausweichen, so gerät sie in einen Bereich mit schmalem Wellenleiter. Sie müßte daher in das Substrat eindringen, das aber hohe Verluste durch Absorption (z.B. $\alpha = 8000\,\mathrm{cm}^{-1}$) bedingt. Der hieraus resultierende Sprung im effektiven Brechungsindex sorgt für eine Stabiliserung der Lichtwelle auf die Mitte des Streifenbereiches [6.68]. Das Ergebnis ist eine geringere Strahldivergenz von etwa 6° und mehr Leistung im Grundmodus.

Solche Ergebnisse wurden auch mit Schichtstrukturen erzielt, bei denen die aktive Schicht ungleichmäßig dick ist. Eine Streifenstruktur nach Abb. 6.36f, die eine gebogene aktive Zone aufweist [6.69], wurde über einen breiten Graben von 50 µm aufgebaut. Auch hier wird die Strahlung auf die Streifenmitte stabilisiert. Diese Laser zeigen oberhalb $1,1\,I_s$ nur noch einen longitudinalen (axialen) Modus, was sie für Anwendungen in der Breitbandübertragungstechnik oberhalb 1 GHz (bzw. 1 Gbit/s) interessant macht. Eine ähnliche Schichtstruktur, aber mit ganzflächigem Kontakt, führte zur Laseremission an der dünnsten Stelle der über den Grabenrand gebogenen aktiven Schicht [6.70]. Damit wurde bis $6\,I_s$ ein nahezu kreisförmiges Nahfeld mit 2 µm Durchmesser erzielt und damit ein symmetrischer Abstrahlkegel mit einer Strahldivergenz von 20°.

Ebenfalls eine sehr gute Modenstabilität bringt eine Laserstruktur nach Abb.6.37 mit in Längsrichtung gebogenem Kontaktstreifen. Sie zeigte bei einer Streifenbreite von 10 µm bis $3\,I_{th}$ bei einer optischen Leistung von 110 mW noch keine Relaxationsschwingungen, was auf Monomodebetrieb schließen läßt [6.71].

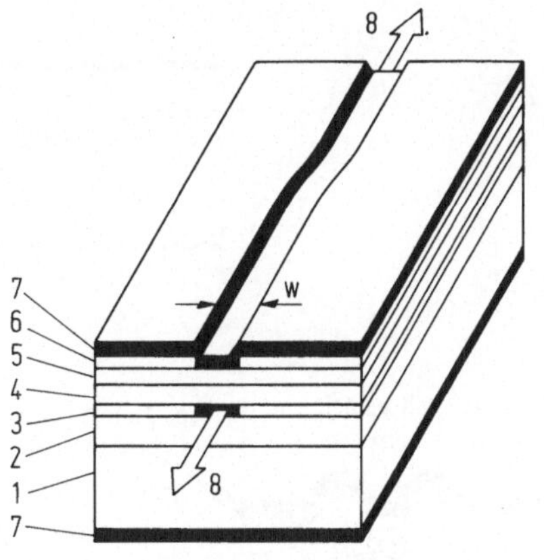

Abb.6.37. DH-Laserdiode mit gebogenem Kontaktstreifen zur seitlichen Stabilisierung eines Monomodebetriebes.
1: n-GaAs-Substrat; 2: n-$Al_{0,3}Ga_{0,7}As$; 3: GaAs, aktive Schicht; 4: p-$Al_{0,3}Ga_{0,7}As$; 5: p-GaAs; 6: Isolator; 7: Metallkontakte; 8: Abstrahlung

Vergrabene Streifenlaser (BH)

Besonders günstige optische Eigenschaften zeigen die vergrabenen DH-Laser (BH: burried heterojunction), bei denen, wie in Abb.6.38 für einige Aufbaubeispiele dargestellt, die aktive Schicht allseitig von Halbleitermaterial mit wesentlich niedrigerem Brechungsindex ($\Delta n^* > 1\,\%$) umgeben ist. Hiermit ist es möglich, auch Streifenbreiten zu realisieren, die nahe bei 1 μm liegen. Dementsprechend werden auch symmetrische Abstrahlcharakteristiken erhalten [6.72].

Man hat drei Grundstrukturen. Eine, in Abb.6.38a gezeigt [6.73], hat, bis auf die Streifenbreite und die fehlende n-GaAs-Schicht an der Oberfläche, Ähnlichkeit mit der Struktur nach Abb.6.36c. Eine weitere nach Abb.6.38b entsteht durch Überwachsen einer Mesa-DH-Struktur mit einem Halbleitermaterial, das einen geringeren Brechungsindex hat als die aktive Zone. Benutzt man hierzu (Ga,Al)As, dann liegt die aktive GaAs-Schicht ganz in solchem Material [6.72]. Man kann aber auch ein anderes Halbleitermaterial verwenden, wie z.B. polykristallines, hochohmiges Ga(As,P), das einfach mittels Gasphasenepitaxie aufgebracht werden kann [6.74]. Für relativ breite Streifen ist schließlich auch die Struktur nach Abb.6.38c geeignet, wobei die DH-Struktur in einem Zweistufenprozeß aufgewachsen werden muß, da nach Erzeugen der aktiven Schicht diese erst durch einen Ätzprozeß in Streifenform gebracht wird. Die folgenden Schichten werden anschließend aufgewachsen, wobei die Schwierigkeit besteht, auf Al-haltigen Schichten, die länger der Luft ausgesetzt waren, LPE-Schichten störungsfrei zu erzielen [6.75]. Bei der gezeigten Struktur ist noch eine für die Lichtausbreitung verfügbare Zwi-

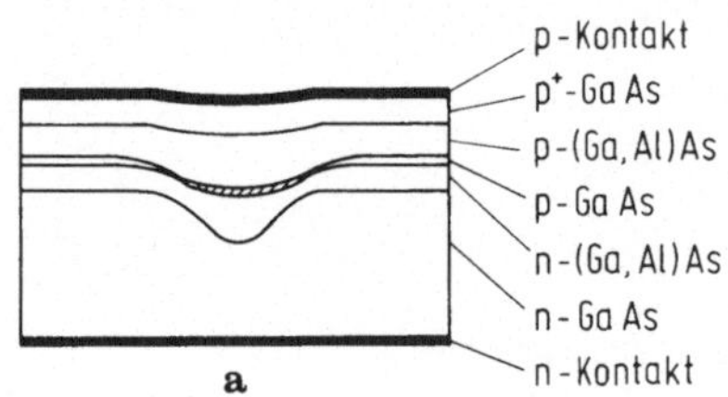

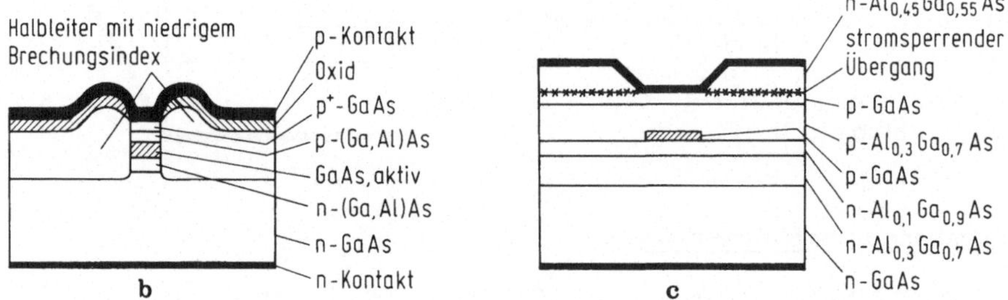

Abb. 6.38. Vergrabene DH-Laser mit allseitig durch n*-Sprung begrenzten Resonator (BH: burried heterostructure).
a) BH-Struktur mit gebogener Aktivzone. Die Schichtstruktur kann durch eine ununterbrochene Folge von LPE-Schritten hergestellt werden (vgl. Abb. 6.36c). b) Überwachsene Mesastruktur. Hier kommt es auf die Kristallqualität der nach der Strukturerzeugung aufgebrachten Außenschicht an. c) BH-Struktur mit vergrabener Aktivzone. Bei dieser Struktur wird die Schichtstruktur zunächst einschließlich der Aktivschicht aufgewachsen, diese wird dann durch Mesaätzung strukturiert. Anschließend wird der Schichtaufbau fortgesetzt. Die unter der aktiven Zone liegende dünne $Al_{0,1}Ga_{0,9}As$-Schicht dient zur Erweiterung des optischen Resonators nach Art der LOC-Struktur (large optical cavity) und ist nicht unbedingt notwendig

schenschicht mit geringem Al-Gehalt eingefügt, womit eine Wirkung wie beim LOC-Laser erreicht wird.

Gemeinsam ist den BH-Lasern, daß sie in einem weiten Bereich in Monomode arbeiten und bis zu sehr hohen Strömen (ca. $10 I_s$) lineare Kennlinien aufweisen. Dabei reichen die Schwellenströme von 17 mA bei einem Streifenquerschnitt von $0,7 \cdot 1,0\ \mu m^2$ bis 100 mA bei 5 μm und 170 mA bei 10 μm Streifenbreite. Der erzielte Wirkungsgrad liegt durchweg zwischen 30 % und 50 %, so daß Ausgangsleistungen bis 20 mW/μm je Spiegelfläche möglich sind.

Laterale Laserdioden

Neben den bisher betrachteten Lasern mit transversaler Betriebsweise gibt es auch Strukturen für den lateralen Betrieb, die die Möglichkeit eröffnen, auf semiisolierendem Substrat mit anderen optoelektronischen Funktionselementen der integrierten Optik zusammengebaut zu werden. Abb.6.39 zeigt hierzu ein Beispiel. Die Struktur entsteht durch Eindiffusion eines transversalen p^+pn-Übergangs in eine DH-Struktur (TJS: transverse junction stripe). Hierbei sind auf einfache Weise extrem geringe Streifenbreiten zu erzielen, die sich aus der Dicke der aktiven Schicht ergeben. Der aktivierte Bereich ist wie der der Homodiode durch die Diffusionslänge der injizierten Träger bestimmt. Bei diesem Aufbau ist es wichtig, daß der Leckstrom durch das Substrat möglichst niedrig gehalten wird, was besonders gut bei Verwendung von semiisolierendem Substrat gelingt. Entgegen den Erwartungen [6.76] treten beim Einschalten kaum Relaxationsschwingungen auf, und die Laser arbeiten im Monomode, was mit den geringen Abmessungen zusammenhängt. Es wurden bei 300 K Schwellenströme bis zu 35 mA herab erzielt, wie sie für eine Homodiode mit einem aktiven Querschnitt von $2 \cdot 0,3\,\mu m^2$ erwartet werden. Bei Verwendung des semiisolierenden Substrats kann man ohne drastische Erhöhung des Schwellenstromes Dauerbetrieb bis 110°C erzielen, der Schwellenstrom steigt dabei von 25 mA bei 25°C auf etwa 100 mA. Der Abstrahlkegel hatte eine Öffnung von 12° · 5° (Vgl. Tabelle 6.4).

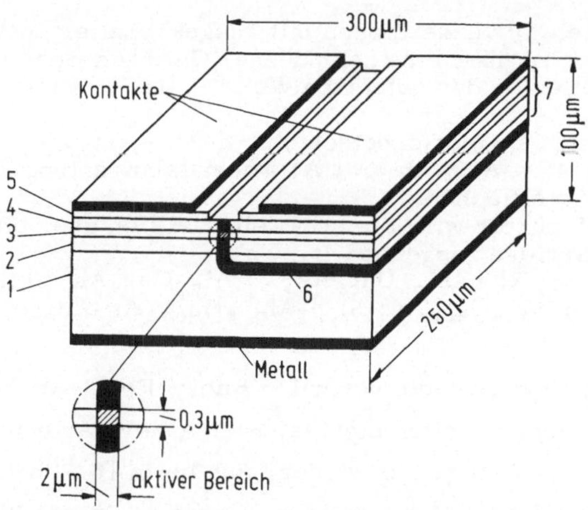

Abb.6.39. Beispiel einer transversalen Homolaserdiode für lateralen Betrieb. Zur Verringerung der Leckströme durch das Substrat ist dort ein p^+pn-Übergang eingebaut. Die p-Substratschicht kann aber auch besonders vorteilhaft durch eine semiisolierende ersetzt werden. Hierdurch entsteht die Möglichkeit des Einsatzes in der "Integrierten Optik".
1: GaAs Substrat; 2: n-GaAlAs; 3: n-GaAs; 4: n-GaAlAs; 5: n-GaAs; 6: diffundierter p-Bereich; 7: diffundierter p^+-Bereich

Leckwellenlaser

Will man eine Emission mit besonders schmalem Winkelbereich erzielen, so kann man das Auftreten von Leckwellen, die seitlich aus einem Laserdioden-Resonator austreten können, nutzen. Abb.6.40 zeigt zwei Anordnungen, die zu diesem Ziel führen. Die erste (a) enthält eine nur äußerst dünne n-(GaAl)As-Schicht, aus der die Elektronen in die aktive p-GaAs-Schicht injiziert werden. Die Strahlung kann diese Schicht teilweise durchtunneln und dringt hier unter $3,3^{\circ}$ in das Substrat ein. An der Spiegelfläche wird der Strahl so gebrochen, daß er unter etwa $\Theta = 12^{\circ}$ mit schmalem Öffnungswinkel von etwa $2,2^{\circ}$ abgestrahlt wird. Betreibt man diese Diodenanordnung im Pulsbetrieb bei $2I_s$, so erhält man 1,5 W Lichtleistung, das

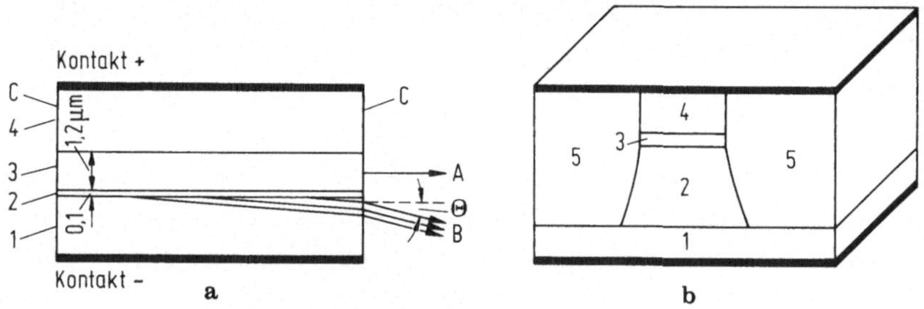

Abb.6.40. Beispiele für Laserdioden mit ausgekoppelter Leckwelle.
a) Die Leckwelle wird über eine sehr dünne (GaAl)As-Schicht durch Aufheben der Totalreflexion der geführten Welle in das Substrat ausgekoppelt.
1: n-GaAs-Substrat; 2: Auskoppelschicht, n-$Al_{0,24}Ga_{0,76}As$; 3: aktive Schicht, p-GaAs; 4: p-$Al_{0,43}Ga_{0,57}$; A: Normalabstrahlung B: Leckwelle unter 12°; C: Spiegelflächen.
b) Bei einer BH-Struktur wird die Leckwelle seitlich über eine niedrige Brechungsindexbarriere ausgekoppelt.
1: n-GaAs-Substrat; 2: n-$Al_{0,4}Ga_{0,6}As$; 3: $Al_{0,1}Ga_{0,9}As$, aktive Schicht 0,15 µm dick; 4: p-$Al_{0,4}Ga_{0,6}As$; 5: p-$Al_{0,25}Ga_{0,75}As$-Auskoppelschichten

ist etwa die Hälfte des über die normalen Fabry-Perot-Moden senkrecht zur Spiegelfläche abgestrahlten Lichtes. Eine andere Anordnung nach Art der BH-Struktur gibt Abb.6.40b wieder, für die in [6.77b] auch theoretische Berechnungen durchgeführt wurden. Durch geeignete Wahl der Brechungsindizes in den, die aktive Schicht aus $Al_{0,1}Ga_{0,9}As$ umgebenden Bereichen, kann der Winkel eingestellt werden, unter dem auf jeder Seite eine Leckwelle über die senkrecht zum pn-Übergang liegenden Schichten ausgekoppelt wird. Das gezeigte Beispiel führt zu einer Abstrahlung unter etwa $\pm 24^{\circ}$ mit einer Strahldivergenz von 1° parallel zum pn-Übergang, senkrecht dazu ist sie 30°. Der Wirkungsgrad beträgt 25 %, da nur wenig Licht in der normalen Strahlrichtung der Laserdiode abgestrahlt wird.

6.6.2 Dioden zur Ausweitung des Wellenlängenbereiches

Wie bereits in Tabelle 6.1 zusammengestellt, kann man Diodenlaser mit vielen Halbleitermaterialien erzielen. Bis hierher wurden aber zur Verdeutlichung des allgemeinen Verhaltens meist Ergebnisse herangezogen, die bei Verwendung des Mischkristallsystems Galliumarsenid - Aluminiumarsenid erhalten wurden. Tabelle 6.6 gibt nun einen Überblick über die Eigenschaften von Heterolaserdioden, die mit anderen Halbleitersystemen erzielt wurden.

Wenn man die mit Heterostrukturen entsprechend Abschnitt 6.6.1 erreichbare hohe Qualität realisieren will, sind aber an die Halbleiter Bedingungen zu stellen, die eine erhebliche Einschränkung hinsichtlich der Materialauswahl bedeuten. Die nötige gute Führung der Lichtwelle und die örtliche Konzentration der injizierten Ladungsträger auf einen schmalen Kristallbereich liefern Bedingungen für den Brechungsindex und den Bandabstand der einzelnen Schichtmaterialien. Materialfolgen, die diese Forderungen erfüllen, passen jedoch meist kristallographisch nicht gut zusammen und es entstehen bereits beim Aufwachsen der verschiedenen Kristallschichten oder beim Abkühlen von der Herstelltemperatur auf Raumtemperatur Kristallfehler an den Übergängen und innere Verspannungen. Um diese Fehler, die zu unbefriedigender Qualität führen, zu vermeiden oder zu verringern, sollte die Gitterkonstante der Schichtmaterialien im gesamten Bereich, zwischen Herstelltemperatur und Betriebstemperatur, möglichst gleich sein, was eine gute Übereinstimmung der thermischen Ausdehnungskoeffizienten bedeutet.

Es gibt nur wenige reine Materialkomponenten und nur ausgewählte Mischkristallsysteme, die diese Bedingungen für einen weiten Bereich der die Emissionswellenlänge bestimmenden Zusammensetzung der aktiven Schicht erfüllen. Beispiel für ein nahezu ideales System ist die meist verwendete Mischkristallreihe GaAs-AlAs, für die in Abb.4.16 und 4.17 der Verlauf der Gitterkonstante und des Bandabstandes bei variablem Al-Gehalt widergegeben ist. Die Gitterkonstante variiert insgesamt nur um 0,14 %, so daß Heterostrukturen mit vernachlässigbar geringen Defekten hergestellt werden können. Anpassungsprobleme bei anderen Kristall-

Tabelle 6.6. Eigenschaften von einigen Laserdioden mit Heteroübergängen aus verschiedenen Halbleiterlegierungen (außer (Ga, Al)As)

Materialübergang	Diodentyp	Arbeitstemperatur in K	Schwellenstromdichte in A/cm^2	Wellenlänge in nm	Herstelltechnik
GaAsP/GaAs	SH	300	$(8...14) \cdot 10^4$	900	VPE
Ga(As,P)/Ga(As,P)	DH	300	$1,7 \cdot 10^4$	665	VPE
Ga(As,P)/(In,Ga)P	LOC	300	$5,5 \cdot 10^4$	675	VPE
	DH	300	$3,4 \cdot 10^3$	700	VPE
(Al,Ga)(As,Sb)/Ga(As,Sb)	DH	300	$(2...9) \cdot 10^3$	900...1000	LPE
(In,Ga)//GaAs	LOC	300	$8 \cdot 10^3$	890	VPE
(In,Ga)P/(In,Ga)As	LOC	300	$1,5 \cdot 10^4$	1075	VPE
(In,Ga)P/(Al,Ga)As	SH	77	$2,5 \cdot 10^3$	638	LPE
(In,Ga)(As,P)/InP	DH	300	$4,7 \cdot 10^3$	1100	LPE
	BH	300	$5,3 \cdot 10^3$	1246	LPE
(In,Ga)(As,P)/Ga(As,P)	DH	77	$3,6 \cdot 10^3$	590	LPE/VPE
(Al,Ga)(As,P)/Ga(As,P)	SH	300	$6,6 \cdot 10^4$	810	LPE
	DH	300	$1,6 \cdot 10^4$	845	LPE/VPE
(Pb,Sn)Te/PbTe	SH	77	$0,8 \cdot 10^3$	8900	Aufgedampft
	DH	77	$(1,3...4,2) \cdot 10^3$	8350	LPE
Pb(S,Se)/Pb(S,Se)	SH	12	$0,2 \cdot 10^3$	4780	Aufgedampft

reihen wurden bereits im Zusammenhang mit Leuchtdioden in Kapitel 4.2 behandelt, wobei sich ergab, daß für bestimmte Mischungsverhältnisse in Vierstoffsystemen die Forderung übereinstimmender Gitterkonstanten erfüllbar ist. Abb.4.16 zeigt auch für andere wichtige Systeme aus III-V-Verbindungen den Zusammenhang zwischen Bandabstand und Gitterkonstante bzw. das überdeckbare Gebiet. Bei der praktischen Auswahl der Zusammensetzung der Schichtfolgen für Laserdioden ist noch zu berücksichtigen, daß mit zunehmendem Bandabstand meist der Brechungsindex abnimmt.

Hiernach ist unter den III-V-Verbindungen das System (Ga,In)(As,P) besonders gut geeignet. Wählt man als Substrat GaAs, so kann man nach Abb.4.18 unter Beibehalten der Gitterkonstante von 0,5653 nm einen Wellenlängenbereich zwischen 850 nm und 650 nm einstellen. Mit InP als Substrat, das eine Gitterkonstante von 0,5869 nm hat, ergibt sich ein Bereich von 1770 nm bis 910 nm. Kürzere Wellenlängen sind auf Ga(P,As)-Substraten realisierbar. Mit $GaP_{0,6}As_{0,4}$ erhält man demnach die kürzeste Wellenlänge dieses Systems mit 560 nm. Experimentell wurden mit DH-Strukturen Werte zwischen 590 nm und 1280 nm erzielt, erstere allerdings nur bei 77 K mit einem Schwellenstrom von $3,6 \cdot 10^3$ A/cm² [6.78]. Bei 300 K liegt die erreichte kürzeste Wellenlänge bei 650 nm mit einem Schwellenstrom von $2 \cdot 10^4$ A/cm² und einem Wirkungsgrad von 5% bei Pulsbetrieb [6.79]; die längsten Wellen bei dieser Temperatur sind 1,1 µm (DH und 10% Wirkungsgrad) sowie 1,28 µm, 1,25 µm (mit BH-Strukturen). Hierbei liegen die Schwellenstromdichten zwischen $4,4 \cdot 10^3$ A/cm² und $8 \cdot 10^3$ A/cm² mit einem Strom von etwa 300 mA bei den vergrabenen Streifen (BH) mit 5 µm Breite [6.80].

Mit dem umgekehrten System einer 0,2 µm dicken aktiven Ga(As,P)-Schicht zwischen (In,Ga)P-Schichten (2 µm) auf Ga(As,P)-Substrat, die mit Gasphasenepitaxie hergestellt wurden, gelang es ebenfalls, DH-Laser herzustellen [6.81a]. Sie lieferten Strahlung bei 700 nm und 680 nm und hatten Schwellenströme von $3,4 \cdot 10^3$ A/cm² bzw. $6,6 \cdot 10^3$ A/cm² bei 300 K, wobei Dauerbetrieb bis 10 °C möglich war. Mit dem gleichen System konnten aber auch kürzere Wellenlängen von 665 nm erzielt werden, wobei als Grenzwert 640 nm möglich erscheint [6.81b]. Dieses System ist besonders interessant, da die Schwellenströme um einen Faktor 3 niedriger liegen als bei einer aktiven (Ga,Al)As-Schicht für die gleiche Wellenlänge.

Auch im System (Ga,Al)(As,Sb) gibt es interessante Materialkombinationen, es ist jedoch immer eine Gitteranpaßschicht mit Sb-Gradient zwischen Substrat und Lasergebiet nötig, wenn man GaAs-Substrate verwenden will. Eine aktive Schicht aus $GaAs_{0,9}Sb_{0,1}$ mit Al-haltigen Begrenzungsschichten führt zu einer Emissionswellenlänge von 1,06 μm bei einer Schwellenstromdichte von $1,2 \cdot 10^4\ A/cm^2$ und einem Wirkungsgrad von 35 %. Bei 997 nm wurde auch Dauerbetrieb mit einer Streifendiode mit 11 % Wirkungsgrad bei einem Schwellenstrom von $2,2 \cdot 10^3\ A/cm^2$ erzielt [6.82].

Laserdioden aus IV-VI-Verbindungen

Eine andere Klasse von Halbleitern, nämlich die IV-VI-Verbindungen und ihre Mischkristalle, führt zu den in Tabelle 6.1 aufgeführten Laserdioden mit wesentlich längerer Wellenlänge. Diese Bleisalzverbindungen vom Typ (Pb,Sn,Ge)(Te,Se,S) mit wechselnder Zusammensetzung sind besonders interessant für die Infrarotlichterzeugung in den beiden atmosphärischen Fenstern zwischen 3 μm und 5 μm sowie zwischen 8 μm und 14 μm. Hier können unter Ausnutzung der kontinuierlich einstellbaren Parameter durch die Schichtzusammensetzung wiederum die verschiedensten Heterolaserstrukturen realisiert werden, was zu sehr guten Emissionseigenschaften führt. Abb.6.41 gibt die Abhängigkeit des Bandabstandes in den ternären direkten Halbleitermischkristallsystemen als Funktion ihrer Zusammensetzung wieder [6.83].

Besonders einfach kann hier die Wellenlänge der Emission durch äußere Parameter eingestellt werden, was bei den III-V-Halbleitern nur sehr begrenzt möglich ist. Abb.6.42 zeigt für einen (Pb,Sn)Te-Laser mit einem Atomverhältnis von Pb:Sn = 14,4 und für einen Pb(S,Se)-Laser mit S:Se = 4 die durch Wahl der Arbeitstemperatur einstellbare Emissionswellenlänge und den zugehörigen Schwellenstrom [6.84]. Der Temperaturgang des Bandabstandes dieser Substanzen ist relativ stark und entgegengesetzt dem der III-V-Halbleiter; nur das binäre SnTe zeigt den "normalen" Gang $d(E_g)/dT < 0$. Die ebenfalls starke Abhängigkeit des Bandabstandes vom hydrostatischen Druck läuft jeweils mit den entgegengestzten Vorzeichen, aber ein Magnetfeld wirkt in der gleichen Richtung wie zunehmende Temperatur.

Eine genau einstellbare Wellenlänge ist für Anwendungen in der Spektroskopie sehr günstig. Exempel für die Detektion von bestimmten Gasen

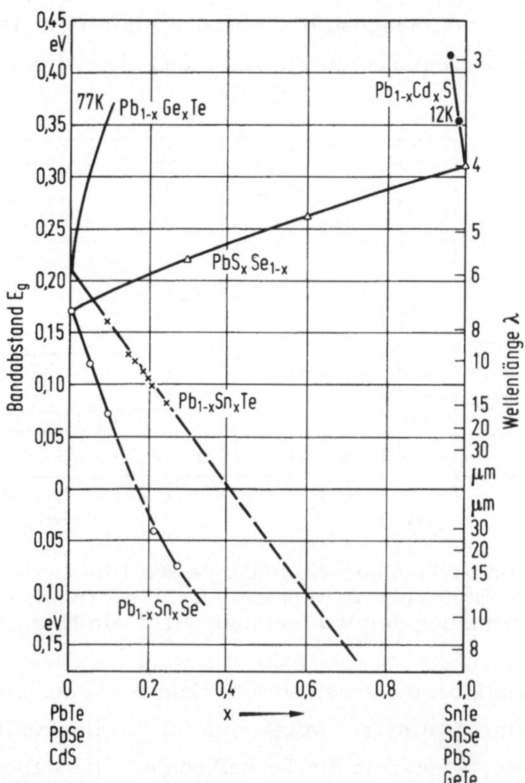

Abb. 6.41. Abhängigkeit des Bandabstandes und der entsprechenden Emissionswellenlänge bei verschiedenen ternären Bleisalzen von ihrer Zusammensetzung bei 77 K

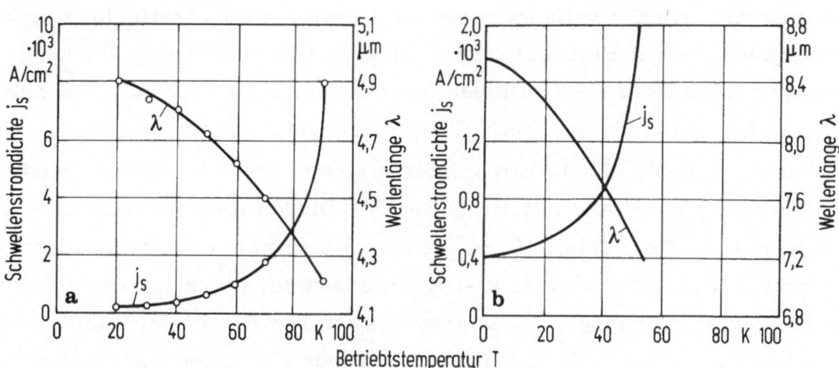

Abb. 6.42. Temperaturabhängigkeit der Emissionswellenlänge und des cw-Schwellenstromes (a) für $Pb_{0,935}Sn_{0,065}Te$- und (b) für $PbS_{0,8}Se_{0,2}$-Diodenlaser zwischen 10 K und 90 K

sind in Abb.7.18 zusammengestellt. Abb.6.43 gibt Beispiele für die Abstimmbarkeit der Wellenlänge durch Druck und Magnetfeld.

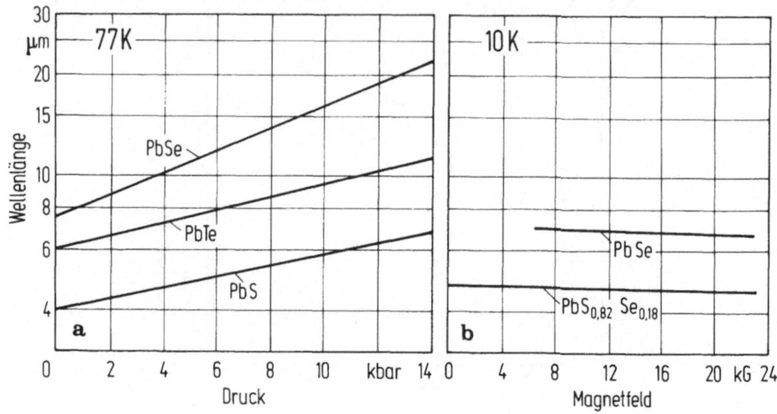

Abb.6.43. Abstimmbarkeit der Wellenlänge von Bleisalzlasern.
a) Einstellung der Emissionswellenlänge durch hydrostatischen Druck bei 77 K. b) Abstimmung der Wellenlänge durch ein Magnetfeld bei 10 K

Mit dieser Materialklasse wurden sowohl Homo- als auch Heterodioden mit Streifenstruktur realisiert, wobei sich für die Herstellung, wie beim (Ga,Al)As-System, wiederum die Techniken der Flüssigphasenepitaxie und der Gasphasenepitaxie bewähren. Der Aufbau einer typischen DH-Struktur entspricht dem bei GaAs-AlAs, wobei hier beispielsweise die aktive p-$PbS_{1-x}Se_x$-Schicht von p^+-PbS auf der einen Seite und auf der Substratseite von n-PbS eingegrenzt wird. Abb.6.44 zeigt Größe und Temperaturgang des Schwellenstromes im Vergleich für Streifenlaser mit Homoübergang und mit Heteroübergang [6.83]. Die erzielbaren Wirkungsgrade liegen bei diesen IV-VI-Dioden für 4 K meist bei 30 %, für 77 K nur noch bei 0,1 %, was im Dauerbetrieb zu Ausgangsleistungen zwischen 350 mW bzw. 1,2 mW führt. Ein Spitzenwert von 140 mW entsprechend $\Delta\eta$ = 44 % wurde neuerdings mit Pb(S,Se)-SH-Dioden im Dauerbetrieb bei 130 K mit I = 2 A erzielt [6.84]. Diese Werte sind entsprechend dem in Abschnitt 6.6.1 für GaAs-AlAs-Dioden gesagten, stark von der Dicke der aktiven Schicht abhängig. Beispielsweise wurde für die Struktur p^+-PbTe/p-$Pb_{0,82}Sn_{0,18}$Te/n-PbTe ein linearer Zusammenhang gefunden. Daher sinkt der Schwellenstrom von $4 \cdot 10^3\ A/cm^2$ auf $1 \cdot 10^3\ A/cm^2$ ab, wenn die aktive Schicht von 20 μm auf 5 μm Dicke reduziert wird [6.85].

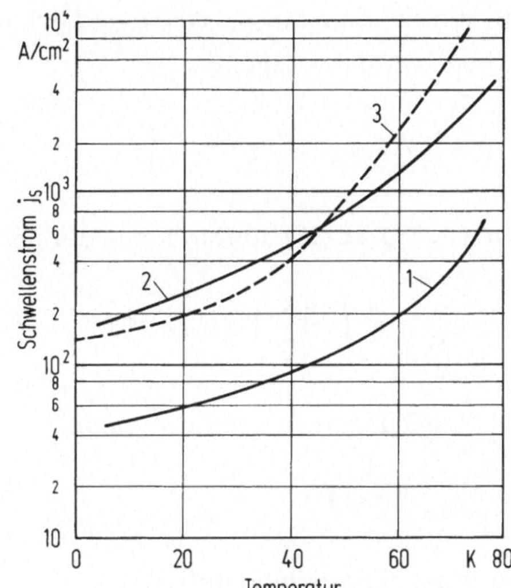

Abb.6.44. Temperaturgang des Schwellenstromes bei (Pb,Sn)Te-Streifendioden. Gang bei PbTe (1) und Vergleich zwischen Homodiode (2) und SH-Diode (3) aus $Pb_{0,88}Sn_{0,12}Te$

6.6.3 Diodenlaser mit verteilter Rückkoppelung (DFB, DBR)

Vor allem für die Anwendung in der Integrierten Optik, aber auch für einen temperaturstabilen Monomodebetrieb, sind Laserstrukturen mit verteilter Rückkoppelung (DFB: distributed feedback) anstelle der Fabry-Perot-Laser (FP) nach Abschnitt 6.6.1 entwickelt worden [6.86]. Diese wird durch eine waschbrettartige periodische Riffelung am Rand der Anregungszone oder an der Oberfläche eines den Anregungsraum fortsetzenden Wellenleiters erreicht. In beiden Fällen wird ein Teil der streifend über die Rippen laufenden optischen Wellen reflektiert oder abgebeugt (DBR: distributed Bragg-reflection). Der geometrischen Strukturierung entspricht ein räumlich periodischer Verlauf des effektiven Brechungsindex und des Gewinns

$$n^* = n_0^* + n_1^* \cos(2\pi z/\Lambda) \tag{6.93a}$$

bzw.

$$g = g_0 + g_1 \cos(2\pi z/\Lambda)$$

mit der Periodenlänge Λ. Für die rückgekoppelte Strahlung ergibt sich die Braggbedingung zwischen der Wellenlänge der Strahlung und Λ zu

$$\Lambda = m\lambda/2n^* \; , \tag{6.94}$$

wobei m die Ordnung der Braggreflexion bedeutet.

Mit dem Gewinnfaktor $G = \exp(2gL)$ erhält man für die Selbstanregung die Schwellenbedingung

$$4g^2/G \geqslant (\pi n_1^*/\lambda)^2 + g_1^2/4 .$$

Mit (6.93) ergeben sich damit die Schwellenwerte

$$n_{1s}^* = \frac{\lambda}{L}\left(\frac{\ln G}{\pi\sqrt{G}}\right) \tag{6.95a}$$

bei Brechungsindexmodulation und

$$g_{1s} = 4g/\sqrt{G} \tag{6.95b}$$

bei einer Gewinnmodulation.

Setzt man für die Länge des Lasers 1 mm und für den Gewinn $2g = 15\,cm^{-1}$ bei $\lambda = 850$ nm, so ergeben sich für die Modulationsamplituden in (6.93) die Werte $n_{1s} = 1{,}9 \cdot 10^{-4}$ und $g_{1s} = 14{,}1\,cm^{-1}$. Überschreitet der Gewinn in Linienmitte bei λ den Schwellenwert um einen Faktor 2, so ergibt sich

$$\frac{\Delta\lambda}{\lambda} = \frac{\lambda}{4\pi n_0^* L} \ln G \tag{6.96}$$

für den Wellenlängenbereich, in dem die Schwelle überschritten wird. Die Linienbreite der Laserschwingung bei GaAs wird danach 0,03 nm, das ist wesentlich weniger als bei einem Laser mit Fabry-Perot-Aufbau (FP-Laser).

Die einfachste Realisierung ist der DFB-Laser mit einer geriffelten Grenzfläche des Wellenleiterbereiches, wobei alle Formen der Laserstruktur nach Abb. 6.30 angewendet werden können. Abb. 6.45 zeigt einen DFB-SCH-Laser mit getrennter Führung der Lichtwelle [6.87] für 820 nm, der als Mesa-Streifenlaser im Dauerbetrieb mit einem Schwellenstrom von $3{,}5 \cdot 10^3\,A/cm^2$ bei 300 K arbeitet. Die angeregte Strecke ist 0,7 mm lang und die nichtangeregte 2 mm bis 3 mm. Hierdurch ist eine Rückkoppelung über die Endspiegel ausgeschlossen. Dies kann man beweisen, wenn man den Temperaturgang der Emissionslinie im Vergleich zu einem FP-Laser betrachtet; er beträgt nur etwa 0,07 nm/K gegenüber 0,4 nm beim FP-Laser [6.88]. Dieses Temperaturverhalten ist in Abb. 6.46 für vergrabene Strukturen (BH) im Vergleich dargestellt. Der verwendete

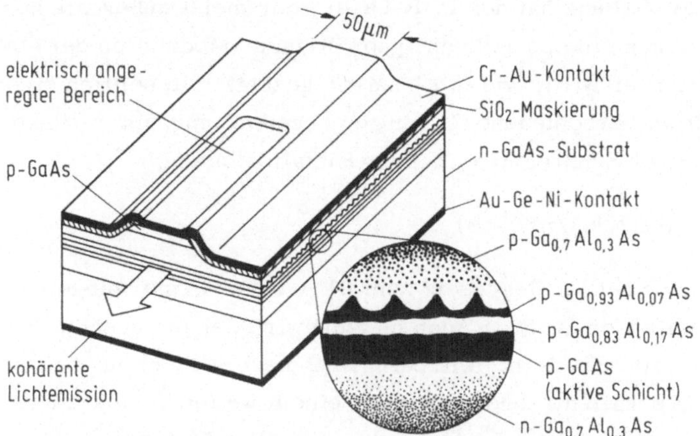

Abb.6.45. DFB-Laser mit verteilter Rückkoppelung und SCH-Aufbau analog Abb.6.30d. Die geriffelte Grenze des lichtführenden Bereiches ist vergrößert herausgehoben

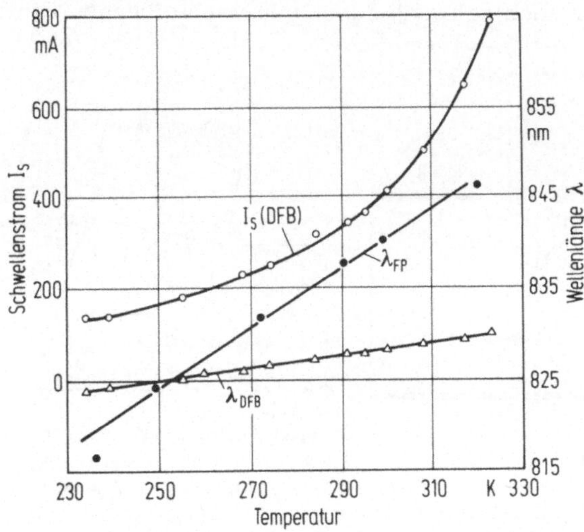

Abb.6.46. Temperaturgang von Schwellenstrom und Wellenlänge für einen BH-DFB-Laser im Vergleich mit einem Fabry-Perot-Laser (FP)

Laser hat eine Streifenbreite von 3 µm , eine Länge von 275 µm und eine Riffelperiode von 482 nm und liefert erwartungsgemäß polarisiertes Licht in einem longitudinalen Monomodus. Auch mit (Pb,Sn)Te konnten DFB-Laser realisiert werden, die jedoch bisher nur bei tiefen Temperaturen um 50 K liefen [6.89]. Bei einer Schichtfolge $PbTe/Pb_{0,77}Sn_{0,22}$ (1,5 µm)/$Pb_{0,88}Sn_{0,12}$ (0,5 µm) und einer Periode $\Lambda = 1,1$ µm betrug die Wellenlänge der emittierten Strahlung 13,4 µm.

Eine ähnliche Wirkung hat der DBR-Laser, der meist außerhalb des Anregungsbereiches eine periodische geometrische Modulation der Oberfläche aufweist. Hier wird, wie in Abb.6.47 gezeigt, die seitlich einlaufende Lichtwelle in verschiedene Ordnungen abgelenkt mit einer Winkelabweichung von der Senkrechten zu ihrer Einfallsrichtung

$$\Theta = \arc \sin n^*(m\lambda/n^*\Lambda - 1) \ . \tag{6.97}$$

Dieser Lasertyp hat im Gegensatz zum DFB-Laser keine Spiegelflächen an den Kristallenden [6.90]. Auch hiermit wird der erwünschte Monomodebetrieb erzielt. Er bleibt, wie beim DFB-Laser, nicht nur bei wachsender Anregung erhalten, sondern auch in einem weiten Temperaturbereich. Damit entfallen bei diesen Diodentypen aufwendige Maßnahmen zur Stabilisierung der Temperatur, wenn ein konstanter Abstrahlungsmodus verlangt wird, wie z.B. in der optischen Nachrichtentechnik (Kapitel 7). Es treten kaum Modensprünge auf, und die Wellenlänge der anregbaren Schwingung verschiebt sich nur noch schwach durch den verbleibenden Einfluß der

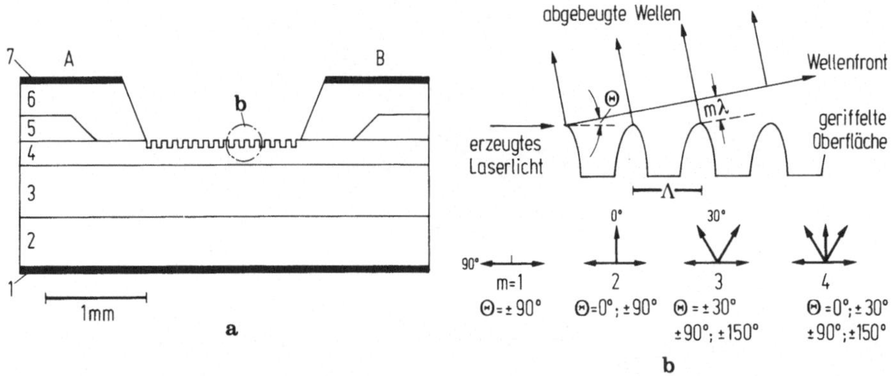

Abb.6.47. DBR-Laser mit Rückkoppelung durch verteilte Braggreflexion. a) Die in der linken Diodenstruktur (A) erzeugte Lichtwelle läuft über einen keilförmigen Anpassungsteil in die Rückkoppelungszone. In Wechselwirkung hiermit entstehen Braggwellen. Die in den rechten Bereich (B) laufende Braggwelle erster Ordnung (m = 1) kann dort entweder detektiert oder moduliert werden. Dies ist ein einfaches Beispiel für Integrierte Optik.
1: Sn-n Kontakt; 2: GaAs-Substrat (n); 3: $Al_{0,22}Ga_{0,78}As$ (n);
4: $Al_{0,15}Ga_{0,85}As$ (n); 5: GaAs (n) aktive Schicht; 6: $Al_{0,5}Ga_{0,5}As$ (p);
7: Au-p Kontakt.
b) Entstehung der abgebeugten Braggwellen höherer Ordnung. Diese Wellen werden an der Oberfläche des Rückkopplungsbereichs in (a) unter bestimmten Winkeln nach (6.97) abgestrahlt. Für GaAs ist $n^* \sin\Theta < 1$, d.h. $\Theta < 16°$, es treten daher nur die $\Theta = 0°$ Strahlen der 2. und 4. Ordnung auf

thermischen Ausdehnung des Diodenkristallkörpers und des Temperaturganges des Brechungsindex.

Die betrachteten Lasertypen mit verteilter Rückkoppelung weisen neben den genannten Eigenschaften noch gleichzeitig eine starke Verengung des Abstrahlkegels auf. So wurden Kegel mit einer Halbwertsbreite der Intensität von etwa $0{,}3^{\circ} \cdot 6^{\circ}$ beobachtet, die für die möglichst vollständige Einkoppelung des Laserlichts in Glasfasern oder andere Wellenleiter, sowie für die Abbildung auf einen kleinen Lichtfleck günstig ist.

Strukturen für die Integrierte Optik

Wie die laterale Laserdiode (Abschnitt 6.6.1) sind DFB- und DBR-Laser geeignete Bausteine für integrierte optische Anordnungen. Damit können in einem Kristall aktive und passive optische Komponenten funktionell zusammengefaßt werden, da diese Laserlichtquellen keine begrenzenden Spiegel benötigen. Dies sind neben den Laserdioden zur Lichterzeugung, passive Lichtleiter, Verzweigungen, Lichtkoppler mit hohem Wirkungsgrad, Modulatoren und Lichtdetektoren zur Rückwandlung in ein elektrisches Signal. So wurde eine Frequenzmultiplex-Schaltung mit einem DFB-Laser und optischen Wellenleitern auf einem Kristall realisiert [6.91]. Auch ein Detektor zusammen mit einem FP-Injektionslaser mit geätzten Spiegelflächen [6.92], sowie die Kombination eines solchen Lasers mit einer Treiberschaltung mit Gunn-Diode zur Erzeugung höchstfrequenter Pulse wurden hergestellt [6.93]. Neuerdings gibt es auch Laserstrukturen mit eingebauten Verzweiger-Wellenleitern. Dabei wird beispielsweise, wie in Abb.6.48 gezeigt, ein zweiter Wellenleiter parallel zum elektrisch angeregten in die Diodenstruktur eingebaut. Man erhält dann eine Laserdiode, die auf einer Spiegelseite zwei Ausgangsstrahlen aufweist [6.94]. Auch hierfür gibt es mehrere Wege der Realisierung.

Besonders interessant ist die Integration eines DBR-Lasers mit anderen Funktionselementen, wie es die monolithische Kombination mit einem pn-Detektor [6.95] oder einem Modulator [6.96] zeigt. Letztere Anordnung ist in Abb.6.49a schematisch dargestellt. Sie enthält in der Mitte eine Dioden-Anregungszone mit LOC-Struktur, die vorn und hinten mit einer Bragg-Reflexionszone abgeschlossen ist. Der Ausgang A liefert dann direktes Laserlicht. Vor dem Ausgang B ist ein weiterer Diodenbereich eingeschaltet, durch den das Laserlicht läuft. Er wirkt in Abhängigkeit von seiner Betriebsspannung als Modulator. Abb.6.49b gibt das resul-

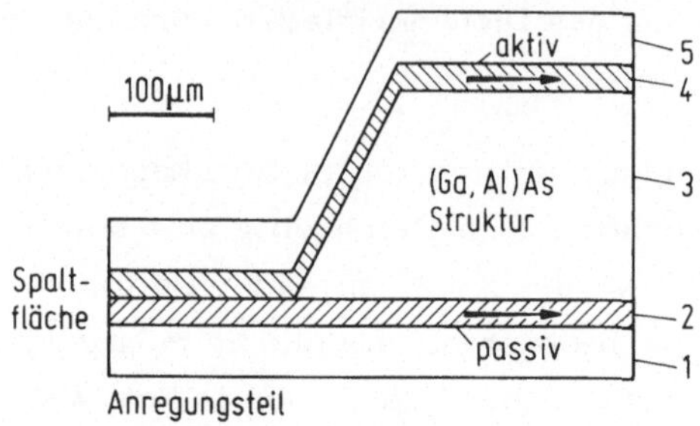

Abb.6.48. Laseranordnung mit zwei Wellenleiterschichten, die durch Endspiegel begrenzt werden. Im elektrisch gepumpten Teil liegen die Wellenleiterschichten (2) und (4) so nahe beisammen, daß beide zur Laseremission angeregt werden. Ist die Dicke von (2) und (3) groß, dann entsteht Strahlung mit verschiedener Wellenlänge, anderenfalls ist sie gleich. Das Intensitätsverhältnis ist über den Pumpstrom einstellbar.
1: $Al_{0,3}Ga_{0,7}As$ (n, 2 µm); 2: $Al_{0,05}Ga_{0,95}As$ (n, 0,5 bzw. 1,2 µm);
3: $Al_{0,3}Ga_{0,7}As$ (n, 8 bzw. 11 µm); 4: GaAs (undotiert, n); 5: $Al_{0,3}Ga_{0,7}As$ (p, 2 µm)

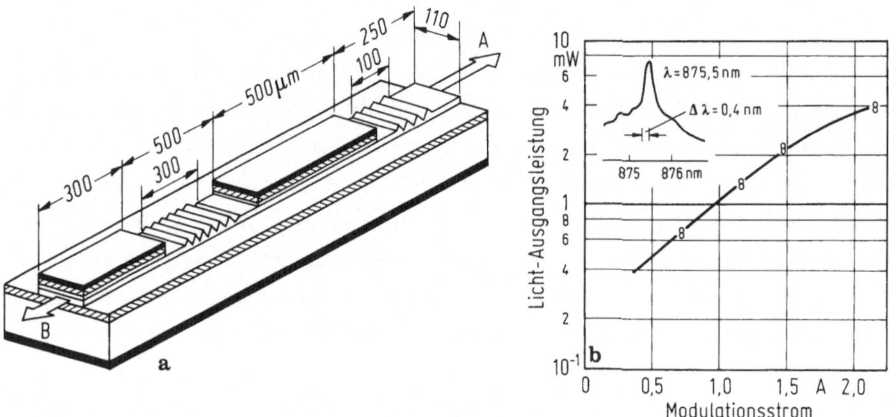

Abb.6.49. Integrierte optische Anordnung zur Erzeugung von moduliertem Laserlicht.
a) DBR-Laser (Mitte) und Modulatordiode (vorn) auf einem Halbleiterkristall. Das Laserlicht am Ausgang B ist nach Maßgabe der elektrischen Betriebsdaten der Modulatordiode moduliert. b) Intensität des Ausgangssignals bei B in Abhängigkeit vom Modulationsstrom

tierende Ausgangssignal bei B in Abhängigkeit vom Flußstrom in der Modulationsdiode. Solche Modulationsdioden wurden auch mit BH-Strukturen aufgebaut. Mit einer Struktur aus Ga(As,Sb) wurde in einem Operationsbereich zwischen 0,9 µm und 1,06 µm ein Schaltverhältnis von 13 dB bei einem inneren Verlust von 4 dB erzielt. Die geringe Kapazität der Anordnung macht sie für eine Modulation bis 900 MHz geeignet [9.97].

Wie man sieht, ist dieser Anwendungsbereich der Halbleiterlasertechnik sehr im Fluß, und es werden sicher noch viele weitere Strukturen entstehen, die der Integrierten oder Miniaturisierten Optik ein weites Anwendungsfeld eröffnen können.

6.7 Optisch oder mit Elektronenstrahl gepumpte Halbleiterlaser

Für die Funktion dieser bereits in den Tabellen 6.2 und 6.3 zusammengestellten Laser sind im wesentlichen die gleichen theoretischen Überlegungen wie für den Diodenlaser gültig. Nur die Anregung erfolgt auf andere Weise, und der Zusammenhang mit dem anregenden Licht- oder Elektronenstrahl (Photo- oder Kathodolumineszenz) muß gesondert betrachtet werden. Diese Anregungsart hat jedoch nur Bedeutung für Materialien, die es nicht erlauben, pn-Übergänge und damit Laserdioden herzustellen. Dementsprechend sind diese Lasertypen für die Anwendung relativ uninteressant, sie sollen daher hier nur kurz abgehandelt werden.

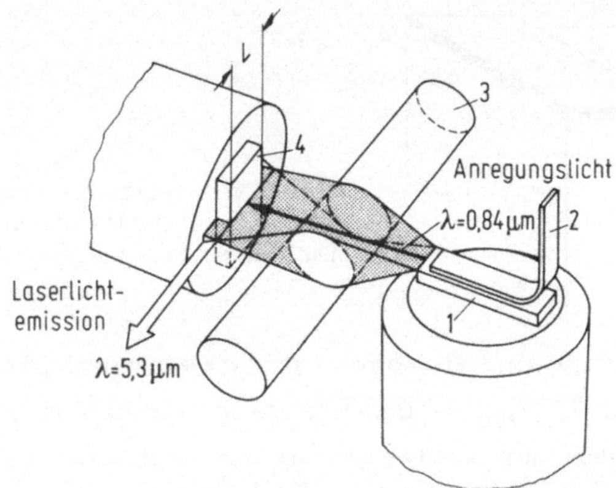

Abb.6.50. Anordnung zur optischen Anregung eines Halbleiterkristalls (InSb) zur Laseremission. Als Lichtquelle ist eine GaAs-Laserdiode verwendet, deren Licht über eine Zylinderlinse auf dem InSb-Kristall abgebildet wird.
1: Laserdiode als Pumplichtquelle (GaAs); 2: Stromversorgung;
3: Quarzzylinder zur Abbildung; 4: Laserprobe mit FP-Struktur (InSb)

Abb.6.50 zeigt schematisch die Anordnung eines Indiumantimonidlasers, der durch das Licht einer Laserdiode aus Galliumarsenid gepumpt wird [6.98]. Hierbei werden im n-Typ InSb durch Lichtabsorption Trägerpaare erzeugt, deren Rekombination zu Strahlung der Wellenlänge 5,3 μm führt ($h\nu_{GaAs} > E_{g,InSb}$). Oberhalb eines Stromes von 14 A in der Laserdiode wird das InSb so hoch angeregt, daß zwischen den Spiegelflächen dieses Kristalls Laseremission angeregt wird, deren Intensität linear mit dem Diodenstrom ansteigt. Ein Problem ergibt sich aus der Tatsache, daß das kurzwellige Anregungslicht nur ganz nahe der Oberfläche des Laserkristalls absorbiert wird, so daß diese Laser empfindlich auf die physikalische Beschaffenheit der Kristalloberfläche reagieren.

Man kann auch bei dieser Art der Anregung durch Einbau von Heteroübergängen das erzeugte Photolumineszenzlicht auf eine schmale Zone beschränken und damit eine brauchbare Qualität des Laserlichtes erzielen. Eine solche Struktur bildet beispielsweise eine auf CdS-Substrat aufgewachsene $CdS_{s-x}Se_x$-Schicht, die nach Abb.6.51 partiell mit undurchsichtigem Al maskiert ist, so daß nur ein schmaler Streifen in der Mischkristallschicht angeregt wird. Auf diese Weise wurde bei 80 K Laserlicht der Wellenlänge 502 nm erzeugt [6.99].

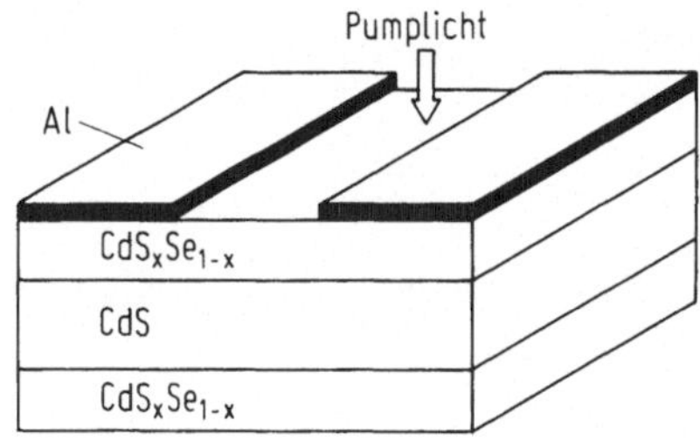

Abb.6.51. Aufbau eines CdS-Streifenlasers mit Heterostruktur zur optischen Anregung

Besonders interessant sind Tieftemperaturexperimente [6.100] an mit Stickstoff dotierten Ga(As,P)- und (Ga,Al)As-Schichten bei 4,2 K bzw. 77 K, wo der bei LED zur Lichterzeugung im sichtbaren Bereich führende Rekombinationsprozeß über isoelektronische Stickstoffstörstellen induziert erfolgt. Dieser Prozeß in indirekten Halbleitern könnte einmal interessant werden, um mit Halbleiterdioden kurzwelligeres, z.B. grünes Laserlicht zu erzielen. Die bisherigen Untersuchungen, die zur Lichtemission bei 650 nm führten, wurden an durch N-Ionenimplantation dotierten Schichtstrukturen durchgeführt.

Man kann natürlich nicht nur FP-Strukturen durch Optisches Pumpen zur Laseremission anregen, sondern auch DFB- und DBG-Strukturen. Letzteres wurde erfolgreich an einer GaAs/(Al,Ga)As-Schichtfolge durchgeführt, wobei wieder eine extrem schmale Linie von 0,2 nm beobachtet wurde [6.101]. Die Anordnung entsprach der in Abb. 6.49a, wobei aber der Emissionsteil nicht kontaktiert war, sondern mit Licht angeregt wurde.

Abb. 6.52 zeigt zwei Ausführungen für die Anregung mit Elektronenstrahlen. Die erste (a) ist ähnlich der des optisch gepumpten Lasers [6.102], wobei ein Elektronenstrahl mit einer Energie von etwa 50 keV benutzt wird, der eine Schichtdicke von etwa 5 μm bis 10 μm anregt. Ordnet man die Halbleiterkristalle entsprechend der zweiten Ausführung (b) [6.103] treppenartig an, dann kann man sehr viele Kristalle gleichzeitig anregen und auf diese Weise leistungsstarke Laserlichtquellen realisieren.

Der Wirkungsgrad solcher Laser ist wesentlich niedriger als beim Diodenlaser. Spitzenleistungen von 1,7 W wurden mit ZnS-Kristallen im ultravioletten Spektralbereich erzielt [6.104].

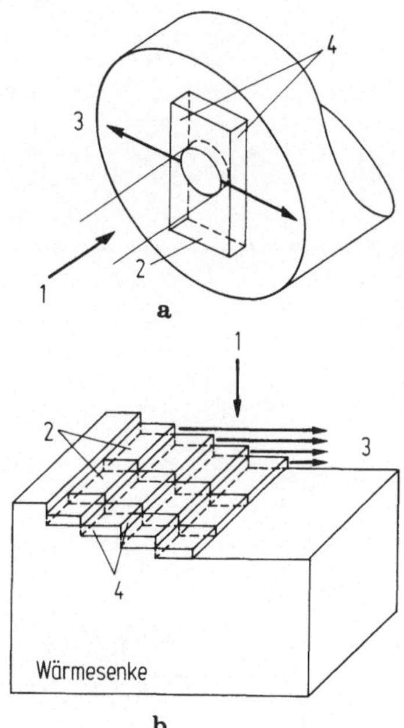

Abb. 6.52. Anordnungen zur Anregung von Lasern mit Elektronenstrahlen. a) für eine Einzeldiode, b) für ein Diodenarray.
1: Elektronenstrahl; 2: Laserproben; 3: Laserlicht; 4: Spiegelflächen

Je angeregtem Elektron-Lochpaar benötigt man eine Energie, die nahezu das dreifache des Bandabstandes beträgt, $E_{Elektr.} \approx 2{,}6\,E_g$, wie es Abb. 6.53 für eine Reihe von Halbleitern zeigt. Dementsprechend werden etwa 60 % de. Elektronenstrahlenergie im Halbleiterkristall von vornherein in Wärme umgesetzt. Dazu kommt noch der mit der Erwärmung absinkende Wirkungsgrad der strahlenden Rekombination.

Eine Anregung mit Elektronen geringer Energie nach [6.16b] ist experimentell noch nicht realisiert worden. Sie ist auch kaum zu erwarten, da hierbei die Eindringtiefe sehr gering sein wird. Oberflächenprobleme würden hierbei die Funktion stark beeinträchtigen.

Da bisher keine Materialien mit hohem Bandabstand und dem erforderlichen direkten Bandübergang bekannt geworden sind, bei denen auch pn-Übergänge realisierbar sind, ist man bei Wellenlängen unter 0,6 μm auf die Anregung durch Bestrahlung angewiesen, wenn man Laseremission erzielen will. Dabei ist der Wirkungsgrad bei der Elektronenstrahlanregung noch geringer als bei der Optischen Anregung, wo man die Photonenenergie an die Absorptionskante der direkten Halbleiter bei $h\nu = E_g$ anpassen kann.

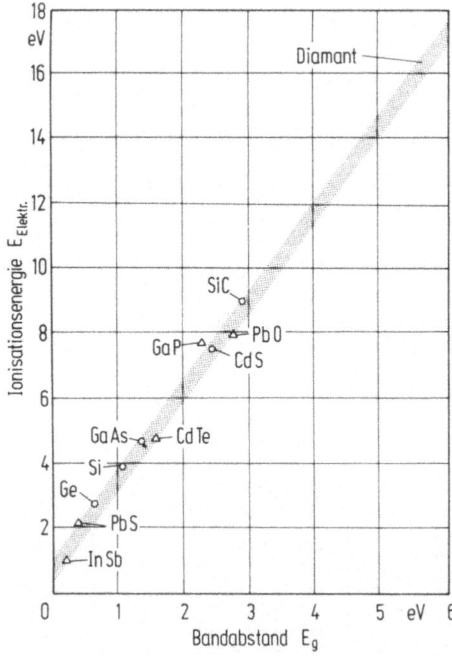

Abb.6.53. Zur Anregung eines Elektron-Lochpaares notwendige Elektronenenergie für verschiedene Halbleiter

6.8 Aufbau von Laserdioden

Der Aufbau einer Laserdiode und die einzelnen Arbeitsschritte zu ihrer Realisierung sind aus Abb.6.54 zu ersehen. Die Herstellung der erforderlichen Schichtstrukturen erfolgt meist mittels Flüssigphasenepitaxie

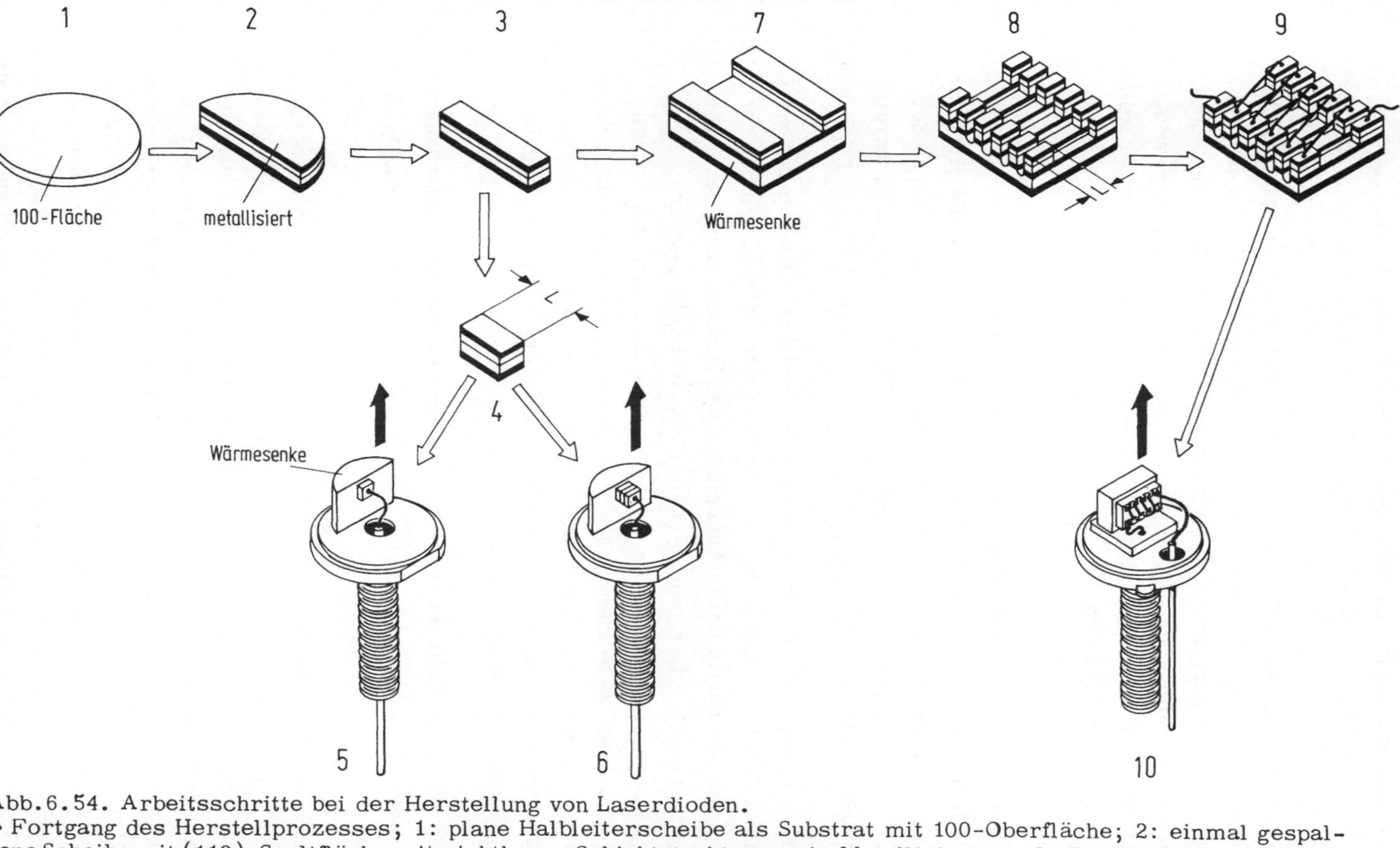

Abb.6.54. Arbeitsschritte bei der Herstellung von Laserdioden.
⇨ Fortgang des Herstellprozesses; 1: plane Halbleiterscheibe als Substrat mit 100-Oberfläche; 2: einmal gespaltene Scheibe mit (110)-Spaltfläche mit sichtbarer Schichtstruktur sowie Metallisierung; 3: Diodenriegel mit zwei planparallelen Spaltflächen; 4: allseitig gespaltener Diodenchip; 5: einfache Laserdiode mit Wärmesenke; 6: Laserdiode mit gestapelten Chips; 7: Diodenriegel auf gemeinsamer Wärmesenke; 8: durch Aufteilen der Riegel entstandene Vielfachdiode; 9: Vielfachlaserdiode in Serie geschaltet; 10: Vielfachlaserdiode hoher Impulsleistung;
➡ Emissionsrichtung der Laserstrahlung

(LPE). Diese und die in zunehmendem Maße verwendete Gasphasen (VPE)- und Molekularstrahlepitaxie (MBE) sind im Abschnitt 4.2 allgemein und speziell für den Einsatz bei Lumineszenzdioden beschrieben. Die erfolgreich benutzte Schiebeapparatur für die Herstellung der in Abschnitt 6.6 beschriebenen Heteroschichtfolgen mittels LPE ist in Abb. 4.11 schematisch dargestellt und der Prozeß in diesem Zusammenhang beschrieben. Die daran anschließenden Arbeitsschritte führen entweder über barrenförmige Kristallchips zu Vielfachdioden oder mit einer weiteren Teilung zu Einzeldioden.

6.8.1 Erzeugen von Streifenlasern und Chipmontage

Für Streifenlaser muß in den Halbleiterscheiben zusätzlich die Streifenstruktur erzeugt werden, wie es bei den verschiedenen Lasertypen der Abb.6.30 in ihren Ausführungen nach Abb.6.32, 6.36 und 6.38 bereits beschrieben wurde.

Bei Galliumarsenid werden die elektrischen Kontakte auf der p-dotierten Seite meist durch Zinkdiffusion und anschließende Goldbedampfung hergestellt, die n-Kontakte durch Aufdampfen und Eintempern einer AuGe- oder AuSn-Schicht. Die Kontakte auf der Substratseite bestehen häufig aus zwei Flächenelementen, um dazwischen die Emission des spontan erzeugten Lichtes beobachten zu können. Das Emissionsbild gibt nämlich wesentliche Hinweise auf die Qualität der Dioden, da die für die Alterung störenden Kristalldefekte (Abschnitt 8.3) auf diesem Wege in einfacher Weise als dunkle Bereiche erkennbar sind.

Bei allen zum Diodenaufbau und zur -montage anzuwendenden Maßnahmen muß darauf geachtet werden, daß Einflüsse, die die Alterung begünstigen, vermieden werden.

Als erstes werden streifenförmig Diodenreihen aus dem Kristall herausgesägt oder herausgespalten. Die später als Spiegel wirksamen gesägten Trennflächen können entweder durch Polieren oder durch Strukturätzen weiterbearbeitet werden. Wurde die Trennung durch Spalten erzielt, so ist keine weitere Bearbeitung notwendig, da dieser Vorgang so sorgfältig ausgeführt werden kann, daß die Spaltflächen direkt als Spiegel dienen können. Man nutzt dabei die Kristallstruktur der Halbleiter vorteilhaft aus. So ist es recht einfach einen GaAs-Kristall in einer (110)-Fläche zu spalten, da hier die Bindungskräfte zwischen den Atomebenen kleiner sind als in anderen Kristallflächen. Richtet man die Substratscheibe vor der Epitaxie so aus, daß ihre Oberfläche eine (100)-Fläche ist, dann gibt es hierzu zwei auf dieser Fläche und zueinander senkrecht stehende (110)-Spaltflächen. Diese können dann bei entsprechender Orientierung der aktiven Laserstreifen direkt als Spiegelflächen dienen.

Da die Spiegelflächen, wie in Abschnitt 6.4 gezeigt, durch das elektromagnetische Feld der Laseremission hoch belastet werden (mehr als $1\,MW/cm^2$, vgl. Abschnitt 8.3), muß man sie durch eine Vergütung vor Erosion schützen. Hierfür kommen verschiedene aufdampfbare oder sputterfähige Isolatormaterialien in Betracht. Besonders günstige Ergebnisse brachten Schichten aus Siliziumdioxid oder Aluminiumoxid und neuerdings auch Kohlenstoff mit einer Dicke von einer oder einer halben Wellenlänge des Laserlichtes. Nach Aufbringen der Schutzschichten wird für Einzeldioden der Diodenriegel entsprechend weiter aufgeteilt, meist wieder durch Spalten.

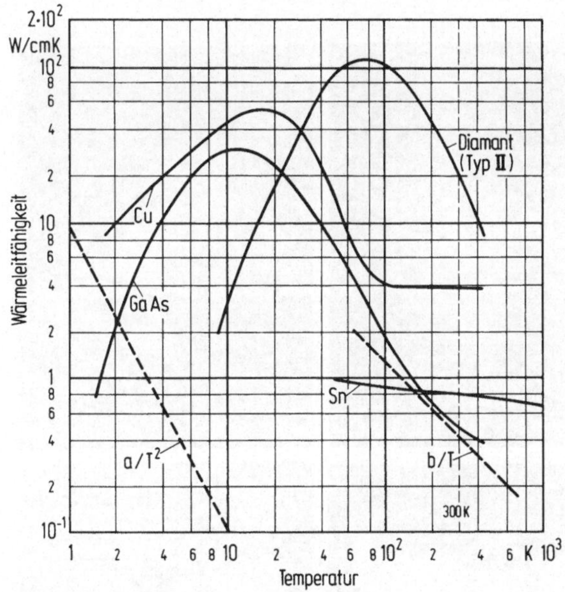

Abb.6.55. Wärmeleitfähigkeit der Materialien einer GaAs-Laserdiode in Abhängigkeit von der Temperatur

Die Montage der Diodenriegel mit mehreren Dioden oder der Einzeldioden erfolgt auf einer Wärmesenke aus Kupfer oder IIa-Diamant welches nach Abb.6.55 die Materialien mit der höchsten Wärmeleitfähigkeit sind.

Dabei muß zur optimalen Wärmeabführung die aktive Zone möglichst nahe an die Senke gebracht werden. Dies geschieht meist durch sog. up-side down-Montage, bei der das Substrat auf die der Wärmesenke abgewandte Seite kommt. Die Verbindung wird mit einer dünnen Schicht aus duktilem Zinn- oder Indiumlot hergestellt, um beim Lötprozeß keine Spannungen im Laserkristall zu erzeugen und um einen möglichst guten Wärmeübergang zu erzielen. Die Wärmesenke dient gleichzeitig als Halterung der Laserdioden und darf daher die Lichtabstrahlung nicht behindern.

Abb.6.56 zeigt fertig aufgebaute Laserdioden in zwei verschiedenen Gehäusen; einem Koaxialgehäuse mit seitlicher Abstrahlung und einem anderen mit axialer Abstrahlung. Beide haben sehr geringe Aufbauinduktivitäten und -kapazitäten, die zusammen mit der Kapazität der pn-Diode eine Resonanz aufweisen müssen, deren Frequenz ($\omega^2 = 1/LC$) oberhalb der Grenz- oder Arbeitsfrequenz der Dioden liegt. Aufbau a ist für großflächige ($300 \times 500\ \mu m^2$) Dioden geeignet, da seine Induktivität bei nur 0,2 nH liegt; die einfachere Ausführung b mit etwa 1 nH, genügt für

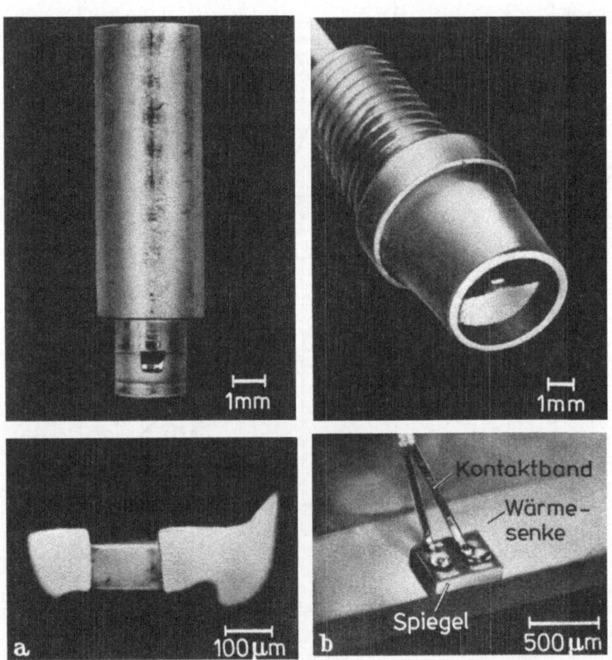

Abb.6.56. Laserdioden im HF-Gehäuse mit Ausschnittvergrößerung des Diodenchips.
a) Koaxialgehäuse für radiale Abstrahlung mit Ausschnitt; b) Gehäuse für axiale Abstrahlung mit Ausschnitt

Dioden mit einer Streifenbreite von $w \leqslant 10\,\mu m$ und einer aktiven Schicht mit $0,2\,\mu m$ Dicke, wenn man sie, wie in Abb.6.34 gezeigt, für den GHz-Bereich verwenden will.

6.8.2 Wärmeabführung

Wie bereits mehrfach betont, spielt die Wärmeabführung bei Laserdioden eine wesentliche Rolle. Sie bestimmt mit, ob eine Laserdiode im Dauerbetrieb laufen kann und wie lange sie dies tut, bevor sie durch Alterung ausfällt.

Für viele Diodenstrukturen kann man die Wärmeableitung berechnen, sie hängt jedoch sehr stark vom Detail des Aufbaues ab. Mit einer Temperaturerhöhung ΔT erhält man für den zunehmenden Schwellenstrom [6.105]

$$I_s = I_{s0}(1 + \Delta T/T_0)^3 \ , \tag{6.98}$$

wenn ein Potenzgesetz $I_s \sim T^r$ mit $r = 3$ angesetzt wird, wie es sich aus Abb.6.10 näherungsweise ergibt. Die Temperaturerhöhung am pn-Übergang ergibt sich aus dem zugeführten Strom I und der anliegenden Spannung U unter Berücksichtigung des Quantenwirkungsgrades und des thermischen Widerstandes Θ der Diode

$$\Delta T = \Theta(IU(1 - \eta_R) + I^2R) \ . \tag{6.99}$$

Dauerbetrieb ist demnach nur möglich, wenn diese Beziehungen einen Überlappungsbereich aufweisen. Bei niedrigen Temperaturen sind die Betriebsströme relativ gering, $IU \gg I^2R$ und der Einfluß des elektrischen Serienwiderstandes R kann vernachlässigt werden. Dauerbetrieb ist jetzt möglich, wenn gilt

$$(1 - \eta_R)\Delta T/U\Theta > I_{s0}(1 + \Delta T/T_0)^3 \ . \tag{6.100}$$

Diese Beziehung ist erfüllbar, wenn

$$\frac{I_{s0}U\Theta}{T_0}\,(1 - \eta_R) < 0,15 \tag{6.101}$$

ist, d.h. wenn der Wirkungsgrad η_R nahe genug bei 1 liegt. Ist die Erwärmung im Serienwiderstand der dominante Wärmelieferant, dann gilt $IU \ll I^2R$, und es resultiert die Bedingung

$$\Delta T/\Theta R > I_{s0}^2(1 + \Delta T/T_0)^6 , \tag{6.102}$$

woraus sich eine Lösung ergibt, wenn gilt

$$I_{s0}^2 R\Theta/T_0 < 0{,}067 . \tag{6.103}$$

Sind beide Bedingungen erfüllt, dann kann die Laserdiode im Dauerbetrieb laufen. Ist nur (6.101) erfüllt, so ist Θ durch einen erlaubten Wert von $\Theta \cdot r$ zu ersetzen, wobei r das Tastverhältnis eines Pulsbetriebes bedeutet.

Genauere Ergebnisse liefert diese Betrachtung, wenn man außer dem Wärmewiderstand Θ noch die Wärmekapazität Γ berücksichtigt [6.106]. Bei Pulsbetrieb mit der Frequenz ν_p erhält man am Ende eines Impulses der Dauer τ die Temperaturerhöhung durch Erweitern von (6.99) mit einem Heizfaktor H

$$\Delta T = \Theta(I^2R + (1 - \eta_R)IU)H , \tag{6.104}$$

mit

$$H = \frac{1 - \exp(-\tau/\Theta\Gamma)}{1 - \exp(-1/\Theta\Gamma\nu_p)} . \tag{6.105}$$

Mit einem Potenzgesetzt $I_s = I_{s0}(T/T_0)^r$ ergibt sich hieraus

$$\frac{I_s}{I_{s0}} = \left\{1 + \frac{H}{Q}\left(\frac{I}{I_{s0}}\right)^2\left[1 + \frac{(1-\eta)U}{I_{s0}R}\left(\frac{I_{s0}}{I}\right)\right]\right\}^r , \tag{6.106}$$

wobei $Q = T_0/\Theta I_{s0}^2 R$ gesetzt ist.

Abb.6.57 zeigt das Schaubild für (6.106). Bei kleinen Werten von H/Q gibt es zwei Lösungen für I/I_{s0} und für große Werte keine. Daraus resultiert jeweils ein Strombereich innerhalb dessen sich Laserbetrieb realisieren läßt, z.B. erhält man für $H/Q = 0{,}05$ und $r = 3$ den Strombereich $1{,}3 < I/I_{s0} < 2{,}7$.

Der wichtigste Parameter zur Beschreibung der erlaubten Betriebsgrößen ist der Wärmewiderstand Θ. Er kann sehr gut aus dem Gang der Emissionswellenlänge, die dem bekannten Temperaturgang des Bandabstandes folgt, bestimmt werden. Zu jeder Strombelastung erhält man die Temperatur der aktiven Zone und damit Werte für Θ. Eine zweite Methode beruht auf der Messung der Stromimpulsamplitude, die zum Lasereinsatz erreicht werden muß. Zur Auswertung muß man in diesem Fall das Temperaturgesetz für den Schwellenstrom (z.B. $I_s \sim T^3$) kennen. Betreibt man den Laser mit hohen Stromimpulsen, so kann man sowohl den elektrischen Widerstand R als auch den thermischen Widerstand Θ messen. Erhöht man die Pulsfrequenz ν_p bei konstanter Amplitude, so nimmt die Temperatur ebenfalls zu. Aus der emittierten Wellenlänge ergibt sich für jede Stromamplitude ein linearer Zusammenhang $\Delta T \sim \nu_p$. Da ν_p mit r verknüpft ist, kann man aus (6.102) bei bekanntem Wirkungsgrad η_R auf Θ und R schließen. Typische Werte für einfache diffundierte Dioden sind $\Theta = 30\,K/W$ und $R = 0{,}07\,\Omega$ [6.105].

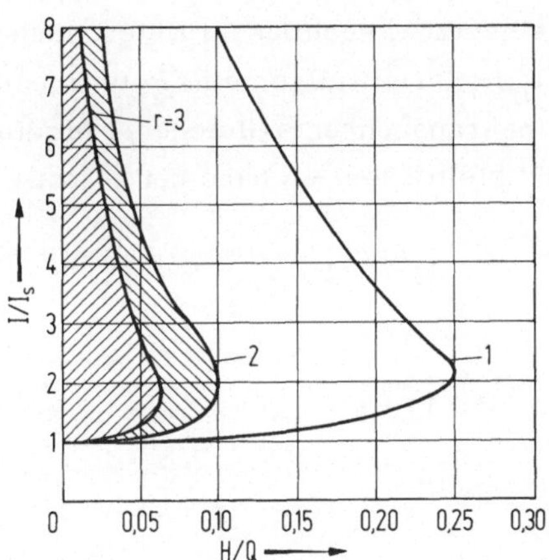

Abb.6.57. Strombereich für Laseremission bei Pulsbetrieb. In der temperaturproportionalen Größe $H/Q \sim T$ sind die für eine Laserdiode charakteristischen Größen Θ Wärmewiderstand, Γ Wärmekapazität, I_{s0} Schwellenstrom, R Verlustwiderstand zusammengefaßt

Ein einfaches eindimensionales Modell für Heterolaserdioden mit zwei in der Entfernung d_1 und d_2 von der aktiven Schicht in entgegengesetzten Richtungen befindlichen Wärmesenken führt zu Differentialgleichung für den Wärmefluß [6.107]

$$-\kappa\, dT/dx = jU(1 - \eta_R) \ . \tag{6.107}$$

Bei GaAs gilt bei tiefen Temperaturen $40\,K < T < 150\,K$ für die Wärmeleitungskonstante $\varkappa = b/T^2$, mit $b = 2 \cdot 10^4\,KW/cm$ und für Temperaturen um $300\,K$ $\varkappa = a/T$ mit $a = 160\,W/cm$ (vgl. Abb. 6.55). Eine Lösung von (6.107) mit der Temperatur T in der aktiven Zone und T_0 an den Wärmesenken ist in der Umgebung von 300 K gegeben durch

$$\ln(T/T_0) = [jU(1 - \eta_R)/(1/d_1 + 1/d_2)]/a \ . \tag{6.108}$$

Für $T - T_0 \ll T_0$ kann man hieraus mit nur einer Wärmesenke, d.h. $d_2 = \infty$, einen Wärmewiderstand errechnen und erhält

$$\Theta = \frac{1 - \eta_R}{\varkappa} \frac{d_1}{A} , \tag{6.109}$$

woraus sich mit $\eta_R = 0,3$, $\varkappa = 0,57\,W/Kcm$, $d_1 = 10\,\mu m$ und $A = 4,5 \cdot 10^{-5}\,cm^2$ für einen Streifenlaser ein recht realistischer Wert $\Theta = 30\,K/W$ ergibt.

Für die Schwellenstromdichte j in (6.108) kann man jedes Temperaturgesetz $j = j_0 \cdot f(T/T_0)$ einsetzen, auch das für Heterodioden gültige Exponentialgesetz $j = j_0 \exp(T/T_0)$ oder ein allgemeins Potenzgesetz wie (6.98). Man erhält dann für T/T_0 eine transzendente Gleichung, für die es nur Lösungen gibt, wenn j_0 genügend klein oder η_R nahe bei 1 ist.

Bei einem Potenzgesetz $j = j_0 (T/T_0)^r$ erhält man für den zulässigen Strom die Bedingung

$$j_0 < 1/[2,7\,rU(1 - \eta_R)d_1] \tag{6.110}$$

und für das Exponentialgesetz

$$j_0 < a/1,37\,U(1 - \eta_R)d_1 \ . \tag{6.111}$$

Diese Beziehungen liefern für $a = 160\,W/cm$, einen Wirkungsgrad von $\eta_R = 0,35$, eine Spannung von 1,5 V und einen Abstand der nächstgelegenen Wärmesenke von 10 µm die Abschätzungen $j_0 < 2,6 \cdot 10^4\,A/cm^2$ für $r = 3$ und $j_0 < 1,6 \cdot 10^5\,A/cm^2$ für den Exponentialverlauf.

Diese Stromgrenzwerte liegen wesentlich höher als die experimentell gefundenen. Dies liegt wohl in der unrealistischen Annahme des ungestörten Wärmeüberganges über die Lotschichten zur Wärmesenke und die angesetzte hohe Wärmeleitung des GaAs für die (Ga,Al)As-Zwischenschichten, wo sie um einen Faktor 6 niedriger liegen kann. Mit diesem Wert kommt man zu sehr realistischen Daten von $j_S = 2{,}7 \cdot 10^4\,A/cm^2$, wie sie für Streifenlaser gefunden wurden (Abschnitt 6.6.1).

Auch für Vielschicht-Laserdioden mit Streifenstruktur wurden Berechnungen durchgeführt [6.108] und dabei auch nichtleitfähige Einschlüsse berücksichtigt [6.109], die den thermischen Widerstand erhöhen und zu lokalen Temperaturerhöhungen führen können, wenn ihre Abmessungen groß genug sind, was zu ernsten Alterungseffekten führen kann (Kapitel 8). Die Berechung der Temperaturverteilung in einer Vielschichtstruktur mit einer Wärmesenke aus IIa-Diamant zeigt in Übereinstimmung mit experimentellen Ergebnissen, daß in einem Abstand von etwa 10 µm vom aktiven Streifen bereits kaum mehr eine Temperaturerhöhung auftritt. Für die thermischen Widerstände Θ dieser Streifenstrukturen wurden wiederum Werte zwischen 10 und 30 K/W errechnet.

Literatur zu Kapitel 6

6.1. Einstein; A.: Über die Quantentheorie der Strahlung. Phys. Z. 18 (1917) 121-128

6.2. Weber, J.: Amplification of Microwave Radiation by Substances not in Thermal Equilibrium. Trans. IRE, PGED 3 (1953) 1-4

6.3. Maiman: Stimulated Optical Radiation in Ruby. Nature 187 (1960) 493-494

6.4. Basov, N.G.; Krokhin, O.N.; Popov, Y.M.: Indirect Interband Transitions and Radiation Absorption by Free Carriers; in Advances in Quantum Electronics, (Ed. Singer, J.R.) London: Columbia University Press 1961, S. 500-506, siehe Diskussionsbemerkung

6.5. Engler, W.E.; Garfinkel, M.: Characteristics of a Continuous High Power GaAs-Junction Laser. J. Appl. Phys. 35 (1964) 1736-1741

6.6. Pilkuhn, M.; Rupprecht, H.; Woodall, J.: Continuous Stimulated Emission from a GaAs-Diode at 77 K. Proc. IEEE 51 (1963) 1243

6.7. Dyment, J.C.; D'Asaro, L.A.: Continuous Operation of GaAs Junction Lasers on Diamond Heat Sinks at 200 K. Appl. Phys. Lett. 11 (1967) 292-294

6.8. Ripper, J.E.; Dyment, J.C.; D'Asaro, L.A.; Paoli, T.L.: Stripe-Geometry Double Heterostructure Junction Lasers: Mode Structure and cw Operation Above Room Temperature. Appl. Phys. Lett. 18 (1971) 155-157

6.9. Mettler, K.: Effect or Dislocations on the Degradation of Silicon-Doped GaAs Luminescent Diodes. Siemens Forsch.- u. Entwickl. Ber. 1 (1972) 274-278

6.10. Petroff, P.; Hartman, R.L.: Defect Structure Introduced During Operation of Heterojunction GaAs Lasers. Appl. Phys. Lett. 23 (1973) 469-471

6.11. Hartman, R.L.; Dyment, J.C.; Hwang, C.J.; Kuher, M.: Continuous Operation of GaAs-$Ga_{1-x}Al_xAs$ Double-Heterostructure Lasers with 30°C Half-Lifes Exeeding 1000 h. Appl. Phys. Lett. 23 (1973) 181-183

Nannichi, Y.; Hayashi, I.: Degradation of (Ga,Al)As Double Heterostructure Diode Lasers. J. Cryst. Growth 27 (1974) 126-132

Dyment, J.C.; Nash, I.R.; Hwang, C.J.; Rozgonyi, G.A.; Hartman, R.L.; Marcos, H.M.; Haszko, S.E.: Threshold Reduction by the Addition of Phosphorus to the Ternary Layers of Double-Heterostructure GaAs Lasers. Appl. Phys. Lett. 24 (1974) 481-484

6.12. Kun, H.; Namizaki, H.; Ishii, M.; Ito, A.: Continuous Operation Over 10 000 h of GaAs/GaAlAs Double-Heterostructure Laser without Lattice Mismatch Compensation. Appl. Phys. Lett. 27 (1975) 138-139

6.13. Basov, N.G.; Bogdankovich, O.V.: Excitation of Semiconductor Lasers by a Beam of Fast Electrons in "Radiative Recombination in Semiconductors", 7th Intern. Conf. on the Physics of Semiconductors. Paris: Dunod 1965, S. 225-233

6.14. Benoit à la Guillaume, C.; Debever, J.M.: Effect Laser par bombardement electronique. Siehe [6.13], S. 255-257

6.15. Hurwitz, C.E.; Keyes, R.J.: Electron-Beam-Pumped GaAs-Laser. Appl. Phys. Lett. 5 (1964) 139-141

6.16. Klein, C.A.: Threshold Considerations for Electron-Beam-Pumped GaAs-Lasers. Bull. Am. Phys. Soc. 10 (1965) 387-388

Hora, H.: Calculations of Laser Excitation in a GaAs Anode by Slow Electrons. Z. Naturf. 20a (1965) 543-548

6.17. Weiser, K.; Woods, J.F.: Evidence for Avalanche Injection Laser in p-Type GaAs. Appl. Phys. Lett. 7 (1965) 225-228

6.18. Phelan, R.J. jr.; Rediker, R.H.: Optically Pumped Semiconductor Laser. Appl. Phys. Lett. 6 (1965) 70-71

6.19. Melngailis, I.: Optically Pumped Indium Arsenide Laser. IEEE J. Quant. Electron. QE-1 (1965) 104-105

6.20. Kelley, C.E.: Interactions Between Closely Coupled GaAs Injection Lasers. IEEE Trans. Electron Dev. ED-12 (1965) 1-4

6.21. Gürs, K.: Der optisch gepumpte Festkörperlaser, S. 119-120
D. Rosenberger: Der Gaslaser, S. 225-228. In: Laser (Hrsg. Kleen, W.; Müller, R.) Berlin, Heidelberg, New York: Springer 1960

6.22. Krokhin, O.N.; Popov, Y.M.: Slowing Down Time of Non Equilibrium Current Carriers in Semiconductors. Sov. Phys. JETP 11 (1960) 1144-1146

6.23. Göbel, G.: Recombination Without k-Selection Rules in Dense Electron-Hole Plasmas in High-Purity GaAs Lasers. Appl. Phys. Lett. 24 (1974) 492-494

Hildenbrand, O.; Faltermeier, B.O.; Pilkuhn, M.H.: Direct Determination of Reduced Band Gap and Chemical Potential in High-Purity GaAs. Sol. State Commun. 19 (1976) 841-849

6.24. Pankove, J.I.; Annavedder, E.K.: Nomograph of the Temperature Dependence of the Fermi Level in a Degemerate Parabolic Band. J. Appl. Phys. 36 (1965) 3948

6.25. Lasher, G.J.: Threshold Relations and Diffraction Loss for Injection Lasers. IBM J. 7 (1963) 58-61

6.26. Lasher, G.; Stern, F.: Spontaneous and Stimulated Recombination Radiation in Semiconductors. Phys. Rev. 133 (1964) A 553-A 563

6.27. Pilkuhn, M.H.: Fundamentals of stimulated Emission in Semiconductors. J. Lumin. 7 (1973) 269-283

6.28. Ettenberg, M.; Kressel, H.: Dependence of Threshold Current Density and efficiency on Fabry-Perot Cavity Parameters: Single Heterojunction (AlGa)As-GaAs Laser Diode. J. Appl. Phys. 43 (1972) 1204-1210

6.29. Stern, F.: Gain-Current Relation for GaAs Lasers with n-Type and Undoped Active Layers. IEEE J. Quant. Electron. QE-9 (1973) 290-294

6.30. Stern, F.: Dispersion of the Index of Refraction Near the Absorption Edge of Semiconductors. Phys. Rev. 133 (1964) A 1653-A 1664

6.31. Engler, W.E.; Garfinkel, M.: Temperature Effects in Coherent GaAs Diodes. J. Appl. Phys. 34 (1963) 2746-2750

6.32. Zachos, T.H.; Ripper, J.E.: Theory of Transverse Modes in GaAs Junction Lasers. IEEE J. Quant Electron. QE-4 (1968) 167

Hakki, B.W.: Striped GaAs Lasers: Mode Size and Efficiency J. Appl. Phys. 46 (1975) 2723-2730

6.33. Yonezu, H.; Sakuma, I.; Kobayashi, K.; Kamejima, T.; Ueno, M.; Nannichi, Y.: A GaAs-$Al_xGa_{a-x}As$ Double Heterostructure Planar Stripe Laser. Jap. J. Appl. Phys. 12 (1973) 1585-1592

Dyment, J.C.: Hermite-Gaussian Mode Patterns in GaAs-Junction Lasers. Appl. Phys. Lett. 10 (1967) 84-86

6.34. Iida, S.; Takata, K.; Unno, Y.: Spectral Behaviour Linewidth of (GaAl)As-GaAs Double Hterostructure Lasers at Room Temperature with Stripe Geometry Configuration. IEEE J. Quant. Electron. QE-9 (1973) 361-366

6.35. Armstrong, J.A.; Smith, A.W.: Interferometric Measurement of Line Width and Noise in GaAs Lasers. Appl. Phys. Lett. 4 (1965) 196-198

Ahearn, W.E.; Crowe, J.W.: Linewidth Measurements of cw Gallium Arsenide Lasers at 77K. IEEE J. Quant. Electron. QE-2 (1966) 597-602

6.36. Lindström, C.; Janson, M.: 13 μm Wide Stripe cw GaAs/GaAlAs DH Lasers Linear to More than 10 mW. Electron. Lett. 14 (1978) 172-174

6.37. Casey, H.C. jr.; Panish, M.B.; Merz, J.L.: Beam Divergence of the Emission from Double-Heterostructure Injection Lasers. J. Appl. Phys. 44 (1973) 5470-5475

6.38. Ulbrich, R.; Pilkuhn, M.H.: Londitudinal Photon Flux Distribution in Low-Q Semiconductor Lasers. Appl. Phys. Lett. 16 (1970) 516-518

6.39. Harth, W.; Siemsen, D.: Modulation Characteristics of Injection Lasers Including Spontaneous Emission - 1. Theory. AEÜ Arch. f. Elektronik u. Übertr. (Electronics and Communication) 30 (1976) 343-348

6.40. a) Winstel, G.; Mettler, K.: Zur Trägerrekombination in einem GaAs-Injektionslaser. Siehe [6.13] S. 183-193. Nachdruck: Siemens Forsch. u. Entwickl. Ber. (1965)

b) Adams, M.J.: Rate Equations and Transient Phenomena in Semiconductor Lasers. Optoelectron. 5 (1973) 201-215

c) Suematsu, Y.; Akiba, S.; Hong, T.: Measurements of Spontaneous Factor of AlGaAs Double-Hetero-Structure Semiconductorlasers. IEEE J. Quant. Electron. QE-13 (1977) 596-600

6.41. Boers, P.M.; Vlaaardingerbroek, M.T.; Danielsen, M.: Dynamic Behaviour of Semiconductor Lasers. Electron. Lett. 11 (1975) 206-208

Hakki, B.W.; Mode Gain and Junction Current in GaAs Under Lasing Conditions. J. Appl. Phys. 45 (1974) 288-294

6.42. Adams, M.J.: A Theory of Oscillations in the Output of GaAs Junctions Lasers. Phys. status solidi (a) 1 (1970) 143-152

6.43. Goodwin, A.R.; Thompson, G.H.P.: Superlinear Dependence of Gain on Current Density in GaAs Injection Lasers. IEEE J. Quant. Electron. QE-6 (1970) 311-312

6.44. Pinkas, E.; Miller, B.I.; Hayashi, I.; Foy, P.W.: GaAs-$Al_xGa_{1-x}As$ Double Heterostructure Lasers-Effect of Doping on Lasing Characteristics of GaAs. J. Appl. Phys. 43 (1972) 2827-2835

6.45. Gürs, K.: Der Laser als Verstärker und Oszillator, S. 90-93. In: Laser (Hrsg. Kleen, W.; Müller, R.). Berlin, Heidelberg, New York: Springer 1969

6.46. Konnerth, K.L.; Lanza, C.: Delay between Current Pulse and Light Emission of a Gallium Arsenide Injection Laser. Appl. Phys. Lett 4 (1964) 120-121

Ettenberg, M.; Kressel, H.: Interfacial recombination at (AlGa)As/GaAs Heterojunction Structures. J. Appl. Phys. 47 (1976) 1538-1544

6.47. Harth, W.: Properties of Injection Lasers at Large-Signal Modulation. AEÜ Arch. f. Electronik u. Übertr. (Electronics and Communication) 29 (1975) 149-152

Danielsen, M.: A Theoretical Analysis for Gigabit/Second Pulse Code Modulation of Semiconductor Lasers. IEEE J. Quant. Electron QE-12 (1976) 657-660

6.48. Müller, R.: Modulationsverfahren, S. 423-458. In: Laser (Hrsg. Kleen, W.; Müller R.). Berlin, Heidelberg, New York: Springer 1969

6.49. Eguchi, R.G.; Steier, W.H.; Mann, M.M.; Lacina, W.B.: Simultaneous Mode Locking and Pulse Coupling of the CO_2 Laser. Appl. Phys. Lett. 18 (1971) 406-408

6.50. Kogelnik, H.; Schmidt, R.V.: Switched Directional Couplers. IEEE J. Quant. Electron. QE-12 (1976) 396-398

Reinhart, F.K.; Logan, R.A.: Integrated Electro-Optic Intracavity Frequency Modulation of Double Heterostructure Injection Lasers. Appl. Phys. Lett. 27 (1975) 532-534

6.51. Tien, P.K.: Integrated Optics and New Wave Phenomena in Optical Waveguides. Rev. Mod. Phys. 49 (1977) 361-420

6.52. Petermann, K.: Theoretical Analysis of Spectral Modulation Behaviour of Semiconductor Injections Lasers. Opt. and Quant. Electron. 10 (1978) 233-242

6.53. Siemsen, D.; Angerstein, J.: Investigation of the Optical Behaviour of GaAs Lasers Operated with Pulse and Sinusoidal Modulation. Electron. Lett. 12 (1976) 432-434

6.54. Tien Pei Lee, Dentai, A.G.: Power and Modulation Bandwidth of GaAs-AlGaAs High Radiance LED's for Optical Communication Systems. IEEE J. Quant. Electron. QE-14 (1978) 150-159

6.55. Heinen, J.; Huber, W.; Harth, W.: Light-Emitting Diodes with a Modulation Bandwidth of More than 1GHz. Electron. Lett. 12 (1976) 553-554

6.56. Harth, W.; Huber, W.; Heinen, J.: Frequency Response of GaAlAs Light-Emitting Diodes. IEEE Trans. Electron. Dev. ED-23 (1976) 478-480

Zucker, J.: Closed-Form Calculation of the Transient Behaviour of (Al,Ga)As Double-Heterojunction LED's. J. Appl. Phys. 49 (1978) 2543-2545

6.57. Harth, W.; Amann, M.C.: Modulation Characteristics of Double-Heterostructure Superluminescent Diodes. Electron. Lett. 13 (1977) 291

6.58. Hayashi, I.; Panish, M.B.; Reinhart, F.K.: GaAs-$Al_xGa_{1-x}As$ Double Heterostructure Injection Lasers. J. Appl. Phys. 42 (1971) 1929-1941

6.59. Lockwood, H.F.; Kressel, H.; Sommers, H.S. jr.; Hawrylo, F.Z.: An Efficient Large Optical Cavity Injection Laser. Appl. Phys. Lett. 17 (1970) 499-502

6.60. Kressel, H.; Ettenberg, M.: Low-Threshold Double Heterojunction AlGaAs/GaAs Laser Diodes: Theory and experiment. J. Appl. Phys. 47 (1976) 3533-3537

6.61. Thompson, G.H.B.; Henshall, G.D.; Whiteaway, J.E.A.; Kirkby, P.A.: Narrow-Beam Five-Layer (GaAl)As/GaAs Hterostructure Lasers with Low Threshold and High Preak Power. J. Appl. Phys. 47 (1976) 1501-1514

6.62. a) Tsang, W.T.: The Effects of Lateral Current Speeding, Carrier Out-Diffusion and Optical Mode Lasers on the Threshold Current Density of GaAs-$Al_xGa_{1-x}As$ Stripe-Geometry DH-Lasers. J. Appl. Phys. 49 (1978) 1031-1044

b) Kobayashi, T.; Kawaguchi, H.; Furukawa, Y.: Lasing Characteristics of Very Narrow Planar Stripe Lasers. Jap. J. Appl. Phys. 16 (1977) 601-607

6.63. Mettler, K.; Zschauer, K.-H.; Westermeier, H.; Wolf, D.-H.; Pawlik, D.; Meixner, H.: Laserdiode. Forschungsbericht des Bundesministeriums für Forschung- und Technologie und der Siemens AG. April 1968, Kz.NT 565 B

6.64. Angerstein, J.; Siemsen, D.: Modulation Charakteristics of Injection Lasers Including Spontaneous Emission - 2. Experiment. AEÜ Arch. f. Electronik u. Übertr. (Electronics and Communications) 30 (1976) 477-480

6.65. Mettler, K.; Pawlik, D.; Westermeier, H.; Zschauer, K.-H.: GaAs/(GaAl)As-Streifenstrukturlaser für optische Nachrichtensysteme hoher Bitrate. DFG-Kolloq. f. opt. Nachrichtentechnik, Bochum, Febr. 1978

6.66. Tsang, W.T.; Logan, R.A.: Lateral-Current Confinement in a GaAs Planar Stripe-Geometrie and Channeled Substrate Buried DH-Laser Using Reverse-Biased p-n Junctions. J. Appl. Phys. 49 (1978) 2629-2637

6.67. Kobayashi, K.; Lang, R.; Yonezu, H.; Matsumoto, Y.; Shinohara, T.; Sakuma, I.; Suzuki, T.; Hayashi, I.: Unstable Horizontal Transverse Modes and Their Stabilization with a New Stripe Structure. IEEE J. Quant. Electron. QE-13 (1977) 659-661

Yonezu, H.; Matsumoto, Y.; Shinohara, T.; Sakuma, I.; Suzuki, T.; Kobayashi, K.; Lang, R.; Nannichi, Y.; Hayashi, I.: New Stripe Geometry Laser with High Quality Lasing Characteristics by Horizontal Transverse Mode Stabilization. - A Refraction Index Guiding with Zn Doping. Jap. J. Appl. Phys. 16 (1977) 209-210

6.68. Aiki, K.; Nakamura, M.; Kuroda, T.; Umeda, J.: Channeled-Substrate Planar Structure (AlGa)As Junction Lasers. Appl. Phys. Lett. 30 (1977) 649-651

6.69. Figueroa, L.; Wang, S.: Curved Junction Stabilized Filament (CJSF) Double Heterostructure Injection Laser. Appl. Phys. Lett. 32 (1978) 55-57

6.70. Botez, D.; Zory, P.: Constricted Double-Heterostructure (AlGa)As Diode Laser. Appl. Phys. Lett. 32 (1978) 261-263

6.71. Scifres, D.R.; Streifer, W.; Burnham, R.D.: Curved Stripe GaAs: GaAlAs Diode Lasers and Waveguides. Appl. Phys. Lett. 32 (1978) 231-234

6.72. Tsukada, T.: GaAs-$Ga_{1-x}Al_xAs$ Buried-Heterostructure Injection Lasers. J. Appl. Phys. 45 (1974) 4899-4906

6.73. Kirkby, P.A.; Thompson, G.H.B.: Channeled Substrate Buried Heterostructure GaAs-(GaAl)As Injection Lasers. J. Appl. Phys. 47 (1976) 4578-4589

Burnham, R.D.; Scifres, D.R.: Etched Buried Heterostructure GaAs/GaAlAs Injection Lasers. Appl. Phys. Lett. 27 (1975) 510-511

6.74. Itoh, K.; Asaki, K.; Inone, M.; Teramoto, E.: Embedded Stripe GaAs-GaAlAs Double-Heterostructure Lasers with Polycrystalline GaAsP Layers. IEEE J. Quant. Electron. QE-13 (1977) 623-627 und 628-631

6.75. Tsang, W.T.; Logan, R.A.; Ilegems, M.: High-Power Fundamental-Transverse-Mode Stripe Buried Heterostructure Lasers with Linear Ligh-Current Characteristics. Appl. Phys. Lett. 32 (1978) 311-314

6.76. Nagano, M.; Kasahara, K.: Dynamic Porperties of Transverse Junction Stripe Lasers. IEEE J. Quant. Electron. QE-13 (1977) 632-637

Namizaki, H.; Kan, H.; Ishii, M.; Ito. A.: Transverse-Junction-Stripe-Geometry Double-Heterostructur Lasers with Very Low Threshold Current. J. Appl. Phys. 45 (1975) 2785-2786

Kumabe, H.; Tanaka, T.; Namizaki, H.; Ishii, M.; Susaki, W.: High Temperature Single-Mode cw Operation with a Junction-Up TJS Laser. Appl. Phys. Lett. 33 (1978) 38-39

Lee, C.P.; Margalit, S.; Yariv, A.: GaAs-GaAlAs Injection Lasers on Semi-Insulating Substrates Using Laterally Diffused Junctions. Appl. Phys. Lett. 32 (1978) 410-412

6.77. Scifres, D.R.; Streifer, W.; Burnham, R.D.: Leaky Wave Room-Temperature Double Heterostructure GaAs:GaAlAs Diode Laser. Appl. Phys. Lett 29 (1976) 23-24

b) Kajimura, T.; Saito, K.; Shige, N.; Ito, R.: Leaky-Mode Buried-Heterostructure AlGaAs Injection Lasers. Appl. Phys. Lett. 30 (1977) 590-591

6.78. Coloman, J.J.; Holonyak, N. jr.; Ludowise, M.J.; Wright, P.D.: $In_{1-x}Ga_xP_{1-z}As_z$ Double Heterojunction Lasers. J. Appl. Phys. 47 (1976) 2015-2018

6.79. Coloman, J.J.; Holonyak, N. jr.; Ludowise, M.J.; Wright, P.D.; Chin, R.; Groves, W.O.; Keune, D.L.: Pulsed Room-Temperature Operation of $In_{1-x}Ga_xP_{1-z}As_z$ Double Heterojunction Lasers at High Energy. Appl. Phys. Lett. 29 (1976) 167-169

6.80. Hsieh, J.J.; Shen, C.C.: Room-Temperature cw Operation of Buried-Stripe Double-Heterostructure GaInAsP/InP Diode Lasers. Appl. Phys. Lett. 30 (1977) 429-431

Hsieh, J.H.; Rossi, J.A.; Donneley, J.P.: Room-Temperature cw operation of GaInAsP/InP Double Heterostructure Diode Laser Emitting at 1,1 μm. Appl. Phys. Lett. 28 (1976) 709-711

6.81. Kressel, H.; Olsen, G.H.; Nuese, C.J.: Visible $GaAs_{0,7}P_{0,3}$ cw Heterojunction Lasers. Appl. Phys. Lett 30 (1977) 249-251

b) Chin, R.; Holonyak, N. jr.; Shichijo, H.H.; Groves, W.O.; Keune, D.L.; Rossi, J.A.: $GaAs_{1-y}P_y$ Heterojunction Lasers. J. Appl. Phys. 48 (1977) 3991-3993

6.82. Nahory, R.E.; Pollack, M.A.; Abrokwah, J.K.: Threshold Characteristics and Extended Wavelength Operation of $GaAs_{1-x}GaAs_{1-x}Sb_x/Al_yGa_{1-y}As_{1-x}sb_x$ Double-Heterostructure Lasers. J. Appl. Phys. 48 (1977) 3988-3990

Pollack, M.A.; Nahory, R.E.: CW Double Heterostructure LED and Laser Sources for the 1 μm Wavelength Region. Int. Conf. on Integrated Optics, Salt Lake City, 1976

6.83. Hesse, J.; Preier, H.: Lead Salt Laser Diodes. In: Festkörperprobleme XV. (Hrsg. Queisser, H.J.) Braunschweig: Vieweg 1975, S. 229-251

6.84. Linden, K.J.; Nill, K.W.; Butler, J.F.: Single Heterojunction Lasers of $PbS_{1-x}Se_x$ and $Pb_{1-x}Sn_xSe$ with Wide Tunability. IEEE J. Quant Electron. QE-13 (1977) 720-724

Lo, W.: Homojunction Lead-Tin-Telluride Diode Lasers with Increased Frequency Tuning Range. IEEE J. Quant Electron. QE-13 (1977) 591-595

6.85. Groves, S.H.; Nill, K.W.; Strauss, A.J.: Double Heterostructure $Pb_{1-x}Sn_xTe$-PbTe Lasers with cw operation at 77K. J. Appl. Phys. Lett 25 (1974) 331-333

6.86. Kogelnik, H.; Shank, C.V.: Stimulated Emission in a Periodic Structure. Appl. Phys. Lett. 18 (1971) 152-154

6.87. Nakamura, M.; Aiki, K.; Umeda, J.: CW Operation of Distributed-Feedback GaAs-GaAlAs Diode Lasers at Temperatures up to 300K. Appl. Phys. Lett. 27 (1975) 403-405

6.88. Burnham, R.D.; Scifres, D.R.; Streifer, W.: Distributed Feedback Buried Heterostructure Diode Laser. Appl. Phys. Lett. 29 (1976) 287-289

6.89. Walpole, J.N.; Calawa, A.R.; Chinn, S.R.; Groves, S.H.; Harman, T.C.: Distributed Feedback $Pb_{1-x}Sn_x$-Te Double heterojunction Lasers. Appl. Phys. Lett. 29 (1976) 307-309

6.90. Scifres, D.R.; Burnham, R.D.; Streifer, W.: Output Coupling an and Distributed Feedback Utilizing Substrate Corrugation in Double-Heterostructure GaAs Lasers. Appl. Phys. Lett. 27 (1975) 295-297

6.91. Aiki, K.; Nakumura, M.; Umeda, J.: Frequency Multiplexing Light Source with Monolithically Integrated Distributed-Feedback Diode Lasers. Appl. Phys. Lett. 29 (1976) 506-508

6.92. Merz, J.L.; Logan, R.A.: Integrated GaAs-Al_xGa_{1-x}As Injection Lasers and Detectors with Etched reflectors. Appl. Phys. Lett. 30 (1977) 530-533

6.93. Lee, C.P.; Margalit, S.; Ury, I.; Yario, A.: Integration of an Injection Laser with a Gunn Oscillator on a Semi-Insulating GaAs Substrate. Appl. Phys. Lett. 32 (1978) 806-807

6.94. Merz, J.L.; Logan, R.A.: Dual-Beam Laser: A GaAs Double-Cavity Laser with Branching Output Waveguides. Appl. Phys. Lett. 32 (1978) 661-663

Scifres, D.R.; Burnham, R.D.; Streifer, W.: Branching Waveguide Coupler in a GaAs/GaAlAs Injection Laser. Appl. Phys. Lett. 32 (1978) 658-661

6.95. Shams, M.K.; Namizaki, H.; Wang, S.: pn-Junction Detector Directly Integrated with $(Ga_{1-x}Al_x)$As LOC-DBR Laser. Appl. Phys. Lett 32 (1978) 179-181

6.96. Shams, M.K.; Namizaki, H.; Wang, S.: Monolithic Integration of GaAs-(GaAl)As Light Modulators and Distributed Bragg-Reflector Lasers. Appl. Phys. Lett. 32 (1978) 314-316

6.97. Campbell, J.C.; DeWinter, J.C.; Pollack, M.A.; Nahory, R.E.: Buried Heterojunction Electroabsorption Modulator. Appl. Phys. Lett. 32 (1978) 471-473

6.98. Phelan, R.J.; Rediker, R.H.: Optically Pumped Semiconductor Laser. Appl. Phys. Lett. 6 (1965) 70-71

6.99. Kawabe, M.; Kotani, H.; Matsuda, K.; Namba, S.: Heterostructure $CdS_{1-x}Se_x$CdS Surface Lasers for Integrated Optics. Appl. Phys. Lett. 26 (1975) 46-48

6.100. Wolford, D.J.; Streetman, B.G.; Nelson, R.J.; Holonyak, N. jr.: Stimulated Emission on N_x ("A-Line") Recombination Transitions in Nitrogen Implanted $GaAs_{1-x}P_x$ (x = 0,37). Appl. Phys. Lett. 28 (1976) 711-713

Makita, Y.; Gonda, S.; Ijuin, H.: Stimulated and Laser Emission Involving Nitrogen Isoelectronic Impurities in $Al_xGa_{1-x}As$ (x = 0,39, 77K). Appl. Phys. Lett. 29 (1976) 309-311

6.101. Miller, R.C.; Nordland, W.A. jr.; Logan, R.A.; Johnson, L.F.: Optically Pumped Taper-Coupled GaAs-$Al_xGa_{1-x}As$ Laser with a Second-Order Bragg Reflector. J. Appl. Phys. 49 (1978) 539-542

6.102. á la Guillaume, C.B.; Debever, J.M.: Effet Laser Dans L'Arseniure D'Indium par Bombardement Electronique. Sol. State Commun. 2 (1964) 145-147

6.103. Popov, Y.M.: Semiconductor Lasers. Appl. Opt. 6 (1967) 1818-1824

6.104. Hurwitz, C.E.: Efficient Ultraviolett Laser Emission in Electron-Beam-Excited ZnS. Appl. Phys. Lett. 9 (1966) 116-118

6.105. Gooch, C.H.: The Thermal Properties of Gallium Arsenide Laser Structures. IEEE J. Quant. Electron. QE-4 (1968) 140-143

6.106. Quine, J.P.; Tomiyasu, K.; Younger, C.: Pulse Modulation or Gallium Arsenide Injection Luminescent Diode Laser. Proc. IEEE 51 (1963) 1141-1142

6.107. Mayburg, S.: Temperature Limitation on Continuous Operation of GaAs Lasers. J. Appl. Phys. 34 (1963) 3417-3418

6.108. Joyce, W.B.; Dixon, R.W.: Thermal Resistance of Heterostructure Lasers. J. Appl. Phys. 46 (1975) 855-862

6.109. Kobayshi, T.; Iwane, G.: Three Dimensional Thermal Analysis of Double-Heterostructure Semiconductor Lasers. Jap. J. Appl. Phys. 16 (1977) 1403-1408

7 Anwendungen von Lumineszenz- und Laserdioden

7.1 Anwendungen von LED

LED werden fast ausschließlich für Anzeigezwecke eingesetzt. Ihre Aufgabe ist es, bei möglichst geringer elektrischer Leistung beim Beobachter einen optimalen visuellen Eindruck zu erzeugen. Neben der Lichtausbeute der LED müssen physiologische Effekte, aber auch psychologische Momente - beispielsweise bedeutet rotes Licht in der Regel Gefahr - berücksichtigt werden. Diese Fragen, die LED-Anzeigelampen und LED-Displays gleichermaßen betreffen, sollen daher vor einer Beschreibung bestimmter Diodentypen für verschiedenartige Anwendungen zunächst kurz diskutiert werden.

7.1.1 Anthropotechnische Eigenschaften der LED

Die Sichtbarkeit einer LED hängt bei vorgegebener Umgebungsbeleuchtung in erster Linie vom Helligkeitskontrast ab, der definiert ist als die Differenz der Leuchtdichten von an- und ausgeschalteter Diode, bezogen auf die Leuchtdichte der ausgeschalteten Diode oder auch nur als das Verhältnis der Leuchtdichte von an- und ausgeschalteter Diode. Für ein bequemes Ablesen sind Helligkeitskontraste von 5:1 bis 10:1 erforderlich. Ferner spielt für die Sichtbarkeit der LED, wie weiter unten gezeigt wird, auch noch der Farbkontrast eine Rolle, der von der Emissionsfarbe der Diode und der Farbe der Umgebungsbeleuchtung abhängt.

Im folgenden wird zunächst gezeigt, wie die Farbe einer LED bzw. jeder anderen Lichtquelle definiert und bestimmt werden kann. Basis der Farbanalyse ist die Tatsache, daß jeder Farbeindruck als eine Kombination von drei Primärfarben Rot, Grün und Blau dargestellt werden kann [7.1], wie es z.B. auch beim Farbfernsehen praktiziert wird. Ausgegangen wird von den drei der Farbbewertung durch das menschliche Auge entsprechenden phänomenologischen Normspektralwertkurven V_x (entspricht Rot), V_y

(entspricht Grün und ist mit dem in Abschnitt 5.1.1 erklärten spektralen Hellempfindlichkeitsgrad identisch) und V_z (entspricht Blau), die in Abb. 7.1 gezeigt sind. Mit diesen erhält man durch Multiplikation mit der spektralen Strahlungsleistung $P(\lambda)$ der Lichtquelle und Integration über den sichtbaren Spektralbereich die drei Primärvalenzen:

$$X = \int P(\lambda)V_x(\lambda)d\lambda\ , \quad Y = \int P(\lambda)V_y(\lambda)d\lambda\ , \quad Z = \int P(\lambda)V_z(\lambda)d\lambda\ . \tag{7.1}$$

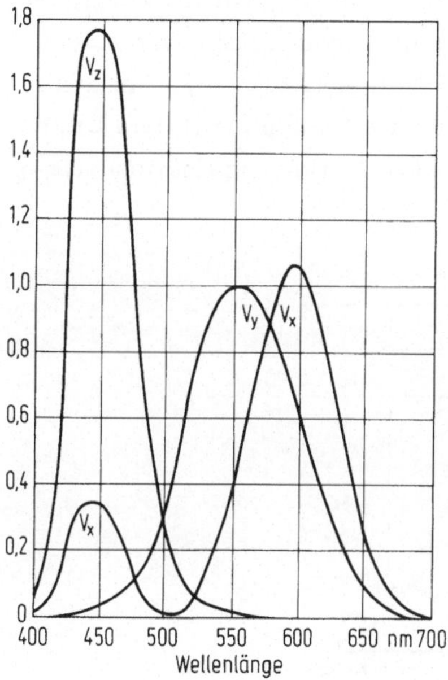

Abb.7.1. Normspektralkurven (nach DIN 5033)

Durch Normierung erhält man drei neue Variable, die sog. Farbwertanteile:

$$x = \frac{X}{X+Y+Z}\ , \quad y = \frac{Y}{X+Y+Z}\ , \quad z = \frac{Z}{X+Y+Z}\ . \tag{7.2}$$

Mit Hilfe der beiden unabhängigen Variablen x und y (z ergibt sich als Ergänzung zu 1) und der zweidimensionalen Normfarbtafel der CIE (Commission International de l'Eclairage), die in Abb.7.2 gezeigt ist, kann bestimmt werden, in welcher Farbe die Lichtquelle dem menschlichen Auge erscheint. In der Normfarbtafel umschließt der Spektralfarbenzug und die Purpurlinie als Verbindung zwischen Blau und Rot den Bereich der sichtbaren Farben. Der Weißpunkt W - auch Unbuntpunkt genannt - besitzt die Koordinaten $x = y = z = 1/3$. Die Farbe einer Lichtquelle S, ausgedrückt durch die dominante Wellenlänge λ_d, erhält man als Schnittpunkt der vom Punkt W ausgehenden Geraden durch den Punkt S(x, y) mit dem Spektralfarbenzug. Durch Verlängern der Gerade über den Weißpunkt W hinaus erhält man die Wellenlänge der zugehörigen Komplementärfarbe λ'_d. Die dominante Wellenlänge gibt die vom Beobachter empfundene Farbe an, auch dann, wenn das Emissionsspektrum sehr breit ist oder mehrere Intensitätsmaxima aufweist. Beispielsweise liegt die dominante Wellenlänge einer GaP:Zn,O-Diode bei 630 nm und ihr Emissionsmaximum bei 695 nm. Dadurch erscheint sie orangerot im Vergleich zu den rot leuchtenden $GaAs_{0,6}P_{0,4}$-Dioden mit ihrem relativ schmalen Emissionsspektrum mit einer Maximum bei 655 nm (Abb. 7.3). Bei den GaP:N-Dioden hingegen stimmt die dominante Wellenlänge mit dem Emissionsmaximum praktisch überein, da der spektrale Hellempfindlichkeitsgrad bei dieser Wellenlänge am größten ist.

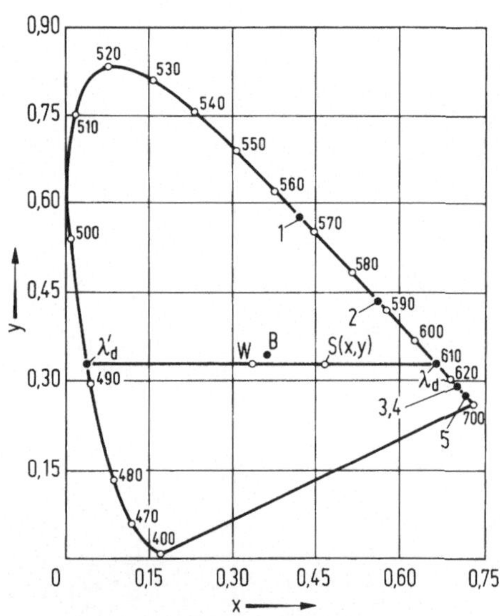

Abb. 7.2. CIE-Normfarbtafel (nach DIN 5033). W ist der Weißpunkt, λ_d die dominante Wellenlänge der Lichtquelle S(x,y), λ'_d die Wellenlänge der Komplementärfarbe. Die Farbpunkte 1, 2, 3, 4 und 5 entsprechen GaP:N-, $GaAs_{0,15}P_{0,85}$:N-, $GaAs_{0,35}P_{0,65}$:N-, GaP:Zn,O- bzw. $GaAs_{0,6}P_{0,4}$-LED

Die Sichtbarkeit einer LED hängt, wie schon eingangs erwähnt, bei vorgegebener Umgebungsbeleuchtung entscheidend von der Farbe ihrer Emission ab. Abb. 7.4 zeigt die Leuchtdichte einer farbigen Lichtquelle, die diese besitzen muß, um sich gegen mittleres Sonnenlicht (Punkt B in

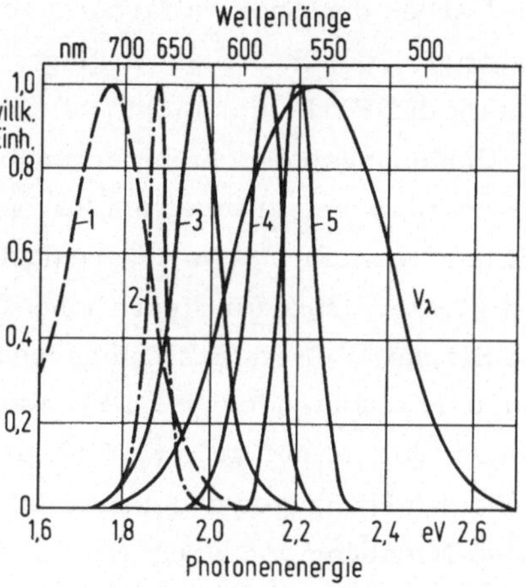

Abb. 7.3. Emissionsspektren der wichtigsten GaP- und Ga(As,P)-LED und spektraler Hellempfindlichkeitsgrad V_λ
1: GaP:Zn,O; 2: $GaAs_{0,6}P_{0,4}$; 3: $GaAs_{0,35}P_{0,65}$:N; 4: $GaAs_{0,15}P_{0,85}$:N; 5: GaP:N

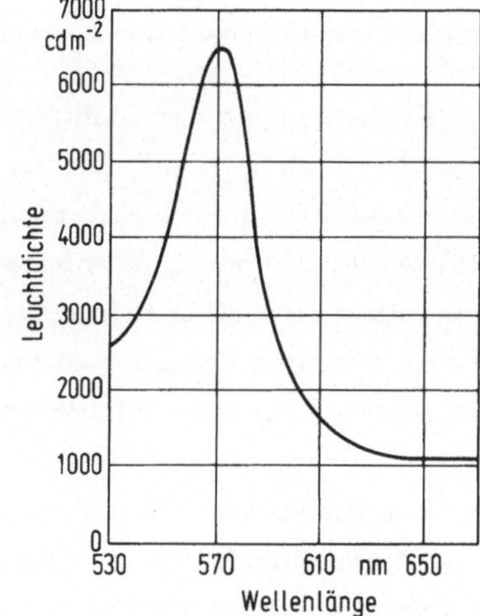

Abb. 7.4. Notwendige Leuchtdichte einer monochromatischen Lichtquelle, um sich gegen einen Hintergrund mit der Farbe von mittlerem Sonnenlicht und einer Leuchtdichte von $3 \cdot 10^4$ cd/m² abzuheben. Nach [7.2]

Abb. 7.2) von $3 \cdot 10^4$ cd/m² genügend abzuheben, in Abhängigkeit von der Wellenlänge. Für Wellenlängen um 570 nm, was der Emission von GaP:N-LED entspricht, sind sechs mal höhere Leuchtdichten notwendig als für eine Lichtquelle mit 650 nm. Die Verhältnisse können sich jedoch total ändern, wenn eine andersfarbige Umgebungsbeleuchtung vorliegt.

Eine weitere für die Sichtbarkeit einer LED wichtige farbmetrische Größe ist der Sättigungsgrad S der Lichtquelle. Er ist definiert als

$$S = \frac{\sqrt{(x - 1/3)^2 + (y - 1/3)^2}}{\sqrt{(x_d - 1/3)^2 + (y_d - 1/3)^2}} . \qquad (7.3)$$

Die Farben des Spektralfarbenzuges gelten per definitionem als 100 %ig gesättigt. Je näher S an W liegt, desto blasser, d.h. weißhaltiger erscheint die Farbe der Lichtquelle und desto schlechter ist sie in normaler Umgebungsbeleuchtung erkennbar. In Abb.7.2 sind auch die den wichtigsten LED entsprechenden Farbpunkte eingezeichnet. Alle Farben, die mit dem System Ga(As,P) realisierbar sind, sind hahezu 100 %ig gesättigt. Der Grund für diesen hohen Sättigungsgrad liegt in der Abwesenheit von Blauanteilen im Emissionsspektrum. Demgegenüber ist die Emission von blau leuchtenden SiC-LED wegen längerwelliger Anteile im Emissionsspektrum nur zu etwa 50 % gesättigt. Der fast geradlinige Verlauf des Spektralfarbenzuges zwischen 700 nm und 560 nm ermöglicht, durch additive Mischung von Grün und Rot für das menschliche Auge sämtliche Zwischenfarben mit ebenfalls 100 %iger Sättigung zu erzeugen. Diese Mischfarben können mit einer in Abschnitt 7.1.2 beschriebenen GaP-Mehrfarbendiode realisiert werden.

Eine Verbesserung der Sichtbarkeit einer LED läßt sich bei allen Wellenlängen erreichen, wenn man vor die LED ein Kontrastfilter schaltet. Die Durchlässigkeit dieses Filters fällt im Idealfall mit dem etwa durch die Halbwertsbreite des Emissionsspektrums festgelegten Wellenlängenbereich zusammen. Das Filter hat die Aufgabe, Umgebungslicht zu absorbieren, d.h. den Kontrast zu erhöhen. Diese Kontrasterhöhung ist bei rot leuchtenden LED am einfachsten zu erzielen, da man hier mit einem Kantenfilter auskommt und die zweite Absorptionskante durch den Abfall der Augenempfindlichkeit zu langen Wellenlängen hin gegeben ist. Für grün und gelb leuchtende Dioden hingegen sollten richtige Bandfilter vorliegen, die allerdings nicht einfach realisierbar sind.

Für die Sichtbarkeit der LED muß noch ein weiterer physiologischer Faktor berücksichtigt werden. Es handelt sich um die sog. Farbsehanomalien, auch Farbblindheit genannt. An dieser Stelle sei von den vielen sehr differenzierten Farbsehanomalien nur die Rotblindheit (Protanopia) erwähnt, die bei 1 % der männlichen und 0,02 % der weiblichen Bevölkerung auftritt. Bei $GaAs_{0,6}P_{0,4}$-Dioden bedeutet Rotblindheit eine Helligkeitseinbuße um den Faktor 10, bei GaP:Zn,O um den Faktor 6 bis 7 und bei $GaAs_{0,35}P_{0,65}$:N-Dioden um den Faktor 3 bis 4. Der letztgenannte Diodentyp wird als Rotlichtdiode noch dadurch favorisiert, daß hier, wie auch bei GaP:Zn,O-Dioden, die axiale chromatische Abberation des Auges - darunter versteht man die Unfähigkeit des menschlichen Auges, zwei Objekte mit unterschiedlicher Farbe in gleicher Entfernung gleichzeitig zu fokussieren - bei normaler Umgebungsbeleuchtung eine geringere Rolle spielt als bei $GaAs_{0,6}P_{0,4}$-Anzeigen, bei denen bei längerer Betrachtung Ermüdungserscheinungen auftreten können. Aus dieser Sicht wären gelb oder gelbgrün leuchtende Anzeigen rot leuchtenden vorzuziehen.

7.1.2 LED-Indikatorlampen

Der schematische Aufbau einer LED-Indikatorlampe ist in Abb.7.5 gezeigt. Der den pn-Übergang beinhaltende meist etwa $0{,}35 \times 0{,}35 \times 0{,}2\,mm^3$ große, mit Kontakten versehene Halbleiterkristall, der aus

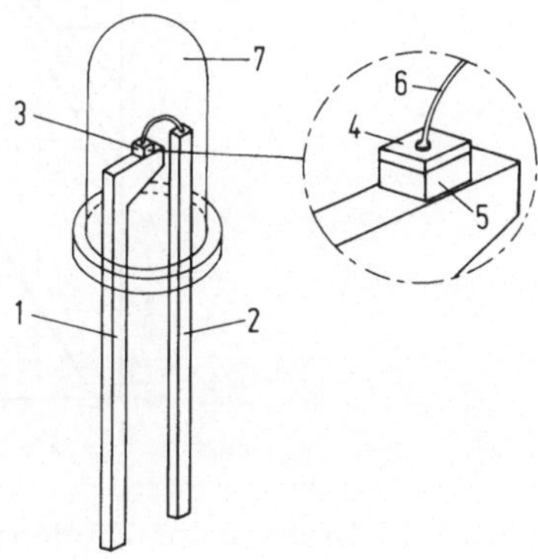

Abb.7.5. Schematischer Aufbau einer LED-Indikatorlampe.
1: Kontaktstift (Kathode); 2: Kontaktstift (Anode); 3: Halbleiterkristall; 4: Epitaxieschicht mit pn-Übergang; 5: Substrat; 6: Golddraht; 7: Kunststoffumhüllung

einer epitaxierten Scheibe herausgesägt wurde und der die eigentliche Lichtquelle darstellt, wird mit einem leitenden Epoxydkleber auf den versilberten Stift eines Kupferleiterbandes aufgeklebt. In dieses sind in machen Fällen Reflektorvertiefungen eingestanzt, die die Lichtemission in Vorwärtsrichtung konzentrieren. Der obere Kontakt - es handelt sich in den meisten Fällen um den p-Kontakt - wird mittels eines Golddrahtes mit einem zweiten Stift verbunden. Anschließend wird das System mit einem Epoxydharz umhüllt. Diese Kunststoffumhüllung hat mehrere Funktionen: Zunächst stellt sie einen mechanischen Schutz für den LED-Quader und den Kontaktdraht dar. Außerdem wird durch die Kunststoffumhüllung die Lichtauskoppelung aus dem Diodenquader um etwa den Faktor 2 erhöht (Abschnitt 3.2.3). Daneben wirkt die gekrümmte Kunststoffoberfläche als optische Linse und beeinflußt somit die Abstrahlcharakteristik der LED. Diese hängt auch davon ab, ob die lichtaktiven Schichten des LED-Systems auf einem für die erzeugte Strahlung absorbierenden oder transparenten Substrat aufgewachsen und ob dem Kunststoff kleine lichtstreuende Partikel beigemischt wurden. Schließlich kann durch Einfärben des Kunststoffes der Kontrast und somit die Sichtbarkeit der LED verbessert werden.

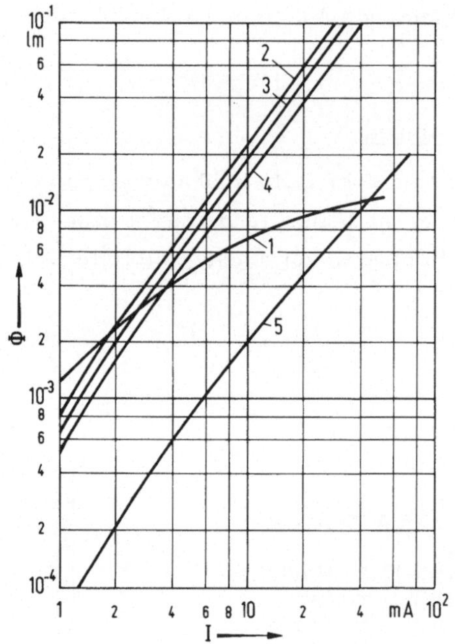

Abb.7.6. Lichtstrom-Diodenstrom-Charakteristik von GaP- und Ga(As,P)-LED.
1: GaP:Zn,O (η_{ex} = 3,5 %); 2: $GaAs_{0,35}P_{0,65}$:N (η_{ex} = 0,5 %); 3: $GaAs_{0,15}P_{0,85}$:N (η_{ex} = 0,2 %); 4: GaP:N (η_{ex} = 0,1 %); 5: $GaAs_{0,6}P_{0,4}$ (η_{ex} = 0,2 %). Die angegebenen externen Quantenwirkungsgrade sind typisch für kommerziell erhältliche Dioden

Abb.7.6 zeigt die Abhängigkeit des Lichtstromes vom Diodenstrom marktüblicher LED. Für die verschiedenen Anwendungsfälle sind unterschiedlich hohe Lichtströme notwendig. Mit relativ geringen Lichtströmen von 0,5 mlm bis 2 mlm kommen die im nächsten Abschnitt behandelten numerischen und alphanumerischen Anzeigen aus, die, um bequem erkennbar zu sein, aus nicht allzu großer Distanz betrachtet werden dürfen. Indikatorlampen, die aus mehreren Metern Entfernung betrachtet werden, benötigen Diodenströme von 5 mA bis 10 mA, um die erforderlichen Lichtströme von 5 mlm bis 10 mlm zu erzeugen. Bei Betrachtung aus sehr großer Entfernung oder bei sehr hellem Umgebungslicht werden 50 mlm bis 100 mlm benötigt, die aber erst bei Strömen über 25 mA erreicht werden. Für diese Anwendungen kommen praktisch nur die N-dotierten Ga(As,P)-Dioden und GaP:N-Dioden in Betracht. Ihre in weitem Bereich überproportionale Lichtstrom-Diodenstromkennlinie erlaubt auch die Erzeugung größerer Helligkeiten durch Pulsbetrieb bei gleicher effektiver elektrischer Leistung, wobei eine zusätzliche Lichtverstärkung durch das menschliche Auge eintritt, die auf der Speicherung hoher Leuchtdichten durch die Netzhaut beruht.

LED-Indikatorlampen werden häufig mit anderen Anzeigelampen, insbesondere Wolframdrahtglühlampen, verglichen. Was die Lichtausbeute anbelangt, sind LED mit einer mittleren Lichtausbeute von 1lm/W (Tabelle 5.2) anderen Lichtquellen wie Glühlampen mit einer Lichtausbeute von durchschnittlich 10 lm/W oder Leuchtstoffröhren mit 40lm/W bis 80lm/W auf den ersten Blick hoffnungslos unterlegen, so daß LED für Raumbeleuchtung und ähnliches auch wegen der Monochromie der Strahlung nicht in Betracht gezogen werden können. Beschränkt man sich hingegen auf Lämpchen mit Dimensionen im Millimeterbereich, ist die Lichtausbeute von Glühlämpchen deutlich geringer, da, um Wärmeschäden zu vermeiden, die Temperatur des Glühfadens abgesenkt werden muß. Die niedrigere Glühfadentemperatur ist auch für das Erreichen längerer Lebensdauern notwendig. Eine zweite Möglichkeit zur Vermeidung von Wärmeschäden besteht in der Vergrößerung des Abstandes zwischen Glühfaden und der dem Betrachter zugewandten Seite der Indikatorlampe durch Verwendung eines Lichtleiters. Diese relativ aufwendige Lösung hat jedoch ebenfalls Lichtverluste zur Folge und ist nur dann wirtschaftlich, wenn mit einer Lichtquelle mehrere Punkte einer Anzeige gleichzeitig ausgeleuchtet werden. Die LED-Indikatorlampe mit ihrer nur geringen Temperaturentwicklung hingegen kann immer so eingebaut werden, daß das erzeugte Licht fast ganz ausgenützt wird. Außerdem muß bei diesem Vergleich berücksichtigt werden, daß Anzeigelampen meist farbiges Licht emittieren sollen, was bei Glühlampen erst durch Vorschalten eines geeigneten Farbfilters bewerkstelligt werden kann, wodurch ein zusätzlicher Lichtverlust um etwa den Faktor 5 entsteht. Dadurch sinkt die Lichtausbeute von Indikatorglühlämpchen insgesamt auf die bei LED-Indikatorlampen üblichen 1lm/W.

Deutliche Vorteile besitzen LED-Indikatorlampen gegenüber Glühlämpchen hinsichtlich ihres Alterungsverhaltens. Während bei allen Glühfadenlampen die Emission nach einer gewissen Betriebsdauer durch Glühfadenbruch spontan erlischt, nimmt diese bei LED nur kontinuierlich ab, wobei durchschnittliche Halbwertszeiten von der Größenordnung 10^5 h bis 10^6 h, d.h. 10 bis 100 Jahre erreicht werden (Abschnitt 8.1). Im Gegensatz zu Glühlämpchen sind LED-Indikatorlampen auch völlig unempfindlich gegen normale mechanische Erschütterungen. Weitere Vorteile von LED als Anzeigelampen sind für die Kompatibilität mit integrierten Ansteuerschaltungen der geringe Spannungsbedarf - dieser beträgt bei allen LED zwischen 1,5 V und 4,0 V im Strombereich bis 50 mA - und das Ausbleiben von Einschaltstromspitzen.

Die Kleinheit der Halbleiterlichtquellen ermöglicht es, auch durch Unterbringen zweier oder mehrerer verschiedenfarbig leuchtender LED-Kristalle in einem Gehäuse farbumschaltbare Anzeigelämpchen herzustellen. Die Fähigkeit des GaP, je nach Dotierung andere Farben zu emittieren, legt es jedoch auch nahe, Bauelemente zu konzipieren, bei denen verschiedene Leuchtzentren in einem Kristallstück integriert sind. Da bei einem solchen Bauelement das Licht in einem kleinen Kristallstück entsteht, erfolgt eine optimale Mischung der z.B. durch N- und Zn,O-Dotierung erzeugten grünen und roten Strahlung. Ihre additive Mischung erscheint, wie aus dem in Abschnitt 7.1.1 gesagten hervorgeht, dem menschlichen Auge als gesättigter Gelb- oder Orangefarbton. Man hat dabei auch die Möglichkeit, die N- und Zn,O-Zentren in einen einzigen pn-Übergang einzubauen, wobei die Sättigung der roten und das überproportionale Ansteigen der grünen Emission zur Farbsteuerung durch einen Impulsstrombetrieb ausgenützt werden kann. Technologisch einfacher gestaltet sich jedoch die Integration von zwei getrennt ansteuerbaren rot- bzw. grünlichtemittierenden pn-Übergängen auf einem GaP-Kristall [7.4].

7.1.3 LED-Displays

Außer der Anwendung als Indikatorlampe werden LED in zunehmendem Maße in numerischen Sieben-Segment-Anzeigen, mit denen sich auch eine beschränkte Zahl von Buchstaben darstellen läßt, und in alphanumerischen 16-Segment- und 7×5-Matrix-Anzeigen, mit denen alle Zahlen und Buchstaben sowie eine gewisse Zahl von Sonderzeichen darstellbar sind, eingesetzt.

Bei LED-Displays unterscheidet man grundsätzlich zwischen monolithischen und hybriden oder diskreten Displays. Bei monolithischen LED-Displays befinden sich alle Bildpunkte integriert auf demselben Halbleiterkristall, wie in Abb.7.7 am Beispiel eines Sieben-Segment-Displays gezeigt ist. Die leuchtende Fläche ist hier immer identisch mit der Fläche des pn-Überganges. Für diese Art von Displays eignet sich als LED-Material besonders $GaAs_{0,6}P_{0,4}$ auf GaAs-Substrat, da ein optisches Übersprechen von einem angesteuerten Bildpunkt zu einem danebenliegenden, nicht angesteuerten Bildpunkt wegen der hohen Lichtabsorption durch die Übergangsschicht und durch das GaAs-Substrat unterbunden wird (Abb.7.8a). Bei monolitischen Displys aus LED-Material auf transparentem GaP-Substrat hingegen stellt das optische Übersprechen ein gravierendes Problem dar (Abb.7.8b). Durch umgekehrten Auf-

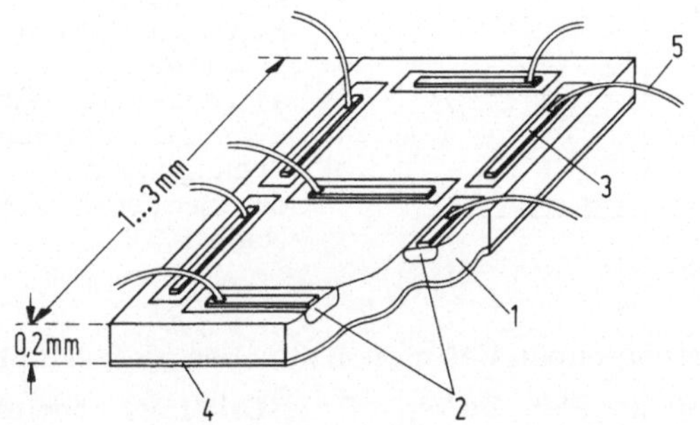

Abb.7.7. Monolithisches Sieben-Segment-LED-Display.
1: n-leitendes Kristallgebiet; 2: p-leitende Kristallgebiete; 3: p-Kontakt; 4: n-Kontakt; 5: Golddraht

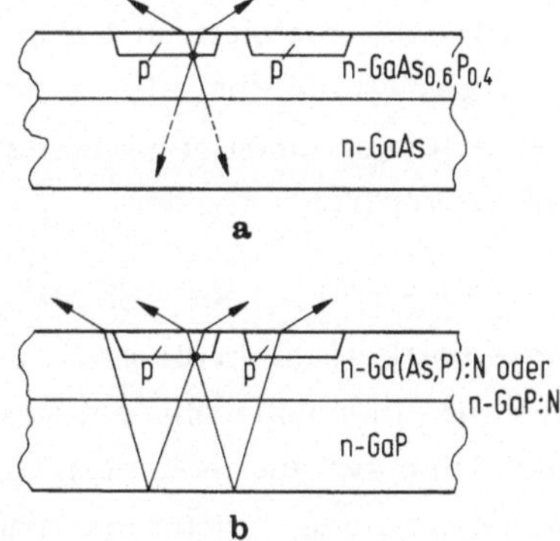

Abb.7.8. Lichtauskoppelung bei einem monolithischen Display mit absorbierendem (a) und transparentem Substrat (b)

bau des Displays und Betrachtung von der Rückseite durch das Substrat, durch Herstellen optisch isolierender Trenngräben z.B. mittels Laserstrahlverdampfung oder durch Anbringen einer absorbierenden Rückseitenschicht - beispielsweise eines ganzflächigen einlegierten Metallkontaktes - kann dieses Problem mehr oder minder gut bewältigt werden (Abb. 7.9). Während die erste Lösung durch den Wegfall der Kontaktdrähte zusätzlich eine Vereinfachung der Montage mit sich bringt, bietet die zweite Lösung dadurch Vorteile, daß bei GaP:N hocheffizientes LPE-Material mit ganzflächigem pn-Übergang eingesetzt werden kann. Die dritte Lösung hingegen ist mit Lichtverlusten verbunden, was allerdings durch einen höheren Kontrast ausgeglichen wird.

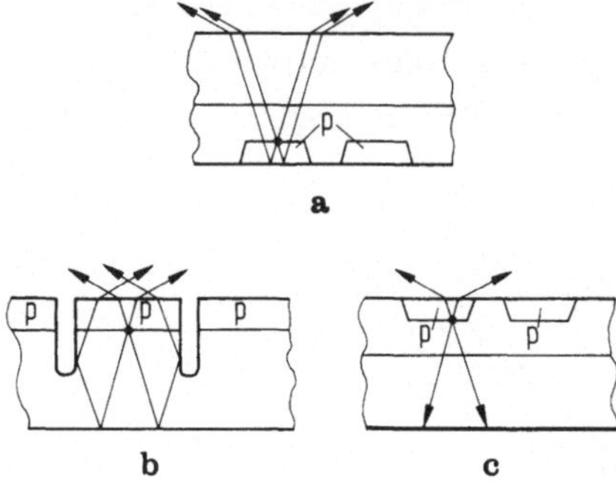

Abb.7.9. Möglichkeiten zur Vermeidung des optischen Übersprechens bei monolithischen Displays aus einem LED-Material mit transparentem Substrat.
a) verkehrter Aufbau. Nach [7.4], b) optisch wirksame Trenngräben. Nach [7.5], c) absorbierende Rückseite. Nach [7.6]

Technische Bedeutung haben bei monolithischen LED-Displays jedoch bisher nur die rot leuchtenden $GaAs_{0,6}P_{0,4}$-Displays erreicht. Diese sind fast ausschließlich als Sieben-Segment-Anzeigen ausgebildet und werden aus Materialgründen nur in Ziffernhöhen von 1,5 mm bis 2,5 mm hergestellt; sie werden in den meisten Fällen mittels einer Kunststofflinse um etwa den Faktor 2 optisch nachvergrößert. Derartige LED-Displays werden in Taschenrechnern und zum Teil auch in elektronischen Armbanduhren eingesetzt, obwohl sie vor allem im letzteren Fall wegen der relativ hohen erforderlichen elektrischen Leistung von passiven Flüssigkristalldisplays verdrängt wurden.

An dieser Stelle erhebt sich die generelle Frage nach der wirtschaftlichen Herstellbarkeit integrierter X-Y-ansteuerbarer großflächiger LED-Displays mit einer höheren Zahl von Bildpunkten. Eine Limitierung ist bei diesen Displays aus mehreren Gründen gegeben. Eine rein flächenmäßige Begrenzung bringt, wenn man von einem hybriden Aneinanderreihen mehrerer monolithischer Displays absieht, heute noch die Größe der epitaxierten Scheiben mit einem durchschnittlichen Durchmesser von 40 mm bis 50 mm. Eine weitere Schwierigkeit ist die in dem Display auftretende Verlustwärme, verursacht durch die Bahnwiderstände des Halbleitermaterials und der Metallkontakte. Mit dem in Abb.7.10 gezeigten XY-Matrix-LED-Display überwiegen ab einer Displaygröße von $3,5 \times 3,5\,cm^2$ und 10^4 Bildpunkten die Verlustwiderstände in den Leiterbahnen, was zu einer zusätzlichen Erwärmung und damit zu einer geringeren Lichtausbeute und Lebensdauer der Displays führt. Gegen großflächige integrierte LED-Displays sprechen aber auch die relativ hohen Kosten pro Bildpunkt von einigen 10^{-2} DM, verglichen mit den 10^{-4} DM bei der konventionellen Fernsehbildröhre.

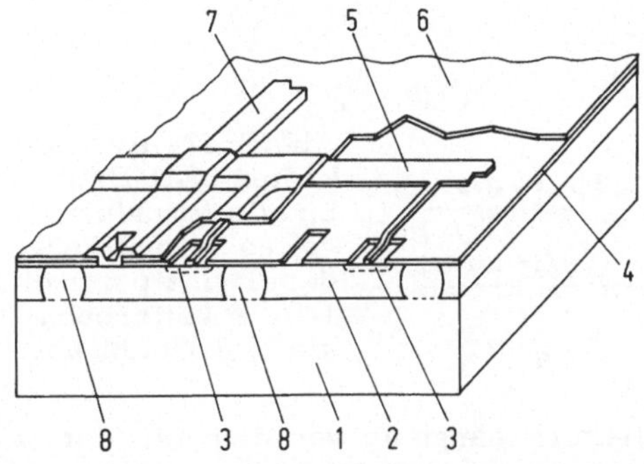

Abb.7.10. Monolithisches XY-Matrix-LED-Display. Nach [7.7].
1 p-GaAs-Substrat; 2 n-$GaAs_{0,6}P_{0,4}$-Epitaxieschicht; 3 p-$GaAs_{0,6}P_{0,4}$-Gebiet (lichtaktiver Bereich); 4 Si_3N_4 + SiO_2 als Diffusionsmaskierung; 5 Al-Leiterbahn zur Kontaktierung der lichtaktiven p-Gebiete; 6 SiO_2-Isolierschicht zur galvanischen Trennung der sich überkreuzenden n- und p-Kontaktleiterbahnen; 7 AuGe-Leiterbahn zur Kontaktierung der n-Gebiete; 8 Zn-diffundierte p-$GaAs_{0,6}P_{0,4}$-Gebiete (Trenndiffusion)

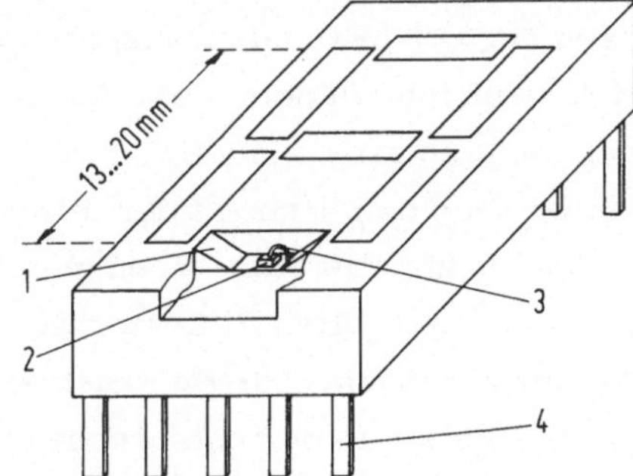

Abb.7.11. Diskretes Sieben-Segment-LED-Display (schematisch).
1 Reflektorwanne (Kunststoff);
2 Halbleiterkristall; 3 Golddraht;
4 Kontaktstift

Als diskrete LED-Displays bezeichnet man Anzeigen, bei denen die einzelnen LED-Elemente auf einem heterogenen Substrat aus Keramik oder Kunststoff angeordnet werden. Bei einer Sieben-Segment-Anzeige beispielsweise werden einzelne Kristallbalken in entsprechender Weise angeordnet. Wesentlich material- und damit kostensparender ist es jedoch, Einzel-LED derselben Größe, wie sie in Indikatorlampen eingesetzt werden, in Kunststoffreflektorwannen einzubauen, wie es in Abb.7.11 am Beispiel eines Sieben-Segment-Displays gezeigt ist. Bei diesem beträgt der Anteil der Fläche des pn-Überganges an der gesamten leuchtenden Fläche nur einige Prozent.

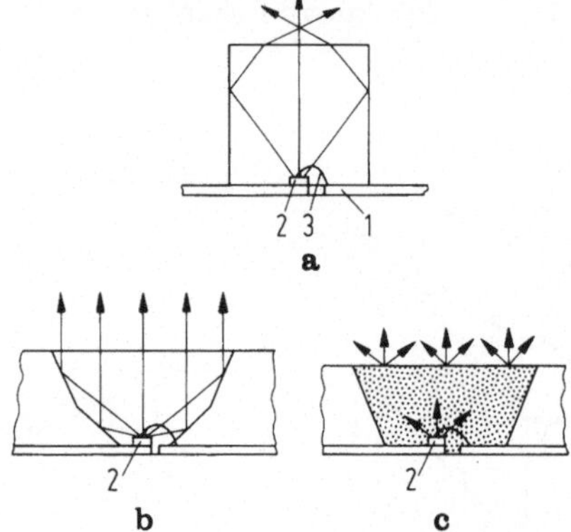

Abb.7.12. Reflektorwanne bei diskreten LED-Displays nach dem Lichtleiterprinzip (a), mit verspiegelten Seitenflächen (b) und nach dem Prinzip der diffusen Reflexion (c). 1 Leiterbahn; 2 Halbleiterkristall; 3 Golddraht

Die Form des Reflektors hängt ab von dem bei der LED verwendeten Substrattyp. Für LED mit absorbierendem Substrat und dadurch Lambertscher Strahlungscharakteristik eignen sich Reflektoren nach dem Lichtleiterprinzip (Abb.7.12a), bei denen die Totalreflexion an der Grenze zwischen optisch dichterem und optisch dünnerem Material, in diesem Fall Kunststoff bzw. Luft, ausgenützt wird. Reflektorwannen mit hochspiegelnden Seitenflächen (Abb.7.12b), die so facettiert sind, daß zum direkten Bild der Einzel-LED noch vier Reflexbilder hinzutreten, können hingegen nur bei LED mit transparentem Substrat eingesetzt werden. Der Winkelbereich, in dem diese Anzeigen betrachtet werden können, ist jedoch nicht so groß wie beim dritten Typus, den Anzeigen mit Reflektorwannen nach dem Prinzip der diffusen Reflexion (Abb.7.12c). Dieser Aufbau ist für alle LED-Typen gleichermaßen gut geeignet. Hier werden die gut verspiegelten Reflektorwannen mit einem diffus streuenden Kunststoff ausgegossen. Zur Kontrastverbesserung wird der Kunststoff in den meisten Fällen in der entsprechenden Emissionsfarbe eingefärbt. Bei hohen Umgebungsbeleuchtungsstärken sollte dieser jedoch farblos bleiben, damit das durch die hohe Beleuchtungsstärke verursachte Eigenleuchten nichtangesteuerter Balken in einer anderen Farbe erfolgt. Dadurch bleiben diese Anzeigen trotz des geringen Helligkeitskontrastes unter Ausnutzung des Farbkontrastes lesbar.

Diskrete Sieben-Segment-LED-Displays gibt es in der Standardgröße mit einer Ziffernöhe von 13 mm und 20 mm. Der Leistungsbedarf pro Segment beträgt für eine bequeme Lesbarkeit bei normaler Raumbeleuchtung unter

10 mW. Größere Displays benötigen besonders effiziente LED oder es müßten je Segment mehrere LED-Systeme eingebaut werden, was sich auf die Herstellkosten entsprechend auswirken würde.

Neben den Sieben-Segment-Anzeigen gibt es diskrete 7×5-Matrix-Displays, die in viele Tischrechnern eingebaut werden, und auch lineare quasianaloge LED-Anzeigen. Letztere werden dann eingesetzt, wenn eine Digitalisierung zu aufwendig oder auch zu unübersichtlich ist, insbesondere wenn nur Vergleiche von Meßwerten durchgeführt werden müssen. Beispiele dafür sind die Anzeige des Benzintankinhaltes oder der Kühlwassertemperatur im Auto oder auch die Anzeige des gewählten Senders bei einer Radioskala. Für derartige Anzeigen gibt es auch Ansteuerschaltkreise, die entweder eine einzelne Diode des LED-Arrays oder wie bei einer Thermometerskala Dioden als Lichtband zum Aufleuchten bringen. Der diskrete Aufbau solcher linearen Arrays ermöglicht außerdem die Bestückung mit verschiedenfarbigen LED, so daß das Über- bzw. Unterschreiten eines vorgegebenen Sollwertes auch durch Wechseln der Emissionsfarbe angezeigt werden kann.

7.1.4 Ansteuerung von LED-Indikatorlampen und LED-Displays

LED müssen wegen des kleinen differentiellen Flußwiderstandes von Dioden (Band 2) mit eingeprägtem Strom betrieben werden. Steht eine Gleichspannungsquelle mit einer wesentlich größeren Spannung als der Diodenspannung zur Verfügung, kann ein auch bei Spannungsschwankungen nahezu konstanter Strom durch Serienschaltung der LED mit einem Widerstand erreicht werden. Bei Ansteuerung mit Wechselspannung muß bei LED mit kleiner Sperrspannung zur Vermeidung einer Durchbruchbelastung mit thermischer Zerstörung eine zweite Diode gegengeschaltet werden. Diese kann auch eine zweite LED sein, was den Vorteil einer besseren Leistungsbilanz mit sich bringt.

Eine weitere Möglichkeit zur Strombegrenzung besteht in der Integration eines stromstabilisierenden Schaltkreises in das LED-Gehäuse. Die Stromstabilisierung läßt sich zwar nur in einem begrenzten Spannungsbereich - meist 0 V bis 20 V - erreichen, dafür unterscheiden sich diese Bauelemente äußerlich nicht von gewöhnlichen LED-Indikatorlampen. Einen größeren Spannungsbereich erhält man, wenn man die LED mit einem Kaltleiter in Serie schaltet, wobei jedoch die Modulierbarkeit der LED wegen der relativ langen Relaxationszeit des Kaltleiters verloren geht.

Die Ansteuerung von LED-Displays kann statisch, d.h. bei gleichzeitiger Ansteuerung der gewünschten Bildelemente oder nach dem Zeitmultiplexverfahren, d.h. bei sequentieller Ansteuerung der Bildpunkte erfolgen. Beim Zeitmultiplexverfahren muß die Stromamplitude, um gleiche Helligkeit wie beim statischen Betrieb zu erreichen, dem Tastverhältnis, d.h. dem Verhältnis von Leuchtzeiten zur Totzeit entsprechend erhöht werden, wobei man die Nichtlinearität der Lichtstromkennlinie zu berücksichtigen hat.

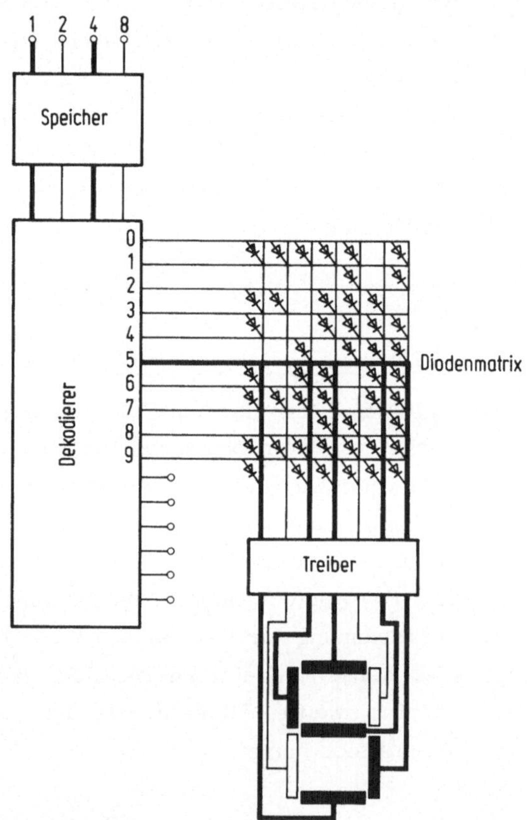

Abb.7.13. Ansteuerung eines Sieben-Segment-LED-Displays. Nach [7.8]. Die für die Darstellung der "5" benötigten Leitungen sind dick eingezeichnet

Der statische Betrieb ist nur für Sieben-Segment-Displays bis maximal fünf Ziffern geeignet. Abb.7.13 zeigt die statische Ansteuerung eines Sieben-Segment-Displays mit BCD- (Binär Codierten Dezimal-System) Signalen im Prinzipschaltbild. Die wesentlichen Elemente dieser Ansteuerschaltung sind: Der Speicher, in dem die BCD-Eingangssignale gespeichert werden. Die Signale können parallel eingespeist werden - für die Darstellung der Zahlen 0 bis 9 sind im binären System vier Stellen und damit vier Eingangsleitungen notwendig - oder auch seriell über eine einzige Leitung. Vom Speicher gelangen Signale in den Dekodierschaltkreis, der die BCD-Signale entschlüsselt und der in diesem Fall $2^4 = 16$ Ausgangsleitungen hat, von denen hier allerdings nur 10 benötigt werden. Jeder dieser Ausgangsleitungen entspricht einer der Zahlen 0 bis 9. Für die Anzeige durch das Sieben-Segment-Display müssen diese Ausgangssignale erneut kodiert werden, was am einfachsten mit der in Abb.7.13 gezeigten Diodenmatrix erreicht werden kann. Diese Signale steuern dann den sog. Treiber an, der die einzelnen Elemente des Displays mit Energie versorgt. Der Treiber beinhaltet meist einfache Transistorschaltungen, mit denen die Helligkeit am einfachsten gesteuert werden kann.

Bei einer größeren Zahl $(N > 5)$ von Sieben-Segment-Displays und vor allem bei alphanumerischn 7×5-Matrix-Displays wird bei statischer Ansteuerung die Zahl der Zuleitungen so groß, daß diese Art der Ansteuerung zu aufwendig wird. In diesem Fall müssen Zeitmultiplexverfahren zur Ansteuerung eingesetzt werden. Dazu werden die Anoden und Kathoden gruppenweise miteinander verbunden. Im Betrieb leuchten alle jene Bildpunkte auf, deren Anode und Kathode gleichzeitig angesteuert werden. Normalerweise wird die zur Ansteuerung benötigte Spannung je zur Hälfte an die Anoden- und Kathodenleitung gelegt. Wegen der Nichtlinearität der LED-Kennlinie wird dadurch das Aufleuchten aller anderen LED-Elemente der betreffenden Zeile bzw. Spalte vermieden. Bei einem 7×5-LED-Display werden die Anoden zeilenweise und die Kathoden spaltenweise (oder auch umgekehrt) zusammengefaßt. Dadurch wird die Zahl der Zuleitungen von 36 beim statischen Betrieb auf 12 reduziert. Diese Einsparung von Zuleitungen wird bei zunehmender Bildpunktzahl noch eindrucksvoller. Beispielsweise werden bei dem in Abb.7.10 gezeigten Display, das 100×100 Bildelemente besitzt, statt $10^4 + 1$ nur 200 Zuleitungen benötigt. Solche Matrix-Displays benötigen je einen Zeilen- und Spaltentreiber sowie zusätzlich einen Taktgeber, der den zeitlichen Ablauf der Vorgänge in der Ansteuerschaltung steuert. In einem gegebenen Zeitpunkt wurden immer mehrere Spalten und eine Zeile oder eine Zeile und mehrere Spalten dargestellt; man spricht von einem zeilenweisen bzw. spaltenweisen Abtasten (line at a time). Die Abtastfrequenz muß mindestens bei 100 Hz liegen, um dem menschlichen Auge ein flimmerfreies Bild zu liefern.

Bei 7×5-LED-Displays werden die Ansteuerschaltung und die einzelnen LED oft auf einem Keramiksubstrat integriert. Bei einer größeren Zahl von Displays wird diese Lösung jedoch sehr schnell unrentabel, so daß in diesem Fall vorteilhafterweise mehrere Displays mit einer gemeinsamen Ansteuerschaltung betrieben werden. Eine Vereinfachung der Ansteuerung von LED-Displays würde sich ergeben, wenn die LED-Elemente ein inhärentes Speichervermögen besitzen würden. Ein solches Speichervermögen besitzt eine als Thyroptor bezeichnete GaP:N-Schaltdiode [7.9], deren Schalteigenschaften auf der Überschwemmung einer in der Diode integrierten hochohmigen Schicht mittels optisch angeregter Ladungsträger beruht. Die Kennlinie einer solchen Diode entspricht der eines optisch gezündeten Thyristors. Die Bildelemente eines damit aufgebauten Displays könnten vorteilhafterweise durch Spannungsimpulse unterschiedlicher Polarität ein- und ausgeschaltet werden.

7.2 Anwendungen von IRED und von Laserdioden

IRED und Laserdioden werden hauptsächlich als Emitter für die optische Signalübertragung eingesetzt, wobei als wesentliche Vorteile ihre Kleinheit und die einfache und gute Modulierbarkeit anzusehen sind. Die Anwendungen reichen von Lichtschranken mit einfachen Kontroll- oder Zählfunktionen bis zu optischen Nachrichtenübertragungssystemen über Glasfasern mit Übertragungsraten im Gigabitbereich. Die in diesem Kapitel beschriebenen Anwendungen sollen, ohne Anspruch auf Vollständigkeit, einen Eindruck über typische Einsatzmöglichkeiten der IRED und Laserdioden geben.

7.2.1 Lichtschranken

Lichtschranken können so ausgebildet werden, daß Sender und Empfänger getrennt sind, oder als Reflexionslichtschranken, bei denen Sender und Empfänger in einer Baueinheit zusammengefaßt sind [7.10]. Der erste Typ hat den Vorteil der größeren Reichweite, dafür aber einen höheren

Justieraufwand. Bei Reflexionslichtschranken entfällt die Justierung, dafür ist aber ihre Reichweite begrenzt.

Als Strahlungsquellen für Lichtschranken kommen grundsätzlich LED und IRED in Frage. LED erlauben wegen der Sichtbarkeit der Strahlung eine einfache Einjustierung; sie sind aber, was die Emissionsleistung und damit die Reichweite betrifft, den hier meist eingesetzten GaAs:Si-IRED unterlegen. Außerdem ist bei vielen Anwendungen wie z.B. bei Einbruchsicherungen die Sichtbarkeit der Strahlung unerwünscht. Der wesentliche Vorteil von Lumineszenzdioden für Lichtschrankenanwendungen gegenüber Glühlampen ist ihr günstigeres Alterungsverhalten, die gute Anpassung ihrer Emissionsstrahlung an Photodetektoren aus Silizium und vor allem die einfache Modulierbarkeit, was bei den sog. Wechsellichtschranken ausgenützt wird. Dazu wird die Emission der IRED mit einer Frequenz über 100 Hz moduliert, um eine Störung durch die meist vorhandenen, mit 50 Hz betriebenen Lichtquellen zu vermeiden. Die Empfänger werden dann hinsichtlich Wellenlänge durch geeignete Kanten- oder Linienfilter und bezüglich der Frequenz durch die das Photosignal verarbeitende nachgeschaltete Elektronik selektiv auf die IRED abgestimmt. Bei Wechsellichtschranken können daher wegen des niedrigeren erforderlichen Signalpegels wesentlich größere Entfernungen zwischen Sender und Empfänger zugelassen werden als bei Gleichlichtschranken. Als Empfänger kommen dabei je nach Strahlungsleistung bzw. Ansprechgeschwindigkeit Photoelemente, Photodioden oder Phototransistoren in Betracht.

7.2.2 Lochkarten- und Lochstreifenleser

Lumineszenzdioden in Verbindung mit Photodetektoren bieten die Möglichkeit des kontaktlosen, vollelektronischen Lesens von Lochkarten oder Lochstreifen. Die Strahlungsleistung der Lumineszenzdiode muß hierbei wegen der geringen Übertragungslänge von einigen Millimeter nicht sehr hoch sein. Für diese Anwendungen gibt es linear angeordnete Lumineszenzdioden- und Phototransistor-Zeilenelemente, die auch zu größeren, flächenhaften Anordnungen zusammengefaßt werden können, wenn es der auszulesende Informationsträger erfordert [7.10].

7.2.3 IR-Tonübertragung und IR-Fernsteuerung

Durch den hohen Wirkungsgrad von GaAs:Si-IRED ist die Möglichkeit der drahtlosen Übertragung des Rundfunk- und Fernsehtones und auch der drahtlosen Telefonanlage innerhalb geschlossener Räume gegeben. Die Tonübertragung bei kommerziell erhältlichen Systemen erfolgt durch Frequenzmodulation einer IR-Trägerwelle [7.10]. Für die Versorgung eines mittleren Raumes sind etwa 100 mW Strahlungsleistung erforderlich, was mit etwa sechs am einfachsten in Reihe geschalteten GaAs:Si-Dioden erricht werden kann, die zur besseren Wärmeableitung und Abstrahlung in einen Kühlkörper mit Reflektoren eingebaut werden. Das gleiche Prinzip kann umgekehrt auch zur Fernsteuerung von Fernseh- und Rundfunkgeräten eingesetzt werden und hat sich dabei als weniger störanfällig erwiesen als die Fernsteuerung mittels Ultraschall. Für die Fernsteuerung sind weniger Lumineszenzdioden als für die Tonübertragung notwendig. Zur weiteren Leistungsersparnis wird die Emissionsstrahlung gebündelt, was allerdings eine gewisse Ausrichtung des Senders gegen den Empfänger erfordert.

Zur Vermeidung des gegenseitigen Übersprechens von IR-Tonübertragung und IR-Fernsteuerung und auch zur Erweiterung der Übertragungskanäle ist es die eleganteste Lösung, Lumineszenzdioden mit verschiedenen Wellenlängen der Emission und entsprechend selektive Empfänger einzusetzen. Um Intensitätsverluste zu vermeiden, sollte wegen der typischen Halbwertsbreite des Emissionsspektrums von etwa 50 nm der Abstand der Emissionsmaxima der verschiedenen IRED mindestens 100 nm betragen. Beim jetzigen Stand der Technik kommen dafür vor allem neben den GaAs:Si-IRED mit einem Emissionsmaximum bei 950 nm noch (Ga,Al)As:Si-IRED mit einer Wellenlänge von 850 nm in Frage.

7.2.4 Optokoppler

Der Optokoppler, Koppelelement oder auch Optoisolator bzw. optoelektronisches Relais genannt, dient der rückwirkungsfreien Signalübertragung zwischen zwei galvanisch getrennten Schaltkreisen. Sie bestehen aus einer Lumineszenzdiode und einem Detektorbauelement, die optisch miteinander verkoppelt sind. Die Vorteile von Optokopplern gegenüber mechanischen Relais sind das Fehlen jeglicher bewegter Teile, ihre lange Lebensdauer, ihre Kleinheit, ihre Kompatibilität mit Halbleiterschaltungen und vor allem auch ihre hohe Schaltfrequenz.

Bei Optokopplern werden meist Lumineszenzdiode und Photodetektor auf getrennten Leiterbahnen montiert und so angeordnet, daß ein möglichst grosser Teil der Emissionsstrahlung auf die Empfängerfläche des Photodetektors fällt. Die optische Koppelung kann durch eine Kunststoffzwischenschicht, die zugleich eine höhere elektrische Isolierung bewirkt, verbessert werden. Mit der in Abb. 7.14 gezeigten Anordnung werden Isolationsspannungen von mehr als 2kV erreicht. Praktisch beliebig hohe Isolationsspannungen lassen sich - allerdings unter Inkaufnahme von Übertragungsverlusten - erreichen, wenn als Koppelstrecke Glasfasern, deren Isolationswerte bei etwa 100kV/m liegen, eingesetzt werden.

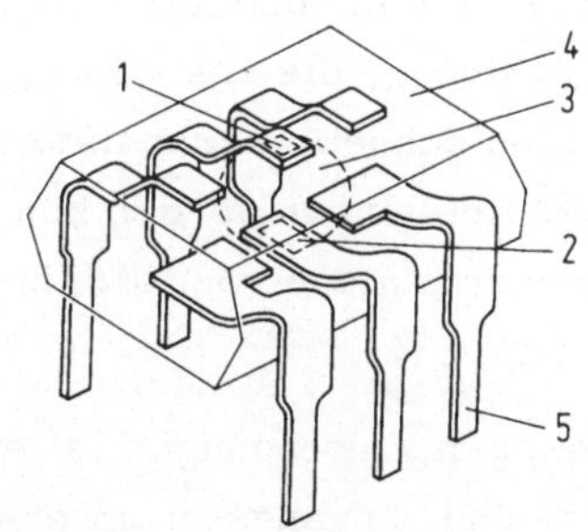

Abb. 7.14. Schematischer Aufbau eines Optokopplers.
1 IRED; 2 Detektor (z.B. Phototransistor); 3 Transparenter Kunststoff; 4 Gehäuse; 5 Kontaktstift

Als Lumineszenzdioden für Optokoppler kommen grundsätzlich alle LED- und IRED-Typen in Betracht. Für hohe Übertragungsleistungen werden bevorzugt GaAs:Si- oder (Ga,Al)As:Si-Dioden, für hohe Übertragungsbandbreiten hingegen GaAs- oder Ga(As,P)-Dioden mit diffundiertem pn-Übergang eingesetzt. Als Empfängerelemente werden Photodioden, Phototransistoren, Photodarlingtonempfänger oder auch Photoleiter verwendet. Diese verschiedenen Kombinationen unterscheiden sich hinsichtlich Ansprechgeschwindigkeit und Stromübertragungsverhältnis, welches als Verhältnis von Ausgangs- und Eingangsstrom des Kopplers definiert ist.

Bei Verwendung von Photodioden als Empfänger ergeben sich zwar relativ geringe Stromübertragungsverhältnisse von weniger als 1%, die Grenzfrequenzen solcher Koppler sind aber hoch, da sie praktisch nur durch die Ansprechgeschwindigkeit der eingesetzten Lumineszenzdiode limitiert sind. Sie betragen bei GaAs:Si-IRED typischerweise 300kHz, bei GaAs-Dioden mit diffundiertem pn-Übergang bis zu 20MHz. Höhere Stromübertragungsverhältnisse von 10% bis 300% lassen sich mit verstärkenden Bauelementen wie Phototransistoren und Photodarlingtonempfängern erreichen. Photodarlingtonempfänger sind zweistufige Verstärkerschaltungen, bei denen das Ausgangssignal eines Phototransistors durch einen weiteren, nichtlichtempfindlichen Transistor verstärkt wird. Phototransistoren und Photodarlingtons sind jedoch relativ langsame Bauelemente, deren Ansprechzeiten bei 1 µs bis 10 µs bzw. 10 µs bis 100 µs liegen. Dies ist bedingt durch die Kapazität und damit Fläche der Kollektor-Basis-Diode des photoempfindlichen Transistors, da sich diese im Betrieb wie eine mit der Stromverstärkung multiplizierte Kapazität auswirkt. Das Gewinn-Bandbreite-Produkt dieser Optokoppler beträgt unabhängig vom Empfängerelement etwa 10^5 Hz. Höhere Gewinn-Bandbreite-Produkte erhält man mit Photolawinendioden, die wegen ihres hohen Preises allerdings nur in Sonderfällen eingesetzt werden, und mit einer Empfängeranordnung, die aus einer großflächigen Photodiode und einem kleinflächigen schnellen Transistor besteht, die auf einem Si-Kristall monolithisch integriert werden können. Mit letzteren werden Stromübertragungsverhältnisse von 20 % bis 50 % bei Ansprechzeiten von 200 ns erreicht [7.8].

Bei einigen Anwendungen ist eine möglichst hohe Linearität zwischen Ausgangs- und Eingangsstrom erwünscht. Eine Nichtlinearität der Strahlungsleistung-Strom-Kennlinie der Lumineszenzdiode läßt sich in gewissen Grenzen durch einen zweiten, neben dem eigentlichen Detektor angeordneten Regeldetektor kompensieren, der über eine Rückkoppelungsschaltung am Eingang der Schaltung den Lumineszenzdiodenstrom regelt.

7.2.5 Lichtgezündete Thyristoren

Lichtgezündete Thyristoren werden vornehmlich dort eingesetzt, wo hohe Ströme bei gleichzeitig hohen Spannungen geschaltet werden müssen. Die zum Zünden eines Thyristors notwendige Strahlungsleistung einer Lumineszenz- oder Laserdiode hängt von den Eigenschaften des Thyristors und den Einkoppelverlusten ab. Im Durchschnitt werden etwa 10 mW bis 20 mW Strahlungsleistung benötigt [7.11]. Als Koppel- und zugleich Isolationsstrecke eignen sich Glasfasern. Bei gleicher Strahlungsleistung sind wegen des höheren Einkoppelwirkungsgrades der Strahlung in die Glasfaser Laserdioden Lumineszenzdioden vorzuziehen, wobei wegen des Pulsbetriebes die Anforderungen an die Lebensdauer der Laserdioden nicht übermäßig hoch sind.

7.2.6 Optische Speicher

Laserdioden können zum optischen Abtasten der in der Oberflächenstruktur gespeicherten Information von zukünftigen Plattenspeichern z.B. von

Videoplatten eingesetzt werden [7.12]. Der Vorteil gegenüber Abtastsystemen mit Glasfasern liegt im geringeren Gewicht und in der Kompaktheit der Laserdiode, so daß diese in den Abtastkopf integriert und beim Abspielen der Platte mitgeführt werden kann. Durch Ausnutzen der optischen Rückkoppelung der auf der Platte gespeicherten Information auf die Laserdiode könnte dieses System außerdem weiter vereinfacht werden. Mit einem solchen System können die derzeit höchsten Speicherdichten für Information erzielt werden. Bei einer Speicherfleckgröße von $1\,\mu m^2$ ergeben sich bei einem Plattendurchmesser von 30 cm etwa 10^{10} bit.

7.2.7 Optische Datenübertragung

Einfache Beispiele für eine optische Datenübertragung sind die in den Abschnitten 7.2.1 und 7.2.3 behandelten Lichtschranken und IR-Fernsteuerungssysteme; als Übertragungsmedium dient in beiden Fällen Luft. Für die Übertragung über größere Strecken hingegen ist die gewöhnliche Atmosphäre wegen der beträchtlichen Dämpfung und auch wegen der ungleichmäßigen Verhältnisse ungeeignet. Wesentlich definierter in ihren Eigenschaften sind hier als Übertragungsmedium Glasfasern, die nach dem Lichtleiterprinzip arbeiten. Durch die fortschreitende Entwicklung bei den Glasfasertechniken und den optoelektronischen Sender- und Empfängerbauelementen gleichermaßen ist in Zukunft ein zunehmender Ersatz elektrischer leitungsgebundener Übertragungssysteme durch Lichtleiterübertragungssysteme zu erwarten.

In Tabelle 7.1 sind die Vorteile von Glasfaserübertragungssystemen mit einigen relevanten Anwendungsbeispielen zusammengestellt.

Tabelle 7.1

Vorteile von Glasfaserübertragungssystemen	Anwendungen
gewichts- und raumsparender Aufbau	Verkabelung von Flugzeugen
hohe Übertragungsbandbreite	Weitverkehr Computeranlagen
Potentialtrennung von Sender und Empfänger	Kraftwerke
Unempfindlichkeit gegen elektromagnetische und optische Störfelder	Flugzeuge Schwermaschinen Computeranlagen
geringe Dämpfung der Glasfaser	Weitverkehr

Als weiterer für die Zukunft wichtiger Vorteil der Glasfaserübertragungssysteme kommt noch der der höheren Wirtschaftlichkeit hinzu.

Als Sendeelemente für die optische Datenübertragung bieten sich wegen ihrer Kompaktheit, der erzielbaren hohen Strahldichte und damit der hohen in die Faser einkoppelbaren Strahlungsleistung und vor allem wegen der einfachen und hohen Modulierbarkeit Lumineszenz- und Laserdioden an. Ihre Wellenlänge kann durch geeignete Wahl des Halbleitermaterials zusätzlich an Dämpfungs- oder Dispersionsminima der Glasfaser angepaßt werden. Beispiele solcher Dioden sind in den Abb. 5.14 und 6.32 gezeigt. Neben Lumineszenz- und Laserdioden kommen für die optische Datenübertragung noch optisch gepumpte Miniaturlaser aus Neodym-dotiertem Yttrium-Aluminium-Granat (Nd^{3+} : YAG) in Frage, die vom Aufbau her allerdings wesentlich komplizierter sind, da neben einer Pumplichtquelle, für die sich wiederum nur Lumineszenzdioden eigenen, noch ein elektrooptischer Modulator eingebaut werden muß. Diese in erster Linie für die integrierte Optik entwickelten Miniaturlaser dürften für die optische Datenübertragung angesichts der inzwischen bei Halbleiterlaserdioden erreichbaren Eigenschaften kaum mehr Bedeutung erlangen.

Die Übertragungseigenschaften von Glasfasern hängen von ihrem geometrischen Aufbau und den physikalischen Eigenschaften des verwendeten Materials ab. Im besonderen sind dies der Kerndurchmesser, das Brechungsindexprofil, die spektrale Absorption und die Materialdispersion.

Der einfachste Glasfasertyp ist die sog. Stufenprofilfaser, bei der ein Kern von meist 30 μm bis 80 μm Durchmesser mit dem Brechungsindex n_1^* von einem Material mit dem Brechungsindex $n_2^* < n_1^*$ ummantelt ist (Abb. 7.15a). Der Außendurchmesser liegt bei 100 μm bis 150 μm. Der Grenzwinkel der Totalreflexion zwischen Kern und Mantel beträgt

$$\gamma = \arc\sin(n_2^*/n_1^*) \quad . \tag{7.4}$$

Damit ist die Lichtleitereigenschaft der Faser auf solche Strahlen beschränkt, die aus einem Medium mit dem Brechungsindex n_0^* unter einem Winkel auf die Stirnfläche auffallen, der kleiner ist als der sog. Akzeptanzwinkel

$$\alpha_0 = \arc\sin\left[\frac{n_1^*}{n_0^*}\sin\left(\arc\cos\frac{n_2^*}{n_1^*}\right)\right] = \arc\sin\frac{1}{n_0^*}\sqrt{n_1^{*2} - n_2^{*2}} \quad . \tag{7.5}$$

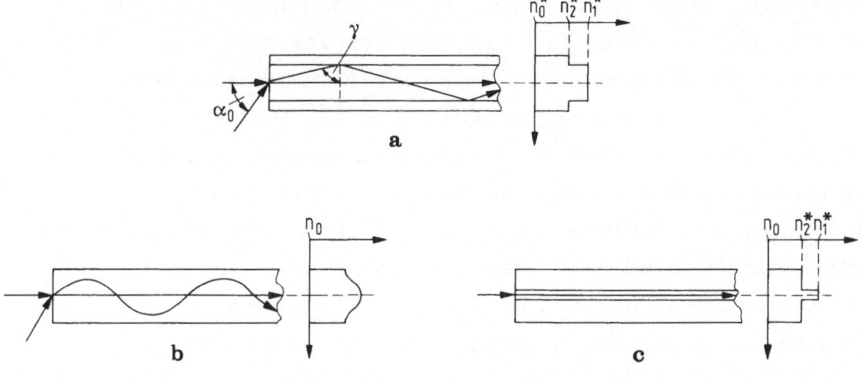

Abb.7.15. Lichtwege und Brechungsindexprofil einer a) Stufenfaser; b) Gradientenfaser; c) Monomodfaser

Die Größe $n_0^* \sin \alpha_0 = \sqrt{n_1^{*2} - n_2^{*2}}$ wird auch als numerische Aperatur (NA) der Faser bezeichnet. Die numerische Apertur typischer Stufenfasern beträgt mit $n_0 = 1$ bei Brechungsindexsprüngen von 0,7 % bis 0,8 % zwischen 0,15 und 0,18. Das Quadrat der numerischen Apertur ist ein Maß für den in die Faser einkoppelbaren Teil der Strahlungsleistung, der demnach bei einigen Prozent liegt.

Der wesentliche Nachteil der Stufenfasern ist die sog. Laufzeit- oder Modendispersion. Diese ist dadurch verursacht, daß Strahlen, die unter größerem Einfallswinkel einfallen, in der Faser längere optische Wege zurücklegen müssen als Strahlen in Achsrichtung. Dadurch erfahren eingestrahlte Strahlungsimpulse eine mit zunehmender Faserlänge zunehmende zeitliche Verbreiterung. Diese Laufzeitdispersion kann in Glasfasern mit einem von der Fasermitte parabolisch abnehmenden Brechungsindex verringert werden (Abb. 7.15b). Solche Fasern werden als Gradientenfasern bezeichnet. Keine Laufzeitdispersion besitzen die sog. Monomodefasern (Abb.7.15c). Monomodefasern sind Stufenprofilfasern mit einem Kerndurchmesser in der Größenordnung einer Wellenlänge und gestatten im Gegensatz zu den beiden erstgenannten Multimodentypen nur die Ausbreitung von axialen Moden. Dieser hinsichtlich Technologie und Handhabung diffizile Fasertyp dürfte jedoch erst in weiterer Zukunft Anwendung finden.

Eine Minimierung der Laufzeitdispersion ist jedoch nur dann sinnvoll, wenn die Übertragungseigenschaften nicht bereits durch die Materialabsorption und -dispersion begrenzt werden. Durch verbesserte Herstelltechnologien können die für die Dämpfung verantwortlichen Verunreinigungen weitgehend vermieden werden, so daß Dämpfungswerte unter 1 dB/km erreicht werden. Die Dämpfung von gewöhnlichem Fensterglas beträgt vergleichsweise 10^4 dB/km. Die Materialdispersion der Glasfaser, d.h. die Wellenlängenabhängigkeit der Ausbreitungsgeschwindigkeit der Lichtwelle, führt wie die Laufzeitdispersion zu einer zeitlichen Verbreiterung eines Strahlungsimpulses. Die Materialdispersion ist für Lumineszenzdioden mit ihrer relativ großen Halbwertsbreite des Emissionsspektrums wesentlich gravierender als für Laserdioden. Da die Materialdispersion in Quarzglasfasern bei Wellenlängen um 1,3 µm nahezu null ist, besitzt dieser Wellenlängenbereich für Sende-IRED große Bedeutung. Abb.7.16 zeigt die sich bei Berücksichtigung der Laufzeit- und Materialdispersion ergebenden maximalen Übertragungsbandbreiten in Abhängigkeit von der Länge der Glasfaserstrecke für verschiedene Sender- und

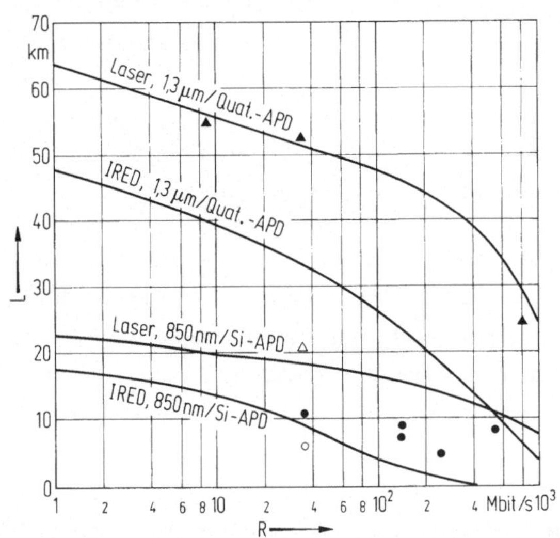

Abb.7.16. Berechnete maximale überbrückbare Streckenlänge L für Glasfaserübertragungssysteme mit verschiedenen Sender-Empfänger-Kombinationen in Abhängigkeit von der Bitrate R. Bei einer Wellenlänge von 850 nm wurde eine Dämpfung der Gradientenglasfaser von 3 dB/km, bei 1,3 µm von 1 dB/km angenommen. Einige in der Praxis realisierte Systeme, deren Systemparameter allerdings nicht immer mit den bei der Rechnung benutzten Werten übereinstimmen, sind für Laser- bzw. IRED-Sender bis 850 nm mit ● bzw. ○, für 1,3 µm mit ▲ bzw. △ gekennzeichnet. (Nach [7.13])

Empfängerkombinationen. Die berücksichtigten Übertragungsverluste hängen außer von der Dämpfung der Faser, noch vom Verhältnis aus eingekoppelter Strahlungsleistung und der vom Empfänger gerade noch detektierbaren Leistung ab.

Als Beispiel für die Dimensionierung eines Glasfaserübertragungssystems sind in Abb.7.17 die mit einem Signal-Rausch-Verhältnis von 40 dB detektierbaren, auf 1 mW bezogenen Grenzleistungen in Abhängigkeit von der Bandbreite des Analogsignals für Intensitäts- und Pulspositionsmodulation gezeigt. Das Ansteigen dieser Grenzleistung ist auf die Zunahme der Rauschleistung der Detektoren mit der Bandbreite zurückzuführen. Die unterschiedlichen Steigungen entstehen durch verschiedene Rauschmechanismen. Aus der Differenz zwischen der von Lumineszenz- und Laserdioden in die Glasfaser mit verschiedener numerischer Apertur eingekoppelten Strahlungsleistung und den für die verschiedenen Photodetektoren und Betriebsweisen angegebenen Grenzleistungen lassen sich dann die tolerierbaren Verluste der Glasfaserleitung ablesen.

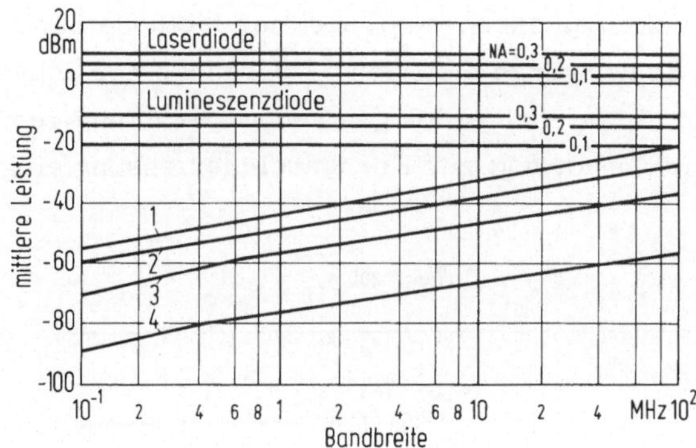

Abb.7.17. Von PIN-Dioden und Lawinendioden bei einem Signal-Rausch-Verhältnis von 40 dB detektierbare Grenzleistungen (bezogen auf 1 mW) in Abhängigkeit von der Bandbreite des Analogsignals. Nach [7.14]. 1: PIN-Diode, Intensitätsmodulation; 2: Lawinendiode, Intensitätsmodulation; 3: PIN-Diode, Pulspositionsmodulation; 4: Lawinendiode, Pulspositionsmodulation. Die waagerechten Linien entsprechen den von Lumineszenz- bzw. Laserdioden in Glasfasern mit verschiedener numerischer Apertur einkoppelbaren Strahlungsleistungen (bezogen auf 1 mW)

Die Entwicklung der optischen Datenübertragung ist bereits so weit fortgeschritten, daß einfache Glasfaserübertragungssysteme kommerziell erhältlich sind. Eine Standardisierung der Typen unterschiedlicher Hersteller ist allerdings noch nicht in Sicht.

7.2.8 Umweltschutz

Optoelektronische Verfahren werden heute in zunehmendem Maße zur kontinuierlichen Überwachung der Luftzusammensetzung hinsichtlich verschiedener Schadstoffe eingesetzt. Als Untersuchungsmethode zur Bestimmung der Konzentration der Schadstoffe kommen die Messung der Gasabsorption und der Fluoreszenzstrahlung in Betracht. Für Messungen können sowohl elektronische als auch Schwingungs-Rotations-Übergänge in den Gasmolekülen ausgenützt werden. Hinsichtlich der Selektivität der verschiedenen Gase sind die im mittleren Infrarot liegenden Schwingungs-Rotations-Übergänge besonders günstig. Bei der Messung muß man sich allerdings auf die Wellenlängenbereiche des 2. und 3. atmosphärischen Fensters (3 μm bis 5 μm bzw. 8 μm bis 14 μm) beschränken.

Die quantitative Gasabsorptionsanalyse erfolgt durch Messung der Transmission bei einzelnen charakteristischen Spektrallinien, indem die Strahlungsintensität eines Emitters parallel vor und nach Durchlaufen einer gewissen Meßstrecke gemessen wird. Bei der Methode der Fluoreszenzstreuung werden Schwingungs-Rotations-Übergänge der Schadstoffmoleküle angeregt und die Intensität der gestreuten Strahlung gemessen. Dieses Verfahren wird bevorzugt zur Fernbereichsmessung eingesetzt.

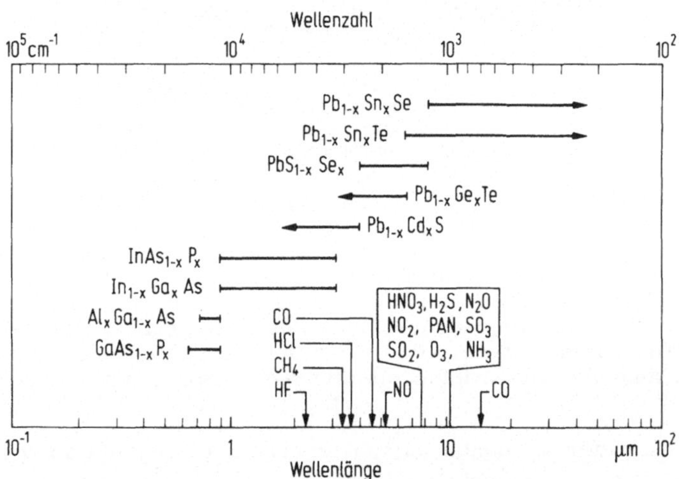

Abb.7.18. Wellenlängenbereiche verschiedener Halbleiterlaser im Vergleich zu den Absorptionslinien verschiedener Schadstoffe. Nach [7.15].

Halbleiterlaserdioden haben nur für die Gasabsorptionsanalyse Bedeutung erlangt, während für Fluoreszenzmessungen wegen der erforderlichen hohen Strahlungsleistungen meistens Gaslaser eingesetzt werden. Als Halbleitermaterialien für diese Wellenlängen haben sich die beiden

Bleichalkogenidmischkristallreihen (Pb,Sn)Te und (Pb,Sn)Se durchgesetzt (Abb.7.18). Die Feinabstimmung auf die einzelnen Absorptionslinien kann durch ein magnetisches Feld, durch hydrostatischen Druck oder durch Änderung der Temperatur durchgeführt werden. Durch diese Größen wird der Bandabstand und der Brechungsindex und damit auch die optische Länge des Resonators verändert. Diese Laserdioden werden bei Temperaturen unterhalb 150 K betrieben und zu ihrer Durchstimmung wird meist die durch die Verlustleistung bedingte Erwärmung ausgenützt. Einen wesentlichen Vorteil bieten Doppelheterostrukturen mit ihren kleineren Schwellstromdichten, da in diesem Falle von flüssigen oder gasförmigen Kühlmitteln auf Peltierkühlung übergegangen werden kann.

Literatur zu Kapitel 7

7.1. Wright, W.D.: The Measurement of Color. Princeton, NJ: Van Nostrand 1964

7.2. Loebner, E.E.: "The Future of Electroluminescent Solids in Display Applications". Proc. IEEE 61 (1973) 837-861

7.3. Weyrich, C.; Leibenzeder, S.; Plihal, M.; Kunkel, W.: Variable Hue Indicator Lamp. Siemens Forsch.- u. Entwickl. Ber. 6 (1977) 159-163

7.4. Kitada, M.: Upside-Down Fabricated GaP Monolithic Display. J. Appl. Phys. 48 (1977) 279-281

7.5. Dapkus, P.D.; Weick, W.W.; Dixon, R.W.: Laser-Machined GaP Monolithic Displays. Appl. Phys. Lett. 24 (1974) 292-294

7.6. Kasami, A.; Naito, M.; Toyama, M.: Gallium Phosphide Monolithic Display with Low Drive Power. IEEE Trans. Electron. Dev. (1977) 1093-1097

7.7. Frescura, B.L.; Luedinger, H.; Bittmann, C.A.: Large High-Density Monolithic XY-Addressable Arrays for Flat Panel LED Displays. IEEE Trans. Electron Dev. ED-24 (1977) 891-897

7.8. Bergh, A.A.; Dean, P.J.: Light-Emitting Diodes. Oxford: Clarendon Press 1976, S. 552

7.9. Peaker, A.R.; Hamilton, B.: Gallium Phosphide Latching Diode. Appl. Phys. Lett. 24 (1974) 414-417

7.10. Hatzinger, G.: Optoelektronische Bauelemente und Schaltungen. Berlin, München: Siemens AG 1977

7.11. Gerlach, W.: Light-Activated Power Thyristors. Inst. Phys. Conf. Ser. No. 32 (1977) 111-133

7.12. Electronics, May 26 (1977) 6E

7.13. Weyrich, C.; Plihal, M.: Halbleiterlichtquellen. Phys. Bl. 36 (1980) 137-143

7.14. Kao, C.K.; Goell, J.E.: Design Process for Fiber-Optic System Follows Familiar Rules. Electronics, 16 (1976) 113-116

7.15. Calawa, A.R.: Small Bandgap Lasers and Their Uses in Spectroscopy. J. Lumin. 7 (1973) 477-500

8 Langzeitverhalten von Lumineszenz- und Laserdioden

Beim Langzeitverhalten von Lumineszenz- und Laserdioden spielen die zeitlichen Veränderungen ihrer Emissionseigenschaften die entscheidende Rolle. Im allgemeinen nimmt die Intensität der Emissionsstrahlung einer unter konstanten Bedingungen betriebenen Lumineszenzdiode kontinuierlich ab: Dieses Verhalten wird als Alterung oder Degradation bezeichnet. Eine abrupte Abnahme der Emission, wie sie von Glühlampen her bekannt ist, wird bei Halbleiterlichtquellen nur bei der Laserdiode beobachtet, wenn infolge der weiter unten beschriebenen Kettenreaktion der Schwellenstrom so hoch wird, daß es zu einer Zerstörung der Diode kommt.

Die Alterung von Lumineszenz- und Laserdioden ist in fast allen Fällen an Rekombinationsprozesse und damit entweder an einen Betrieb der Dioden in Flußrichtung oder an eine optische Anregung gebunden. Ein Betrieb der Dioden in Sperrichtung oder lange Lagerzeiten führen in der Regel nicht zur Degradation der Lichtemission. Eine Ausnahme machen hohe Lagertemperaturen, wo beispielsweise beim GaP:Zn,O die optisch aktiven Zn,O-Rekombinationszentren dissoziieren.

Im folgenden werden die wichtigsten Mechanismen, die zur Alterung von Lumineszenz- und Laserdioden führen, beschrieben. Die Unterteilung erfolgt dabei in Anlehnung an [8.1] in Lumineszenzdioden mit niedriger Stromdichte, IRED mit hoher Stromdichte, wobei die Grenze bei etwa $100\,A/cm^2$ liegt, und Laserdioden.

8.1 Alterung von Lumineszenzdioden bei niedriger Stromdichte

In Abb.8.1 ist das typische Zeitverhalten der Abnahme der Emission einer Lumineszenzdiode gezeigt. Die unterschiedlich hohen Raten deuten darauf hin, daß mehrere Alterungsmechanismen zugleich auftreten können. Der anfängliche steilere Abfall der Emission wird als Kurzzeitalterung und der daran anschließende, meist sehr flache Abfall als Langzeitalterung bezeichnet. Als Betriebslebensdauer $\tau_{1/2}$ einer Lumineszenzdiode wird diejenige Zeitspanne bezeichnet, nach der bei konstant gehaltenem Injektionsstrom die Intensität der Emission auf die Hälfte der Ausgangsintensität abgenommen hat.

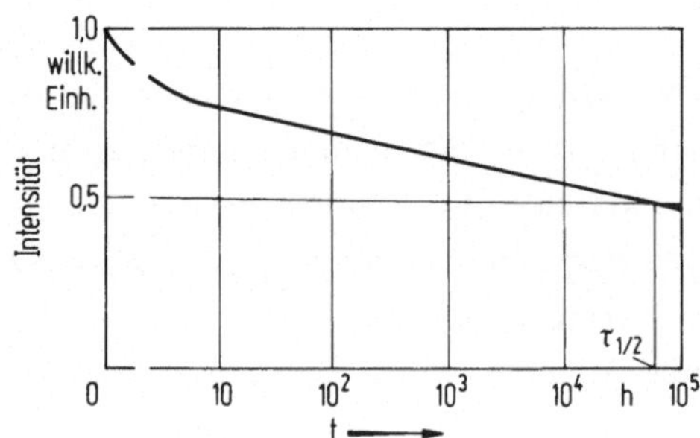

Abb.8.1. Typische zeitliche Abnahme der Emission bei einer Lumineszenzdiode

Die Alterung von Lumineszenzdioden, die bei niedriger Stromdichte betrieben werden, verursacht beim Anwender gewöhnlich keine gravierenden Probleme. Es werden Lebensdauern von mindestens 10^5 h erreicht, die höchsten angegebenen Werte liegen bei 10^9 h. Bei diesen Angaben handelt es sich immer um extrapolierte Werte von Dioden, die unter Streßbedingungen gealtert wurden. Dazu werden die Dioden bei mehreren höheren Temperaturwerten betrieben. Da die Lebensdauer in den meisten Fällen einer Arrheniusbeziehung $\tau_{1/2} \sim \exp(E_a/kT)$ folgt, kann man aus solchen Experimenten eine Aktivierungsenergie E_a bestimmen, die üblicherweise zwischen 0,4 eV und 0,8 eV liegt, und damit die Lebensdauer bei Zimmertemperatur berechnen. Die starke Abhängigkeit der Lebensdauer von der Temperatur unterstreicht die für alle Halbleiteremitter bestehende Notwendigkeit, beim Aufbau für eine genügend gute Wärmeableitung zu sorgen, um die im Betrieb auftretende Erwärmung möglichst gering zu halten.

Hinweise über die verschiedenen Alterungsmechanismen bei Lumineszenzdioden können aus Untersuchungen der elektrischen und optischen Eigenschaften der Dioden während der Alterung gewonnen werden. Es ergeben sich dabei folgende Veränderungen der Diodeneigenschaften:

Bei einer festen Spannung nimmt der Diodenstrom zu, was in vielen Fällen auch mit einer Erhöhung des n-Wertes im Exponenten der Strom-Spannungs-Kennlinie $I \sim \exp(qU/nkT)$ verbunden ist (Abb.8.2). Das bedeutet eine Zunahme parasitärer Ströme wie Tunnelströme oder Ströme, die durch Rekombination über tiefe Störstellen in der Raumladungszone bedingt sind, was eine Abnahme des Injektionswirkungsgrades zur Folge hat. Untersuchungen an GaP:Zn,O-LED haben gezeigt, daß solche Veränderungen auch von der Kontaktgeometrie abhängen und im wesentlichen für die Kurzzeitalterung verantwortlich sind [8.3].

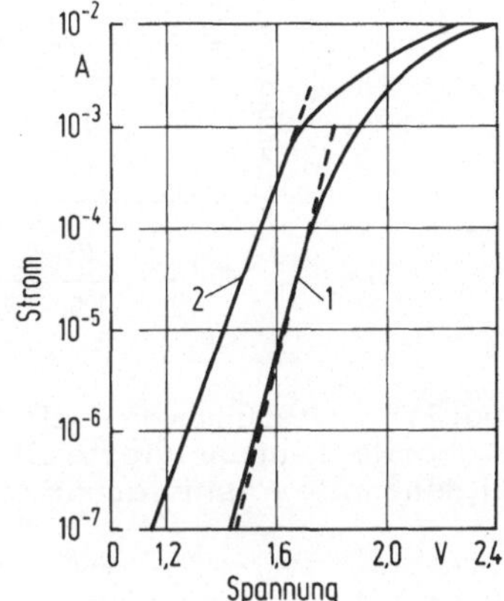

Abb.8.2. Strom-Spannungs-Kennlinie einer GaP:Zn,O-Diode von (1: $n = 1{,}45$ in $I \sim \exp(qU/nkT)$) und nach der Alterung (2: $n = 2{,}1$). Nach [8.2]

Ein weiterer Alterungsmechanismus beruht auf der Verringerung des Quantenwirkungsgrades der strahlenden Rekombination in den aktiven Gebieten durch Lumineszenzkiller wie beispielsweise Cu-Atome, die während des Alterungsprozesses zum pn-Übergang diffundieren [8.2]. Änderungen des Quantenwirkungsgrades der strahlenden Rekombination können am einfachsten durch Messung des zeitlichen Abklingverhaltens der Lumineszenzstrahlung gemessen werden. Interessant in diesem Zusammenhang ist die bei GaAs gefundene selbstaktivierte Migration des Rekombinationszentrums durch die bei der nichtstrahlenden Rekombination freiwerdende Energie [8.4].

Bei einigen Lumineszenzdioden spielen Oberflächeneffekte bei der Alterung eine große Rolle. Der Einfluß der Oberfläche kann einerseits auf einer Zunahme von Oberflächenleckströmen beruhen, deren Anteil am Gesamtstrom während der Alterung zunimmt. In diesem Fall kann durch Überätzen der Diodenoberfläche der ursprüngliche Quantenwirkungsgrad der Dioden zumindest teilweise wiederhergestellt werden [8.5]. Auf der anderen Seite kann durch eine Oberflächenpassivierung das Eindringen von Verunreinigungsatomen in den Halbleiterkristall verhindert und damit die Alterung verringert werden, wie es am Beispiel des GaP:Zn,O durch Kochen der Dioden in H_2O_2 gezeigt wird (Abb.8.3).

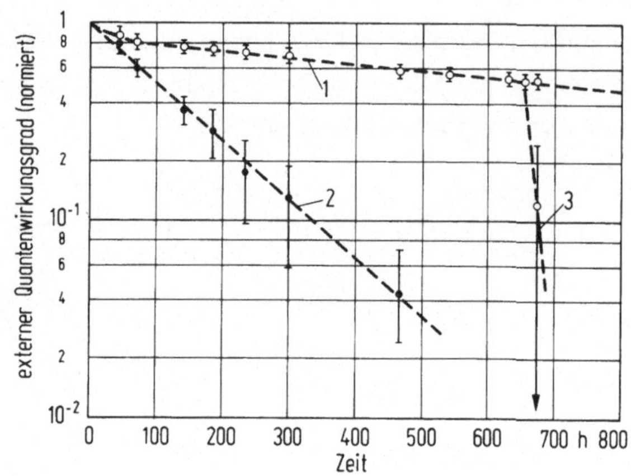

Abb.8.3. Alterung von GaP:ZnO-Dioden bei 8 A/cm² und 200°C. 1: oberflächenpassivierte Dioden; 2: nichtpassivierte Dioden; 3: Dioden, bei denen die Passivierung entfernt wurde. Nach [8.6]

Ein weiterer bei der Alterung von GaAs:Si-IRED beobachteter Alterungsmechanismus ist die Bildung von dunklen Linien im Leuchtbild, den sog. Dark Line Defects (DLD), die auch für die schnelle Alterung von IRED mit hoher Strahldichte und vor allem von Laserdioden verantwortlich sind und die mit Versetzungen im Substratkristall in Zusammenhang gebracht werden [8.7]. Die in ⟨ 110 ⟩-Richtung liegenden kreuzförmig angeordneten Linienmuster stellen Kristallgebiete mit einer erhöhten nichtstrahlenden Rekombination dar, die durch lokale Gitterverspannungen entstehen. Ursache hierfür sind neben einer hohen Versetzungsdichte in den Substratkristallen zu hohe mechanische Drucke, die während der Diodenmontage auf die Dioden ausgeübt wurden, oder auch die Gitterfehlanpassung, die durch Dotierungssprünge an pn-Übergängen entsteht.

8.2 Alterung von Lumineszenzdioden bei hoher Stromdichte

Auch Lumineszenzdioden, die bei hohen Stromdichten oberhalb 1000 A/cm² betrieben werden, können Lebensdauern von mehr als 10^5 h erreichen.

Voraussetzung dafür ist jedoch eine hohe Perfektion der Kristalle. Dies wird in epitaktisch gewachsenem Material nur erreicht, wenn schon entsprechend perfekte Substratkristalle verwendet werden.

Kristalldefekte sind in den meisten Fällen Ursache einer sehr schnellen Alterung, die man häufig an GaAs-(Ga,Al)As-Hetero-IRED beobachtet. Versetzungen im Substratkristall, die in die Epitaxieschichten reichen und die meistens mit Verunreinigungen dekoriert sind, bilden nicht nur selber Gebiete mit einer hohen nichtstrahlenden Rekombinationsrate, sie sind auch Ausgangspunkt für das Wachsen weiterer Versetzungen. Hier unterscheidet man zwischen punktförmigen dunklen Gebieten (DSD: dark spot defect) und den bereits genannten DLD [8.1], die beide knäuelartige Ansammlungen von Versetzungen darstellen. DLD liegen immer in ⟨100⟩- und in ⟨110⟩-Richtung. Während die ⟨100⟩-orientierte DLD erst während des Alterungsprozesses entstehen, können die DLD in ⟨110⟩-Richtung, die auf Gleitungen infolge mechanischer Beanspruchungen während des Herstellprozesses zurückzuführen sind, manchmal schon vor der Alterung festgestellt werden. Für die Herstellung von Lumineszenzdioden hoher Strahldichte sind daher nur defektarme Substratkristalle geeignet, und die technologischen Prozesse müssen so geführt werden, daß keine neuen Defekte entstehen. In der Praxis läuft das auf Selektionsverfahren bezüglich des Substratmaterials, der Epitaxieschichten und auch der fertig aufgebauten Dioden hinaus. Neben ihrer Abhängigkeit von Kristalldefekten scheint bei IRED mit hoher Strahldichte die Al-

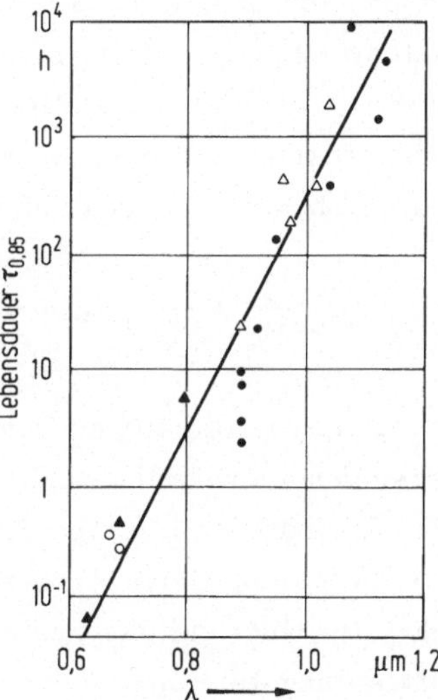

Abb.8.4. Lebensdauer $\tau_{0,85}$ (Abnahme von 100 auf 85%) von (Ga,In)As-, (Ga,In)P- und Ga(As,P)-Dioden in Abhängigkeit von der Emissionswellenlänge bei 1000 A/cm².
● VPE (Ga,In)As; △ LPE (Ga,In)As; ▲ VPE (Ga(As,P); o VPE (Ga,In)P. Nach [8.8]

terung auch mit der Emissionswellenlänge zusammenzuhängen. Untersuchungen an (Ga,In)As- und Ga(As,P)-Lumineszenzdioden ergaben bei Dioden mit 0,62 µm Emissionswellenlänge eine um fünf Größenordnungen höhere Alterungsrate verglichen mit Dioden, die bei 1,1 µm emittieren (Abb.8.4). Es wird vermutet, daß die höhere Alterungsrate bei kurzen Wellenlängen durch die höhere freigesetzte Rekombinationsenergie zustande kommt. Eine Ausnahme in dieser Hinsicht stellen (Ga,Al)As-IRED dar, die trotz kürzerer Emissionswellenlänge höhere Lebensdauern besitzen als entsprechende GaAs-IRED. Ursache für dieses Verhalten könnte die Getterwirkung des Al für verschiedene Verunreinigungen oder auch eine bessere Kristallqualität Al-haltiger Epitaxieschichten sein.

8.3 Alterung von Laserdioden

Das Emissionsverhalten einer Laserdiode wird durch zwei Parameter, nämlich Schwellenstromdichte und differentieller Quantenwirkungsgrad festgelegt. Der wesentliche Unterschied bei der Alterung von Laserdioden verglichen mit der von inkohärent emittierenden Lumineszenzdioden liegt darin, daß im Langzeitbetrieb nicht nur der differentielle Quantenwirkungsgrad abnimmt, sondern meistens zugleich die Schwellenstromdichte ansteigt.

Nach (6.33) bzw. (6.63) ist die Schwellenstromdichte j_S im wesentlichen proportional dem Gewinn g_S, und umgekehrt proportional dem Quantenwirkungsgrad der strahlenden Rekombination η_R. Andererseits ist nach (6.31) der Schwellenwert des Gewinns für den Lasereinsatz von den innereren Verlusten der Laserdiode und der Abstrahlung über die Spiegel abhängig. Es gilt daher analog zu (6.33) im wesentlichen

$$j_S \sim g_S \frac{1}{\eta_R} = \frac{1}{\eta_R}\left(\alpha_V + \frac{1}{2L}\ln\frac{1}{R_1 R_2}\right). \qquad (8.1)$$

Der differentielle externe Quantenwirkungsgrad $\Delta\eta$ ist proportional dem inneren Quantenwirkungsgrad $h\nu/q$, der beim Laserbetrieb 100 % beträgt, wenn für jeden injizierten Träger ein Photon entsteht. Proportionalitätsfaktor ist der optische Wirkungsgrad der Anordnung. Dieser ist analog (3.40) der Quotient aus den nutzbaren "Verlusten", d.h. der ausgekoppelten Strahlungsleistung, und den in der Laserdiode auftretenden Strahlungsverlusten. Es gilt entsprechend (6.65)

$$\Delta\eta = \frac{h\nu}{1 + 2\alpha_V/\ln R_1R_2} . \tag{8.2}$$

Nimmt während der Alterung die Trägerlebensdauer bzw. der Quantenwirkungsgrad η_R beispielsweise durch Zunahme nichtstrahlender Rekombinationszentren ab, so muß für gleichbleibenden Gewinn die Schwellenstromdichte entsprechend zunehmen. g_s und damit die Schwellenstromdichte erhöhen sich aber auch bei Zunahme des Absorptionskoeffizienten und der Streuverluste je Längeneinheit, die in α_V zusammengefaßt sind, und bei einer Verminderung des Spiegelreflexionsvermögens. Mit einer Zunahme von α_V bzw. einer Abnahme von R_1 oder R_2 ist auch eine Abnahme des externen differentiellen Quantenwirkungsgrades verbunden. Dadurch weist die Licht-Strom-Kennlinie einer Laserdiode vor und nach der Alterung das in Abb.8.5 gezeigte Verhalten auf.

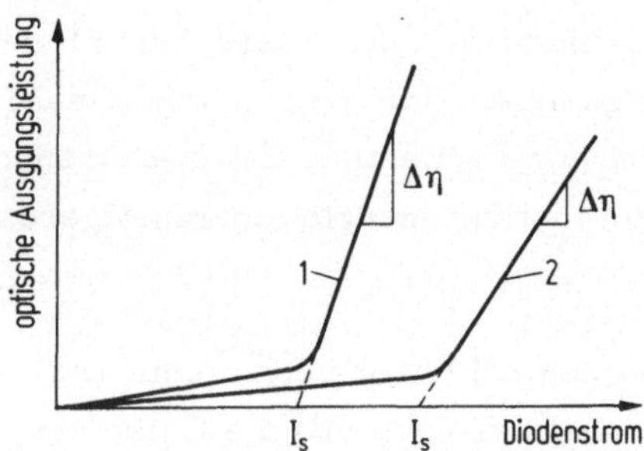

Abb.8.5. Abhängigkeit der optischen Ausgangsleistung einer Laserdiode vom Diodenstrom vor (1) und nach der Alterung (2). Man erkennt die Abnahme des Wirkungsgrades der spontanen Emission und des differentiellen Wirkungsgrades im Laserbereich, sowie die Zunahme des Schwellenstromes

Ursache für die schnelle Alterung von Laserdioden sind in den meisten Fällen wiederum Kristallfehler. Ein Modell zur Erklärung dieses Alterungsmechanismus beruht auf einer rein thermisch bedingten Ausbreitung von DLD [8.9]. Da DLD Gebiete erhöhter nichtstrahlender Rekombination darstellen, werden dort mehr Ladungsträger rekombinieren. Dadurch kommt es zu einer lokalen Erwärmung, was zu einer lokalen Verringerung des Bandabstandes und damit zu einer erhöhten Absorption mit nachfolgender weiterer Erwärmung führt. Die dadurch bedingte hohe lokale thermische Belastung führt zu äquivalenten mechanischen Spannungen, die zu den bereits durch Gitterfehlanpassung verursachten hinzukommen, so daß sich die Bereitschaft zur Bildung weiterer Gitterdefekte erhöht. Ein anderes Modell [8.10] erklärt das Ausbreiten der DLD durch einen Prozeß, bei dem ihr Wachstum durch die durch Rekombinationsprozesse stimulierte Bewegung von Punktdefekten wie z.B. Leerstellen aktiviert wird. Diese als Kettenreaktion ablaufenden Mechanismen sind wahrscheinlich die Ursache dafür, daß Laserdioden mit Kristalldefekten nur Lebensdauern von weniger als 100 h erreichen.

Zur Verringerung dieser "katastrophischen" Alterung von Laserdioden ergeben sich aus dem Gesagten dieselben Forderungen wie für IRED mit hoher Strahldichte. Die eingesetzten Substratkristalle müssen versetzungsarm sein, und bei der Epitaxie müssen Wachstumsfehler, wie beispielsweise Stapelfehler, vermieden werden. Außerdem sind alle zusätzlichen mechanischen Spannungen, die beim Auflegieren und Kontaktieren der Dioden entstehen können, zu vermeiden. Die mechanischen Spannungen in der aktiven Zone können durch Einbau von P oder Al verringert werden, was in beiden Fällen zu einer Verbesserung des Alterungsverhaltens führen kann. Laserdioden auf der Basis von InP lassen aufgrund der höheren Wärmeleitfähigkeit von InP gegenüber (Ga,Al)As eine geringere Erwärmung der aktiven Zone erwarten. Bei diesen Dioden könnte auch die etwas geringere Rekombinationsenergie ein günstigeres Alterungsverhalten bewirken.

Als Alterungsmechanismen bei Laserdioden ohne DLD kommen bei hoher Ausgangsleistung die Spiegelerosion und die Entstehung von im Volumen gleichmäßig verteilten nichtstrahlenden Rekombinationszentren in Betracht. Die Spiegelerosion entsteht durch photochemische Reaktionen an der GaAs-Oberfläche in oxidierender Umgebung, beispielsweise in einer Atmosphäre, die O_2 oder H_2O enthält [8.11]. Dieser Effekt kann bei hoher Ausgangsleistungen der Laserdiode und damit hohen Feldstärken an den Spiegelflächen die bevorzugte Ursache der katastrophischen Alterung sein, da bereits kleine Spiegelstörungen zu einer starken Veränderung der Rückkoppelung (z.B. durch Lichtstreuung) führen. Durch Passivierung der Spiegel mit einer Al_2O_3-Deckschicht verringert sich die Langzeitalterungsrate; gleichzeitig erhöht sich die zulässige Grenze für die Spiegelbelastung durch die Abstrahlungsleistung bei (Ga,Al)As-Dioden von etwa 0,3 mW/µm-Streifenbreite auf 1 mW/µm, wobei die Grenzdaten um etwa eine Größenordnung höher liegen können. Die hierbei ausgekoppelte Leistungsdichte beträgt etwa 10^6 W/cm^2, das ist mehr als das 10^2-fache der Strahlungsdichte an der Sonnenoberfläche.

Hinweise auf einen durch homogen im aktiven Volumen verteilte Killerzentren erklärbaren Alterungsprozeß liefern Versuche an DLD-freien Laserdioden, bei welchen nach Alterung auch unterhalb der Laserschwelle eine verringerte spontane Emission beobachtet wurde [8.12]. Das bedeutet, daß Laserdioden bei Vermeidung von Spiegelerosion einem Alterungsmechanismus unterliegen, der dem von guten Lumineszenzdioden ähnlich ist.

Die Lebensdauer von Laserdioden ist, wie aus dem eingangs Gesagten hervorgeht, im Gegensatz zu Lumineszenzdioden nicht einfach definierbar. Solange die Laserdioden nur kurze Zeit im Dauerstrich bei Zimmertemperatur betrieben werden konnten, wurde die Zeitspanne bis zum Einsetzen der katastrophischen Alterung, d.h. Zerstörung der Diode, als Lebensdauer bezeichnet. Mit der Verbesserung der Qualität der Dioden wurde auch als Lebensdauer jene Zeitspanne definiert, innerhalb der die Dioden knapp oberhalb der Schwelle bzw. bei einer festen, gegebenen Ausgangsleistung von beispielsweise 5 mW als Laser betrieben werden können. In diesen Fällen muß die alterungsbedingte Abnahme der Emission durch Erhöhen des Diodenstromes kompensiert werden. Bei solchen Dioden ist jedoch die inzwischen üblich gewordene Angabe der Alterungsrate (Abnahme in % pro 1000 h Betriebsdauer) bei konstanten Betriebsbedingungen eine präzisere Größe zur Beschreibung der Degradation.

Die bisher in der Literatur angegebenen Werte für die Lebensdauer von Laserdioden sind wegen der verschiedenen Definitionen nicht ohne weiteres vergleichbar. Als Spitzenwerte seien hier die aus Alterungsuntersuchungen bei erhöhter Temperatur in trockener Atmosphäre bei Betrieb knapp oberhalb der Schwelle auf den Betrieb bei Zimmertemperatur extrapolierten 10^6 h Lebensdauer bzw. die Alterungsrate von 0,1 %/100 h bei einer Ausgangsleistung von 1 mW [8.13] zitiert. Diese Ergebnisse lassen erkennen, daß die Alterung von Laserdioden kein Hindernis mehr für ihren technischen Einsatz ist, wie dies früher befürchtet werden mußte.

Die zeitliche Änderung der Betriebsparameter eines (Ga,Al)As-Lasers kann berechnet und mit der direkten Beobachtung zugänglicher Daten verglichen werden [8.14]. Setzt man homogen wirkende Alterungsmechanismen mit zeitlich anwachsendem Schwellenstrom an, so sind folgende Fälle zu unterscheiden: 1. Nichtdegradierender und 2. degradierender externer differentieller Wirkungsgrad unter den Betriebsbedingungen a) konstant gehaltene Lichtleistung und b) bei konstantem Strom.

Tritt eine Zunahme des Schwellenstromes auf, so kann dies nach (8.1) auf die Veränderung der Parameter η_R, α_V und R_1, R_2 zurückgeführt werden. Hält man die Ausgangsleistung konstant, so beschleunigt sich der Alterungsprozeß und der Betriebsstrom muß laufend erhöht werden, dies führt wiederum zur Erhöhung der Diodentemperatur und damit zu einer weiteren Erhöhung des Schwellenstromes. Es tritt also schließlich, wie Abb.8.6 zeigt, eine thermische Instabilität auf. Der nötige

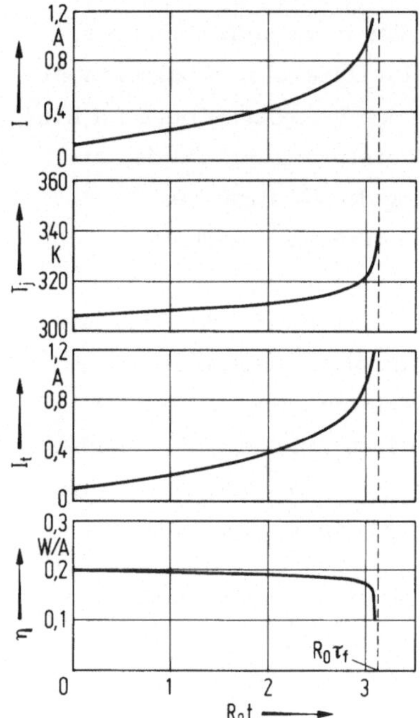

Abb.8.6. Zeitliche Änderung des Betriebsstromes, der Diodentemperatur, des Schwellenstromes und des differentiellen Wirkungsgrades von Laserdioden, deren optische Ausgangsleistung konstant gehalten wird. Nach [8.14]

Betriebsstrom und der Schwellenstrom steigen nach einer durch die anfängliche Degradationsrate R_0 des Schwellenstroms j_s gegebenen charakteristischen Zeit τ_f steil an, und der Wirkungsgrad der Diode sinkt ab. Oberhalb der gestrichelt eingezeichneten Linien ist ein stabiler Laserbetrieb nicht mehr möglich, und die Laser-Ausgangsleistung sinkt unabänderlich ab. Der entsprechende Abszissenwert $R_0\tau_f$ definiert die Ausfallzeit τ_f. Wendet man die erzielten Ergebnisse auf experimentell gefundene Anfangsdaten der Alterung an, so gewinnt man mit der aus der Temperaturabhängigkeit

$$\tau_f(T) \sim \exp(E_a/kT) \tag{8.3}$$

der Alterungsrate nach Abb.8.7 gewonnenen Aktivierungsenergie von $E_a = 0{,}7\,\mathrm{eV}$ für den angesetzten homogen im Volumen wirksamen Alterungsprozeß eine Alterungsrate τ_f von etwa $10^{-6}\,h^{-1}$ bei 22°C. Dies entspricht einer Erhöhung des Schwellenstromes um 10 % nach 10^5 h bei einer konstanten Ausgangsleistung von 5 mW für die untersuchten Streifenlaser mit einer Breite von 5 µm.

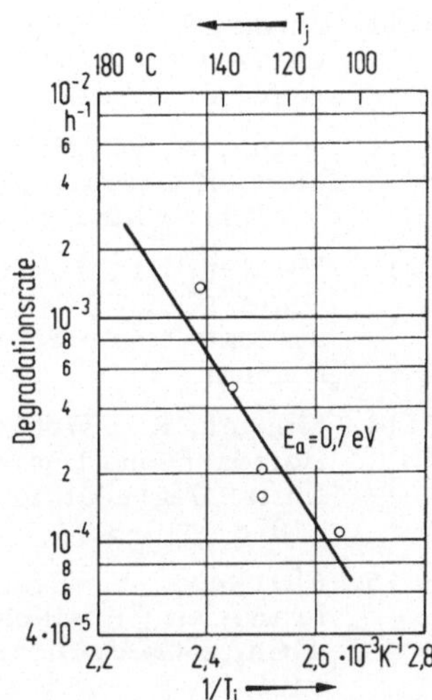

Abb.8.7. Mittlere Degradationsrate von Laserdioden in Abhängigkeit von der Diodentemperatur T_j. Nach [8.15]

Literatur zu Kapitel 8

8.1. O'Hara, S.: The Degradation of Semiconductor Light-Emitting Diodes, High-Radiance Lamps and Lasers. J. Phys. D: Appl. Phys. 10 (1977) 409-430

8.2. Bergh, A.A.: Bulk Degradation of GaP Red LEDS's. Proc. IEEE 57 (1969) 25-33

8.3. Hartmann, R.L.; Kuhn, M.: IEEE 10th Ann. Proc. on Reliability Physics, Las Vegas 1972, S. 137-142

8.4. Lang, D.V.; Kimmerling, L.C.: Observation of Recombination Enhanced Defect Reactions in Semiconductors. Phys. Rev. Lett. 33 (1974) 489-492

8.5. Lanza, C.; Konnerth, K.L.; Kelly, C.E.: Aging Effects in GaAs Electroluminescent Diodes. Sol. State Electron. 10 (1967) 21-31

8.6. Hartmann, R.L.; Schwartz, B.; Kuhn, M.: Degradation and Passivation of GaP Light Emitting Diodes. Appl. Phys. Lett. 18 (1971) 304-307

8.7. Mettler, K.; Pawlik, D.: Effects of Dislocations on the Degradation of Si-Doped GaAs-Luminescent Diodes. Siemens Forsch.- u. Entwickl. Ber. 3 (1972) 274-278

8.8. Ettenberg, M.; Nuese, C.J.: Reduced Degradation in $In_xGa_{1-x}As$ Electroluminescent Diodes. J. Appl. Phys. 46 (1975) 2137-2142

8.9. Nannichi, Y.; Martin, J.; Ishida, K.: Rapid Degradation in Double-Heterostructure Lasers. I. Proposal of a New Model for the Directional Growth of Dislocation Networks. Jap. J. Appl. Phys. 14 (1975) 1555-1560

8.10. Kimerling, L.C.; Petroff, P.; Leamy, H.J.: Injection-Stimulated Dislocation Motion in Semiconductors. Appl. Phys. Lett. 28 (1976) 297-300

8.11. Shima, Y.; Chinone, N.; Ito, R.: Effects of Facet Coatings on the Degradation Characteristics of GaAs-$Ga_{1-x}Al_xAs$ DH Lasers. Appl. Phys. Lett. 31 (1977) 625-629

8.12. Dixon, R.W.; Hartmann, R.C.: Accelerated Aging and a Uniform Mode of Degradation in (Al,Ga)As Double-Heterostructure Lasers. J. Appl. Phys. 48 (1977) 3225-3229

8.13. Mettler, K.; Pawlik, D.; Westermeier, H.; Zschauer, K.H.: GaAs/(Ga,Al)As-Streifenstrukturlaser für optische Nachrichtensysteme hoher Bitrate. DFG-Kolloq. f. opt. Nachrichtentechnik, Bochum, Febr. 1978

8.14. Mettler, K.; Wolf, H.D.; Zschauer, K.H.: Calculation of the Homogeneous Degradation of Injection Laser Parameters from Initial Degradation Rates. IEEE J. Quant. Electron. QE-14 (1978) 819-826

8.15. Farukawa, Y.; Kabayashi, T.; Wakita, K.; Kawakami, T.; Iwane, G.; Horikoshi, Y.; Seki, Y.: Accelerated Lifetest of AlGaAs-GaAs DH Lasers. Jap. J. Appl. Phys. 16 (1977) 1495-1496

Sachverzeichnis